教育部高等学校电子信息类专业教学指导委员会规划教材
高等学校电子信息类专业系列教材·新形态教材

EDA原理及Verilog HDL实现

从晶体管、门电路到高云FPGA的数字系统设计

何宾　编著

清華大学出版社

北京

内 容 简 介

本书以广东高云半导体科技股份有限公司(简称高云半导体)的 GW1N 系列 FPGA 器件和高云云源软件为设计平台,根据"EDA 原理及应用"课程的教学要求及作者多年的教学经验,将本科传统的"数字电子技术(数字逻辑)"课程与"复杂数字系统设计"课程相融合,遵循循序渐进、由浅入深的原则,内容涵盖晶体管,门电路,数字逻辑理论,组合逻辑和时序逻辑电路,可编程逻辑器件工艺和结构,高云云源软件的下载、安装和设计流程,Verilog HDL 基础内容及复杂数字系统设计。为了方便教师的教学和学生的自学,书中给出了大量的设计实例,并配套了教学资源。

本书可作为本科生和研究生学习数字系统设计相关课程的教材,也可作为从事高云 FPGA 设计的工程技术人员的入门参考书。

图书在版编目(CIP)数据

EDA 原理及 VerilogHDL 实现:从晶体管、门电路到高云 FPGA 的数字系统设计/何宾编著.—北京:清华大学出版社,2024.3

高等学校电子信息类专业系列教材.新形态教材

ISBN 978-7-302-65751-4

Ⅰ. ①E⋯ Ⅱ. ①何⋯ Ⅲ. ①电子电路－电路设计－计算机辅助设计－高等学校－教材 Ⅳ. ①TN702

中国国家版本馆 CIP 数据核字(2024)第 052358 号

责任编辑:刘 星
封面设计:刘 键
责任校对:刘惠林
责任印制:丛怀宇

出版发行:清华大学出版社
　　　　　网　　　址:https://www.tup.com.cn, https://www.wqxuetang.com
　　　　　地　　　址:北京清华大学学研大厦 A 座　　　　邮　　　编:100084
　　　　　社 总 机:010-83470000　　　　　　　　　　邮　　　购:010-62786544
　　　　　投稿与读者服务:010-62776969, c-service@tup.tsinghua.edu.cn
　　　　　质量反馈:010-62772015, zhiliang@tup.tsinghua.edu.cn
　　　　　课件下载:https://www.tup.com.cn,010-83470236
印 装 者:三河市天利华印刷装订有限公司
经　　销:全国新华书店
开　本:185mm×260mm　　　印　张:23.25　　　字　数:569 千字
版　次:2024 年 4 月第 1 版　　　　　　　印　次:2024 年 4 月第 1 次印刷
印　数:1～1500
定　价:79.00 元

产品编号:103317-01

前 言
PREFACE

近年来,随着信息技术的飞速发展,算法实现对算力的要求越来越高。例如,高速实时信号处理和人工智能等应用领域都需要高算力平台的支持,而现场可编程门阵列(Field Programmable Gate Array,FPGA)在提供高算力支持方面扮演了十分重要的角色。同时,FPGA 也是衡量一个国家集成电路发展水平的重要标志。因此,FPGA 越来越受到工业界和教育界的高度重视。目前,国内很多高校的电子信息类专业都开设了基于 FPGA 的理论和实践教学课程,如"EDA 原理及应用""复杂数字系统设计""片上系统设计"等。

长久以来,国内 FPGA 相关课程的教学主要依赖于美国 Xilinx 公司(已被 AMD 公司收购)和美国 Altera 公司(已被 Intel 公司收购)的 FPGA 及配套的软件开发工具。随着国际形势的发展变化,这种长期依赖国外厂商软硬件平台进行教学的惯例被打破,甚至波及国内一些高校相关专业的人才培养,因此使用国产 FPGA 及配套软件进行相关课程教学的呼声日益高涨。作为国产 FPGA 的优秀代表——广东高云半导体科技股份有限公司(下面简称高云半导体),其 FPGA 产品线包括 55nm 工艺的小蜜蜂家族(GW1N)、55nm 工艺的晨熙家族(GW2A)及 22nm 的 Arora V。这些器件具有低功耗、高可靠性和高安全性等特点,广泛应用于汽车、工业控制、电力、通信、医疗、数据中心等领域。除 FPGA 器件外,高云半导体还提供了成熟的 EDA 软件和设计工具,以帮助 FPGA 用户更轻松地进行设计和开发。高云半导体的解决方案广泛应用于图像处理、工业自动化、汽车电子和消费电子等,致力于为全球用户创造价值和优势。

与传统采用国外 FPGA 及配套软件工具进行教学相比,采用国产 FPGA 及配套软件工具进行教学的最大优势在于,在保证相同教学质量的前提下显著降低了授课的软件和硬件成本,并进一步降低了学习 FPGA 的入门门槛,这将进一步惠及国内更多高校的教师和学生,以满足产业界对更多高素质 FPGA 人才的需求。此外,采用国产 FPGA 平台进行教学的另一个特色就是将思政教育与专业课程进行系统化融合,使得学生在学习过程中能更加全面、客观地认识我们国家在信息技术,尤其是在集成电路设计方面取得的成就,进一步激发学生的学习动力,为进一步提升我们国家信息技术的整体水平贡献他们的聪明才智。通过在相关课程中引入国产 FPGA 硬件和软件平台,将更加有效地建立国产 FPGA 的教育生态资源,加速国产 FPGA 平台在国内高校和工业界的普及和推广。

近年来,作者在给学生讲授"EDA 原理及应用"课程时,将数字逻辑和数字电路的基础理论与基于 FPGA 的复杂数字系统设计进行了系统化深度融合,以"晶体管—门电路—数字逻辑理论—组合逻辑和时序逻辑电路—可编程逻辑器件结构—硬件描述语言和复杂数字系统设计"为主线,本着由具体到抽象、由简单到复杂的原则,将大量的实践案例引入课程教学中,充分发挥不同电子设计自动化(Electronics Design Automation,EDA)工具在课程教学中的重要作用,以更加直观的形式来呈现抽象的知识点,使学生既能知其然也能知其所以然,这也是课程的最终目标。

为了方便教师的教学和学生的自学,随书按章节提供了微课视频、教学课件和所有设计实例的源文件。本书可以作为大学本科信息类专业数字电子线路、数字逻辑和复杂数字系统设计相关课程的教学用书,也可以作为从事相关课程教学和科研工作者的参考书。

配套资源

- **程序代码等资源**：扫描目录上方的"配套资源"二维码下载。
- **课件、大纲等资源**：扫描封底的"书圈"二维码在公众号下载,或者到清华大学出版社官方网站本书页面下载。
- **微课视频**（**2200 分钟,90 集**）：扫描书中相应章节中的二维码在线学习。

注：请先扫描封底刮刮卡中的文泉云盘防盗码进行绑定后再获取配套资源。

在本书的编写过程中,与高云半导体和武汉易思达科技有限公司进行了卓有成效的产学合作,它们在技术、软件和硬件开发平台等方面提供了大力的支持和帮助,并派出资深工程师解答作者在开发课程和编写教材时所遇到的问题,在此向这两家公司表示衷心的感谢。期待这样深度的产学合作能为国内高等学校培养高素质的 FPGA 人才贡献作者的一份力量。与清华大学出版社合作多年,在本书出版的过程中,再次得到清华大学出版社各位编辑和领导的帮助和指导,在此也表示衷心的感谢。

由于编者水平有限,编写时间仓促,书中难免有疏漏之处,敬请读者批评指正。

何　宾

2024 年 1 月

目 录
CONTENTS

配套资源

数字逻辑基础

　　本章主要介绍开关系统、半导体数字集成电路、基本逻辑门电路分析、逻辑代数理论、逻辑表达式的化简、毛刺产生及消除、数字码制表示和转换。

　　本章内容是数字系统的设计基础,读者必须理解并掌握本章的内容,为后续学习逻辑电路的设计打下坚实的基础。

1.1 开关系统

　　开关系统是构成数字逻辑的最基本结构,它通过半导体物理器件,实现数字逻辑中的开关功能。

　　开关系统就是工作在逻辑"0"或者逻辑"1"状态下的由物理器件所构成的电路。例如,家里的电灯,通过开关的控制,要么灯亮,要么灯灭。此外,电路中的继电器也是典型的离散状态器件,要么处于常开状态,要么处于常闭状态。

1.1.1　0 和 1 的概念

　　数字电路中的信号是一个电路网络,通过这个网络,将一个元件的输出电压传送到所连接的另一个元件或者更多其他元件的输入。与模拟电路中的信号变化具有连续性相比,数字电路中的信号变化是不连续的。在数字电路中,信号的电压取值只有两种情况,即 V_{dd} 或者 GND。V_{dd} 表示高电平,GND 表示低电平。这样,数字电路中用于表示所有数据的信号只有两个状态,即低电平或高电平。只使用两个状态来表示数据的系统,称为二进制系统;具有两个状态的信号称为二进制信号。由二进制构成的输入信号在经过二进制系统后产生二进制的输出结果。电压值的集合 $\{V_{dd}, \text{GND}\}$ 定义了数字系统中一个信号的状态,通常表示为 $\{1, 0\}$,其中"1"对应于 V_{dd},"0"对应于 GND。因此,数字系统只能出现表示两个状态的数据,并且已经给这两个状态分配了数字符号"0"和"1",于是出现了用二进制数表示数字系统的方法。数字电路中的每条信号线携带着表示信息的一个二进制数字,称为位。总线是由工作在开关状态下的多个信号线构成的,因此,总线可以包含多个位,因此可以定义一个二进制数。如图 1.1 所示,要让灯泡点亮,K_1 和 K_2 必须同时闭合。如果只闭合 K_1,而断开 K_2;或者只闭合 K_2,而断开 K_1;或者 K_1 和 K_2 都断开时,不会点亮灯泡。假设,将 K_1 当成变量 A,K_2 当成变量 B,变量 A 和变量 B 的取值只有两种状态,即闭合或者断开。我们将其闭合的状态表示为"1",而将其断开的状态表示为"0"。此外,将灯当成变量 Y,并且定义灯亮的状态表示为"1",灯灭的状态表示为"0",这个典型的开关系统可以用表 1.1 表示。表

视频讲解

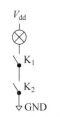

图 1.1　典型开关
系统

1.1 所表示的关系,是一种典型的逻辑与关系。

表 1.1　开关系统的关系

A	B	Y	A	B	Y
0	0	0	1	0	0
0	1	0	1	1	1

视频讲解

1.1.2　开关系统的优势

与数字电路相比,模拟电路使用的信号电压值并不只有 V_{dd} 和 GND 两个值,而是在 V_{dd} 和 GND 范围内的任何值。许多输入元件,特别是那些用作电传感器的元件(例如麦克风、照相机、温度计、压力传感器、运动和接近传感器等),在它们的输出端产生模拟电压。现代电子设备中,在信号输入到元件前,将模拟信号转换为数字信号是有可能的。例如,一个数字语音备忘录,通过一个模拟麦克风电路记录元件设备,在内部电路节点将声压波转换成电压波。在数字电路中,一种称作模数转换器或 ADC 的特殊器件,将模拟电压转换成数字总线能够表示的数字电压。ADC 的功能是,通过采样输入的模拟信号,测量输入电压信号的大小(通常以GND 作为参考),然后为这个测量值分配一个二进制数。只要将一个模拟信号转换成所对应的一个二进制数,总线就能够携带这个数字信息并将其贯穿于电路中。同样的方式,通过使用数模转换器 DAC 可以将数字信号重新恢复成模拟信号。这样,可以将一个表示音频波形采样值的二进制数转换成模拟信号,例如,驱动扬声器。

模拟信号对噪声源敏感,信号强度随着时间的推移和传输距离的增大会衰减。但是,数字信号对噪声和信号强度的衰减相对不是很敏感。这是因为数字信号有定义为“0”和“1”的两个宽电压带,在一个电压带内的任何电压都处于一个相同的状态。如图 1.2 所示,对于一个包含数十、数百毫伏噪声的数字信号,在噪声容限范围内,可以将其定义成稳定的“0”和“1”状态。如果这个数量级的噪声出现在模拟信号中,该模拟电路将不能正常地工作。正是由于数字信号具有抗干扰能力强的特点,使得全世界的电子产业进入数字化时代。

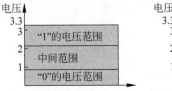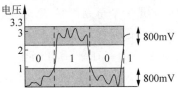

图 1.2　包含数十、数百毫伏噪声的数字信号

数字电路的研究方法是逻辑分析和逻辑设计,所需要的工具是逻辑代数。

视频讲解

1.1.3　晶体管作为开关

图 1.1 给出的开关系统,通过机械开关控制灯的亮灭。很明显,使用机械开关控制灵活性差,而且切换系统的速度很低,开关的工作寿命也十分有限。因此,人们就发明了半导体器件作为电子开关以取代机械开关,用于对开关系统进行控制。与机械开关不同的是,半导体物理器件的导通和截止是靠外面施加的电压进行控制。用于现代数字电路的晶体管开关称为金属氧化物半导体场效应晶体管(metal oxide semiconductor field effect transistor,MOSFET)。如图 1.3 所示,MOSFET 是三端口器件,当在第三个端口(栅极)施加合适的逻辑电平时可以在两个端口(源极和漏极)之间流过电流。在最简单的 FET 模型中,源极和漏极之间的电阻是一个栅-源电压的函数,即栅极电压越高,这个电阻就越小。因此,就可以通过更大的电流。当应用在模拟电路中,比如音频放大器,栅-源电压值可以取 GND 和 V_{dd} 之间的任何值。但是,

在数字电路中,栅-源电压值只能是 V_{dd} 或 GND(当然,当栅极电压从 V_{dd} 变化到 GND 或从 GND 变化到 V_{dd} 时,必须假定电压在 V_{dd} 和 GND 之间)。这里,假设状态变化的过程非常快,所以忽略栅极电压在这段变化时间的 MOSFET 特性。

在一个简单的数字电路模型中,可以将 MOSFET 当作一个可控的断开(截止)或者闭合(导通)的电子开关。如图 1.3 所示,根据不同的物理结构,FET 包含两种类型,即 nFET 和 pFET。

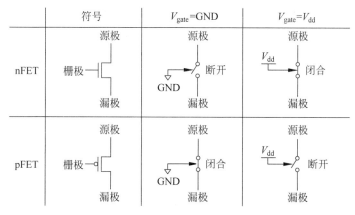

图 1.3　nFET 和 pFET 的电路特征和等效开关

1. nFET

当栅极输入电压为 V_{dd} 时,源极和漏极导通,即 nFET 闭合;否则,当栅极输入电压为 GND 时,源极和漏极断开,即 nFET 截止。

2. pFET

当栅极输入电压为 GND 时,源极和漏极导通,即 pFET 闭合;否则,当栅极输入电平为 V_{dd} 时,源极和漏极断开,即 pFET 截止。

单个的 MOSFET 经常用作独立的电子开关,例如,对于一个 pFET,将源极接到电源,负载(如发动机、灯或其他应用中的电子元件)接到漏极。在该应用中,pFET 可以用作断开或闭合的开关。当栅极接入 GND 时,导通负载元件;当栅极接入 V_{dd} 时,断开负载元件。典型地,导通一个 FET 只需要一个较小的电压(几伏特的量级),而这个 FET 正在切换的是一个大电压和大电流。用于这种目的的单个 FET 通常是相当大的(巨大的)设备。

FET 也可以用在电路中实现逻辑功能,如逻辑与、逻辑或、逻辑非等。在这种应用中,几个非常小的 FET 组成一个简单的小硅片(或硅芯片)。然后,用同样大小的金属导线将它们互连起来。典型地,这些微小的 FET 占用的面积小于 $1 \times 10^{-7} \text{m}^2$。因此,单芯片上可以集成数百万个 FET。当把所有的电路元件整合到同一块硅片上时,将这种形式构成的电路称为集成电路。

1.1.4　半导体物理器件

大多数的 FET 使用半导体硅制造,如图 1.4(a)所示,制造过程中,植入离子的硅片在这个区域的导电性能更好,用作 FET 源极和漏极区域,这些区域通常称作扩散区。然后,如图 1.4(b)所示,在这些扩散区的中间创建一个绝缘层;并且,在这个绝缘材料的上面"生长"另一个导体。

这个"被生长"的导体(典型的用硅)形成了栅极,如图 1.4(c)所示。位于栅极之下、扩散区之间的区域称为沟道,如图 1.4(d)所示。最后,用导线连接源极、漏极和栅极,于是这个

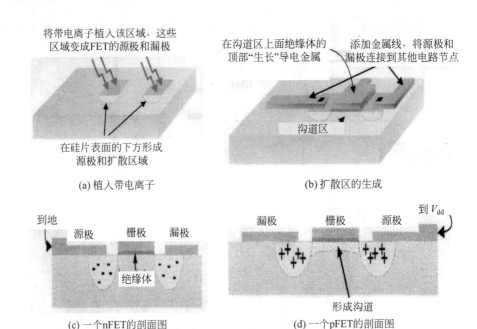

图 1.4　FET 的制造工艺

FET 就可以连接到一个大的电路中。生产晶体管需要几个条件,包括高温、精确的物理布局和各种材料。

下面仅对 nFET 最基本的原理进行介绍。pFET 的工作原理完全相似,但是必须将源极和漏极连接的电压颠倒过来。

nFET 的源极和漏极扩散区都植入带负电荷的粒子。当一个 nFET 用于逻辑电路时,它的源极接到 GND;于是,nFET 的源极像 GND 节点一样,拥有丰富的带负电荷的粒子。如果 nFET 的栅极电压和源极电压一样(如 GND),那么栅极上存在的带负电荷的粒子立刻排斥栅极下面来自带沟道区域的负电荷的粒子(注意,在半导体(如硅)中,正负电荷是可以移动的,在带电粒子形成的电场影响下,移动半导体晶格)。正电荷聚集在栅极下面,形成两个反向的正-负结(称为 PN 结),这些 PN 结阻止任何一个方向的电流流过,如图 1.5(b)所示。如果栅极上的电压上升超过源极电压,并且超过了阈值电压(或 V_{th},大于或等于 0.5V)时,正电荷开始在栅极聚集,并且立即排斥栅极下沟道区域的正电荷。负电荷聚集在栅极下时,在栅极下面及源极和漏极扩散区域之间形成一个连续的导电区域。当栅极电压达到 V_{dd} 时,形成一个大的导电沟道,并且 nFET 处于强导通状态,如图 1.5(a)所示。

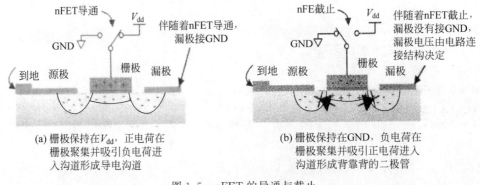

图 1.5　nFET 的导通与截止

如图 1.6 所示,用于逻辑电路中的 nFET,把其源极接到 GND,栅极接到 V_{dd},就可以使它导通(闭合),而对于 pFET,将其源极接 V_{dd},栅极接 GND,就可以使它导通(闭合)。

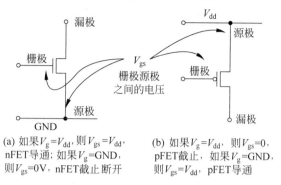

(a) 如果 $V_g=V_{dd}$,则 $V_{gs}=V_{dd}$,
nFET 导通; 如果 $V_g=$GND,
则 $V_{gs}=0$V, nFET 截止断开

(b) 如果 $V_g=V_{dd}$, 则 $V_{gs}=0$,
pFET 截止, 如果 $V_g=$GND,
则 $V_{gs}=V_{dd}$, pFET 导通

图 1.6　逻辑电路中的 nFET 和 pFET

根据上述原理可知,源极接 V_{dd} 时,不会强行打开 nFET。所以,很少将 nFET 的源极连接到 V_{dd}。同样,源极接到 GND 时,也不能很好地打开 pFET。所以,很少将 pFET 的源极接到 GND。

注:这就是常说的,nFET 传输强"0"和弱"1";而 pFET 传输强"1"和弱"0"。

1.1.5　半导体逻辑电路

视频讲解

只要掌握 FET 工作的基本原理,就可以基于 FET 构建基本逻辑电路。这样,基于基本逻辑电路的组合就可以实现所有的数字和运算。根据逻辑功能要求,这些逻辑电路组合一个或多个逻辑输入信号,并且产生一个逻辑输出信号。接下来只讨论最基本的逻辑功能(如逻辑与、逻辑或和逻辑非)电路,但是 FET 电路可以构建更复杂的逻辑电路。

当构建一个 FET 电路用于实现逻辑关系时,必须注意下面的四个基本规则。

(1) pFET 的源极必须连接到 V_{dd},nFET 的源极必须连接到 GND。

(2) 电路输出必须通过一个 pFET 连接到 V_{dd},以及通过一个 nFET 连接到 GND(电路输出永远不能悬空)。

(3) 逻辑电路的输出不能同时连接到 V_{dd} 和 GND(电路输出不能短路)。

(4) 电路使用最少数量的 FET。

遵循这四个原则,构造一个二输入信号的逻辑"与"的电路。但是,首先要注意在如图 1.7 所示的电路中,当且仅当两个输入 A 和 B 都接 V_{dd} 时,输出(标记为 Y)才连接到 GND,也就是 Q_1 和 Q_2 是导通的。这个逻辑关系可以描述如下:

当 A 和 B 都连接逻辑高电平(logic high voltage,LHV),即 V_{dd} 时,Y 的输出为逻辑低电平(logic low voltage,LLV)。

在如图 1.8 所示的电路中,构造一个二输入信号的逻辑"或"关系的电路。如果 A 或者 B 连接到 V_{dd},输出 Y 连接到 GND,也就是 Q_3 或 Q_4 是导通的。这个逻辑关系可以描述如下:

当 A 或者 B 连接 LHV,即 V_{dd} 时,Y 的输出为 LLV。

图 1.7　串行配置　　　　　图 1.8　并行配置

如图 1.9 所示,Q_1 和 Q_2 组成的逻辑"与"结构。仅使用两个 FET,当 A 和 B 都接到 V_{dd} 时,Y 接到地。当 A 和 B 不都接到 V_{dd} 时,必须确保输出 Y 接到 V_{dd};换句话说,当 A 或 B 接 GND 时,必须确保输出 Y 接 V_{dd}。如图 1.10 所示,Q_3 和 Q_4 的 FET 可以实现一个逻辑"或"的结构。如图 1.11 所示,给出了使用逻辑"与"和逻辑"或"结构所构成的组合逻辑电路,表 1.2 给出了所有四种可能的输入组合的输入电压和输出电压。

注意,这个电路遵循上述的所有规则——pFET 只连接到 V_{dd},nFET 只连接到地,输出总是连接到 V_{dd} 或连接到 GND,但绝不能同时连接到 V_{dd} 和 GND,并且尽可能使用最少数量的 FET。

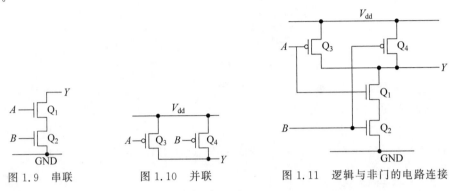

图 1.9 串联　　　　图 1.10 并联　　　　图 1.11 逻辑与非门的电路连接

表 1.2　NAND 逻辑门运算表

A	B	Y	A	B	Y
GND	GND	V_{dd}	V_{dd}	GND	V_{dd}
GND	V_{dd}	V_{dd}	V_{dd}	V_{dd}	GND

下面对图 1.11 给出的逻辑电路进行分析。

（1）当两个输入 A 和 B 都接到 V_{dd} 时,Q_1 和 Q_2 导通,Q_3 和 Q_4 截止,Y 的输出电压为 GND。

（2）当输入 A 接到 GND 和输入 B 接到 V_{dd} 时,Q_3 和 Q_2 导通,Q_1 和 Q_4 截止,Y 的输出为 V_{dd}。

（3）当输入 A 接到 V_{dd} 和输入 B 接到 GND 时,Q_1 和 Q_4 导通,Q_2 和 Q_3 截止,Y 的输出为 V_{dd}。

（4）当输入 A 接到 GND 和输入 B 接到 GND 时,Q_3 和 Q_4 导通,Q_1 和 Q_2 截止,Y 的输出为 V_{dd}。

为了让电路的性能匹配上述的 AND 逻辑"与"真值关系,规定输入信号为 V_{dd} 时,对应逻辑"1";输入信号为 GND 时,对应逻辑"0"。并且,必须使输出信号为 GND 时,对应逻辑"1"。这就构成了一个潜在的矛盾,即:逻辑"1"表示一个门的输入信号为 V_{dd},并且同样的逻辑"1"也表示门的输出信号为 GND。

注意,如果将真值表 Y 列的输出取反(也就是,如果 V_{dd} 变为 GND,GND 变为 V_{dd}),那么,逻辑"1"可以同时表示输入和输出的 V_{dd},结果符合逻辑"与"的真值关系。由于这个原因,以上所述的电路称为 NOT AND(与非)门(NOT 意为取反),简写为 NAND。为了构建一个可以将输入信号和输出信号与 V_{dd} 信号和逻辑"1"关联的 AND 电路,NAND 门的输出必须加上一个取反电路,即:当一个取反电路的输入为 GND 时,产生输出为 V_{dd},反之亦然。如图 1.12 所示,列出了 5 个基本的逻辑电路(也称为逻辑门):与非门、或非门、与门、或门和反相器。

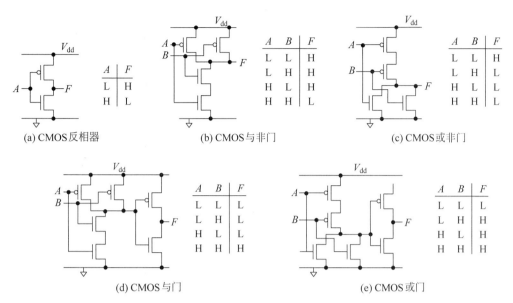

图 1.12　5 个基本逻辑电路

这些逻辑门使用最少数量的 FET 产生所要求的逻辑功能。如图 1.13 所示,每个逻辑电路由下面的 n 个 nFET 和上面的 n 个 pFET 构成,它们执行互补的操作。当 nFET 表示或关系时,pFET 表示与关系。显示出互补特性的 FET 电路也称为互补金属氧化物半导体(complementary metal oxide semiconductor,CMOS)电路。迄今为止,在数字和计算机电路中,CMOS 电路占有统治地位。MOS 名字是指以前的半导体工艺,门的材料是由金属构成,门下面的绝缘体是由硅氧化物构成。这些基本的逻辑电路是构成数字和计算机电路的基础。

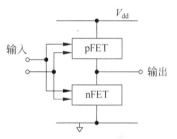

图 1.13　pFET 和 nFET 构成的逻辑电路

当在原理图中绘制这些电路时,使用如图 1.14 所示的符号,而不是 FET 电路结构。这是由于直接绘制 FET 电路显得太过于冗长乏味,而且对整个逻辑电路的分析来说显得很不方便。

图 1.14　原理图中基本电路符号

注:

① 一个符号的输入端是一直角,输出端是一个光滑的曲线表示逻辑"与"。

② 输入端是曲线边且指向输出端的是逻辑"或"。

③ 输入端的小圆圈表示输入必须是逻辑低电平时,才能产生所表示逻辑功能的输出。

④ 输出端的小圆圈表示逻辑功能的结果产生一个逻辑低电平输出信号;输出端没有小圆圈时,表示逻辑功能产生一个逻辑高输出电平信号。

⑤ 输入端没有小圆圈表示信号必须是逻辑高电平,才能实现所需要表示的功能。

图 1.14 所示的每一个符号都有两个表现形式。上方的符号是基本的符号,下方的符号是共轭符号(正常情况下,每个符号都是其他的共轭)。共轭符号交换逻辑"与"和逻辑"或"的形

状,并且变换输入和输出电平。例如:

(1) 逻辑与形状的符号用于与非门电路时,表示如果输入 A 和 B 都是逻辑高电平,那么输出是逻辑低电平。

(2) 逻辑或形状的符号用于或非门电路时,表示如果两个输入 A 和 B 中的一个是逻辑低电平,那么输出是逻辑高电平。

两种描述都正确,所以,任何逻辑电路都可以描述成其共轭的形式。

思考与练习1-1 为什么使用共轭形式?(提示:在某些设置中,使用合适的符号,人们能够更容易理解原理图。)

视频讲解

1.1.6 逻辑门与逻辑关系描述

本节将介绍逻辑非门、逻辑与门、逻辑与非门、逻辑或门、逻辑或非门、逻辑异或门、逻辑异或非(同或)门的符号表示和逻辑对应关系。

1. 逻辑非门(反相器)

图 1.15 给出了逻辑非门的符号。逻辑非门的逻辑输出电平和逻辑输入电平相反。表 1.3 给出了逻辑非门输入 A 和输出 B 之间的逻辑对应关系。

(a) 非门的ANSI/IEEE符号　(b) 非门的IEC符号

图 1.15　逻辑非门的不同符号表示

表 1.3　非门输入和输出的逻辑关系

A	B
1	0
0	1

注:在本书中,除非有特别声明外,"1"表示逻辑高电平,"0"表示逻辑低电平。

逻辑非门的输入 A 和输出 B 之间的逻辑关系表示为:

$$B = \overline{A}$$

2. 逻辑与门

图 1.16 给出了二输入逻辑与门的不同符号表示。对于逻辑与门,当两个逻辑输入都为高电平时,输出才为高电平;当两个逻辑输入不全为高电平时,输出均为低电平。表 1.4 给出了二输入与门输入 A 和 B 与输出 X 之间的逻辑对应关系。

(a) 二输入与门ANSI/IEEE符号　(b) 二输入与门IEC符号

图 1.16　二输入逻辑与门的不同符号表示

表 1.4　二输入与门输入和输出的逻辑关系

逻辑输入		逻辑输出
A	B	X
0	0	0
0	1	0
1	0	0
1	1	1

逻辑与门的输入 A 和 B 与输出 X 之间的逻辑关系表示为:

$$X = A \cdot B$$

注:逻辑关系中的符号"·"与很多乘法运算中使用的符号"·"含义并不相同。

3. 逻辑与非门

图 1.17 给出了二输入逻辑与非门的不同符号表示。对于逻辑与非门,当两个逻辑输入均为高电平时,输出为低电平;当两个逻辑输入不都是高电平时,输出均为高电平。表 1.5 给出

了二输入与非门输入 A 和 B 与输出 X 之间的逻辑对应关系。

表 1.5　二输入与非门输入和输出逻辑关系

逻辑输入		逻辑输出
A	B	X
0	0	1
0	1	1
1	0	1
1	1	0

(a) 二输入与非门ANSI/IEEE符号　(b) 二输入与非门IEC符号

图 1.17　二输入逻辑与非门的不同符号表示

逻辑与非门的输入 A 和 B 与输出 X 之间的逻辑关系表示为：

$$X = \overline{A \cdot B}$$

4. 逻辑或门

图 1.18 给出了二输入逻辑或门的不同符号表示。对于逻辑或门,当两个逻辑输入中有一个为高电平时,输出就为高电平;当两个逻辑输入都为低电平时,输出才为低电平。表 1.6 给出了二输入或门输入 A 和 B 与输出 X 的逻辑对应关系。

表 1.6　二输入或门输入和输出的逻辑关系

逻辑输入		逻辑输出
A	B	X
0	0	0
0	1	1
1	0	1
1	1	1

(a) 二输入或门ANSI/IEEE符号　(b) 二输入或门IEC符号

图 1.18　二输入逻辑或门的不同符号表示

逻辑或门的输入 A 和 B 与输出 X 之间的逻辑关系表示为：

$$X = A + B$$

注：逻辑关系中的符号"＋"与很多加法运算中使用的符号"＋"含义并不相同。

5. 逻辑或非门

图 1.19 给出了二输入逻辑或非门的不同符号表示。对于逻辑或非门,只要两个逻辑输入中有高电平时,输出就为低电平;当两个逻辑输入均为低电平时,输出才为高电平。表 1.7 给出了二输入或非门输入 A 和 B 与输出 X 之间的逻辑对应关系。

表 1.7　二输入或非门输入和输出的逻辑关系

逻辑输入		逻辑输出
A	B	X
0	0	1
0	1	0
1	0	0
1	1	0

(a) 二输入或非门ANSI/IEEE符号　(b) 二输入或非门IEC符号

图 1.19　二输入逻辑或非门的不同符号表示

逻辑或非门的输入 A 和 B 与输出 X 之间的逻辑关系表示为：

$$X = \overline{A + B}$$

6. 逻辑异或门

图 1.20 给出了二输入逻辑异或门的不同符号表示。对于逻辑异或门,当两个逻辑输入电平不同的时候,输出才为高电平;当两个逻辑输入电平均相同时,输出就为低电平。表 1.8 给出

了二输入异或门输入 A 和 B 与输出 X 之间的逻辑对应关系。

表 1.8　二输入异或门输入和输出的逻辑关系

逻辑输入		逻辑输出
A	B	X
0	0	0
0	1	1
1	0	1
1	1	0

(a) 二输入异或门ANSI/IEEE符号　(b) 二输入异或门IEC符号

图 1.20　二输入逻辑异或门的不同符号表示

逻辑异或门的输入 A 和 B 与输出 X 之间的逻辑关系表示为：

$$X = A \oplus B$$

7. 逻辑异或非门

图 1.21 给出了二输入逻辑异或非门(也称为同或门)的符号。对于逻辑异或非门(同或门)，当两个逻辑输入电平相同时，输出为高电平；当两个逻辑输入电平不同的时候，输出为低电平。表 1.9 给出了异或非门(同或门)输入 A 和 B 与输出 X 之间的逻辑对应关系。

(a) 二输入异或非门ANSI/IEEE符号　　(b) 二输入异或非门IEC符号

图 1.21　二输入逻辑异或非门的不同符号表示

表 1.9　二输入异或非门(同或门)输入和输出的逻辑关系

逻辑输入		逻辑输出	逻辑输入		逻辑输出
A	B	X	A	B	X
0	0	1	1	0	0
0	1	0	1	1	1

逻辑异或非门的输入 A 和 B 与输出 X 之间的逻辑关系表示为：

$$X = \overline{A \oplus B}$$

1.1.7　逻辑电路符号描述

数字逻辑电路可以由单独的逻辑芯片构成，或者由更大的芯片上的可用资源构成。忽略逻辑电路的具体实现方式，其可以用真值表、逻辑方程或原理图完全表示出来。

通过使用逻辑门符号代替逻辑电路，可以很容易地描述任何逻辑表达式的逻辑电路原理。逻辑输入表示到达逻辑门的信号线。在绘制逻辑电路的原理图时，需要确定哪个逻辑操作(即逻辑门)驱动输出信号，哪些逻辑操作驱动内部电路节点。如果在逻辑表达式中需要明确表示逻辑操作的顺序，那么可以在逻辑表达式中通过使用括号实现这一目的。例如，如图 1.22(a)所示，逻辑等式"$F = A \cdot B + C \cdot B$"的原理图使用逻辑或门驱动输出信号 F，两个逻辑与门驱动逻辑或门的输入；如图 1.22(b)所示，使用一个三输入的逻辑与门驱动 F，其中：两个输入直接来自 A 和 B 信号，另一个输入由"$B + C$(或)"后的或门输出驱动。如果没有使用圆括号，优先级由高到低依次按下面顺序排列：与非/与、异或、或非/或、取反。

在逻辑等式中，反相器用于表示在驱动一个逻辑门之前输入信号必须取反。例如，逻辑表达式

$$F = \overline{A} \cdot B + C$$

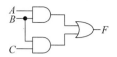
(a) 两个二输入与门驱动一个两输入或门

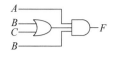
(b) 一个二输入或门驱动一个三输入的与门

图 1.22 $F = A \cdot B + C \cdot B$ 的两种不同理解方式

在逻辑信号 A 输入到一个二输入的逻辑与门之前加上一个非门。逻辑等式也可表示逻辑功能输出取反,在这种情况下,可以使用一个非门,或使用前面介绍的电路符号表示一个反相的输出(例如前面介绍的输出有一个小圆圈的符号)。

如图 1.23 所示,从原理图去理解逻辑表达式的功能比较直观。驱动输出信号的逻辑门定义了主要的逻辑操作,并且决定了组合等式中其他项的方法。如图 1.24 所示,反相器(或者是输出一个有小圆圈的逻辑门)表示要求取反的信号或功能,其作为"下游"门的输入。如图 1.25 所示,一个逻辑门的输入端添加有一个小圆圈可以认为信号在进入这个门之前取反。

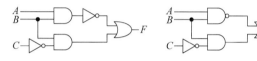

图 1.23 $F = \overline{A \cdot B} + \overline{C} \cdot B$ 的两种不同实现方式

图 1.24 $F = \overline{A \cdot B} + \overline{C} \cdot B$

图 1.25 $F = \overline{A \cdot B + \overline{C} \cdot B}$

两个"背靠背"的信号取反相互抵消。这就是说,如果一个信号取了反,然后在任何使用到这个信号的位置又立即对信号再次取反,那么这个电路与同时移除这两个取反的电路等效。如图 1.26 所示,两个电路都具有等效的逻辑功能,图 1.26(b) 的电路是简化了的电路,去掉了图 1.26(a) 信号 C 上的两个非门。并且,通过在内部节点增加取反使所实现的逻辑电路更高效,所以,一个包含 4 个晶体管的 NAND 门可以用来代替包含 6 个晶体管的 AND/OR 门。

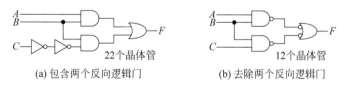

(a) 包含两个反向逻辑门 22个晶体管
(b) 去除两个反向逻辑门 12个晶体管

图 1.26 $F = A \cdot B + C \cdot B$

思考与练习 1-2 请根据给出的逻辑表达式,画出真值表。并画出其门电路的实现结构。

(1) $X = \overline{A} \cdot B + C$

(2) $X = A \cdot B \cdot \overline{C} + B \cdot C$

(3) $X = B \cdot \overline{C} + \overline{B} \cdot C$

思考与练习 1-3 使用开关和电阻实现下面的电路:当两个信号 A 和 B 都为"0",或者第三个信号 C 为"1"的时候(不考虑 A 和 B 的状态),将输出 X 为 LHV(规定开关闭合为"1",开关断开为"0"),并使用真值表说明其逻辑关系。

思考与练习 1-4 分析图 1.27~图 1.31 给出的半导体晶体管电路结构,完成表 1.10~表 1.14,并说明所实现的逻辑关系。

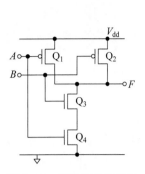

图 1.27 晶体管构成逻辑电路 1

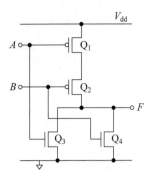

图 1.28 晶体管构成逻辑电路 2

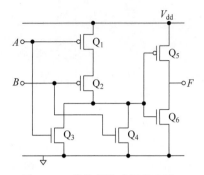

图 1.29 晶体管构成逻辑电路 3

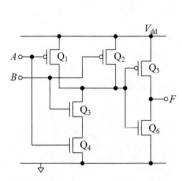

图 1.30 晶体管构成逻辑电路 4

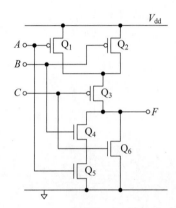

图 1.31 晶体管构成逻辑电路 5

表 1.10 晶体管功能表(1)

A	B	Q_1	Q_2	Q_3	Q_4	F
0	0					
0	1					
1	0					
1	1					

表 1.11 晶体管功能表(2)

A	B	Q_1	Q_2	Q_3	Q_4	F
0	0					
0	1					
1	0					
1	1					

表 1.12 晶体管功能表(3)

A	B	Q_1	Q_2	Q_3	Q_4	Q_5	Q_6	F
L	L							
L	H							
H	L							
H	H							

表 1.13 晶体管功能表（4）

A	B	Q_1	Q_2	Q_3	Q_4	Q_5	Q_6	F
L	L							
L	H							
H	L							
H	H							

表 1.14 晶体管功能表（5）

A	B	C	Q_1	Q_2	Q_3	Q_4	Q_5	Q_6	F
L	L	L							
L	L	H							
L	H	L							
L	H	H							
H	L	L							
H	L	H							
H	H	L							
H	H	H							

思考与练习 1-5 请说明为实现下面的逻辑运算关系，所需要的最少的晶体管个数。

逻辑与非门_____，逻辑或_____，逻辑非_____，逻辑与_____，逻辑或非_____。

思考与练习 1-6 如图 1.32 所示，分别写出下面逻辑电路所实现的逻辑表达式。

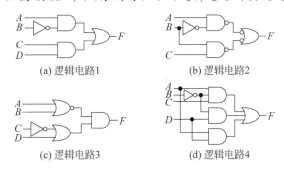

(a) 逻辑电路1　　　　　　　　(b) 逻辑电路2

(c) 逻辑电路3　　　　　　　　(d) 逻辑电路4

图 1.32 不同逻辑电路

1.2 TTL 和 CMOS 逻辑门传输特性分析

本节将通过 SPICE 电路仿真工具对晶体管-晶体管逻辑（transistor-transistor logic，TTL）和互补金属氧化物半导体（complementary metal oxide semiconductor，CMOS）逻辑门的主要传输特性进行分析。

1.2.1 SPICE 电路仿真工具

集成电路仿真程序（simulation program with integrated circuit emphasis，SPICE）是一个通用的、开源的模拟电子电路仿真器，它是一个用于集成电路和板级设计的程序，用于检查电路设计的完整性并预测电路的行为。

SPICE 是由劳伦斯·纳格尔（Laurence Nagel）在其研究顾问唐纳德·佩德森教授的指导下，在加州大学伯克利分校电子研究实验室开发出来的。SPICE1 在 1973 年的一次会议上首

视频讲解

视频讲解

视频讲解

次提出。SPICE1 用 FORTRAN 语言编写,这在表示电感、浮动电压源和各种形式的受控源方面具有局限性。SPICE1 具有相对较少的可用电路元件,并且使用固定的时间步长瞬态分析。SPICE 的真正流行开始于 1975 年的 SPICE2。SPICE2 也是用 FORTRAN 语言编写的,它是一个改进的程序,包含更多的电路元件,使用梯形(二阶 Adams-Moulton 方法)或 Gear 积分方法(也称为 BDF)进行可变时间步长的瞬态分析,以及创新的基于 FORTRAN 的存储器分配系统。Ellis Cohen 领导了从 2B 版到工业标准 SPICE 2G6 的开发,该标准是 1983 年发布的最后一个 FORTRAN 版本。SPICE3 由 Thomas Quarles(由 A. Richard Newton 担任顾问)于 1989 年开发,它用 C 语言编写。

美国 NI 公司的 Multisim 工具提供了强大的 SPICE 仿真功能,被全球大学和科研机构广泛使用。本书在介绍数字电路的知识点时,使用了 Multisim 工具提供的 SPICE 仿真功能。

下面介绍 Multisim 工具中 SPICE 提供的仿真功能。

1. DC Operating Point(直流工作点)

直流工作点分析确定电路的直流工作点,也称为偏置点。这是在没有施加输入信号的情况下,有源器件的指定引脚处的稳态电压或电流。在分析直流工作点期间:

(1) 交流源归零。

(2) 将电容看作开路。

(3) 一般来说,忽略任何被动(无源)元件。

(4) 仅使用电压和电流源的 DC 或初始值作为激励。例如,考虑 AC_VOLTAGE 元件。在 $t=0s$ 时,输出为 0V,因此该元件实际上是短路。

2. AC Sweep(交流扫描)

交流扫描执行一个相量,即在一定频率范围内对电路进行复数分析。它对电路的频率响应很有用。分析分为两个步骤:

(1) 执行直流工作点分析以确定将非线性元件(例如晶体管)线性化的值。

(2) 分析求解由非线性元件的小信号模型和电容等无源器件的模型组成的复值线性电路。在该步骤期间:

① 将数字元件看作大的接地电阻。

② 将 DC 源赋予零值以构造矩阵。

③ AC 源、电容和电感由其交流模型表示。

④ 非线性元件由直流工作点导出的线性交流小信号模型表示。

⑤ 所有输入源均看作正弦,忽略源频率。

⑥ 如果涉及包含一个设置为方波或三角波的函数发生器,它会在内部自动切换为正弦波进行分析。

3. Transient(瞬态)

瞬态分析执行电路的瞬态或时域仿真。根据初始条件设置,从执行直流工作点开始,分析以多个时间步长求解电路,直到仿真完成。时间步长是可变的,取决于电路的动态(例如锐边或快速事件)、仿真误差和最大步长设置 TMAX。步长永远不会超过 TMAX。在瞬态仿真期间:DC 使用常数值;AC 源使用依赖于时间的值;电容和电感由储能模型表示;数值积分用于计算一段时间内的能量传递量。

4. DC Sweep(直流扫描)

直流扫描执行一系列的直流工作点分析,在每次分析运行时逐步调整电压或电流源的 DC 参数。最多可以嵌套两个 DC 参数,但两个参数不能同时步进。

该分析的设置比较简单,但是,它只能步进信号源,并且只能运行 DC 工作点分析。

5．Single Frequency AC(单频交流)

单频交流分析的工作原理和 AC 扫描类似,但是仅在一个频率下计算结果。它以表格形式报告输出的幅度/相位或实部/虚部分量。

6．Parameter Sweep(参数扫描)

参数扫描允许用户运行一系列的基础分析,比如直流或瞬态分析,因为电路中的一个或多个参数因每次分析运行而不同。该分析比直流扫描更为普遍。在该分析中,可以扫描电路参数、器件参数和模型参数。

(1)电路参数。电路参数是用户定义的参数,可以指定给定的元件参数。通过扫描电路参数,可以间接扫描使用该电路参数的任何元件参数。

建议在大多数扫描应用中使用电路参数。与使用器件参数和模型参数相比,使用电路参数有两个优点。

① 器件/模型参数在网表上下文中运行,不提供与原理图上所见内容的直接关联。在属性对话框中,将电路参数直接分配给元件参数。因此,更容易确定它们对仿真的影响。

② 可以使用器件/模型参数扫描无法扫描的参数。例如,不能使用器件/模型参数扫描交流源的峰值电压。而且,无法(以任何直观的方式)扫描使用的宏模型(如变压器或 PWM)的元件参数。使用电路参数,只需要输入电路参数作为元件参数的值,然后扫描电路参数。

(2)器件和模型参数。器件和模型参数是由仿真器预定义的,并与网表中的 SPICE 器件相关联。它们可能与原理图中的元件没有明显的关联,因为元件的模型经常包含多个器件。

器件参数也称为实例参数,是在特定 SPICE 器件的实例定义行的网表中找到的参数。例如,SPICE 电阻器件有一个称为电阻的参数,其值在节点连接之后直接指定为实例参数,如下所示:

```
Rxx node + node - resistance_value
```

其中,Rxx 为具体的电阻名字,node+对应于该电阻一端的网络/节点名字,node-对应于该电阻另一端的网络/节点名字,resistance_value 为电阻值。

模型参数是特定 SPICE 器件的.model 语句的网表中找到的参数,例如,SPICE 二极管器件有一个名为 cjo 的模型参数,在.model 语句中的描述如下:

```
.model 1n4148 d(cjo = value)
```

半导体器件的参数通常在.model 行中找到。

通常,像电阻和电容等基本 Multisim 元件的模型由单个 SPICE 器件组成。扫描电阻器件参数,扫描电阻元件的电阻。

然而,更先进的元件(如运算放大器、功率 MOSFET,甚至一些二极管)使用宏模型,它使用了很多 SPICE 器件来综合整体的模型行为。在这些情况下,器件不会直接对应到属性对话框中显示的元件模型或元件参数。扫描这些内部器件的参数可能完全没有依据。因此,当用户清楚元件模型的哪个属性受器件/模型参数影响时,应保留扫描器件/模型参数。

7．Noise(噪声)

噪声分析计算在任何特定电路节点处产生的噪声,作为噪声产生元件(例如电阻)的结果。这是小信号分析,使用电路的线性化版本在离散频率下进行。它不是一个瞬态/时域分析,用户会看到噪声信号随时间的变化。

噪声分析的机制与交流扫描分析的机制类似。关键区别在于,在交流扫描分析中,信号发生器是由用户明确定义的交流信号源;而在噪声分析中,信号源是附加到电路中的每个噪声生成元件的不可见噪声源，它连接到每个噪声生成元件。此外，在交流扫描分析中，交流信号源幅度和方向由用户明确设置；而在噪声分析中，噪声源的幅度是通过表示噪声产生元件的物理噪声现象的公式设置的。电路中的噪声发生器完全不相关，因此没有方向。它们对任何电路节点的附加效应都用 RMS 方式计算。

每个噪声发生器向输出节点（通常向电路中的每个节点）提供一些 RMS 电压。该电压噪声简单地计算为：噪声发生器的 RMS 电压噪声乘以从噪声发生器到输出节点的小信号增益。输出节点上的总电压噪声是由噪声产生元件的所有 RMS 电压的 RMS 和，即

$$总的输出噪声(V_{rms}) = \sqrt{V_{1,rms}^2 + V_{2,rms}^2 + \cdots + V_{n,rms}^2}$$

在仿真期间，交流、直流或时变源（包括 THERMAL_NOISE 元件）不向电路注入任何噪声；所有电压源短路；所有电流源开路。

8. Monte Carlo（蒙特卡洛）

蒙特卡洛分析是一种统计技术，用于探索元件属性的变化如何影响电路性能。执行直流工作点、交流扫描分析或瞬态分析的多次仿真（运行），同时根据用户指定的分布类型和参数公差随机改变元件参数。

第一次仿真始终用标称值执行。对于其余的仿真，增量值将随机添加到标称值或从标称值中减去。该插值可以是标准偏差内的任何数字。添加特定增量值的概率取决于概率分布。可用的两种概率分布包括均匀分布（也称平坦分布）和高斯分布（也称为正态分布）。

（1）均匀分布。对于均匀分布，所有 X 值出现的概率相同。这是指定公差范围内的元件值。

（2）高斯分布。许多统计测试假设高斯分布。即使分布只是接近正态分布，在许多情况下，只要分布与正态分布没有太大的偏差，大多数测试都能很好地工作。高斯分布是一系列的分布，其形状如图 1.33 所示。从图可知，高斯分布形状对称，大多数观测到的属性都集中在中间。它们由两个参数定义：均值（m）和标准差（σ）。对于 X 曲线上给定点的正态曲线的高度，可用下面的公式表示：

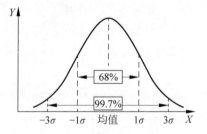

图 1.33 高斯分布的形状

$$\frac{1}{\sqrt{2\pi\sigma^2}} e^{-(x-\mu)^2/2\sigma^2}$$

标准差（σ）根据以下的参数公差计算，其中 X 是均值为 m 的随机变量，N 是样本次数，即

$$\sigma^2 = \frac{\sum(X-\mu)^2}{N}$$

参数的公差值表示三个标准差。换句话说，假设有大量的样本，99.7% 的样本将在公差内。

考虑具有 5% 公差（50Ω）的 1kΩ 电阻的高斯分布。这意味着 50Ω/3 = 16.6Ω 的标准差。假设大量的样本，在 68% 的样本中，电阻值将落在 983.4～1016.6Ω。99.7% 的样本中电阻的值会在 950～1050Ω。

9. Fourier（傅里叶）

该分析使用傅里叶级数方法来分析周期信号的频率分量。傅里叶级数计算是对瞬态分析产生的时域数据进行的。下面介绍计算傅里叶级数分量的方法。

（1）直流分量。

$$a_0 = \frac{1}{T}\int_t^{t+T} x(t)\mathrm{d}t$$

（2）系数。

$$a_k = \frac{2}{T}\int_t^{t+T} x(t)\cos(k\omega t)\,\mathrm{d}t$$

$$b_k = \frac{2}{T}\int_t^{t+T} x(t)\sin(k\omega t)\,\mathrm{d}t$$

Multisim 使用相位/幅度符号报告系数，如下面公式所述：

$$A_k = \sqrt{a_k^2 + b_k^2}$$

$$\theta_k = \arctan\left(\frac{b_k}{a_k}\right)$$

积分窗口的开始时间 t 为 TSTOP-2/基频。积分窗口停止时间 $t+T$ 为 TSTOP(TSTOP 是瞬态分析的停止时间)。基频是分析中的一个设置。换句话说，用于提取傅里叶系数的积分时间是瞬态分析波形中基本周期的最后两个周期。因此，该时间窗口必须包含用户希望分析的周期性信号，可能通过运行更长时间(TSTOP)的仿真，以使任何瞬态事件平息。

傅里叶分析也使用下面的公式计算总谐波失真(total harmonic distortion，THD)，即

$$\mathrm{THD} = \frac{\sqrt{A_2^2 + A_3^2 + A_4^2 + \cdots + A_k^2}}{A_1}$$

10. Temperature Sweep（温度扫描）

温度扫描分析运行一系列的基础分析，如直流或瞬态，因为每次分析运行的电路温度都是步进的。在该分析中，重要的是要注意电路中的哪些元件支持温度变化，并为此进行配置。

11. Distortion（失真）

该分析用于分析在瞬态分析期间可能不明显的信号失真。Multisim 仿真模拟小信号电路的谐波失真和互调(Inter-Modulation，IM)失真。对于回路中的每个交流电源，可以设置要使用的参数。Multisim 将确定电路中每个点的节点电压和分支电流。对于谐波失真，确定二次谐波和三次谐波的值。对于互调失真，分析将计算频率 $f_1 + f_2$、$f_1 - f_2$ 和 $2f_1 - f_2$ 的值。

12. Sensitivity（灵敏度）

使用灵敏度分析来分析输出对输入变量的敏感程度。该分析有效地返回输出相对于输入的导数。分析的工作原理是对输入进行非常小的扰动，并分析对输出的影响。

输入变量是器件参数(模型的基本构建块)，例如电阻器的电阻、电流源的直流电源或晶体管的正向 β。输出变量是节点电压、通过电压源的电流，以及二者的数学表达式。

这是一个线性分析，进行直流工作点分析以使任何非线性模型线性化。

13. Worst Case（最坏情况）

使用最坏情况分析来探索元件参数变化对电路性能可能产生的最坏影响。Multisim 使用直流工作点或交流分析的结果生成最坏情况的结果。

在直流工作点的情况下，输出变量是标量值，因此输出标准简单地等于输出变量。

在交流扫描的情况下，输出变量是一个复杂的波形，因此输出标准等于从幅值波形中导出特定标量值的排序函数。

在任何一种情况下，Multisim 都会从使用标称值开始执行仿真，然后执行交流或直流灵敏度分析，以确定特定元件相对于输出标准的灵敏度。

最后，使用将产生输出标准的最坏情况值的元件参数值进行仿真。根据元件相对于输出标准灵敏度是正数还是负数，以及标准应最大化还是最小化，通过从标称值中添加或减去公差值以确定最坏情况下的元件参数。

14. Noise Figure(噪声系数)

噪声系数分析测量器件的噪声程度。对于晶体管来说,这种分析是衡量晶体管在放大过程中给信号增加了多少噪声。

在电路网络中,噪声系数被用作"优值",以将网络中的噪声与理想或无噪声网络中的噪声进行比较。它是衡量网络输入和输出端口之间信噪比(SNR)下降的指标。

在计算设计的噪声系数时,还必须确定噪声因子(Noise Factor,F)。这是噪声系数的数值比值,其中噪声系数以 dB 表示。因此,

$$噪声系数 = 10\log_{10}F$$

$$F = \frac{输入\ SNR}{输出\ SNR}$$

15. Pole Zero(零极点)

零极点是一种小信号交流分析,它计算传递函数的极点和零点,其中输入和输出由用户定义。极点是将导致传递函数方程中分母为零的任何数。零点是将导致传递函数方程中分子为零的任何数字。该分析报告了实值和虚值。

16. Transfer Function(传递函数)

传递函数计算电路中一个输入源和两个输出节点(电压)或输出变量(电流)之间的直流小信号传输函数。它还计算输入和输出电阻。首先基于直流工作点对任何非线性模型进行线性化,然后进行小信号分析。输出变量可以是任何节点电压,而输入必须是电路中某处定义的独立源。DC 小信号增益是输出相对于 DC 偏置点(和零频率)处的输入的导数。以下是增益的表达式:

$$\frac{\mathrm{d}V_{\mathrm{out}}}{\mathrm{d}V_{\mathrm{in}}}$$

电路的输入或输出电阻是指输入或输出处的"动态"或小信号电阻。从数学上讲,小信号直流电阻是输入电压相对于直流偏置点(和零频率)的输入电流的导数。以下是输入电阻的表达式:

$$\frac{\mathrm{d}V_{\mathrm{in}}}{\mathrm{d}I_{\mathrm{in}}}$$

在 Multisim 中,传递函数分析的结果会生成一张图表,显示输出与输入信号的比值、输入源节点处的输入电阻以及输出电压节点之间的输出电阻。

注:这是一种直流分析,不计算时域或频域传递函数。

17. Trace Width(迹线宽度)

迹线宽度分析计算在任何迹线上的 RMS 电流所需的最小迹线宽度。在该分析中,Multisim 使用迹线重量值(oz/ft^2)计算所需要的厚度。使用瞬态分析,首先计算每条导线的电流。这些电流通常与时间有关,即其振幅随时间变化为正数或负数。

瞬态分析是针对离散时间点进行的,因此最大绝对值的精度取决于选择了多少个时间点。以下是一些提高迹线宽度分析精度的方法。

(1)将瞬态分析的结束时间设置为至少处理一个信号周期的时间点。如果信号是周期性的,则尤其如此。如果不是,则必须将结束时间设置为足够大的值,以便 Multisim 捕获正确的最大电流。

(2)手动将点数增加到 100 或更多。信号点越多,最大值越准确。注意,将时间点的数量增加到 1000 点之上将增加执行时间并减慢 Multisim。

(3)考虑初始条件的影响,它可以改变开始时间信号的最大值。如果稳态(例如,直流工作点)远离初始条件(例如,IC 为 0),则可能会降低仿真速度。

18．批量分析（Batched Analyses）

用户可以将不同的分析或同一分析的不同实例按顺序进行批处理。比如，可以使用批处理分析：重复执行同一组分析，比如在尝试微调电路时；记录用户在电路上执行的分析；设置一系列长期运行的分析以自动运行。

19．User-Defined Analyses（用户定义的分析）

使用用户定义分析手动加载一个 SPICE 卡或网表并输入 SPICE 命令。这使用户可以更自由地调整仿真，而不是使用 Multisim 的图形界面。但是，这要求对 SPICE 有非常深入的掌握。

1.2.2　TTL 逻辑门传输特性参数

视频讲解

本节将以 TI 公司的 SN7408 芯片（四个二输入的逻辑"与"门）为例，介绍 TTL 逻辑门电路的分析方法。打开配套资源中提供的 sn74ls08.pdf 文档，其中给出了芯片的相关数据。

1．芯片的封装

该芯片的 J 或 N 封装如图 1.34 所示。

2．芯片的功能表

该芯片的逻辑与门功能表如表 1.15 所示。

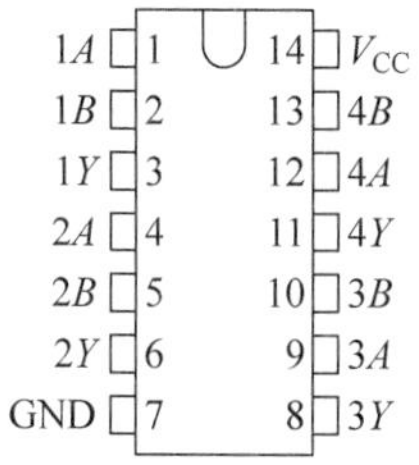

```
1A  ┌1    14┐ V_CC
1B  ┌2    13┐ 4B
1Y  ┌3    12┐ 4A
2A  ┌4    11┐ 4Y
2B  ┌5    10┐ 3B
2Y  ┌6     9┐ 3A
GND ┌7     8┐ 3Y
```

图 1.34　SN7408 芯片的 J 或 N 封装

表 1.15　功能表（每个门）

输入		输出
A	B	Y
H	H	H
L	X	L
X	L	L

表中，H 表示高电平，L 表示低电平，X 表示高电平/低电平。读者肯定要问，为什么表中不是直接给出逻辑"1"和逻辑"0"，这样不是更直观吗？既然是高电平，多高的电压值算高电平？既然是低电平，多低的电压值算低电平？这在后面将进行详细说明。

3．芯片的电路结构

该芯片其中一个逻辑与门的内部电路结构，如图 1.35 所示。下面对该电路内部结构进行简单分析。

（1）当输入端 A 和 B 中有一个输入端施加低电平 0.2V 时，NPN 型晶体管 Q_1 的基极电压为 $0.2+0.7=0.9$V，显然要导通 NPN 型晶体管 Q_2 和 Q_3，要求 Q_1 的基极电压至少大于 $0.7+0.7=1.4$V，因此晶体管 Q_2 和 Q_3 都处于截止状态。晶体管 Q_4 的基极电压远大于需要导通晶体管 Q_4 和 Q_6 所需要的 1.4V 电压，因此晶体管 Q_4 和 Q_6 均处于导通状态，并且进入饱和状态。当处于饱和状态时，晶体管 Q_6 集电极和发射极之间的电压大约为 0.3V，因此输出电压大约为 0.3V。

（2）当输入端 A 和 B 的输入均为低电平 0.2V 时，与第一种情况完全相同。

（3）当输入端 A 和 B 的输入端电平均为 2.0V 时，晶体管 Q_1 的基极电压为 $2.0+0.7=$ 2.7V，大于导通晶体管 Q_2 和 Q_3 所需要的电压 $0.7+0.7=1.4$V，因此晶体管 Q_2 和 Q_3 均处于导通状态，并且进入饱和状态。此时，晶体管 Q_3 集电极和发射极之间的饱和压降为 0.3V，也就是晶体管 Q_4 的基极电压为 0.3V，远不够导通晶体管 Q_4 和 Q_6 所需要的导通电压 $0.7+0.7=1.4$V，因此晶体管 Q_4 和 Q_6 处于截止状态。输出端 Y 的电压经过晶体管 Q_5 的基极到发射极的 0.7V 压降，以及二极管 D_1 的 0.7V 压降，此时输出端 Y 的电压为 $5-0.7-0.7=3.6$V。

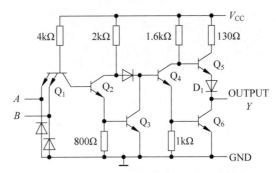

图 1.35　SN7408 芯片(单个门)的内部结构

从上面的分析过程可知,对于采用 TTL 半导体工艺的逻辑门电路来说,输出高电平不是理想的 VCC,而是 3.6V,因此将输出大于 3.6V(即 3.6V~V_{CC})的高电平统称为逻辑"1";类似地,输出的低电平也不是理想的 GND,而是大约 0.3V,因此,将小于 0.3V(即 GND~0.3V)的低电平统称为逻辑"0"。从而说明这样一个事实,即逻辑"1"和逻辑"0"表示两种状态,在物理上对应于一个电压范围,该范围与高电平门限和低电平门限有关。对于输出来说,将其称为逻辑输出高电平和低电平,对应的逻辑输出"1"和输出"0"。

对于输入端也有类似的规则,当输入电平大于 2.0V(即 2.0V~V_{CC})时,将该范围的电压统称为输入高电平,对应于逻辑"1";当输入电平小于 0.8V(即 GND~0.8V)时,将该范围的电压统称为输入低电平,对应于逻辑"0"。所以,对于输入来说,逻辑"1"和逻辑"0"与高电平门限和低电平门限有关。对于输入来说,将其称为逻辑输入高电平和低电平,对应于逻辑输入"1"和"0"。

4. 工作条件

该文档中给出的推荐工作条件如表 1.16 所示。

表 1.16　推荐的工作条件

参　　　数	SN7408			单位
	最小	正常	最大	
V_{CC} 供电电压	4.75	5	5.25	V
V_{IH} 高电平输入电压(input high,IH)	2	—	—	V
V_{IL} 低电平输入电压(input low,IL)	—	—	0.8	V
I_{OH} 高电平输出电流(output high,OH)	—	—	−0.8	mA
I_{OL} 低电平输出电流(output low,OL)	—	—	16	mA
T_A 工作温度	0	—	70	℃

超过推荐工作自然空气温度范围的电气特性如表 1.17 所示。

表 1.17　超过推荐工作自然空气温度范围的电气特性

参数	测 试 条 件[1]	SN7408			单位
		最小	典型[2]	最大	
V_{IK}	$V_{CC}=$MIN,$I_I=-12$mA	—	—	−1.5	V
V_{OH}	$V_{CC}=$MIN,$V_{IH}=2$V,$I_{OH}=-0.8$mA	2.4	3.4	—	V
V_{OL}	$V_{CC}=$MIN,$V_{IL}=0.8$V,$I_{OL}=16$mA	—	0.2	0.4	V
I_I	$V_{CC}=$MAX,$V_I=5.5$V	—	—	1	mA
I_{IH}	$V_{CC}=$MAX,$V_I=2.4$V	—	—	40	μA
I_{IL}	$V_{CC}=$MAX,$V_I=0.4$V	—	—	−1.6	mA

续表

参数	测试条件[1]	SN7408			单位
		最小	典型[2]	最大	
$I_{OS}^{[3]}$	$V_{CC}=\text{MAX}$	-18	—	-55	mA
I_{CCH}	$V_{CC}=\text{MAX},V_I=4.5\text{V}$	—	11	21	mA
I_{CCL}	$V_{CC}=\text{MAX},V_I=0\text{V}$	—	20	33	mA

(1) 对于显示为最小或最大的条件,使用推荐条件下指定的适当值。

(2) 所有典型值都在 $V_{CC}=5\text{V},T_A=25℃$。

(3) 一次短路的输出不应该超过一个。

从表 1.16 和表 1.17 可知,TTL 输出信号电平的允许范围比输入信号电平的允许范围要窄。

(1) 对于 TTL 输入,逻辑"0"对应低电平范围为 $[0\text{V},0.8\text{V}]$,允许低电平变化的幅度为 $0.8-0=0.8\text{V}$;逻辑"1"对应高电平范围为 $[2\text{V},5\text{V}]$,允许高电平变化范围为 $5-2=3\text{V}$。

(2) 对于 TTL 输出,逻辑"0"对应低电平范围 $[0\text{V},0.4\text{V}]$,允许低电平变化的幅度为 $0.4-0=0.4\text{V}$;逻辑"1"对应高电平范围 $[2.4\text{V},5\text{V}]$,允许高电平变化范围为 $5-2.4=2.6\text{V}$。

从上面的分析可知,TTL 输出的低电平范围落在了 TTL 输入的低电平范围,TTL 输出的高电平范围落在了 TTL 输入的高电平范围,因此,一个 TTL 逻辑门的输出可以直接与另一个 TTL 逻辑门的输入连接在一起。

在传输特性中,将所允许输入和输出范围之间的不同称为逻辑门的噪声容限。对于 TTL 低电平,噪声容限为 $0.8-0.4=0.4\text{V}$;对于 TTL 高电平,噪声容限为 $2.4-2=0.4\text{V}$。

5. 开关特性

文档给出的开关特性如表 1.18 所示。

表 1.18 开关特性($V_{CC}=5\text{V},T_A=25℃$)

参数	从(输入)	到(输出)	测试条件	最小	典型	最大	单位
t_{PLH}	A 或 B	Y	$R_L=400\Omega,C_L=15\text{pF}$	—	17.5	27	ns
t_{PHL}				—	12	19	ns

表中,t_{PLH} 为当输入端 A 或 B 施加一个由低到高(logic to high,LH)跳变的脉冲信号时,在输出端 Y 得到相同变化 LH 所需要的时间;t_{PHL} 为当输入端 A 或 B 施加一个由高到低(high to low,HL)跳变的脉冲信号时,在输出端 Y 得到相同变化 HL 所需要的时间,如图 1.36 所示。从图中可知,从逻辑输入端到逻辑输出端存在延迟。该延迟通过 t_{PLH} 和 t_{PHL} 确定。

此外,逻辑门的工作速度可通过输入脉冲宽度度量,如图 1.37 所示。当 t_w 越小,即工作频率越高;当 t_w 越大,则工作频率越低。

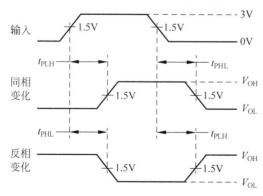

图 1.36 逻辑门的切换特性时序

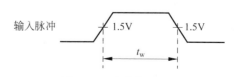

图 1.37 脉冲宽度度量

思考与练习 1-7 打开配套资源中的 sn7404.pdf 文档,说明反相器的传输特性。

思考与练习 1-8 打开配套资源中的 sn7432.pdf 文档,说明逻辑或门的传输特性。

思考与练习 1-9 打开配套资源中的 sn7402.pdf 文档,说明逻辑或非门的传输特性。

思考与练习 1-10 打开配套资源中的 sn7400.pdf 文档,说明逻辑与非门的传输特性。

1.2.3 TTL 逻辑电平传输特性分析

本节将通过 SPICE 工具对 TTL 逻辑与门的逻辑输入和输出电平特性进行分析。

1. 放置电路元件

本节将在 Multisim 的原理图中放置电路元件,主要步骤如下。

(1) 在 Windows 10/Windows 11 操作系统桌面上,单击"开始"菜单,找到并单击名为 NI Multisim 14.1 的图标,启动 Multisim 14.1 软件(以下简称 Multisim)。

(2) 在 Multisim 主界面右侧窗口中,自动打开空白原理图界面。

(3) 在 Multisim 主界面工具栏中,找到并单击名为 Place TTL 的图标 ᵝ 。

(4) 弹出 Select a Component 对话框,在 Component 文本框中输入 7408N,在右侧出现逻辑与门的符号窗口(标题为 Symbol(ANSI Y32.2))。

(5) 单击图 1.38 右上角的 OK 按钮,在 Multisim 主界面右上角弹出对话框,如图 1.39 所示。因为在 SN7408 芯片中提供了四个二输入的逻辑与门,所以该对话界面让读者从这四个二输入逻辑与门中选择其中的一个。

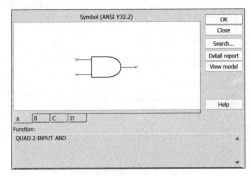

图 1.38 逻辑与门的 ANSI Y32.2 符号

(6) 在图 1.39 中,单击名为 A 的按钮,将其中一个逻辑与门原理图符号放到空白原理图界面中。

(7) 当放置完该逻辑与门原理图符号后,自动弹出如图 1.40 所示的对话框,这里提示读者可继续在原理图中放置 SN7408 其他逻辑与门原理图符号。在该设计中不需要使用其他逻辑与门原理图符号,因此单击 Cancel 按钮。

图 1.39 选择逻辑与门的
一个原理封装

图 1.40 继续选择放置该
逻辑门原理封装

(8) 自动弹出 Select a Component 对话框,单击右上角的关闭按钮 ✕ ,退出该对话框。

(9) 在 Multisim 主界面工具栏中,找到并单击名为 Place Source 的按钮 ✛ 。

(10) 弹出 Select a Component 对话框,在左侧的 Family 窗口中,找到并选中名为 POWER_SOURCES 的条项。在 Component 下方的下拉框中,找到并选中名为 DC_POWER

的条目。单击 Select a Component 对话框右上角的 OK 按钮,退出该对话框,并将该原理图符号放置在原理图中合适的位置。

（11）自动弹出 Select a Component 对话框,在左侧的 Family 窗口中,找到并选中名为 POWER_SOURCES 的条项。在 Component 下方的下拉框中,找到并选中名为 VCC 的条目。单击 Select a Component 对话框右上角的 OK 按钮,退出该对话框,并将该原理图符号放置在原理图中合适的位置。

（12）弹出 Multisim 对话框,在该对话框中,提示信息"Hidden power pins are using hidden on-page connectors with the name "VCC". Placing this global connector will form a virtual connection to those pins. Do you want to continue?"。

（13）单击 OK 按钮,退出 Multisim 对话框。

（14）自动弹出 Select a Component 对话框,在左侧的 Family 窗口中,找到并选中名为 POWER_SOURCES 的条项。在 Component 下方的下拉框中,找到并选中名为 DGND 的条目。单击 Select a Component 对话框右上角的 OK 按钮,退出该对话框,并将该原理图符号放置在原理图合适的位置。

（15）弹出 Multisim 对话框,在该对话框中,提示信息"Hidden power pins are using hidden on-page connectors with the name "GND". Placing this global connector will form a virtual connection to those pins. Do you want to continue?"。

（16）单击 OK 按钮,退出 Multisim 对话框。

（17）自动弹出 Select a Component 对话框,单击该对话框右上角的关闭按钮 ×,退出该对话框。

（18）在 Multisim 主界面工具栏中,找到并单击名为 Place Basic 的按钮 ∿。

（19）弹出 Select a Component 对话框,在左侧的 Family 窗口中,找到并选中名为 RESISTOR 的条目。在 Component 下方的下拉框中,选中名为 10k 的条目。单击右上角的关闭按钮 ×,退出该对话框。

（20）同时按下 Ctrl 和 R 键,调整电阻符号的位置,并将其放在空白原理图中合适的位置。放置完测试电路中所需的所有元件后的原理图如图 1.41 所示。

2. 修改电路中的元件属性

本节将修改图 1.41 中名为 V1 的直流电源的属性设置。

（1）双击图中名为 V1 的直流电源符号。

（2）弹出 DC_POWER 对话框,如图 1.42 所示,在 Voltage 文本框中输入5,将电压设置为5V。

（3）单击 OK 按钮,退出该对话框。

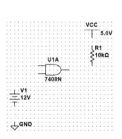

图 1.41　放置完元件后的电路

图 1.42　DC_POWER 属性对话框

3. 连接电路

将图 1.41 中的元件连接在一起,构建完成逻辑电平传输特性测试电路。

(1) 将鼠标光标放到所要连接的元件引脚并按下鼠标左键,就会自动出现连线,释放鼠标左键并拖动鼠标到所要连接元件的另一个引脚上,然后按下/释放鼠标左键,完成两个元件引脚之间的连线。

(2) 完成电路中所有元件的连线,如图 1.43 所示。

4. 修改网络名字

为了方便查看电路中的网络,这里将修改网络名字。

(1) 双击图 1.43 中逻辑与门输出端与电阻一端的连线。

(2) 弹出 Net Properties 对话框,如图 1.44 所示,按如下内容设置参数。

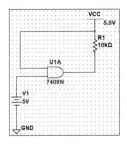

图 1.43　完整的电路结构

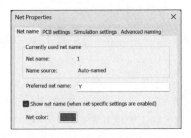

图 1.44　Net Properties 对话框

① 在 Preferred net name 文本框中输入 Y,将网络名字设置为 Y。

② 勾选 Show net name(when net-specific settings are enabled)前面的复选框,显示网络的名字。

(3) 单击该对话框下方的 OK 按钮,退出 Net Properties 对话框。

(4) 双击电源 V1 和逻辑与门输入端之间的连线。

(5) 弹出 Net Properties 对话框,按如下内容设置参数。

① 在 Preferred net name 文本框中输入 B,将网络名字设置为 B。

② 勾选 Show net name(when net-specific settings are enabled)前面的复选框,显示网络的名字。

(6) 单击该对话框下方的 OK 按钮,退出 Net Properties 对话框。

修改完网络节点名字的电路图如图 1.45 所示。

(7) 同时按下 Ctrl 和 S 键,弹出 Save As 对话框,将路径定位到 \eda_verilog 目录下,将文件命名为 ttl_logic_voltage_test. ms14。

5. 查看 SPICE 网表结构

这里将查看 SPICE 网表结构。

(1) 在 Multisim 主界面下,选择 View → SPICE Netlist Viewer,打开 SPICE Netlist Viewer 界面。

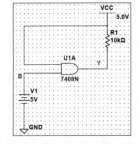

图 1.45　修改完网络节点名字的电路图

(2) 在 Multisim 主界面左侧的 SPICE Netlist Viewer 窗口中,查看 SPICE 网表结构。部分网表结构如代码清单 1-1 所示。

代码清单 1-1　SPICE 网表结构(代码片段)

```
* ## Multisim 元件 U1 ## *
aU1_A [dU1.1A dU1.1B] dU1.1Y 7408__74STD__1
```

```
xU1_A.1A VCC dU1.1A VCC GND TTL_RCV__NON__1
xU1_A.1B B dU1.1B VCC GND TTL_RCV__NON__1
xU1_A.1Y dU1.1Y Y VCC GND TTL_DRV__NON__1
 * ＃＃ Multisim 元件 R1 ＃＃ *
rR1 VCC Y 10000 vresR1          ＃＃ VCC 和 Y 为网络节点,电阻值 10000,rR1 为电阻实例 ＃＃
.model vresR1 r( )              ＃＃ vresR1 为电阻模型 ＃＃

 * ＃＃ Multisim 元件 GND ＃＃ *
xGND GND DGND__POWER_SOURCES__1 ＃＃

 * ＃＃ Multisim 元件 VCC ＃＃ *
VCCVCC VCC 0 dc 5

 * ＃＃ Multisim 元件 V1 ＃＃ *
vV1 B GND dc 5 ac 0 0          ＃＃ B 和 GND 为网络节点,dc = 5,ac = 0,vV1 为元件实例 ＃＃
+         distof1 0 0
+         distof2 0 0

＃＃ 模型声明 ＃＃
.MODEL 7400__74STD__1 d_nand ( rise_delay = 22n fall_delay = 15n)
```

6. 设置仿真参数并执行仿真

下面将设置电路仿真参数,并执行直流扫描分析。

(1) 在 Multisim 主界面中,选择 Simulate→Mixed-Mode Simulation Settings。

(2) 弹出 Mixed-Mode Simulation Settings 对话框,如图 1.46 所示,勾选 Use Real pin models(more accurate simulation-requires power and digital ground)前面的复选框。

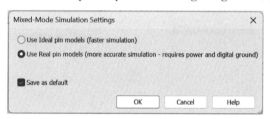

图 1.46　Mixed-Mode Simulation Settings 对话框

(3) 单击 OK 按钮,退出该对话框。

(4) 在 Multisim 主界面中,选择 Simulate→Analyses and Simulation,弹出 Analyses and Simulation 对话框,如图 1.47 所示,在左侧的 Active Analysis 窗口中选中 DC Sweep。

在右侧窗口中,单击 Analysis parameters 标签。在该标签界面内的 Source 1 子窗口中,按如下设置参数。

① Source 下拉框中选择 V1,表示直流扫描的源为 V1。

② Start value 文本框中输入 0,表示直流扫描的开始值为 0V。

③ Stop value 文本框中输入 4,表示直流扫描的结束值为 4V。

④ Increment 文本框中输入 0.01,表示扫描在 0~4V 内按 0.01V 步长递增。

在 Analyses and Simulation 右侧窗口中,单击 Output 标签。在 Variables in circuit 窗口中选中 V(v)条项,然后单击该窗口右侧的 Add 按钮,将该条项添加到 Output 选项卡右侧的 Selected variables for analysis 中,如图 1.48 所示。

(5) 单击图 1.47 中右下角的 Run 按钮,开始执行直流扫描分析。

(6) 弹出新的 Grapher View 窗口。在该窗口的工具栏中单击 Show grid 按钮 ▦ ,在图中显示栅格;单击 Show cursors 按钮 ▥ ,在图中显示用于测量数据的坐标轴。添加完栅格和坐标轴后的逻辑电平传输分析结果,如图 1.49 所示。

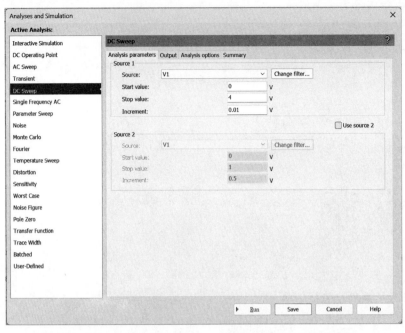

图 1.47　Analyses and Simulation 对话框中的仿真参数设置(一)

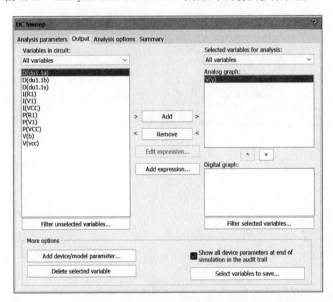

图 1.48　Analyses and Simulation 对话框中的仿真参数设置(二)

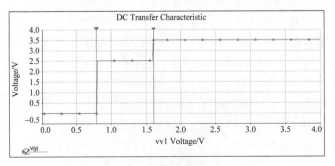

图 1.49　直流扫描分析结果

下面对该结果进行简单的分析。从测试电路可知,二输入逻辑与门的一个输入端永远接入高电平,而另一个输入端的输入电平从 0V 开始以 0.01V 的步长递增到 4V,该变化对应于图 1.49 的 X 坐标轴。从图可知:

(1) 当输入端的电压从 0V 递增到 0.8V 的过程中,与门的输出电压对应于 Y 轴大约为 0V。

(2) 当输入端的电压大于 0.8V 而小于 1.6V 时,与门的输出电压对应于 Y 轴跳变到 2.5V。

(3) 当输入端的电压大于 1.6V 时,与门的输出电压对应于 Y 轴跳变到 3.5V。

显然,情况(1)和情况(3)对应于输出逻辑"0"和输出逻辑"1";情况(1)的输入端电压为输入逻辑"0"(对应于输入低电平 0~0.8V 区间),情况(3)的输入端电压为输入逻辑"1"(对应于输入高电平大于 1.6V 而小于 5V 的区间)。情况(2)的输入电平既不是逻辑低电平也不是逻辑高电平,应该属于输入电平不确定状态,其对应的输出 2.5V 应该属于输出电平的不确定状态。对于情况(2)我们一般不去关心它,因为在实际电路中,从输入逻辑低电平到输入逻辑高电平的变化速度很快。

1.2.4 TTL 延迟传输特性分析

本节将对 TTL 与门的时序传输特性进行分析。

1. 构建 TTL 时序传输特性测试电路

本节将修改前面的 TTL 逻辑电平传输特性测试电路,构建用于测试 TTL 时序传输特性的测试电路。

(1) 将\eda_verilog 目录下的 ttl_logic_voltage_test. ms14 文件另存为 eda_verilog 目录下的 ttl_logic_ timing_test. m14 文件。

(2) 启动 Multisim 14.1 软件(以下简称 Multisim)。

(3) 在 Multisim 主界面下,选择 File→Open。

(4) 弹出 Open file 对话框,在该对话框中,定位到\eda_verilog 目录下。在该目录下,选中 ttl_logic_timing_test. ms14 文件。

(5) 单击"打开"按钮,退出 Open file 对话框。

(6) 选中图 1.43 中名为 R1 的电阻符号,按下/释放 Delete 键,删除原理图电路中的电阻符号。

(7) 选中图 1.43 中名为 V1 的直流电源符号,按下/释放 Delete 键,删除原理图中的直流电源符号。

(8) 在 Multisim 主界面中,找到并单击 Place Source 按钮 ✚ 。

(9) 弹出 Select a Component 对话框,在左侧的 Family 窗口中,找到并选中 SIGNAL_VOLTAGE_SOURCES 条目。在右侧的 Component 窗口列表中,找到并选中 CLOCK_VOLTAGE。

(10) 单击 Select a Component 右上角的 OK 按钮,将该元件符号放在原理图合适的位置。

(11) 继续弹出 Select a Component 对话框,单击右上角的关闭按钮 ✕ ,退出该对话框。

(12) 双击原理图中名为 V1 的时钟源符号,弹出 CLOCK_VOLTAGE 对话框,在 Frequency 文本框中输入 100K,将频率设置为 100kHz。单击 OK 按钮,退出该对话框。

(13) 按 1.2.3 节介绍的方法,调整原理图中元件的布局,通过连线将元件连接在一起,并给电路中的网络重新命名,构建完成的直流扫描分析结果如图 1.50 所示。

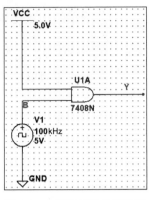

图 1.50　直流扫描分析结果

2. 设置仿真参数并执行仿真

这里将设置电路仿真参数,并执行瞬态分析。

(1) 在 Multisim 主界面中,选择 Simulate→Analyses and Simulation。

(2) 弹出 Analyses and Simulation 对话框,如图 1.51 所示,在左侧的 Active Analysis 窗口中,选中 Transient。在该对话框的右侧窗口中,按如下设置参数。

单击 Analysis parameters 标签,在 End time 文本框中输入 0.0001s,将仿真的结束时间设置为 0.0001s。

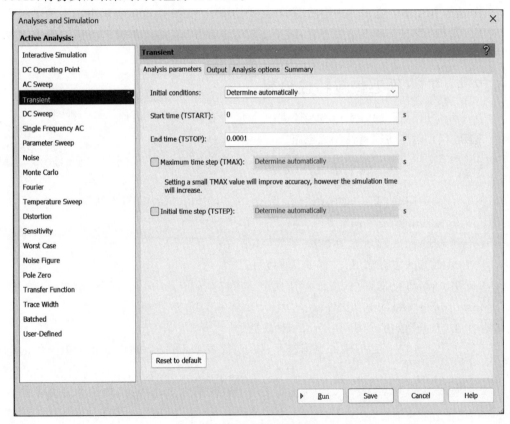

图 1.51　瞬态分析参数设置(一)

单击 Output 标签,在 Variables in circuit 窗口中分别选中 D(du1.1b)和 D(y),单击 Add 按钮,这两项将添加到右侧的 Digital graph 窗口中,如图 1.52 所示。

(3) 单击图 1.51 右下角的 Run 按钮,开始执行瞬态分析过程。

(4) 弹出 Grapher View 窗口,在该窗口的工具栏中分别单击 Show grid 按钮 ▦ 和 Show cursors 按钮 ▦,在仿真波形窗口中添加栅格和测量坐标。

(5) 在 Grapher View 窗口中,通过操作鼠标滚轮放大仿真波形。将第一个测量光标(天蓝色显示)放在 D(du1.1b)的上升沿位置,将第二个测量光标(黄色显示)放在 D(y)的上升沿位置,在该窗口的右上角给出了坐标 x1 的位置和坐标 x2 的位置信息,如图 1.53 所示。x1 的时间坐标为 $30.001\mu s$,x2 的时间坐标为 $30.029\mu s$,x2 和 x1 的时间差为 $30.029-30.001=0.028\mu s=28ns$。

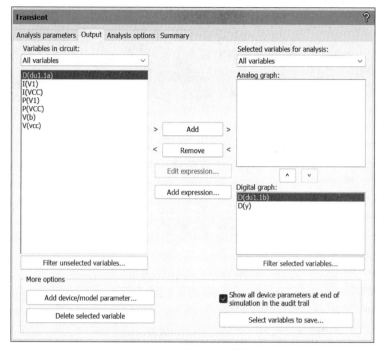

图 1.52　瞬态分析参数设置(二)

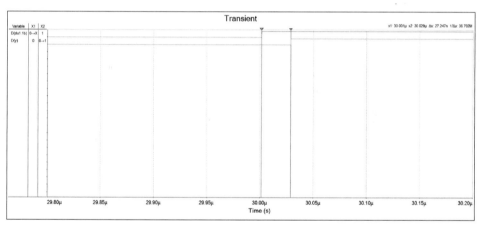

图 1.53　瞬态分析的结果

　　根据测试电路可知,由于将逻辑与门的一端接到 VCC,也就是处于输入逻辑"1"状态,所以该与门就简化为一个传输门电路,就是与门的输入从 0 到 1 的跳变,经过大约 28ns 的延迟后,这个跳变反映到与门的输出。这就是逻辑门的传输延迟特性。

　　思考与练习 1-11　将输入时钟源的频率修改为 1MHz、10MHz 和 20MHz 后,重新执行瞬态分析,观察与门的输出,当时钟频率高于一个值时,虽然在门电路的输入端有跳变,但是此时并不能从与门的输出反映出从逻辑低到逻辑高的变化,这就是 SN7408 器件的工作速度。显然,脉冲宽度反映了器件的工作速度。

　　思考与练习 1-12　构建 TTL 电路分析反相器/或门/或非门/与非门的传输特性。

1.2.5　CMOS 逻辑门传输特性参数

本节将以 TI 公司的 CD4081B 芯片(四个二输入的逻辑"与"门)为例,介绍 CMOS 逻辑门电

视频讲解

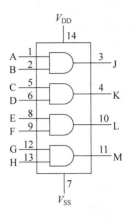

图 1.54 CF4081B原理封装符号

路的分析方法。打开本书配套资源中提供的 cd4081b.pdf 文档,该文档中给出了芯片的相关数据。

1. 芯片的封装

该芯片采用 14 引线密封双列直插式陶瓷封装(F3A 后缀),14 引线双列直插式塑料封装(E 后缀)、14 引线小外形封装(M、MT、M96 和 NSR 后缀)和 14 引线薄收缩小外形封装(PW 和 PWR 后缀)。该芯片的原理封装符号如图 1.54 所示。

2. 推荐的工作条件

文档给出的推荐工作条件如表 1.19 所示。从表中可知,与 TTL 逻辑门供电电压通常为 5V 相比,CMOS 逻辑门允许的供电电压范围显著增加,范围为 3～18V。通常,使用 5V、10V 和 15V 三个供电电压。

表 1.19 推荐的工作条件

特　　性	限制		单位
	最小	最大	
供电电压范围(对于 T_A=全封装温度范围)	3	18	V

手册给出的动态电气特性(T_A=25℃,输入 t_r,t_f=20ns,且 C_L=50pF,R_L=200kΩ)如表 1.20 所示。

表 1.20 动态电气特性

特性	测试条件		所有类型限制		单位
	—	V_{DD}/V	典型	最大	
传播延迟时间,t_{PHL},t_{PLH}	—	5	125	250	ns
		10	60	120	
		15	45	90	
跳变时间,t_{THL},t_{TLH}	—	5	100	200	ns
		10	50	100	
		15	40	80	
输入电容,C_{IN}	任何输入	—	5	7.5	pF

手册给出的静态电气特性如表 1.21 所示。

表 1.21 静态电气特性

特　　性	条件			指定温度时的限制/℃				+25			单位
	V_O/V	V_{IN}/V	V_{DD}/V	-55	-40	+85	+125	最小	典型	最大	
静态器件电流,I_{DD} Max	—	0,5	5	0.25	0.25	7.5	7.5	—	0.01	0.25	μA
	—	0,10	10	0.5	0.5	15	15	—	0.01	0.5	
	—	0,15	15	1	1	30	30	—	0.01	1	
	—	0,20	20	5	5	150	150	—	0.02	5	
输出低(吸收)电流 I_{OL} Min	0.4	0,5	5	0.64	0.61	0.42	0.36	0.51	1	—	mA
	0.5	0,10	10	1.6	1.5	1.1	0.9	1.3	2.6	—	
	1.5	0,15	15	4.2	4	2.8	2.4	3.4	6.8	—	

续表

特　性	条件			指定温度时的限制/℃				+25			单位
	V_O/V	V_{IN}/V	V_{DD}/V	−55	−40	+85	+125	最小	典型	最大	
输出高(源)电流 I_{OH} Min	4.6	0,5	5	−0.64	−0.61	−0.42	−0.36	−0.51	−1	—	mA
	2.5	0,5	5	−2	−1.8	−1.3	−1.15	−1.6	−3.2	—	
	9.5	0,10	10	−1.6	−1.5	−1.1	−0.9	−1.3	−2.6	—	
	13.5	0,15	15	−4.2	−4	−2.8	−2.4	−3.4	−6.8	—	
输出电压,低电平 V_{OL} Max	—	0,5	5	0.05				—	0	0.05	V
	—	0,10	10	0.05				—	0	0.05	
	—	0,15	15	0.05				—	0	0.05	
输出电压,高电平 V_{OH} Min	—	0,5	5	4.95				4.95	5	—	V
	—	0,10	10	9.95				9.95	10	—	
	—	0,15	15	14.95				14.95	15	—	
输入电压,低电平 V_{IL} Max	0.5	—	5	1.5				—	—	1.5	V
	1	—	10	3				—	—	3	
	1.5	—	15	4				—	—	4	
输入电压,高电平 V_{IH} Min	0.5,4.5	—	5	3.5				3.5	—	—	
	1,9	—	10	7				7	—	—	
	1.5,13.5	—	15	11				11	—	—	
输入电流 I_{IN} Max	—	0,18	18	±0.1	±0.1	±1	±1	—	$±10^{-5}$	±0.1	μA

从表 1.21 可知,在不同的供电电压下,其输入和输出逻辑电平和噪声容限的关系如下。

(1) CMOS 工作在 5V 供电电压时。

① 对于 CMOS 输入,逻辑"0"对应低电平范围为 $[0V,1.5V]$,允许低电平变化的幅度为 $1.5-0=1.5V$;逻辑"1"对应高电平范围为 $[3.5V,5V]$,允许高电平变化范围为 $5-3.5=1.5V$。

② 对于 CMOS 输出,逻辑"0"对应低电平范围 $[0V,0.05V]$,允许低电平变化的幅度为 $0.05-0=0.05V$;逻辑"1"对应高电平范围 $[4.95V,5V]$,允许高电平变化范围为 $5-4.95=0.05V$。

(2) CMOS 工作在 10V 供电电压时。

① 对于 CMOS 输入,逻辑"0"对应低电平范围为 $[0V,3V]$,允许低电平变化的幅度为 $3.0-0=3V$;逻辑"1"对应高电平范围为 $[7V,10V]$,允许高电平变化范围为 $10-7=3V$。

② 对于 CMOS 输出,逻辑"0"对应低电平范围 $[0V,0.05V]$,允许低电平变化的幅度为 $0.05-0=0.05V$;逻辑"1"对应高电平范围 $[9.95V,10V]$,允许高电平变化范围为 $10-9.95=0.05V$。

对于 CMOS 低电平,噪声容限为 $3-0.05=2.95V$;对于 CMOS 高电平,噪声容限为 $9.95-7=2.95V$。CMOS 的噪声容限是 TTL 噪声容限的 $2.95/0.4=7.375≈8$ 倍。

(3) CMOS 工作在 15V 供电电压时。

① 对于 CMOS 输入,逻辑"0"对应低电平范围为 $[0V,4V]$,允许低电平变化的幅度为 $4.0-0=4V$;逻辑"1"对应高电平范围为 $[11V,15V]$,允许高电平变化范围为 $15-11=4V$。

② 对于 CMOS 输出,逻辑"0"对应低电平范围 $[0V,0.05V]$,允许低电平变化的幅度为 $0.05-0=0.05V$;逻辑"1"对应高电平范围 $[14.95V,15V]$,允许高电平变化范围为 $15-14.95=0.05V$。

对于 CMOS 低电平,噪声容限为 $4-0.05=3.95V$;对于 CMOS 高电平,噪声容限为 $14.95-11=3.95V$。CMOS 的噪声容限是 TTL 噪声容限的 $3.95/0.4=9.875≈10$ 倍。

根据上面的分析可得到下面的结论。

（1）CMOS 输出的低电平范围落在了 CMOS 输入的低电平范围，CMOS 输出的高电平范围落在了 CMOS 输入的高电平范围，因此，一个 CMOS 逻辑门的输出可以直接与另一个 CMOS 逻辑门的输入连接在一起。

（2）显然，CMOS 逻辑门的噪声容限高于 TTL 逻辑门的噪声容限，并且，随着 CMOS 供电电压的升高，其噪声容限也将变得更大。

思考与练习 1-13 根据 5V 供电条件下的 TTL 和 CMOS 逻辑与门的输入和输出电平特性，讨论 CMOS 逻辑门的输出能否直接驱动 TTL 逻辑门的输入，并说明原因。如果不能直接连接，请给出解决方法。

思考与练习 1-14 根据 5V 供电条件下的 TTL 和 CMOS 逻辑与门的输入和输出电平特性，讨论 TTL 逻辑门的输出能否直接驱动 CMOS 逻辑门的输入，并说明原因。如果不能直接连接，请给出解决方法。

思考与练习 1-15 比较 TTL 和 CMOS 逻辑与门的静态电流、输入电流和输出电流，说明 CMOS 比 TTL 功耗低的原因。

3. 芯片的电路结构

如图 1.55 所示，该逻辑与门的电路结构与本书前面给出的逻辑与门电路的结构明显不同。本书前面给出的逻辑与门电路只使用了 6 个 MOSFET 晶体管，而该芯片内的一个逻辑与门使用了 12 个 MOSFET 晶体管，这是为什么呢？因为 CD4801B 是带有缓冲区的逻辑与门结构。从图可知，Q_1 和 Q_2 构成了 CMOS 反相器，Q_3 和 Q_4 构成了 CMOS 反相器，也就是说逻辑与门的两个输入分别通过了 CMOS 反相器到达了内部真正的逻辑结构。从本书前面给出的 CMOS 基本逻辑门的结构可知，Q_5、Q_6、Q_7 和 Q_8 构成了 CMOS 或非门电路，怎么从逻辑与门变成了或非门电路？这里需要使用后面所介绍了逻辑代数理论来解释。假设逻辑与门的输入变量为 A 和 B，逻辑与门的输出变量为 X，则存在下面的关系：

$$X = A \cdot B$$

根据逻辑代数的理论可知，

$$Z = A \cdot B = \overline{\overline{A \cdot B}} = \overline{\overline{A} + \overline{B}} = \overline{M + N}$$

其中，$M = \overline{A}$ 是 Q_1 和 Q_2 构成的 CMOS 反相器实现，$N = \overline{B}$ 是由 Q_3 和 Q_4 构成的 CMOS 反相器实现。$\overline{M + N}$ 是由 Q_5、Q_6、Q_7 和 Q_8 构成的 CMOS 或非门实现。

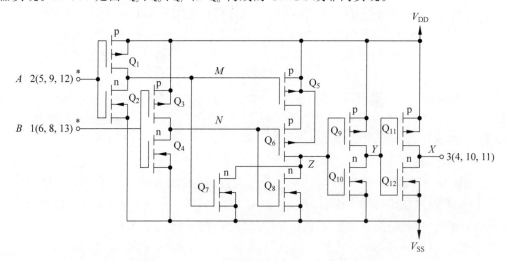

图 1.55　CD4081B 内二输入逻辑与门的内部电路

在图 1.55 中,Q_{11} 和 Q_{12} 构成 CMOS 反相器为 CD4081B 逻辑与门的输出缓冲区,因为输出缓冲区为逻辑取反功能,因此改变了原本要表示的逻辑与门的逻辑关系,因此在 Q_{11} 和 Q_{12} 构成的 CMOS 反相器前面增加了由 Q_9 和 Q_{10} 构成的 CMOS 反相器,因此逻辑变量 Z 和逻辑输出变量 X 之间存在等效的逻辑关系。

因此,图 1.55 的电路结构用逻辑门符号表示的逻辑关系如图 1.56 所示。

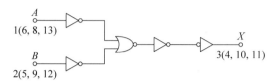

图 1.56 用逻辑门符号表示的逻辑电路结构

1.2.6 CMOS 逻辑电平传输特性分析

用于分析 CMOS 逻辑电平传输特性的电路与用于分析 TTL 逻辑电平传输特性的电路类似,如图 1.57 所示。不同之处如下所述。

(1) 测试元件换成了 CD4081B。

① 在 Multisim 主界面中找到并单击 Place CMOS 按钮 。

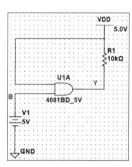

视频讲解

② 弹出 Select a Component 对话框,在 Family 窗口中找到并选中 CMOS_5V,在 Component 窗口中找到并选中 4081BD_5V,用该器件的原理图符号替换 TTL 逻辑门传输电平分析电路中的 SN7408 器件的原理图符号。

图 1.57 分析 CMOS 逻辑电平的电路

(2) 供电电源符号换成了 VDD。

① 在 Multisim 主界面中找到并单击 Place Source 按钮 。

② 弹出 Select a Component 对话框,在 Family 窗口中找到并选中 POWER_SOURCES,在 Component 窗口中找到并选中 VDD 条目(VDD 用于给 CMOS 器件供电),用该器件的原理图符号替换 TTL 逻辑门传输电平分析电路中的 VCC 原理图符号。

使用与 TTL 逻辑门传输电平分析中相同的直流扫描分析方法,得到直流扫描分析的结果,如图 1.58 所示。

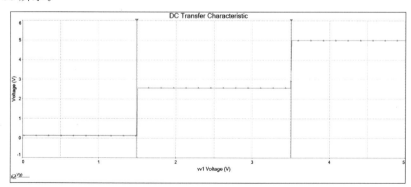

图 1.58 CD4081B 逻辑与门直流扫描分析结果

从图中可知:

(1) 当输入端的电压从 0V 递增到 1.5V 的这个过程中,与门的输出电压对应于 Y 轴大约为 0V。

(2) 当输入端的电压大于 1.5V 而小于 3.5V 时,与门的输出电压对应于 Y 轴至 2.5V。

（3）当输入端的电压大于 3.5V 时，与门的输出电压对应于 Y 轴接近 5V。

显然，情况（1）和情况（3）对应于输出逻辑"0"和输出逻辑"1"；情况（1）的输入端电压为输入逻辑"0"（对应于输入低电平 0～1.5V 区间），情况（3）的输入端电压为输入逻辑"1"（对应于输入高电平大于 3.5V 而小于 5V 的区间）。情况（2）的输入电平既不是逻辑低电平也不是逻辑高电平，应该属于输入电平不确定状态，其对应的输出 2.5V 应该属于输出电平的不确定状态。对于情况（2）我们一般不去关心它，因为在实际电路中，从输入逻辑低电平到输入逻辑高电平的变化速度很快。

注：在配套资源\eda_verilog 目录下，用 Multisim 打开名为 cmos_logic_voltage_test. ms14 的文件。

思考与练习1-16　将图 1.57 中的 CMOS 逻辑与门元件的原理图符号换成 4081BD_10V（在 Family 窗口中选择 CMOS_10V，在右侧 Component 窗口中选择 4081BD_10V），此外，通过双击图中 VDD 原理图符号，将 VDD 的电压值改为 10V，重新执行直流扫描分析，并对 10V 供电的 CMOS 逻辑电平传输特性进行分析。

思考与练习1-17　将图 1.57 中的 CMOS 逻辑与门元件的原理图符号换成 4081BD_15V（在 Family 窗口中选择 CMOS_15V，在右侧 Component 窗口中选择 4081BD_15V），此外，通过双击图中 VDD 原理图符号，将 VDD 的电压值改为 15V，重新执行直流扫描分析，并对 15V 供电的 CMOS 逻辑电平传输特性进行分析。

1.2.7　CMOS 延迟传输特性分析

用于分析 CMOS 延迟传输特性的电路与用于分析 TTL 延迟传输特性的电路类似，如图 1.59 所示。不同之处如下所述。

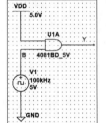

（1）将 TTL 延迟传输特性电路中的 SN7408 逻辑与门中的原理图符号替换为 CD4081B 逻辑与门中的原理图符号。

（2）将 TTL 实验传输特性电路中的 VCC 电源符号替换为 VDD 元件符号。

使用与 TTL 逻辑门延迟传输特性分析中相同的瞬态分析方法，得到 CD4081B 逻辑与门的瞬态分析的结果，如图 1.60 所示。

图 1.59　分析 CMOS 延迟的电路

从图中可知：当逻辑与门的一端逻辑输入从逻辑"0"跳变到逻辑"1"后，需要经过大约 90ns 的时间才能反映到逻辑输出。也就是说，CMOS 逻辑门的传输也同样存在延迟。

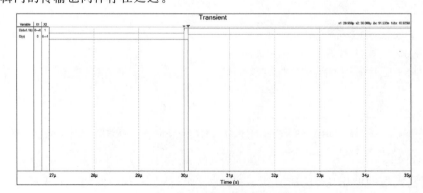

图 1.60　CMOS 逻辑门延迟传输结果

注：在配套资源\eda_verilog 目录下，用 Multisim 打开名为 cmos_logic_timing_test.ms14 的文件。

思考与练习 1-18 将输入时钟源的频率修改为 1MHz、5MHz 和 10MHz 后，重新执行瞬态分析，观察与门的输出，当时钟频率高于一个值时，虽然在门电路的输入端有跳变，但是此时并不能从与门的输出反映出从逻辑低到逻辑高的变化，这就是 CD4081B 器件的工作速度。显然，脉冲宽度反映了器件的工作速度。

思考与练习 1-19 构建 CMOS 电路分析反相器/或门/或非门/与非门的传输特性。

视频讲解

1.3 逻辑代数理论

逻辑代数，也叫作开关代数。起源于英国数学家乔治·布尔(George Boole)于 1849 年创立的布尔代数，是数字电路设计理论中的数字逻辑科目的重要组成部分。逻辑变量之间的因果关系以及依据这些关系进行的布尔逻辑的推理，可用代数运算表示出来，这种代数称为逻辑代数。其定义为：逻辑代数是一个由逻辑变量集、常量"0"和"1"及"与""或""非"三种运算所构成的代数系统，其中，逻辑变量集是指逻辑代数中所有变量的集合。

1.3.1 逻辑代数中的运算关系

参与逻辑运算的变量称为逻辑变量，用字母 A、B、$\cdots$、Z 表示。每个变量的取值非"0"即"1"。"0""1"不表示数的大小，而是代表两种不同的逻辑状态。

1. 正、负逻辑规定

(1) 正逻辑体制。高电平为逻辑"1"，低电平为逻辑"0"。

(2) 负逻辑体制。低电平为逻辑"1"，高电平为逻辑"0"。

除非特殊的说明，本书使用的都是正逻辑体制。

2. 逻辑函数

如果有若干逻辑变量(如 A、B、C、D)按与、或、非三种基本运算组合在一起，得到一个表达式 L。对逻辑变量的任意一组取值(如 0000、0001、0010)，L 有唯一的值与之对应，则称 L 为逻辑函数。由逻辑变量 A、B、C、D 所表示的逻辑函数记为

$$L = f(A、B、C、D)$$

3. 逻辑运算与性质

两个主要的二元运算符号定义为 $\wedge$(逻辑与)和 $\vee$(逻辑或)，把单个一元运算符号定义为 $\neg$(逻辑非)；还使用值 0(逻辑假)和 1(逻辑真)。逻辑代数有下列性质：

1) 结合律

$$a \wedge (b \wedge c) = (a \wedge b) \wedge c$$
$$a \vee (b \vee c) = (a \vee b) \vee c$$

2) 交换律

$$a \vee b = b \vee a$$
$$a \wedge b = b \wedge a$$

3) 吸收律

$$a \vee (a \wedge b) = a$$
$$a \wedge (a \vee b) = a$$

4）分配律

$$a \vee (b \wedge c) = (a \vee b) \wedge (a \vee c)$$
$$a \wedge (b \vee c) = (a \wedge b) \vee (a \wedge c)$$

5）互补律

$$a \vee \neg a = 1$$
$$a \wedge \neg a = 0$$

6）幂等律

$$a \vee a = a$$
$$a \wedge a = a$$

7）有界律

$$a \vee 0 = a$$
$$a \vee 1 = 1$$
$$a \wedge 1 = a$$
$$a \wedge 0 = 0$$

8）德-摩根定律

$$\neg (a \vee b) = \neg a \wedge \neg b$$
$$\neg (a \wedge b) = \neg a \vee \neg b$$

9）对合律

$$\neg \neg a = a$$

为了和目前各种教科书的表示方法进行兼容,在本书后面将逻辑与表示为"·",逻辑或表示为"＋",逻辑非表示为"－",异或表示为⊕。

4. 逻辑代数的基本规则

1）代入规则

任何一个包含变量 X 的等式,如果将所有出现 X 的位置,都用一个逻辑函数 F 进行替换,此等式仍然成立。例如,等式

$$B \cdot (A + C) = B \cdot A + B \cdot C$$

将所有出现 A 的地方,用函数 $E + F$ 代替,则等式仍然成立

$$B \cdot [(E + F) + C] = B \cdot (E + F) + B \cdot C = B \cdot E + B \cdot F + B \cdot C$$

2）对偶规则

设 F 是一个逻辑函数式,如果将 F 中的所有的·变成 ＋,＋ 变成 ·,0 变成 1,1 变成 0,而变量保持不变。那么就得到了一个逻辑函数式 $\overline{F}$,这个 $\overline{F}$ 就称为 F 的对偶式。如果两个逻辑函数 F 和 G 相等,则它们各自的对偶式 $\overline{F}$ 和 $\overline{G}$ 也相等。例如

$$F = A + B$$

使用对偶规则,则

$$\overline{F} = A \cdot B$$

吸收律 $A + \overline{A} \cdot B = A + B$ 成立,则它们的对偶式

$$A \cdot (\overline{A} + B) = A \cdot B$$

也是成立的。

3）反演规则

当已知一个逻辑函数 F,求 $\overline{F}$ 时,只要把 F 中的所有·变成 ＋,＋ 变成 ·,0 变成 1,1 变成 0,原变量变成反变量,反变量变成原变量,即得 $\overline{F}$。例如,等式

$$F = \overline{A} \cdot \overline{B} + C \cdot D$$

使用反演规则，得到 $\overline{F}$ 表示为

$$\overline{F} = (A + B) \cdot (\overline{C} + \overline{D})$$

1.3.2　逻辑函数表达式

所有的逻辑函数表达式，不管逻辑关系多复杂，一定可以使用"与或"表达式或者"或与"表达式表示。由于在逻辑函数表达式中，逻辑与关系用符号"·"表示，逻辑或关系用符号"+"表示。所以，与或表达式也称为积之和（sum of product，SOP）表达式，或与表达式也称为和之积（product of sum，POS）表达式。

1. "与或"表达式

"与或"表达式指由若干"与项"进行"或"运算构成的表达式。每个"与项"可以是单个变量的原变量或者反变量，也可以由多个原变量或者反变量相"与"组成。例如，AB、$\overline{A}BC$、$\overline{C}$ 均为"与项"。"与项"又被称为"乘积项"。将这 3 个"与项"相"或"便可构成一个 3 变量函数的"与或"表达式，表示为

$$F(A,B,C) = A \cdot B + \overline{A} \cdot B \cdot C + \overline{C}$$

更进一步地，用真值表确切地来表示"与或"表达式，如表 1.22 所示。对于 SOP 表达式来说：

（1）对于包含 3 个输入变量 A、B 和 C 的真值表，可以使用 3 输入变量的逻辑与门。对于真值表中 Y 输出为"1"的每一行，要求一个 3 输入的逻辑与门。

（2）如果该行的某个输入变量出现"0"，表示对该输入变量取反。

（3）所有的逻辑与项连接到一个 M 输入的逻辑或门（M 为 Y 输出为"1"的行的个数，在此处 $M=3$）。

（4）逻辑或门的输出是该逻辑函数的输出。

所以，最后 Y 的输出用下面的逻辑等式表示：

$$Y = A \cdot \overline{B} \cdot C + \overline{A} \cdot B \cdot C + \overline{A} \cdot \overline{B} \cdot C$$

表 1.22　真值表

A	B	C	Y	最小项
0	0	0	0	
0	0	1	1	$\overline{A} \cdot \overline{B} \cdot C$
0	1	0	0	
0	1	1	1	$\overline{A} \cdot B \cdot C$
1	0	0	0	
1	0	1	1	$A \cdot \overline{B} \cdot C$
1	1	0	0	
1	1	1	0	

2. "或与"表达式

指由若干"或项"进行"与"运算构成的表达式。每个"或项"可以是单个变量的原变量或者反变量，也可以由多个原变量或者反变量相"或"组成。例如，$A+B$、$B+C$、$A+\overline{B}+C$、D 均为"或项"。将这 4 个"或项"相"与"便可构成一个 4 变量函数的"或与"表达式，表示为

$$F(A,B,C,D) = (A+B) \cdot (B+C) \cdot (A+\overline{B}+C) \cdot D$$

更进一步地，用真值表确切地来表示"或与"表达式，如表 1.23 所示。对于 POS 表达式来说：

表 1.23　真值表

A	B	C	Y	最大项
0	0	0	0	$A+B+C$
0	0	1	1	
0	1	0	0	$A+\bar{B}+C$
0	1	1	1	
1	0	0	0	$\bar{A}+B+C$
1	0	1	1	
1	1	0	0	$\bar{A}+\bar{B}+C$
1	1	1	0	$\bar{A}+\bar{B}+\bar{C}$

（1）对于包含 3 个输入变量 A、B 和 C 的真值表，可以使用 3 输入变量的逻辑或门。对于真值表中 Y 输出为"0"的每一行，要求一个 3 输入的逻辑或门。

（2）如果该行的某个输入变量出现"1"，表示对该输入变量取反。

（3）所有的逻辑或项连接到一个 M 输入的逻辑与门（M 为 Y 输出为"0"的行的个数，在此处 $M=5$）。

（4）逻辑与门的输出是该逻辑函数的输出。

所以，最后 Y 的输出用下面的逻辑等式表示：

$$Y=(A+B+C) \cdot (A+\bar{B}+C) \cdot (\bar{A}+B+C) \cdot (\bar{A}+\bar{B}+C) \cdot (\bar{A}+\bar{B}+\bar{C})$$

通常，逻辑函数表达式可以被表示成任意的混合形式，例如

$$F(A,B,C)=(A \cdot \bar{B}+C)(A+\bar{B} \cdot C)+B$$

该逻辑函数既不是"与或"式也不是"或与"式。但不论什么形式最终都可以变换成 SOP 或者 POS 这两种最基本的形式。

3. 最小项和最大项

在上面的 SOP 表达式中，每个乘积项包含所有三个输入变量。同样，在 POS 表达式中，每个和项包含所有三个输入变量。包含三个输入变量的乘积项称为最小项，包含三个输入变量的和项称为最大项。如果将一个给定行上的输入 1 或者 0 当作一个二进制数，则最大项或者最小项的数字可以分配到真值表中的每一行。因此，上面的 SOP 等式包含最小项 1,3 和 5；POS 等式包含最大项 0,2,4,6 和 7。在 SOP 等式内的最小项中，输入变量值为 1 表示取输入变量的原值，而输入变量为 0 表示取输入变量的反值。如表 1.24 所示，为上面的真值表添加最小项和最大项的表示。

表 1.24　用最小项和最大项表示

A	B	C	#	最小项	最大项	F
0	0	0	0	$\bar{A} \cdot \bar{B} \cdot \bar{C}$	$A+B+C$	0
0	0	1	1	$\bar{A} \cdot \bar{B} \cdot C$	$A+B+\bar{C}$	1
0	1	0	2	$\bar{A} \cdot B \cdot \bar{C}$	$A+\bar{B}+C$	0
0	1	1	3	$\bar{A} \cdot B \cdot C$	$A+\bar{B}+\bar{C}$	1
1	0	0	4	$A \cdot \bar{B} \cdot \bar{C}$	$\bar{A}+B+C$	0
1	0	1	5	$A \cdot \bar{B} \cdot C$	$\bar{A}+B+\bar{C}$	1
1	1	0	6	$A \cdot B \cdot \bar{C}$	$\bar{A}+\bar{B}+C$	0
1	1	1	7	$A \cdot B \cdot C$	$\bar{A}+\bar{B}+\bar{C}$	0

通过对最小项和最大项编码，将 SOP 和 POS 等式用简化方式表示。SOP 等式使用符号 $\sum$，表示乘积项求和；POS 等式使用 $\prod$，表示和项求积。真值表内输出为 1 的一行定

义了一个最小项,输出为 0 的一行定义了最大项。下面给出使用最小项和最大项的简单表
示方法:

$$F = \sum m(1,3,5)$$

$$F = \prod M(0,2,4,6,7)$$

思考与练习 1-20 请画出下面等式所表示的逻辑电路。

$$F = \sum m(1,2,6)$$

$$G = \prod M(0,7)$$

思考与练习 1-21 请画出下面等式所表示的逻辑电路。

$$F = \sum m(1,5,9,11,13)$$

$$G = \prod M(0,4,7,10,14)$$

1.4 逻辑表达式的化简

视频讲解

一个数字逻辑电路由很多逻辑门构成,这些逻辑门由输入信号驱动,然后,由这些逻辑门
产生输出信号。逻辑电路的行为要求可以通过真值表或者逻辑表达式进行描述。这些方式定
义了逻辑电路的行为,即:如何对逻辑输入进行组合,然后驱动输出。但是,它们并没有说明
如何构建一个电路以满足这些要求。

对于任何特定的逻辑关系来说,只存在一个真值表,但是可以找到很多的逻辑等式和逻辑
电路来描述和实现相同的关系。为什么会存在很多的逻辑等式呢?这是由于这些逻辑等式可
能存在多余的、不必要的逻辑门。这些逻辑门的存在和消除,并不会改变逻辑输出。如图 1.61
所示,图中只有一个真值表,但是存在不同的电路描述,分成 POS 和 SOP 两种方式,这些表达
式有些是最简的,有些不是最简的,即存在冗余的逻辑门。

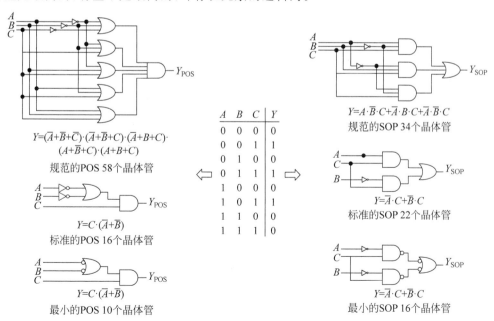

图 1.61 逻辑关系的不同电路表示方式

逻辑表达式化简的目的是使实现要求的逻辑功能所消耗的逻辑门个数最少,也就是所消耗晶体管的个数是最少的。通过得到最简的逻辑表达式,使得实现所要求逻辑功能的物理成本降到最低。逻辑表达式的化简可以通过下面的两种方式实现。

(1) 运用逻辑代数的基本公式及规则可以对逻辑函数进行变换,从而得到表达式的最简形式。这里所谓的最简形式是指最简"与或"逻辑表达式或者是最简"或与"逻辑表达式,它们的判别标准有两条,即:①项数最少;②在项数最少的条件下,项内的文字最少。

(2) 卡诺图是遵循一定规律构成的。由于这些规律,使逻辑代数的许多特性在图形上得到形象而直观的体现,从而使它成为公式证明、函数化简的有力工具。

1.4.1 使用运算律化简逻辑表达式

布尔代数也许是化简逻辑方程最古老的方法。它提供一个正式的算术系统,使用这个算术系统来化简逻辑方程,尝试找到用于表达逻辑功能的最简方程。这是一个有效的算术系统:

(1) 它有三个元素集{"0","1","A"},其中"A"是可以假设为"0"或"1"的任意变量。

(2) 两个二进制操作("逻辑与"或交集,"逻辑或"或并集)。

(3) 一个一元运算(取反或互补)。

集合之间的操作通过三种运算实现,很容易就能从这些运算的逻辑真值表得出基本的与、或、非运算规则,结合律、交换律和分配律可以直接使用真值表证明。下面只列出分配律的真值表,如表 1.25 所示,深色的列使用了分配律,两边等效。这里没有给出用真值表证明简单结合律和交换律的过程,但是能够推导出来。

表 1.25　真值表验证分配律

A	B	C	$A+B$	$B+C$	$A+C$	$A \cdot B$	$B \cdot C$	$A \cdot C$	$A \cdot (B+C)$	$(A \cdot B)+$ $(A \cdot C)$	$A+(B \cdot C)$	$(A+B) \cdot$ $(A+C)$
0	0	0	0	0	0	0	0	0	0	0	0	0
0	0	1	0	1	1	0	0	0	0	0	0	0
0	1	0	1	1	0	0	0	0	0	0	0	0
0	1	1	1	1	1	0	1	0	0	0	1	1
1	0	0	1	0	1	0	0	0	0	0	1	1
1	0	1	1	1	1	0	0	1	1	1	1	1
1	1	0	1	1	1	1	0	0	1	1	1	1
1	1	1	1	1	1	1	1	1	1	1	1	1

"逻辑与"运算优先于"逻辑或"运算,使用括号可以指定逻辑运算的优先级。因此,下面的两个等式是两个等效的逻辑表达式:

$$A \cdot B + C = (A \cdot B) + C$$
$$A + B \cdot C = A + (B \cdot C)$$

在定义共轭逻辑门运算时,为了观察其特性,德-摩根定律提供了一个规范的代数描述方法,即同一个逻辑电路可以用 AND 或 OR 功能实现来表示,这取决于输入和输出电压值的表示方式。德-摩根定律适用于任意多个输入的逻辑系统中,表现形式为:

$$\overline{A \cdot B} = \overline{A} + \overline{B} \quad （\text{NAND 形式}）$$

$$\overline{A + B} = \overline{A} \cdot \overline{B} \quad （\text{NOR 形式}）$$

德-摩根定律一般也适用于 XOR 功能,只是使用了一个不同的形式。当 XOR 奇数个输入信号有效时,那么 XOR 的输出也是有效的;对于 XNOR 来说,当偶数个输入信号有效时,其输出也是有效的。因此,对 XOR 功能的单个输入取反,或者对它的输出取反,等效于 XNOR 的功能;同样地,对 XNOR 功能的单个输入取反,或者对它的输出取反,等效于 XOR 功能。对一个输入及输出取反,或者对两个输入取反,XOR 的功能将变为 XNOR,反之亦然。观察这些结果推导出一个适用于输入为任意数目的 XOR 功能的德-摩根定律。

$$F = A \text{ xnor } B \text{ xnor } C \Leftrightarrow F = \overline{(\overline{A \oplus B \oplus C})} \Leftrightarrow F = \overline{A} \oplus B \oplus C \Leftrightarrow F = \overline{(\overline{A} \oplus \overline{B} \oplus C)}$$

$$F = A \text{ xor } B \text{ xor } C \Leftrightarrow F = A \oplus B \oplus C \Leftrightarrow F = \overline{A} \oplus \overline{B} \oplus C \Leftrightarrow F = \overline{(A \oplus \overline{B} \oplus C)}$$

注:在多输入的 XOR 电路中,单个输入取反可以移动到任何一个其他的信号线上且不会改变逻辑结果。其次是任何信号取反都可以用一个同相信号和一个 XNOR 功能代替。在后续的内容中这些性质将非常有用。

如图 1.62～图 1.65 所示的电路都表明了布尔代数的规则。

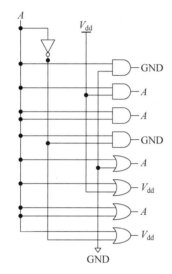

图 1.62 AND/OR 规则

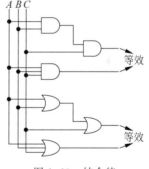

图 1.63 结合律

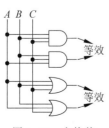

图 1.64 交换律

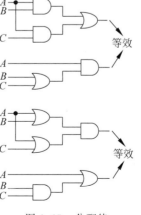

图 1.65 分配律

下面的例子说明了使用布尔代数寻找简化逻辑方程的过程。

$F = A \cdot B \cdot C + A \cdot B \cdot \overline{C} + \overline{A} \cdot B \cdot C + \overline{A} \cdot B$

$F = A \cdot B \cdot (C + \overline{C}) + \overline{A} \cdot B \cdot (C + 1)$ 因式分解

$F = A \cdot B \cdot (1) + \overline{A} \cdot B \cdot (1)$ OR 规则

$F = A \cdot B + \overline{A} \cdot B$ AND 规则

$F = B \cdot (A + \overline{A})$ 因式分解

$F = B \cdot (1)$ OR 规则

$F = B$ AND 规则

$F = (A + B + C) \cdot (A + B + \overline{C}) \cdot (A + \overline{C})$

$F = (A + B + C) \cdot (A + \overline{C}) \cdot (B + 1)$ 因式分解

$F = (A + B + C) \cdot (A + \overline{C}) \cdot (1)$ OR 规则

$F = (A + B + C) \cdot (A + \overline{C})$ AND 规则

$F = A + ((B + C) \cdot (\overline{C}))$ 因式分解

$F = A + (B \cdot \overline{C} + C \cdot \overline{C})$ 分配律

$F = A + (B \cdot \overline{C} + 0)$ AND 规则

$F = A + (B \cdot \overline{C})$ OR 规则

$F = \overline{(A \cdot B \cdot C)} + \overline{A} \cdot B \cdot C + \overline{(A \cdot C)}$

$F = (\overline{A} + \overline{B} + \overline{C}) + \overline{A} \cdot B \cdot C + (\overline{A} + \overline{C})$ 德-摩根定律

$F = \overline{A} + \overline{A} + (\overline{A} \cdot B \cdot C) + \overline{B} + \overline{C} + \overline{C}$ 交换律

$F = \overline{A}(1 + 1 + B \cdot C) + \overline{B} + \overline{C}$ 因式分解

$F = \overline{A}(1) + \overline{B} + \overline{C}$ OR 规则

$F = \overline{A} + \overline{B} + \overline{C}$ AND 规则

$F = (A \oplus B) + (A \oplus \overline{B})$

$F = \overline{A} \cdot B + A \cdot \overline{B} + \overline{A} \cdot \overline{B} + A \cdot B$ XOR 扩展

$F = \overline{A} \cdot B + \overline{A} \cdot \overline{B} + A \cdot B + A \cdot \overline{B}$ 交换律

$F = \overline{A}(B + \overline{B}) + A(B + \overline{B})$ 因式分解

$F = \overline{A}(1) + A(1)$ OR 规则

$F = \overline{A} + A$ AND 规则

$F = 1$

$F = A + \overline{A} \cdot B = A + B$

$F = (A + \overline{A}) \cdot (A + B)$ 因式分解

$F = (1) \cdot (A + B)$ OR 规则

$F = A + B$ AND 规则

$F = A \cdot (\overline{A} + B) = A \cdot B$

$F = (A \cdot \overline{A}) + (A \cdot B)$ 分配律

$F = (0) + (A \cdot B)$ AND 规则

$F = A \cdot B$ OR 规则

$F = \overline{(A \oplus B)} + A \cdot B \cdot C + \overline{(A \cdot B)}$

$F = \overline{A} \cdot \overline{B} + A \cdot B + A \cdot B \cdot C + (\overline{A} + \overline{B})$ 德-摩根定律

$F = \overline{A} \cdot \overline{B} + \overline{A} + \overline{B} + A \cdot B + A \cdot B \cdot C$ 交换律

$F = \overline{A}(\overline{B} + 1) + \overline{B} + A \cdot B(1 + C)$ 因式分解

$F = \overline{A} + \overline{B} + A \cdot B$ OR 规则

$F = \overline{A} + (\overline{B} + A) \cdot (\overline{B} + B)$ 因式分解

$F = \overline{A} + (\overline{B} + A) \cdot (1)$ OR 规则

$F = \overline{A} + \overline{B} + A$ AND 规则

$F = 1$ OR 规则

$F = \overline{(\overline{A} + \overline{B})} + \overline{(A + B)} + \overline{(A + \overline{B})}$

$F = (\overline{\overline{A}}) \cdot (\overline{\overline{B}}) + (\overline{A} \cdot \overline{B}) + (\overline{A} \cdot B)$ 德-摩根定律

$F = A \cdot B + \overline{A} \cdot \overline{B} + \overline{A} \cdot B$ NOT 规则

$F = A \cdot B + \overline{A} \cdot (\overline{B} + B)$ 因式分解

$F = A \cdot B + \overline{A} \cdot (1)$ OR 规则

$F = A \cdot B + \overline{A}$ AND 规则

$F = (A + \overline{A}) \cdot (B + \overline{A})$ 因式分解

$F = (1) \cdot (B + \overline{A})$ OR 规则

$F = \overline{A} + B$ AND 规则 / 交换律

$F = A \cdot \overline{B} + \overline{B} \cdot C + \overline{A} \cdot C = A \cdot \overline{B} + \overline{A} \cdot C$

$F = A \cdot \overline{B} + \overline{B} \cdot C \cdot 1 + \overline{A} \cdot C$ AND 规则

$F = A \cdot \overline{B} + \overline{B} \cdot C \cdot (A + \overline{A}) + \overline{A} \cdot C$ OR 规则

$F = A \cdot \overline{B} + A \cdot \overline{B} \cdot C + \overline{A} \cdot \overline{B} \cdot C + \overline{A} \cdot C$ 分配律

$F = A \cdot \overline{B} \cdot (1 + C) + \overline{A} \cdot C \cdot (\overline{B} + 1)$ 因式分解

$F = A \cdot \overline{B} \cdot (1) + \overline{A} \cdot C \cdot (1)$ OR 规则

$F = A \cdot \overline{B} + \overline{A} \cdot C$ AND 规则

例如，$F = A + \overline{A} \cdot B = A + B$ 和 $F = A \cdot (\overline{A} + B) = A \cdot B$ 的关系也称为"吸收"规则；$F = A \cdot \overline{B} + \overline{B} \cdot C + \overline{A} \cdot C = A \cdot \overline{B} + \overline{A} \cdot C$ 经常称为"一致"规则。所谓的吸收规则很容易用

其他的规则进行证明,所以没有必要使用这些关系作为规则。特别是当使用规则时,不同的等式形式使验证变得困难。一致规则也很容易证明。

1.4.2　使用卡诺图化简逻辑表达式

在最小化逻辑系统时,真值表并不实用,并且布尔代数的应用也有限制。逻辑图为逻辑系统的最小化提供了一个简单实用的方法。逻辑图和真值表一样,包含了相同的信息。但是,逻辑图更容易表示出冗余的输入。逻辑图是一个二维(或三维)结构,它包含了真值表所包含的确切的、同样的信息。但是,它以阵列结构排列来遍历所有的逻辑域。因此,很容易验证逻辑关系。真值表的信息也能很容易地使用逻辑图表示。如图1.66所示,将一个三输入的真值表映射到一个八单元的逻辑图;逻辑图每个单元内的数字是真值表每行输入变量的数字编码。

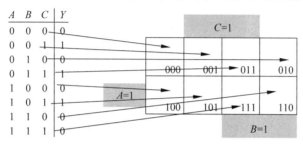

图1.66　三输入的真值表映射到八单元的逻辑图

在图1.66中,逻辑图的每个单元和真值表的每一列之间存在一对一的对应关系,并且为每行输入变量进行数字编码。因此,每个逻辑变量域由一组四个连续的单元表示(A域是一行四单元,B和C域是一个四个单元的方块)。逻辑图内的单元排列并不是只有一种可能,但是它拥有在两个单元内让每个域重叠其他域的有用属性。如图1.66所示,在逻辑图中逻辑域连续,但是在真值表中并不连续。由于在逻辑图中逻辑域是连续的,因此使得它们非常有用。

典型地,当表示逻辑图时,在逻辑图的边缘标出变量名,相邻单元行和列的值"0"或者"1"表示行和列的变量值。

可以从左到右读取逻辑图边缘的变量值,以便寻找相应给定单元所对应真值表中的一行。如图1.67所示,真值表中$A=1$的行、$B=1$的行、$C=1$的行,对应逻辑图的阴影单元。

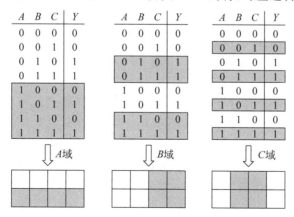

图1.67　逻辑图的典型形式

如图1.68所示,将真值表输出列的信息转换到逻辑图的单元中,所以,真值表和逻辑图包含了同样的信息。在逻辑图中,相邻的(要么垂直要么水平)1称为"逻辑相邻",这些"相邻"表示存在可以找到并且消除冗余输入的机会。因此,以这种方式使用的逻辑图称为卡诺图(或者K-映射)。

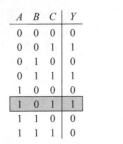
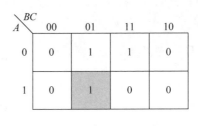

图 1.68　真值表信息转换到逻辑图单元

如图 1.69 所示,一个四输入的真值表映射到一个 16 单元的卡诺图中。

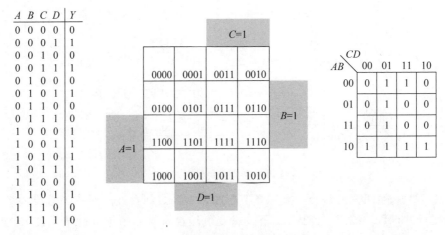

图 1.69　四输入的真值表映射到 16 单元的卡诺图

在一个逻辑系统中,使用卡诺图来找到和消除多余输入的关键是:确定真值为"1"的组的积之和(SOP)表达式或真值为"0"的和之积(POS)表达式。一个有效的组合必须是 2 的幂次方(意思就是只允许存在 1、2、4、8 或 16 的组合),它必须是正方形或长方形,但不能是斜角、弯角或其他不规则的图形。在一个 SOP 的卡诺图中,每个"1"必须至少出现在一组里面,每个"1"必须出现在最大可能的组里面(同理,POS 卡诺图中的"0")。要求所有的 1 项(或 0 项)组合在最大可能的组,这意味着 1 项(或 0 项)可以出现在几个组里面。实际上,在卡诺图中画一个圈去包含给定的组里 1 项(或 0 项)。一旦在卡诺图中,将所有的 1 项(或 0 项)组合在一个尽可能大的组合圈中,那么就完成了分组过程。并且,可以直接从卡诺图中读取逻辑表达式。如果正确地执行了前面的过程,可以确保得到一个最小的逻辑表达式。

首先,写出所画圈内所确定的每个乘积项;然后,用或关系将这些乘积项连接起来;这样,就可以从卡诺图中得到 SOP 逻辑等式。同理,首先,写出所画圈内所确定的每个和项,用与关系把这些和项连接起来。这样,可以从卡诺图中得到 POS 逻辑等式。由卡诺图外围逻辑变量确定圈起来的项。SOP 使用最小项编译(例如,变量的"0"域表示对圈内乘积项的取补),POS 使用最大项编译(例如,输入变量的"1"域表示对圈内和项的取补)。如果一个圈内同时包含了一个给定的逻辑变量的"1"和"0"域,那么这个变量是多余的,其不会出现在圈定的项内。但是,当这个圈内只包含该变量的"1"或"0"域时,该逻辑变量则出现在圈内所包含相应逻辑项里。卡诺图的一边和相对的边是连续的,所以一个圈在中间不组合"1"或"0"的情况下可以从一边到跨越另一边。如图 1.70 所示,说明了这个过程。

卡诺图可用于求解 2、3、4、5 或 6 输入变量系统的最小逻辑表达式(如果超过 6 个变量,这个方法就变得复杂)。对于 2、3 或 4 输入变量的系统,这个方法比较直观,如图 1.70 所示,下

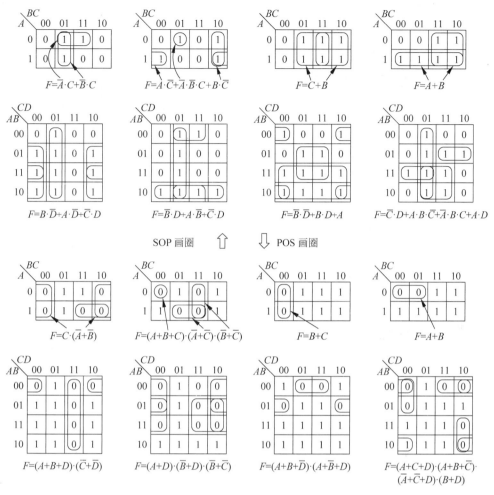

图 1.70 卡诺图化简系统最小逻辑表达式

面的几个例子将对其进行说明。一般情况下,画圈的过程应以"1"(或"0")开始。画圈时,确保所有的"1"(或"0")都已经分配到每个圈内。

将等式中的"1"(对于 SOP 等式)和"0"(对于 POS 等式)简单地分配到逻辑单元中,就可以很容易地将最小项 SOP 等式和最大项 POS 等式映射到卡诺图中。对于 SOP 等式,没有列出"1"的任何单元都写成"0",对于 POS 等式也可以用这种方式实现。如图 1.71 所示,对这个过程进行了说明。

图 1.71 逻辑等式转换到卡诺图过程

对于 5 变量或 6 变量的系统,可以用两种不同的方法。一个方法使用 4 变量卡诺图嵌套在 1 变量或 2 变量的超图中,另一种方法使用"输入变量图"。如图 1.72 所示,超图方法求解5 变量或 6 变量最小方程式近似于使用 2、3 或 4 变量求解的方法,但是 4 变量卡诺图必须内嵌于 1 变量或 2 变量的超图。在相邻的超图单元中,子图之间逻辑相邻可以通过在相同编号中识别 1 或 0 寻找。这个图的模式表示了卡诺图中相邻单元的例子。

注:当 1 位于子图的相同编号单元时,超图的变量不出现在乘积项中。

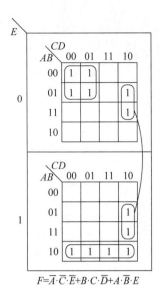

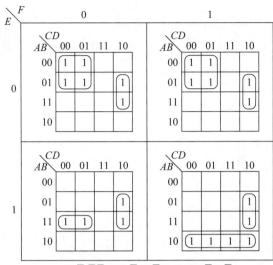

$$F=\overline{A}\cdot\overline{C}\cdot\overline{E}+B\cdot C\cdot\overline{D}+A\cdot\overline{B}\cdot E$$

$$F=\overline{A}\cdot\overline{C}\cdot\overline{E}+B\cdot C\cdot\overline{D}+A\cdot\overline{B}\cdot E\cdot F+A\cdot B\cdot\overline{C}\cdot E\cdot\overline{F}$$

图 1.72   超图中逻辑相邻的寻找

1.4.3   不完全指定逻辑功能的化简

当电路有 N 输入信号,但并不是所有 2^N 个输入组合都有用时,会出现不完全指定逻辑功能的情况。或者说,如果所有的 2^N 组合都可以,但一些组合是不相关的。例如,假设一个远程电视遥控器能够在电视、VCR 或 DVD 之间进行控制,有些遥控器可能有像快进的操作模式按钮的物理切换电路;其他遥控器可能使用相同的模型,将这个按钮放置在电路的左边,但是它们的功能完全不同。不管怎么样,一些输入信号的组合对于电路的正确操作完全无关。因此,就可以利用这些有利条件对逻辑电路进一步地最小化。

当输入变量组合不影响逻辑系统的功能时,可能用来驱动电路的输出高或低。这就是说,设计人员并不关注这些不可能或无关的输入对电路的影响。在真值表和卡诺图中,这个信息使用特殊的"无关项"符号表示,表明这个信号可以是"1"或"0"时,并不影响电路的功能。一些教科书使用"X"来表示无关项,但是这会和名为"X"的信号(表示信号的不确定状态)产生混淆。也可以使用一个更好的、与标准信号名没有联系的符号来表示,这里使用符号"Φ"表示无关项。

如图 1.73 所示,真值表的右侧表示使用相同的三个逻辑输入后,产生的两个输出函数 F 和 G,两个输出各自都包含两个无关项。同样地,用卡诺图表示相关的信息。在表示函数 F 逻辑功能的卡诺图中,对于最小项 2 和 7,设计者不关心是否输出是"1"还是"0"。因此,在卡诺图的 2、7 单元可以是"1"或"0"。很明显,把圈到的单元 7 作为"1",单元 2 作为"0"将得到更简的逻辑电路。在这样的情况下,SOP 与 POS 都能得到相同的表达方式。

A	B	C	F	G
0	0	0	1	1
0	0	1	1	Φ
0	1	0	Φ	1
0	1	1	0	Φ
1	0	0	1	1
1	0	1	0	0
1	1	0	0	0
1	1	1	Φ	0

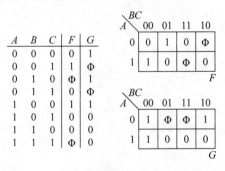

图 1.73   三输入的两个输出函数 F 和 G

在函数 G 的卡诺图中,单元 1 和 3 中的无关项可以圈作 1 或 0。在 SOP 中,两个无关项都可以圈作"1",得到逻辑函数

$$G=\overline{A}+\overline{B}\cdot\overline{C}$$

然而,在 POS 中,单元 1 和 3 可以圈作"0",得到逻辑函数

$$G = \overline{C} \cdot (\overline{A} + \overline{B})$$

如图 1.74 所示,说明了卡诺图中无关项的应用。由布尔代数可知,这两个函数等式是不相等的。通常情况下,虽然它们在电路中功能相同,但是由具有无关项的卡诺图所得到的 SOP 和 POS 等式的逻辑功能不是等价的。

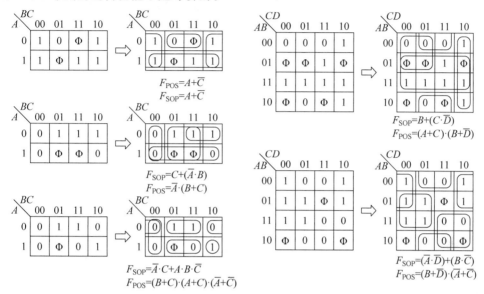

图 1.74　卡诺图中无关项的应用

思考与练习 1-22　如图 1.75 所示,请分别说明下面的电路所使用的晶体管的数量。

思考与练习 1-23　使用布尔代数化简下面的逻辑表达式:

(1) $X = (A \oplus \overline{B} \cdot C) + A \cdot (B + \overline{C})$

(2) $X = A \cdot \overline{B} \cdot C + \overline{A} \cdot \overline{B} \cdot C \cdot D + \overline{(A \cdot B \cdot D)} + \overline{A} \cdot B \cdot C \cdot D$

(3) $X = ((A \oplus \overline{B}) \cdot C) + A \cdot \overline{B} \cdot C + A \cdot B \cdot C + \overline{\overline{A} + \overline{C}}$

(4) $X = \overline{\overline{\overline{A \cdot A \cdot \overline{B}}} \cdot \overline{\overline{B \cdot A \cdot \overline{B}}}}$

(5) $X = \overline{\overline{A \cdot \overline{B}} \oplus \overline{B} + C}$

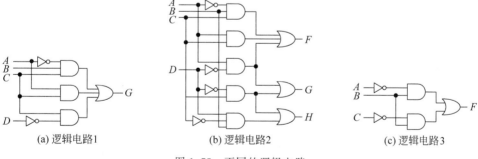

图 1.75　不同的逻辑电路

思考与练习 1-24　如图 1.76 所示,化简下面的二变量卡诺图,并用 POS 和 SOP 表达式表示。

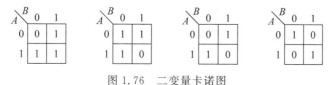

图 1.76　二变量卡诺图

思考与练习 1-25 如图 1.77 所示,化简下面的三变量卡诺图,并用 POS 和 SOP 表达式表示。

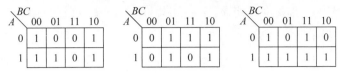

图 1.77 三变量卡诺图

思考与练习 1-26 如图 1.78 所示,化简下面的四变量卡诺图,并用 POS 和 SOP 表达式表示。

AB\CD	00	01	11	10
00	1	0	0	1
01	1	1	1	1
11	1	1	0	0
10	1	0	0	1

AB\CD	00	01	11	10
00	0	1	1	1
01	0	1	1	1
11	0	1	1	1
10	0	1	0	0

AB\CD	00	01	11	10
00	0	1	1	0
01	1	0	1	1
11	1	0	1	1
10	0	1	1	0

图 1.78 四变量卡诺图

思考与练习 1-27 如图 1.79 所示,化简下面的多变量卡诺图,并用 POS 和 SOP 表达式表示。

E, F = 0, E = 0:

AB\CD	00	01	11	10
00	0	0	1	1
01	0	0	1	1
11	0	1	1	1
10	0	1	1	1

F = 1, E = 0:

AB\CD	00	01	11	10
00	1	1	0	0
01	1	1	0	0
11	1	1	1	1
10	1	1	1	1

E = 0 (右):

AB\CD	00	01	11	10
00	1	1	0	0
01	1	0	0	1
11	1	0	1	1
10	0	0	0	0

F = 0, E = 1:

AB\CD	00	01	11	10
00	0	0	1	1
01	1	0	1	1
11	1	1	0	1
10	0	1	1	1

F = 1, E = 1:

AB\CD	00	01	11	10
00	1	1	0	0
01	1	1	0	0
11	1	1	0	0
10	1	0	1	1

E = 1 (右):

AB\CD	00	01	11	10
00	1	1	0	1
01	0	0	0	1
11	1	0	0	1
10	1	0	1	1

图 1.79 多变量卡诺图

思考与练习 1-28 根据下面的等式,画出并化简卡诺图,然后用 POS 和 SOP 表达式表示。

$$F = \sum m(0,1,4,5)$$

$$G = \prod M(0,1,3,4,5,7,13,15)$$

思考与练习 1-29 如图 1.80 所示,化简下面包含无关项的二变量卡诺图,并用 POS 和 SOP 表达式表示。

A\B	0	1
0	0	0
1	1	φ

A\B	0	1
0	1	1
1	1	φ

A\B	0	1
0	0	1
1	φ	0

A\B	0	1
0	1	0
1	φ	1

图 1.80 包含无关项二变量卡诺图

思考与练习 1-30 如图 1.81 所示，化简下面包含无关项的三变量卡诺图，并用 POS 和 SOP 表达式表示。

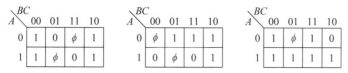

A\BC	00	01	11	10
0	1	0	ϕ	1
1	1	ϕ	0	1

A\BC	00	01	11	10
0	ϕ	1	1	1
1	0	ϕ	0	1

A\BC	00	01	11	10
0	1	ϕ	1	0
1	1	1	1	1

图 1.81 包含无关项三变量卡诺图

思考与练习 1-31 如图 1.82 所示，化简下面包含无关项的四变量卡诺图，并用 POS 和 SOP 表达式表示。

AB\CD	00	01	11	10
00	1	0	ϕ	1
01	1	ϕ	1	1
11	ϕ	1	0	0
10	1	0	0	1

AB\CD	00	01	11	10
00	ϕ	1	1	1
01	0	1	1	1
11	1	1	1	1
10	ϕ	1	0	0

AB\CD	00	01	11	10
00	0	1	1	0
01	1	ϕ	1	1
11	1	1	1	0
10	1	1	1	0

图 1.82 包含无关项四变量卡诺图

思考与练习 1-32 根据下面包含无关项的等式，画出并化简卡诺图，然后用 POS 和 SOP 表达式表示。

$$F = \sum m(0,1,4,5) + \phi(2,7)$$

$$G = \prod M(0,1,3,4,5,7,13,15) + \phi(2,3,11,12,14)$$

1.5 毛刺产生及消除

传播延迟不仅限制电路工作的速度，它们也会在输出端引起不期望的跳变。这些不期望的跳变，称为"毛刺"。当其中一个信号发生改变时，这将给信号提供两条或更多的电流路径，并且其中一条路径的延迟时间比其他路径长。当信号路径在输出门重组时，这个在一条路径上增加的时间延迟会产生毛刺。如图 1.83 所示，当一个输入信号通过两条路径或多条路径驱动一个输出，其中一条路径有反相器而另外一条没有时，通常会出现非对称的延迟。对该电路执行 SPICE 瞬态分析的结果，如图 1.84 所示。从图中可知，所有的逻辑门都会对输入逻辑信号添加一些延迟，延迟量由它们的结构和输出延迟决定。这个例子使用了一个反相器来清楚地说明反相器在产生输出毛刺时的作用。

读者需要注意，不管延迟时间多长，都会产生毛刺。仔细观察图 1.84，可以清楚地知道反相器延迟与输出毛刺之间的关系。

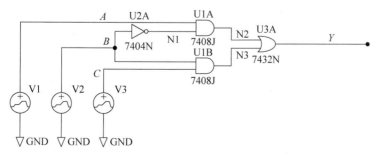

图 1.83 包含反相器会产生毛刺的组合逻辑电路

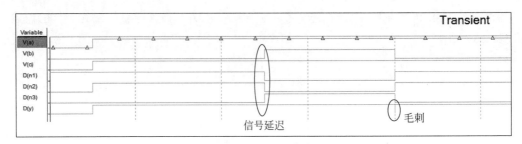

图 1.84 电路执行 SPICE 瞬态时序的结果

注：在配套资源\eda_verilog 目录下，用 Multisim 打开 glitch. ms14；对图 1.84 进行局部放大，进一步仔细观察信号延迟和毛刺之间的关系。

如图 1.85 所示，当一个逻辑输入变量用于两个乘积项（或者 POS 表达式的两个和项），以及在其中一项中有反相器而另一项中没有时，将会产生毛刺。在该卡诺图中，两个圆圈确定了最简逻辑表达式。$B \cdot C$ 独立于 A，即如果变量 B 和 C 都为逻辑"1"时，那么不管 A 如何变化输出都为逻辑"1"。同样，$A \cdot \bar{B}$ 也独立于 C，即如果变量 A 为逻辑"1"且变量 B 为逻辑

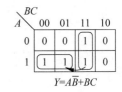

图 1.85 毛刺的卡诺图表示

"0"时，不管 C 如何变化输出都是逻辑"1"。但是，如果变量 A 为逻辑"1"，变量 C 为逻辑"1"时，输出总是逻辑"1"，并且与 B 没关系。但是，没有任何一个驱动输出的信号项独立于 B。这是问题所在之处，当变量 A 和变量 C 都为逻辑"1"时，两种不同的乘积项使输出保持为逻辑"1"，即一种是当变量 B 为逻辑"1"（$B \cdot C$）；另一种是当变量 B 为逻辑"0"（$A \cdot \bar{B}$）。所以，当变量 B 变化时，两种不同的积项必须在输出时重组以保持输出为高，这就是引起毛刺的原因。

可以通过其原理图、卡诺图或者是逻辑等式，验证电路产生毛刺。在原理图中，输入后面有多条到达输出的路径，并且其中一条路径包含反相器而其他路径没有就会产生毛刺。在卡诺图中，假如画的圈是相邻的但不重叠，那么那些没有被圈圈住的相邻项将有可能产生短时脉冲干扰。如图 1.86 所示，图 1.86(a)表示的逻辑电路会产生毛刺，而图 1.86(b)和图 1.86(c)表示的逻辑电路不会产生毛刺。

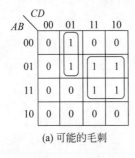
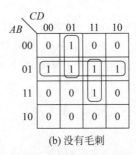
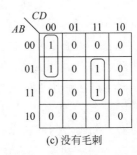

(a) 可能的毛刺   (b) 没有毛刺   (c) 没有毛刺

图 1.86 毛刺的卡诺图分析

如果两项或更多的项包含了同一个逻辑信号，并且这个信号在一项中取反，但在其他项不取反，那么就可以在逻辑等式中识别毛刺。为讨论这个问题，每一对包含一个信号变量的项称为"耦合项"，其中这个信号变量在其中一项里取反在另一项里不取反，这个取反/不取反的变量是"耦合变量"，其他的变量称为"残留项"。下面给出例子

$$X = (A + \bar{B}) \cdot (A + C) \cdot (\bar{B} + C)$$

该逻辑表达式没有耦合项，不会产生毛刺。

$$X = A \cdot \bar{B} + \bar{A} \cdot C$$

该逻辑表达式有耦合项,会产生毛刺。

$$X = \overline{A} \cdot C + A \cdot B + \overline{B} \cdot C$$

该逻辑表达式有耦合项,会产生毛刺。

在某些应用中,当耦合变量改变状态时,期望移除毛刺来保持输出稳定。如图1.84所示,只有当变量 B 和 C 同时为逻辑"1"时才会使 Y 产生毛刺。这种情况可以推广,对于毛刺的产生,一个逻辑电路必须对驱动所有输入到适当的电平的耦合变量"很敏感",这样就只有耦合变量可以影响输出。在一个SOP电路中,这意味着除了耦合输入外的所有的输入必须被驱动到"1",这样它们对第一级与门的输出就不会产生影响。

这种情况为逻辑电路消除毛刺提供了一个直观的方法,即将所有多余的输入信号组合到一个新的第一级的逻辑输入(例如SOP电路的与门),并将这个新增加的门添加到电路中。例如,逻辑表达式

$$F = \overline{A} \cdot B + A \cdot C$$

耦合项是 A,多余项可以组合成 $B \cdot C$ 项的形式,将这项添加到电路中,构成下面的等式:

$$F = \overline{A} \cdot B + A \cdot C + B \cdot C$$

如图1.87所示,这个逻辑等式的卡诺图。注意原等式是最小逻辑表达式,为了不产生毛刺,在最小逻辑表达式中添加了一个冗余项。

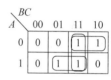

图1.87 添加冗余项消除毛刺

总是这样,即消除毛刺需要一个更大的具有冗余逻辑项的电路。实际中,大多数设计都偏向于设计一个最小电路,并用其他方法(后面的模型中讨论)处理毛刺。也许最好的教学方法是意识到在一般情况下,组合电路的输入无论何时变化,都可能产生毛刺(至少,在未证明之前)。

在如图1.86(a)所示的问题中,原始的SOP表达式画圈并没有重叠,这就是毛刺潜在的特点。当增加了冗余项的圈时,每个圈至少重叠其他一项,那就不会产生毛刺。

如图1.86(c)所示,如果在不相邻的卡诺图单元中存在不重叠的圈,即没有耦合项,没有耦合变量,那就不可能增加一个或多个圈使所有的圈至少有一个和其他的圈重叠。在这样的情况下,信号输入改变不会引起毛刺。在这种类型的电路中,两个或更多的输入可能"在同一时刻"直接改变状态。该图所表示的方程式为

$$F = \overline{A} \cdot \overline{C} \cdot \overline{D} + B \cdot C \cdot D$$

在电路中,可能希望所有的输入变量同时从逻辑"0"变化到逻辑"1"。作为响应,输出持续保持为逻辑"1"。实际中,不可能同时改变所有的输入(至少1ps内)。因此,输出变量会在输入变量不同时变化的时间段内出现毛刺跳变。像这样不期望的跳变不能通过增加多余项消除。当然,必须通过重定义电路或采样进行处理。此处,将进一步处理由于多输入变化引起的不期望的输出跳变。

到目前为止,大部分讨论的毛刺都是关于SOP电路。但是,POS的电路现象也是一样的。POS电路出现毛刺的原因与SOP电路(到达多输入门的一个输入的不对称的路径延迟)一样。正如所期望的,需要的条件相似,但是和SOP情况不完全相同。

这些简单的实验证明了门延迟对数字电路的基本影响,即输入变量的跳变可能使输出变量产生毛刺,通过不对称电路路径延迟提供输入形成输出。在更一般的情况下,任何时候一个输入变量通过两条不同的电路路径,并且这两条路径在电路的"下游"节点重组,就可能产生像毛刺一样的时间问题。再者,这里是为了意识到信号在逻辑电路中传输消耗时间,不同的电路路径具有不同的延迟。在某些特定的情况下,这些不同的延迟可能出现问题。

思考与练习1-33 请分析下面的逻辑表达式是否会产生毛刺,以及能否消除毛刺。

$$Y = \overline{A} \cdot B + A \cdot C$$

思考与练习 1-34 图 1.88 给出的电路是在图 1.83 的基础上添加了额外的逻辑门,用于消除潜在的毛刺,请读者说明该电路的原理,并对该电路执行 SPICE 瞬态分析,观察分析结果,看看是否去除"毛刺"。

注:在配套资源\eda_verilog 目录下,用 Multisim 打开 glitch_remove.ms14。

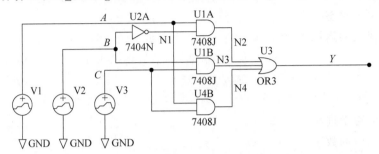

图 1.88 可以消除毛刺的组合逻辑电路

1.6 数字码制表示和转换

本章前面围绕逻辑"0"和逻辑"1"的本质问题,从不同角度进行了深入的探讨。前面提到逻辑"0"和逻辑"1"在物理上表示两种状态,而不是一个具体的数值。如果进一步抽象,就可以将逻辑"0"和逻辑"1"抽象为两个数字,即"0"和"1"。根据前面所介绍的知识,在逻辑电路的世界中,只会出现"0"和"1"这两个数字。

再回头来看,在日常生活中使用的是基于十进制的计算规则,在十进制中,只会出现 0~9 这 10 个数字。类似地,二进制中只会出现"0"和"1"这两个数字。由于在逻辑电路的世界中只出现"0"和"1"两个数字,显然逻辑电路就属于二进制的范畴。对于二进制数字,采用是布尔逻辑代数的计算规则。

很自然的问题就是,能不能通过使用二进制的计算规则来实现十进制的计算结果,本节将回答这个问题。当读者明白它们之间的关系后,就会明白为什么计算机能代替人执行更复杂、更快速的数学运算。

1.6.1 码制和数字表示

视频讲解

在数字逻辑的世界中会使用二进制,在人们的日常生活中会使用十进制。直接使用二进制,在某些应用场合会比较烦琐,因此基于二进制,又派生出十六进制和八进制。实际中,十六进制是二进制更简便的表示方法。本节将对二进制、十进制、八进制和十六进制的码制问题进行介绍。

1. 十进制数

在人们的日常生活中,采用的是十进制(即以 10 为基数的进位制),即逢十进一。在十进制中,只会出现 0~9 这 10 个数字。通过对 0~9 这 10 个数字的不同组合,就可以产生不同的数。

以正整数为例,在十进制中,对于由 7、5、3 和 1 这 4 个数字按顺序组成的一个数,其值的大小用下面的公式进行计算,即

$$7 \times 10^3 + 5 \times 10^2 + 3 \times 10^1 + 1 \times 10^0$$

该数的值为 7531(读作七千五百三十一)。

从上面的计算过程可知,数字 7 所对应的权值为 10^3,数字 5 所对应的权值为 10^2,数字 3

所对应的权值为 10^1，数字 1 所对应的权值是 10^0。

2. 二进制数

在数字逻辑的世界中，采用的是二进制（即以 2 为基数的进位制），即逢二进一。在二进制中，只会出现"0"和"1"两个数字。由于逻辑电路世界中，只会出现两个状态（逻辑"0"/逻辑"1"）。当把这两个状态抽象为"0"和"1"时，逻辑电路就可看作二进制的具体实现，因此就可以使用布尔逻辑代数的运算规则，实现二进制框架下的复杂运算功能。

在二进制中，对于由五个数字"1""0""1""0""1"按顺序组成的数"10101"，其值对应的十进制正整数的大小用下面的公式进行计算，即

$$1 \times 2^4 + 0 \times 2^3 + 1 \times 2^2 + 0 \times 2^1 + 1 \times 2^0$$

该二进制数的值用十进制数表示为 21。

由于二进制中的数字"0"和"1"与十进制数中的数字 0 和 1 是重复的，为了与十进制数进行区分，通常在二进制数的后面添加一个字母"B"/"b"。例如，1010b 表示二进制数 1010，而不是十进制正整数 1010。

3. 八进制数

在很多应用场合下，直接使用二进制数表示会非常烦琐并且不够直观。因此，人们就将八进制作为对二进制的一种替代的表示方法。八进制是以 8 为基数的进位制，即逢八进一。在八进制中，只使用数字 0～7。十六进制是以 16 为基数的进位制，即逢 16 进 1。

在八进制中，对于由 7、5、3 和 1 四个数字按顺序组成的一个数，其值对应的十进制正整数的大小用下面的公式进行计算，即

$$7 \times 8^3 + 5 \times 8^2 + 3 \times 8^1 + 1 \times 8^0$$

该八进制数的值用十进制正整数表示为 3929。

从上面的计算过程可知，数字 7 所对应的权值为 8^3，数字 5 所对应的权值为 8^2，数字 3 所对应的权值为 8^1，数字 1 所对应的权值是 8^0。

由于八进制中的数字 0～7 与十进制数中的数字 0～7 是重复的，为了与十进制数进行区分，通常在八进制数前面添加一个数字 0。例如，07531 表示八进制数 7531，而不是十进制数 7531。

4. 十六进制数

在十六进制中，用数字 0～9 和字母 A/a～F/f（字母 A/a～F/f 分别对应 10～15 的十进制数）。

为什么在十六进制数中，使用字母 A/a～F/f 表示 10～15 的数，而不是直接使用 10～15 表示？这是因为在不同码制中，数是多个不同数字的组合，数字是单个的。在十六进制中，当数字超过 9 后，如果用 10 表示，它不是单个数字而是两位数字，这样就失去了数字是单个的原本含义。因此，人们就使用 A/a～F/f 的六个字母来填充 10～15 的六个数，虽然使用字母没有 0～9 的数字直观，但是字母本身仍然是单个的。

在十六进制中，对于由 7、5、3 和 1 四个数字按顺序组成的一个数，其值对应的十进制正整数的大小用下面的公式进行计算，即

$$7 \times 16^3 + 5 \times 16^2 + 3 \times 16^1 + 1 \times 16^0$$

该十六进制数的值用十进制正整数表示为 30001。

从上面的计算过程可知，在十六进制中，数字 7 所对应的权值为 16^3，数字 5 所对应的权值为 16^2，数字 3 所对应的权值为 16^1，数字 1 所对应的权值是 16^0。

由于十六进制数中的数字 0～9 与十进制数中的 0～9 是重复的，为了与十进制数进行区分，通常在十六进制数的前面加上前缀"0x"或者在十六进制数的后面加上字母"H"，比如

0x7531 和 7531H 都表示十六进制数 7531。

5. 小结

讲到这里,细心的读者会发现,对于四个数字 7、5、3 和 1,当在不同的码制条件(比如十进制、八进制和十六进制)下,它们所表示的值截然不同。

通过上面的分析可知,在不同码制中,多位数字组合后所表示的数值实际上就是每个数字加权(乘以对应权值)然后求和(相加)后的最终结果。

在本节介绍了不同进制的本质含义,以及在不同进制条件下,数字组合对应的十进制正整数的计算方法。实际上,这就是将二进制数、八进制数和十六进制数转换为所对应十进制正整数的方法。

1.6.2 二进制数转换为八/十六进制数

在介绍将二进制数转换为八/十六进制数的方法之前,首先给出表 1.26。

表 1.26 数的二进制、八进制和十六进制表示方法

十进制数	二进制数	八进制数	十六进制数	十进制数	二进制数	八进制数	十六进制数
0	0 0000	0	0	16	1 0000	20	10
1	0 0001	1	1	17	1 0001	21	11
2	0 0010	2	2	18	1 0010	22	12
3	0 0011	3	3	19	1 0011	23	13
4	0 0100	4	4	20	1 0100	24	14
5	0 0101	5	5	21	1 0101	25	15
6	0 0110	6	6	22	1 0110	26	16
7	0 0111	7	7	23	1 0111	27	17
8	0 1000	10	8	24	1 1000	30	18
9	0 1001	11	9	25	1 1001	31	19
10	0 1010	12	A	26	1 1010	32	1A
11	0 1011	13	B	27	1 1011	33	1B
12	0 1100	14	C	28	1 1100	34	1C
13	0 1101	15	D	29	1 1101	35	1D
14	0 1110	16	E	30	1 1110	36	1E
15	0 1111	17	F	31	1 1111	3F	1F

1. 二进制数转换为八进制数

从表 1.26 可知下面的变化规律。

当十进制数从 0 递增到 7 时,其所对应的二进制数从"00000"递增到"00111"。当十进制数从 7 递增到 8 时,五位二进制数的低三位将从"111"回卷到"000",并向二进制数的第四位进一。当十进制数从 8 递增到 15 时,其所对应的二进制数从"01000"递增到"01111"。当十进制数从 15 递增到 16 时,五位二进制数的低三位再次从"111"回卷到"000",并向二进制数的第四位进一。

通过仔细观察读者会发现,如果将十进制数按 0~7、8~15、16~23、24~31、…这样的规律进行分组,每组中包含 8 个十进制数,其对应的二进制数会以每三位(从最低位计)为一组,按从"000"递增到"111"然后再回卷到"000"的规律变化。

因此,就得到将二进制数直接转换为八进制数的方法,即从二进制数的最低位开始,每三个二进制位分成一组,每一组二进制数所对应的就是八进制数的其中一位。

例如,对于 8 位二进制数"10110101",从最低位开始,按每三位为一组使用逗号进行分隔的结果表示为"10,110,101"。其中,"10"对应八进制数字 2,"110"对应八进制数字 6,"101"对应八进制数字 5。通过这样的划分方式,就可以从二进制数"10110101"直接得到所对应的八进制数为 0265。

2. 二进制数转换为十六进制数

从表 1.26 可知下面的变化规律。

当十进制数从 0 递增到 15 时,其所对应的二进制数从"00000"递增到"01111"。当十进制数从 15 递增到 16 时,五位二进制数的低四位将从"1111"回卷到"0000",并向二进制数的第五位进一。当十进制数从 16 递增到 31 时,其所对应的二进制数从"10000"递增到"11111"。显然,当十进制数从 31 递增到 32 时,五位二进制数的低四位再次从"1111"回卷到"0000",并向二进制数的第五位进一。

通过仔细观察读者会发现,如果将十进制数按 0～15、16～31、32～47、48～63、…这样的规律进行分组,每组中包含 16 个十进制数,其对应的二进制数会以每四位(从最低位计)为一组按从"0000"递增到"1111"然后再回卷到"0000"的规律变化。

因此,就得到将二进制数直接转换为十六进制数的方法,即从二进制数的最低位开始,每四个二进制位分成一组,每一组二进制数所对应的就是十六进制数的其中一位。

例如,对于 16 位二进制数"1101011110110101",从最低位开始,按每四位为一组使用逗号进行分隔的结果表示为"1101,0111,1011,0101"。其中,"1101"对应的十六进制数字 D,"0111"对应十六进制数字 7,"1011"对应十六进制数字 B,"0101"对应十六进制数字 5。通过这样的划分方式,就可以从二进制数"1101011110110101"直接得到所对应的十六进制数 0xD7B5/D7B5H。

1.6.3　十进制数转换为二进制数

视频讲解

以十进制正整数为例,本节介绍将十进制数转换为二进制数的方法,这个方法就是比较法。与传统上使用长除法相比,比较法更容易理解,并且运算量也显著降低。

对于一个字长为 8 位的正整数 231,将其转换为对应二进制数的过程如表 1.27 所示,得到十进制正整数 231 所对应的 8 位二进制数为"11100111"。具体的转换过程如下。

表 1.27　将 8 位字长的正整数 231 转换为对应的二进制数

位索引	7	6	5	4	3	2	1	0
对应的权值	2^7(128)	2^6(64)	2^5(32)	2^4(16)	2^3(8)	2^2(4)	2^1(2)	2^0(1)
余数	103 (231−128)	39 (103−64)	7 (39−32)	7	7	3 (7−4)	1 (3−2)	0 (1−1)
二进制数字	1	1	1	0	0	1	1	1

(1) 将正整数 231 与最大权值 2^7(=128)进行比较,因为 231>128,所以得到新的余数为 231−128=103,所对应的二进制数字为"1"。

(2) 将步骤(1)计算得到的余数 103 与第二个权值 2^6(=64)进行比较,因为 103>64,所以得到新的余数为 103−64=39,所对应的二进制数字为"1"。

(3) 将步骤(2)计算得到的余数 39 与第三个权值 2^5(=32)进行比较,因为 39>32,所以得到新的余数为 39−32=7,所对应的二进制数字为"1"。

(4) 将步骤(3)计算得到的余数 7 与第四个权值 2^4(=16)进行比较,因为 7<16,所以保留上次得到的余数 7,所对应的二进制数字为"0"。

(5) 将步骤(4)保留的余数 7 与第五个权值 2^3(=8)进行比较,因为 7<8,所以继续保留

前面得到的余数 7,所对应的二进制数字为"0"。

（6）将步骤（5）保留的余数 7 与第六个权值 2^2（＝4）进行比较,因为 7＞4,所以得到新的余数为 7－4＝3,所对应的二进制数字为"1"。

（7）将步骤（6）计算得到的余数 3 与第七个权值 2^1（＝2）进行比较,因为 3＞2,因此得到新的余数为 3－2＝1,所对应的二进制数字为"1"。

（8）将步骤（7）计算得到的余数 1 与第八个权值 2^0（＝1）进行比较,因为 1＝1,因此得到新的余数为 1－1＝0,所对应的二进制数字为"1"。

思考与练习 1-35　将下面不同进制的数转换为对应的十进制正整数,并填写下面的空格。

（1）10100101b 对应的十进制数是＿＿＿＿＿＿＿＿＿＿＿＿＿。

（2）0x4D7 对应的十进制数是＿＿＿＿＿＿＿＿＿＿＿＿＿。

（3）0235 对应的十进制数是＿＿＿＿＿＿＿＿＿＿＿＿＿。

思考与练习 1-36　将二进制数转换为不同的码制格式,并填写下面的空格。

（1）10100101b 对应的八进制数为＿＿＿＿＿＿,对应的十六进制数为＿＿＿＿＿＿。

（2）0101110010100111b 对应的八进制数为＿＿＿＿＿＿,对应的十六进制数为＿＿＿＿＿＿。

思考与练习 1-37　将十进制正整数转换为对应的二进制数,并填写下面的空格。

（1）十进制数 205 对应的二进制数是＿＿＿＿＿＿。

（2）十进制数 30000 对应的二进制数是＿＿＿＿＿＿。

## 第 2 章

逻辑电路基础

在第 1 章所介绍的基本逻辑门电路以及逻辑代数理论知识的基础上,可以进一步实现组合逻辑电路和时序逻辑电路。基于组合逻辑电路和时序逻辑电路,就构成了二进制体系结构下的复杂数字世界。如果从更底层的逻辑门来看待二进制体系结构下的数字世界,读者会发现一个非常有意思的现象,那就是不管多复杂的逻辑电路,最后无非就是由逻辑"与"门、逻辑"或"门及逻辑"非"门构成的,这就是逻辑电路的本质特点。

本章将详细介绍组合逻辑电路和时序逻辑电路中的典型单元结构,并对这些单元结构进行仿真和分析,以帮助读者能理解并掌握逻辑电路的本质。

2.1 组合逻辑电路

从前面的逻辑表达式的化简过程可以很清楚地知道下面的事实,即不管数字系统有多复杂,总可以用 SOP 或者 POS 表达式表示。

我们都知道人的大脑具有复杂的推理和记忆功能,人的大脑可以指挥人的四肢进行工作。人是在不断地记忆新知识的过程中成长的。数字系统类似于人的大脑和四肢,即一个完整的数字系统应该既包含推理部分,又应该包含记忆部分,还有执行部分。在数字系统中,所谓的推理和执行部分称为组合逻辑电路;而记忆部分称为时序逻辑电路。

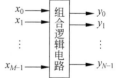

图 2.1 组合逻辑电路
的结构原理

组合逻辑电路是一种逻辑电路,即它任一时刻的输出,只与当前时刻逻辑输入变量的取值有关。图 2.1 给出了组合逻辑电路的结构原理,图中组合逻辑电路的输入和输出可以用下面的关系描述。

$$y_0 = f_0(x_0, x_1, \cdots, x_{M-1})$$
$$y_1 = f_1(x_0, x_1, \cdots, x_{M-1})$$
$$\vdots$$
$$y_{N-1} = f_{N-1}(x_0, x_1, \cdots, x_{M-1})$$

其中,$x_0, x_1, \cdots, x_{M-1}$ 为 M 个逻辑输入变量;$y_0, y_1, \cdots, y_{N-1}$ 为 N 个逻辑输出变量;$f_0()$,$f_1(), \cdots, f_{N-1}()$ 表示 M 个输入和 N 个输出对应的布尔逻辑表达式。

换句话说,如果我们可以通过测试仪器确定输入和输出逻辑变量的关系,就可以通过真值表描述它们之间的关系;然后,通过卡诺图化简,就可以得到 $f_0()$,$f_1(), \cdots, f_{N-1}()$ 所表示的逻辑关系。

时序逻辑电路是一种特殊的逻辑电路,即它任何一个时刻的输出,不仅与当前时刻逻辑输入变量的取值有关,而且还和前一时刻的输出状态有关。其具体的原理将在后面详细说明。

典型地,组合逻辑电路包含编码器、译码器、数据选择器、数据比较器、加法器、减法器和乘法器。

2.1.1 编码器

视频讲解

在数字系统中,编码器用于对原始逻辑信息进行变换,例如 8-3 线编码器。

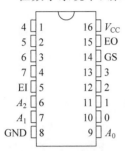

图 2.2　编码器符号

本节将以 74LS148 8-3 线编码器为例,说明编码器的实现原理。图 2.2 给出了 74LS148 编码器的符号描述。其中,EI(芯片上的第 5 个引脚)为选通输入端,低电平有效。EO(芯片的第 15 引脚)为选通输出端,高电平有效。GS(芯片的第 14 引脚)为组选择输出有效信号,用作片优先编码输出端。当 EI 有效,并且有优先编码输入时,该引脚输出为低。A_0、A_1、A_2(芯片的第 9、7 和 6 引脚)为编码输出端,低电平有效。

表 2.1 给出了 74LS148 8-3 线编码器的真值表描述,表中 X 表示无关项。下面对该表的逻辑功能进行分析。

(1) 当 EI 引脚输入为逻辑"0"(低电平)时,编码器才能正常工作。

(2) 当编码器可以正常工作时,编码器输入(按引脚名字)的优先级顺序从高到低依次为 7(芯片的第 4 个引脚)、6(芯片的第 3 个引脚)、5(芯片的第 2 个引脚)、4(芯片的第 1 个引脚)、3(芯片的第 13 个引脚)、2(芯片的第 12 个引脚)、1(芯片的第 11 个引脚)到 0(芯片的第 10 个引脚)。

从表 2.1 可知,比如当 5 输入逻辑"0"(低电平),且 6 和 7 都输入逻辑"1"(高电平)时,芯片的输出 A_2、A_1 和 A_0 的组合为"010",将"010"按位取反后得到"101",其对应的十进制数为 5。进一步,当 n 输入为逻辑"0"(低电平),且从 $n+1$ 到 7 都输入逻辑"1"(高电平时)时,芯片的输出 A_2、A_1 和 A_0 的组合为 n 输入的反码(按位取反的结果)。

表 2.1　8-3 线编码器的真值表

EI	0	1	2	3	4	5	6	7	A_2	A_1	A_0	GS	EO
1	X	X	X	X	X	X	X	X	1	1	1	1	1
0	1	1	1	1	1	1	1	1	1	1	1	1	0
0	X	X	X	X	X	X	X	0	0	0	0	0	1
0	X	X	X	X	X	X	0	1	0	0	1	0	1
0	X	X	X	X	X	0	1	1	0	1	0	0	1
0	X	X	X	X	0	1	1	1	0	1	1	0	1
0	X	X	X	0	1	1	1	1	1	0	0	0	1
0	X	X	0	1	1	1	1	1	1	0	1	0	1
0	X	0	1	1	1	1	1	1	1	1	0	0	1
0	0	1	1	1	1	1	1	1	1	1	1	0	1

注:表中 X 表示无关项。

对表 2.1 的真值表使用布尔代数进行化简,得到下面的逻辑表达式:

$$A_0 = \overline{(\overline{1 \cdot 2 \cdot 4 \cdot 6} + \overline{3} \cdot 4 \cdot 6 + \overline{5} \cdot 6 + \overline{7}) \cdot \overline{\mathrm{EI}}}$$

$$A_1 = \overline{(\overline{2 \cdot 4 \cdot 5} + \overline{3} \cdot 4 \cdot 5 + \overline{6} + \overline{7}) \cdot \overline{\mathrm{EI}}}$$

$$A_2 = \overline{(\overline{4} + \overline{5} + \overline{6} + \overline{7}) \cdot \overline{\mathrm{EI}}}$$

$$EO = \overline{0 \cdot 1 \cdot 2 \cdot 3 \cdot 4 \cdot 5 \cdot 6 \cdot 7 \cdot \overline{EI}}$$

$$GS = \overline{\overline{E_0} \cdot \overline{\overline{EI}}}$$

图 2.3 给出了 74LS148 8-3 线编码器的内部逻辑结构。

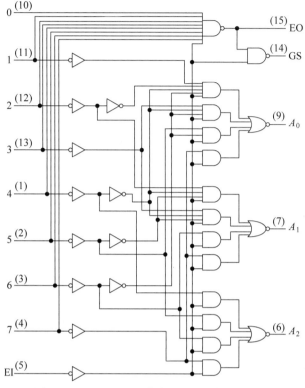

图 2.3 74LS148 8-3 线编码器的内部逻辑结构

2.1.2 译码器

译码器是电子技术中一种多输入多输出的组合逻辑电路,负责将二进制编码翻译为特定的对象(如逻辑电平等),功能与编码器相反。典型地,如 3-8 译码器、七段码译码器。

1. 3-8 译码器

本节将介绍 74LS138 3-8 译码器的实现原理。图 2.4 给出了 74LS138 译码器的符号描述。表 2.2 给出了译码器的真值表描述。编码从 C、B、A 引脚输入。输出 $Y_7 \sim Y_0$ 用于表示输入编码的组合。在一个时刻引脚 $Y_7 \sim Y_0$ 中只有一个引脚输出逻辑"0"(低电平),其余引脚输出均为逻辑"1"(高电平),即当 $CBA = n$ 时,$n \subseteq \{0,1,2,3,4,5,6,7\}$,输出满足

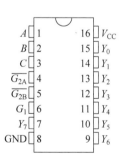

图 2.4 74LS138 符号

表 2.2 74LS138 译码器的真值表

G_1	G_{2A}	G_{2B}	C	B	A	Y_0	Y_1	Y_2	Y_3	Y_4	Y_5	Y_6	Y_7
X	1	X	X	X	X	1	1	1	1	1	1	1	1
X	X	1	X	X	X	1	1	1	1	1	1	1	1
0	X	X	X	X	X	1	1	1	1	1	1	1	1
1	0	0	0	0	0	0	1	1	1	1	1	1	1

续表

G_1	G_{2A}	G_{2B}	C	B	A	Y_0	Y_1	Y_2	Y_3	Y_4	Y_5	Y_6	Y_7
1	0	0	0	0	1	1	0	1	1	1	1	1	1
1	0	0	0	1	0	1	1	0	1	1	1	1	1
1	0	0	0	1	1	1	1	1	0	1	1	1	1
1	0	0	1	0	0	1	1	1	1	0	1	1	1
1	0	0	1	0	1	1	1	1	1	1	0	1	1
1	0	0	1	1	0	1	1	1	1	1	1	0	1
1	0	0	1	1	1	1	1	1	1	1	1	1	0

$$Y_n = 0, \quad Y_m = 1, \quad m \subseteq \{0,1,2,3,4,5,6,7\} \text{ 且 } m \neq n$$

从表 2.2 可以看出,74LS138 译码器正常工作的前提条件是 $G_1 = 1, \overline{G_{2A}} = 0, \overline{G_{2B}} = 0$。

根据表 2.2 给出的 3-8 译码器的真值表,通过化简得到输出 $Y_0 \sim Y_7$ 的逻辑表达式为

$$Y_0 = \overline{(G_1 \cdot \overline{G_{2A}} \cdot \overline{G_{2B}}) \cdot \overline{C} \cdot \overline{B} \cdot \overline{A}}$$

$$Y_1 = \overline{(G_1 \cdot \overline{G_{2A}} \cdot \overline{G_{2B}}) \cdot \overline{C} \cdot \overline{B} \cdot A}$$

$$Y_2 = \overline{(G_1 \cdot \overline{G_{2A}} \cdot \overline{G_{2B}}) \cdot \overline{C} \cdot B \cdot \overline{A}}$$

$$Y_3 = \overline{(G_1 \cdot \overline{G_{2A}} \cdot \overline{G_{2B}}) \cdot \overline{C} \cdot A \cdot B}$$

$$Y_4 = \overline{(G_1 \cdot \overline{G_{2A}} \cdot \overline{G_{2B}}) \cdot C \cdot \overline{B} \cdot \overline{A}}$$

$$Y_5 = \overline{(G_1 \cdot \overline{G_{2A}} \cdot \overline{G_{2B}}) \cdot C \cdot \overline{B} \cdot A}$$

$$Y_6 = \overline{(G_1 \cdot \overline{G}_{2A} \cdot \overline{G}_{2B}) \cdot C \cdot B \cdot \overline{A}}$$

$$Y_7 = \overline{(G_1 \cdot \overline{G_{2A}} \cdot \overline{G_{2B}}) \cdot C \cdot B \cdot A}$$

图 2.5 给出了 74LS138 译码器的内部结构图。

2. 七段码编码器

七段数码管亮灭控制的最基本原理就是当有电流流过七段数码管 a,b,c,d,e,f,g 的某一段时,该段就发光。图 2.6 给出了共阴极七段数码管的控制原理。当

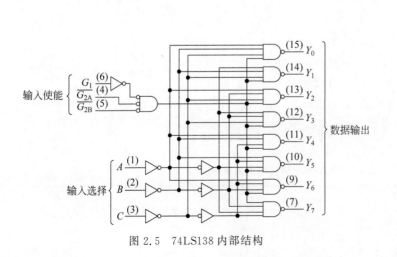

图 2.5　74LS138 内部结构

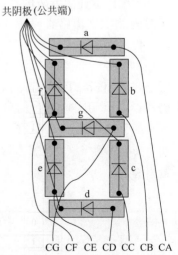

图 2.6　共阴极七段数码管的控制原理

（1）$V_{CA}-V_{公共端}<V_{th}$ 时，a 段灭；否则，a 段亮。

（2）$V_{CB}-V_{公共端}<V_{th}$ 时，b 段灭；否则，b 段亮。

（3）$V_{CC}-V_{公共端}<V_{th}$ 时，c 段灭；否则，c 段亮。

（4）$V_{CD}-V_{公共端}<V_{th}$ 时，d 段灭；否则，d 段亮。

（5）$V_{CE}-V_{公共端}<V_{th}$ 时，e 段灭；否则，e 段亮。

（6）$V_{C}-V_{公共端}<V_{th}$ 时，f 段灭；否则，f 段亮。

（7）$V_{CG}-V_{公共端}<V_{th}$ 时，g 段灭；否则，g 段亮。

注：V_{th} 为七段数码管各二极管的门限电压。

控制七段数码管显示不同的数字和字母时，只要给不同段二极管的阳极高电平即可。下面将设计二进制码到七段码转换的逻辑电路。该逻辑电路将二进制数所表示的数字或字符，显示在七段数码管上。表 2.3 给出了二进制码编码为七段码的真值表描述。

表 2.3　二进制码到七段码转换的真值表

x_3	x_2	x_1	x_0	g	f	e	d	c	b	a
0	0	0	0	0	1	1	1	1	1	1
0	0	0	1	0	0	0	0	1	1	0
0	0	1	0	1	0	1	1	0	1	1
0	0	1	1	1	0	0	1	1	1	1
0	1	0	0	1	1	0	0	1	1	0
0	1	0	1	1	1	0	1	1	0	1
0	1	1	0	1	1	1	1	1	0	1
0	1	1	1	0	0	0	0	1	1	1
1	0	0	0	1	1	1	1	1	1	1
1	0	0	1	1	1	0	1	1	1	1
1	0	1	0	1	1	1	0	1	1	1
1	0	1	1	1	1	1	1	0	0	0
1	1	0	0	0	1	1	1	0	0	1
1	1	0	1	1	0	1	1	1	1	0
1	1	1	0	1	1	1	0	0	0	1
1	1	1	1	1	1	1	0	0	0	1

根据这个真值表的描述，使用图 2.7 所示的卡诺图表示二进制码和七段码的对应关系，并进行化简。

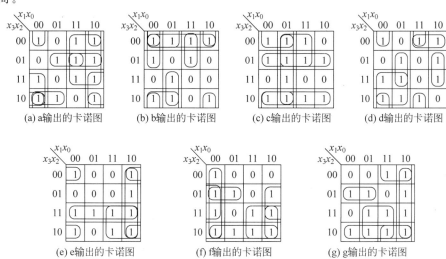

图 2.7　七段码逻辑的卡诺图化简

使用卡诺图化简后,得到 a,b,c,d,e,f,g 和 x_3,x_2,x_1,x_0 对应关系的逻辑表达式为

$$a = \overline{x_2}\cdot\overline{x_0} + x_3\cdot\overline{x_2}\cdot\overline{x_1} + x_3\cdot\overline{x_0} + x_2\cdot x_1 + \overline{x_3}\cdot x_1 + \overline{x_3}\cdot x_2\cdot x_0$$

$$b = \overline{x_3}\cdot\overline{x_2} + \overline{x_2}\cdot\overline{x_1} + x_2\cdot\overline{x_0} + x_3\cdot x_1\cdot x_0 + x_3\cdot\overline{x_1}\cdot x_0 + \overline{x_3}\cdot\overline{x_1}\cdot x_0$$

$$c = \overline{x_2}\cdot\overline{x_1} + x_3\cdot\overline{x_2} + \overline{x_1}\cdot x_0 + \overline{x_3}\cdot x_2 + \overline{x_3}\cdot x_0$$

$$d = \overline{x_2}\cdot\overline{x_1}\cdot\overline{x_0} + x_3\cdot\overline{x_1} + \overline{x_2}\cdot x_1\cdot x_0 + x_2\cdot\overline{x_1}\cdot x_0 + \overline{x_3}\cdot\overline{x_2}\cdot x_1 + x_2\cdot x_1\cdot\overline{x_0}$$

$$e = \overline{x_2}\cdot\overline{x_0} + x_1\cdot\overline{x_0} + x_3\cdot x_2 + x_3\cdot x_1$$

$$f = \overline{x_1}\cdot\overline{x_0} + x_3\cdot\overline{x_2} + x_3\cdot x_1 + \overline{x_3}\cdot x_2\cdot\overline{x_1} + \overline{x_0}\cdot x_2$$

$$g = \overline{x_2}\cdot x_1 + x_1\cdot\overline{x_0} + x_3\cdot\overline{x_2} + x_3\cdot x_0 + \overline{x_3}\cdot x_2\cdot\overline{x_1}$$

2.1.3 码转换器

视频讲解

本节将学习码转换器的实现。典型地,如格雷码转换器以及二进制数到 BCD 码转换器。

1. 格雷码转换器

Gray(格雷)码的编码特点是在相邻的两个编码中,只有一位不同。表 2.4 给出了二进制数和相对应的 Gray 码的真值表表示。

表 2.4 二进制数对应的 Gray 码真值表映射关系

x_3	x_2	x_1	x_0	g_3	g_2	g_1	g_0	x_3	x_2	x_1	x_0	g_3	g_2	g_1	g_0
0	0	0	0	0	0	0	0	1	0	0	0	1	1	0	0
0	0	0	1	0	0	0	1	1	0	0	1	1	1	0	1
0	0	1	0	0	0	1	1	1	0	1	0	1	1	1	1
0	0	1	1	0	0	1	0	1	0	1	1	1	1	1	0
0	1	0	0	0	1	1	0	1	1	0	0	1	0	1	0
0	1	0	1	0	1	1	1	1	1	0	1	1	0	1	1
0	1	1	0	0	1	0	1	1	1	1	0	1	0	0	1
0	1	1	1	0	1	0	0	1	1	1	1	1	0	0	0

对上面的真值表进行化简,得到二进制数到 Gray 码转换的逻辑表达式:

$$g_i = x_{i+1} \oplus x_i$$

2. 二进制数到 BCD 码转换器

表 2.5 给出了二进制数到 BCD 码转换的对应关系,从表中可以看出,实际上就是十六进制数转换为十进制数。图 2.8 给出了 BCD 码中每一位和二进制输入数的卡诺图描述。

表 2.5 二进制数到 BCD 码转换的对应关系

十六进制数	二进制数				二进制编码的十进制数					BCD
	b_3	b_2	b_1	b_0	p_4	p_3	p_2	p_1	p_0	
0	0	0	0	0	0	0	0	0	0	00
1	0	0	0	1	0	0	0	0	1	01
2	0	0	1	0	0	0	0	1	0	02
3	0	0	1	1	0	0	0	1	1	03
4	0	1	0	0	0	0	1	0	0	04
5	0	1	0	1	0	0	1	0	1	05
6	0	1	1	0	0	0	1	1	0	06
7	0	1	1	1	0	0	1	1	1	07

续表

十六进制数	二进制数				二进制编码的十进制数					BCD
	b_3	b_2	b_1	b_0	p_4	p_3	p_2	p_1	p_0	
8	1	0	0	0	0	1	0	0	0	08
9	1	0	0	1	0	1	0	0	1	09
A	1	0	1	0	1	0	0	0	0	10
B	1	0	1	1	1	0	0	0	1	11
C	1	1	0	0	1	0	0	1	0	12
D	1	1	0	1	1	0	0	1	1	13
E	1	1	1	0	1	0	1	0	0	14
F	1	1	1	1	1	0	1	0	1	15

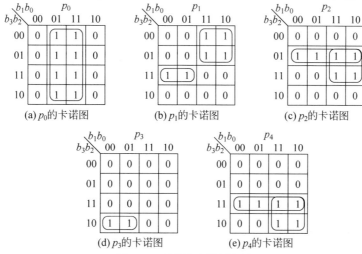

图 2.8 逻辑的卡诺图化简

化简后,得到下面的逻辑关系:

$$p_0 = b_0$$
$$p_1 = b_3 \cdot b_2 \cdot \bar{b}_1 + \bar{b}_3 \cdot b_1$$
$$p_2 = \bar{b}_3 \cdot b_2 + b_2 \cdot b_1$$
$$p_3 = b_3 \cdot \bar{b}_2 \cdot \bar{b}_1$$
$$p_4 = b_3 \cdot b_2 + b_3 \cdot b_1$$

下面将设计一个二进制数转换为 BCD 码并在七段数码管上显示的电路,如图 2.9 所示。该电路由两个子电路构成,其中一个是二进制数到二进制数编码的十进制数转换电路,另一个是 BCD 码到七段数码管驱动电路。在该电路中,二进制数到二进制编码的十进制数转换电路是根据前面给出的逻辑表达式,通过基本逻辑电路构建而成;而 BCD 码到七段数码管的驱动电路通过使用两片 74LS48 芯片实现。

注:在配套资源\eda_verilog 目录下,用 Multisim 打开 bin_bcd_seg7. ms14,执行交互(interactive simulation)仿真,观察仿真结果。

思考与练习 2-1 请读者分析图 2.9 电路的工作原理。(提示:在分析该电路时,请参考 TI 公司给出的 74LS48 数据手册,理解 74LS48 的工作原理。)

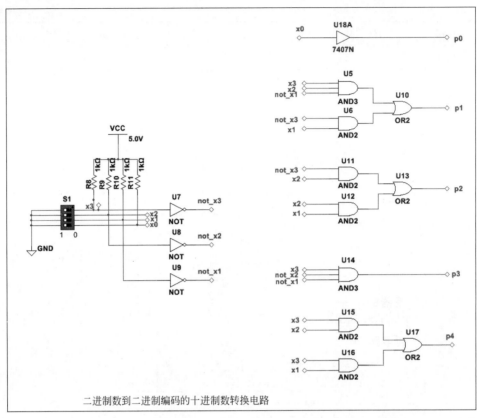

二进制数到二进制编码的十进制数转换电路

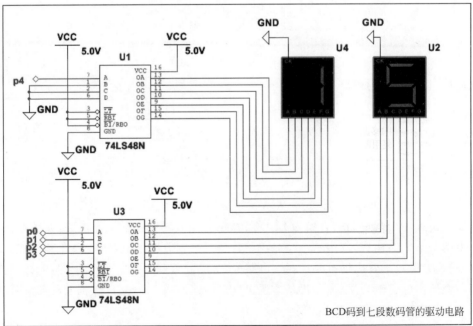

BCD码到七段数码管的驱动电路

图 2.9　将二进制数以二进制编码的十进制数形式显示在七段数码管的电路

2.1.4　数据选择器

在数字逻辑中,数据选择器也称为多路复用器,它从多个输入的逻辑信号中选择一个逻辑信号输出。

1. 多路复用器的实现原理

图 2.10 给出了 2-1 多路复用器的符号描述,表 2.6 给出了 2-1 多路复用器功能的真值表描述。使用图 2.11 所示的卡诺图对表 2.6 的逻辑功能进行化简,得到 2-1 多路复用器的最简逻辑表达式为

$$y = a \cdot \bar{s} + b \cdot s$$

表 2.6 2-1 多路复用器真值表

s	a	b	y
0	0	0	0
0	0	1	0
0	1	0	1
0	1	1	1
1	0	0	0
1	0	1	1
1	1	0	0
1	1	1	1

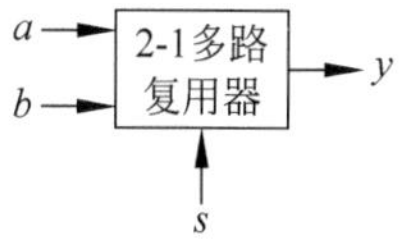

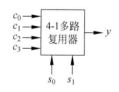

图 2.10 2-1 多路复用器
符号描述

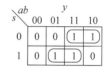

图 2.11 多路复用器的
卡诺图映射

2. 4-1 多路复用器的实现原理

图 2.12 给出了 4-1 多路复用器的符号描述,表 2.7 给出了 4-1 多路复用器的真值表描述。下面使用三个 2-1 的多路复用器实现 4-1 多路复用器。图 2.13 给出了级联 2-1 多路复用器实现 4-1 多路复用器的内部结构。然后通过表 2.7 给出的 2-1 多路复用器的逻辑功能真值表得到 4-1 多路复用器的最简逻辑表达式为

$$v = c_0 \cdot \bar{s}_0 + c_1 \cdot s_0$$
$$w = c_2 \cdot \bar{s}_0 + c_3 \cdot s_0$$
$$z = v \cdot \bar{s}_1 + w \cdot s_1$$

得到

$$z = (c_0 \cdot \bar{s}_0 + c_1 \cdot s_0) \cdot \bar{s}_1 + (c_2 \cdot \bar{s}_0 + c_3 \cdot s_0) \cdot s_1$$
$$= c_0 \cdot \bar{s}_0 \cdot \bar{s}_1 + c_1 \cdot s_0 \cdot \bar{s}_1 + c_2 \cdot \bar{s}_0 \cdot s_1 + c_3 \cdot s_0 \cdot s_1$$

图 2.12 4-1 多路复用器
符号描述

表 2.7 4-1 多路复用器真值表

s_1	s_0	y
0	0	c_0
0	1	c_1
1	0	c_2
1	1	c_3

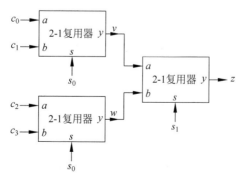

图 2.13 4-1 多路复用器的级联实现

3. 数据选择器集成电路

74LS00 系列集成电路提供了一些专用的数据选择器,表 2.8 给出了典型的数据选择器专用集成电路。

表 2.8　典型的数据选择器专用集成电路

数据选择器	功　　能	输　出　状　态
74LS157	四 2 选 1 数据选择器	输出原变量
74LS158	四 2 选 1 数据选择器	输出反变量
74LS153	双 4 选 1 数据选择器	输出原变量
74LS352	双 4 选 1 数据选择器	输出反变量
74LS151	8 选 1 数据选择器	输出反变量
74LS150	16 选 1 数据选择器	输出反变量

视频讲解

2.1.5　数据比较器

本节主要介绍多位数字比较器的设计及实现方法。多位数字比较器的实现通过两步实现:

(1) 首先实现一位数字比较器;

(2) 然后通过级联一位数字比较器,实现多位数字比较器。

1. 一位比较器的实现原理

图 2.14 给出了一位比较器的符号描述,比较器的功能满足下面的条件:

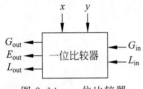

图 2.14　一位比较器符号描述

(1) 如果 $x > y$,或者 $x = y$ 且 $G_{in} = 1$,则 $G_{out} = 1$;

(2) 如果 $x = y$ 且 $G_{in} = 0$,$L_{in} = 0$,则 $E_{out} = 1$;

(3) 如果 $x < y$,或者 $x = y$ 且 $L_{in} = 1$,则 $L_{out} = 1$。

根据上面的三个条件,则得到表 2.9 一位比较器的真值表描述。如图 2.15 所示,对表 2.9 给出的逻辑关系通过卡诺图进行化简,得到最简的逻辑表式

$$G_{out} = x \cdot \bar{y} + x \cdot G_{in} + \bar{y} \cdot G_{in}$$

$$E_{out} = \bar{x} \cdot \bar{y} \cdot \overline{G_{in}} \cdot \overline{L_{in}} + x \cdot y \cdot \overline{G_{in}} \cdot \overline{L_{in}}$$

$$L_{out} = \bar{x} \cdot y + \bar{x} \cdot L_{in} + y \cdot L_{in}$$

表 2.9　一位比较器的真值表描述

x	y	G_{in}	L_{in}	G_{out}	E_{out}	L_{out}	x	y	G_{in}	L_{in}	G_{out}	E_{out}	L_{out}
0	0	0	0	0	1	0	1	0	0	0	1	0	0
0	0	0	1	0	0	1	1	0	0	1	1	0	0
0	0	1	0	1	0	0	1	0	1	0	1	0	0
0	0	1	1	1	0	1	1	0	1	1	1	0	0
0	1	0	0	0	0	1	1	1	0	0	0	1	0
0	1	0	1	0	0	1	1	1	0	1	0	0	1
0	1	1	0	0	0	1	1	1	1	0	1	0	0
0	1	1	1	0	0	1	1	1	1	1	1	0	1

2. 多位比较器的实现原理

多位比较器可以由一位比较器级联得到,图 2.16 给出了使用 4 个一位比较器级联得到 1 个四位比较器的实现结构。

此外,74LS85 是一个专用的四位比较器芯片,图 2.17 给出了其符号描述。表 2.10 给出了该比较器的真值表。

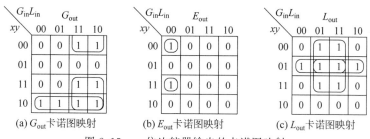

图 2.15 一位比较器输出的卡诺图映射

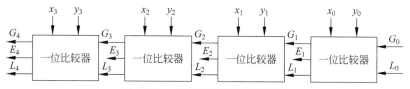

图 2.16 四位比较器的实现结构

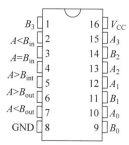

图 2.17 74LS85 符号

表 2.10 74LS85 真值表

比 较 输 入				级 联 输 入			输 出		
A_3, B_3	A_2, B_2	A_1, B_1	A_0, B_0	$A>B$	$A<B$	$A=B$	$A>B$	$A<B$	$A=B$
$A_3>B_3$	$\times$	$\times$	$\times$	$\times$	$\times$	$\times$	H	L	L
$A_3<B_3$	$\times$	$\times$	$\times$	$\times$	$\times$	$\times$	L	H	L
$A_3=B_3$	$A_2>B_2$	$\times$	$\times$	$\times$	$\times$	$\times$	H	L	L
$A_3=B_3$	$A_2<B_2$	$\times$	$\times$	$\times$	$\times$	$\times$	L	H	L
$A_3=B_3$	$A_2=B_2$	$A_1>B_1$	$\times$	$\times$	$\times$	$\times$	H	L	L
$A_3=B_3$	$A_2=B_2$	$A_1<B_1$	$\times$	$\times$	$\times$	$\times$	L	H	L
$A_3=B_3$	$A_2=B_2$	$A_1=B_1$	$A_0>B_0$	$\times$	$\times$	$\times$	H	L	L
$A_3=B_3$	$A_2=B_2$	$A_1=B_1$	$A_0<B_0$	$\times$	$\times$	$\times$	L	H	L
$A_3=B_3$	$A_2=B_2$	$A_1=B_1$	$A_0=B_0$	H	L	L	H	L	L
$A_3=B_3$	$A_2=B_2$	$A_1=B_1$	$A_0=B_0$	L	H	L	L	H	L
$A_3=B_3$	$A_2=B_2$	$A_1=B_1$	$A_0=B_0$	$\times$	$\times$	H	L	L	H
$A_3=B_3$	$A_2=B_2$	$A_1=B_1$	$A_0=B_0$	H	H	L	L	L	L
$A_3=B_3$	$A_2=B_2$	$A_1=B_1$	$A_0=B_0$	L	L	L	H	H	L

使用四位多路选择器和四位数字比较器实现下面的算法,如代码清单 2-1 所示。

代码清单 2-1 算法的 C 语言描述

```
if(a>b)
    x = a;
else
    x = b;
```

实现该算法的硬件电路如图 2.18 所示。在该电路中使用 74LS85 实现两个四位二进制数的比较,然后将数字比较器引脚 OAGTB 的输出取反后连接到四位多路选择器 74LS157 的

～A/B 输入端。

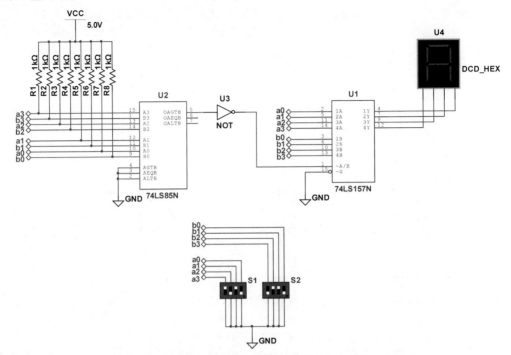

图 2.18   使用数字比较器和多路选择器芯片实现软件算法

注：在配套资源\eda_verilog 目录下，用 Multisim 打开 compare_select. ms14，并执行交互(interactive simulation)仿真，观察仿真结果。

思考与练习 2-2   请读者分析图 2.18 电路的工作原理。（提示：在分析该电路时，请参考 TI 公司给出的 74LS85 和 74LS157 数据手册，理解这两个集成电路芯片的工作原理。）

思考与练习 2-3   比较软件实现算法和硬件实现算法的区别，说明硬件实现算法的优势。

视频讲解

2.1.6   加法器

加法器是用于执行加法运算的数字电路，它是构成电子计算机核心微处理器中算术逻辑单元的基础。在算术逻辑单元中，加法器用于计算地址和数据等。除此之外，加法器也是其他一些硬件，例如二进制数乘法器的重要组成部分。

1. 一位半加器的实现

表 2.11 给出了一位半加器的真值表，根据真值表可以得到一位半加器的最简逻辑表达式：

$$s_0 = \bar{a}_0 \cdot b_0 + a_0 \cdot \bar{b}_0 = a_0 \oplus b_0$$

$$c_1 = a_0 \cdot b_0$$

根据最简逻辑表达式，可以得到图 2.19 所示的一位半加器逻辑图。

表 2.11   一位半加器真值表

a_0	b_0	s_0	c_1
0	0	0	0
0	1	1	0
1	0	1	0
1	1	0	1

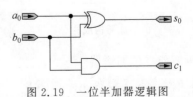

图 2.19   一位半加器逻辑图

2．一位全加器的实现

表 2.12 给出了一位全加器的真值表，使用图 2.20 所示的卡诺图映射，可以得到一位全加器的最简逻辑表达式：

$$s_i = \bar{a}_i \cdot b_i \cdot \bar{c}_i + a_i \cdot \bar{b}_i \cdot \bar{c}_i + \bar{a}_i \cdot \bar{b}_i \cdot c_i + a_i \cdot b_i \cdot c_i$$
$$= \bar{c}_i \cdot (a_i \oplus b_i) + c_i \cdot \overline{(a_i \oplus b_i)}$$
$$= (a_i \oplus b_i \oplus c_i)$$
$$c_{i+1} = a_i \cdot b_i + b_i \cdot c_i + a_i \cdot c_i$$
$$= a_i \cdot b_i + c_i \cdot (a_i + b_i)$$
$$= a_i \cdot b_i + c_i \cdot (a_i \cdot (b_i + \bar{b}_i) + b_i \cdot (a_i + \bar{a}_i))$$
$$= a_i \cdot b_i + c_i \cdot (a_i \cdot \bar{b}_i + b_i \cdot \bar{a}_i)$$
$$= a_i \cdot b_i + c_i \cdot (a_i \oplus b_i)$$

表 2.12 一位全加器真值表

c_i	a_i	b_i	s_i	c_{i+1}	c_i	a_i	b_i	s_i	c_{i+1}
0	0	0	0	0	1	0	0	1	0
0	0	1	1	0	1	0	1	0	1
0	1	0	1	0	1	1	0	0	1
0	1	1	0	1	1	1	1	1	1

根据最简逻辑表达式，可以得到图 2.21 所示的一位全加器逻辑图。

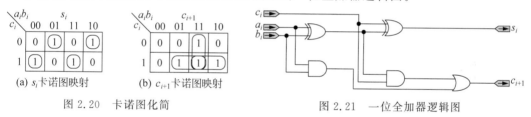

(a) s_i 卡诺图映射 　　(b) c_{i+1} 卡诺图映射

图 2.20 卡诺图化简 　　　　图 2.21 一位全加器逻辑图

对图 2.21 进一步观察可以得到图 2.22 所示的全加器结构，可以看到，一位全加器实际上是由两个半加器和一个逻辑或门构成。

3．多位全加器的实现

1）串行进位加法器

多位全加器可以由一位全加器级联而成。图 2.23 给出了一位全加器级联生成四位全加器的结构。前一个全加器的进位输出作为下一个全加器进位的输入。显然，串行进位加法器需要一级一级地向前进位，因此有很大的进位延迟。

图 2.22 由半加器构成的全加器结构

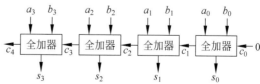

图 2.23 四位全加器结构

2）超前进位加法器

为了减少多位二进制数加减计算所需的时间，出现了一种比串行进位加法器速度更快的加法器，这种加法器称为超前进位加法器。

假设二进制加法器的第 i 位输入为 a_i 和 b_i，输出为 s_i，进位输入为 c_i，进位输出为 c_{i+1}。则有

$$s_i = a_i \oplus b_i \oplus c_i$$
$$c_{i+1} = a_i \cdot b_i + a_i \cdot c_i + b_i \cdot c_i = a_i \cdot b_i + c_i \cdot (a_i + b_i)$$

令

$$g_i = a_i \cdot b_i, \quad p_i = a_i + b_i$$

则

$$c_{i+1} = g_i + p_i \cdot c_i$$

（1）当 a_i 和 b_i 都为 1 时，$g_i = 1$，产生进位 $c_{i+1} = 1$。

（2）当 a_i 或 b_i 为 1 时，$p_i = 1$，传递进位 $c_{i+1} = c_i$。

因此，g_i 定义为进位产生信号，p_i 定义为进位传递信号。g_i 的优先级高于 p_i，也就是说，当 $g_i = 1$ 时，必然存在 $p_i = 1$，不管 c_i 为多少，必然存在进位；当 $g_i = 0$，而 $p_i = 1$ 时，进位输出为 c_i，跟 c_i 之前的逻辑有关。

下面以四位超前进位加法器为例，假设四位被加数和加数分别为 a 和 b，进位输入为 c_{in}，进位输出为 c_{out}，对于第 i 位产生的进位，$g_i = a_i \cdot b_i$，$p_i = a_i + b_i (i = 0, 1, 2, 3)$

$c_0 = c_{in}$

$c_1 = g_0 + p_0 \cdot c_0$

$c_2 = g_1 + p_1 \cdot c_1 = g_1 + p_1 \cdot (g_0 + p_0 \cdot c_0) = g_1 + p_1 \cdot g_0 + p_1 \cdot p_0 \cdot c_0$

$c_3 = g_2 + p_2 \cdot c_2 = g_2 + p_2 \cdot g_1 + p_2 \cdot p_1 \cdot g_0 + p_2 \cdot p_1 \cdot p_0 \cdot c_0$

$c_4 = g_3 + p_3 \cdot c_3 = g_3 + p_3 \cdot g_2 + p_3 \cdot p_2 \cdot g_1 + p_3 \cdot p_2 \cdot p_1 \cdot g_0 + p_3 \cdot p_2 \cdot p_1 \cdot p_0 \cdot c_0$

$c_{out} = c_4$

由此可以看出，各级的进位彼此独立，只与输入数据和 c_{in} 有关，因此消除了各级之间进位级联的依赖性。所以，显著降低了串行进位产生的延迟。

每个等式与只有三级延迟的电路对应，第一级延迟对应进位产生信号和进位传递信号，后两级延迟对应上面的积之和。

同时，可以得到第 i 位的和为：

$$s_i = a_i \oplus b_i \oplus c_i = g_i \oplus p_i \oplus c_i$$

图 2.24 给出了四位超前进位全加器的结构。

图 2.25 是 74LS283 超前进位全加器。图 2.26 是该超前进位全加器的内部逻辑电路结构。

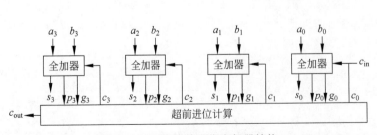

图 2.24　四位超前进位全加器结构

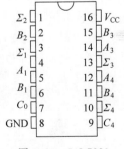

图 2.25　74LS283

视频讲解

2.1.7　减法器

减法器的设计类似于加法器的设计方法，可以通过真值表实现。一旦设计了一位减法器电路，就可以将其复制 N 次，创建一个 N 位的减法器。

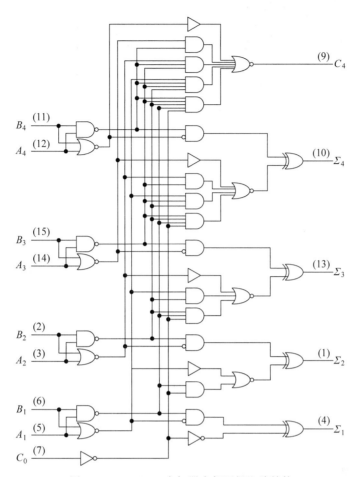

图 2.26 74LS283 全加器内部逻辑电路结构

1. 一位半减器的实现

表 2.13 给出了一位半减器的真值表关系,根据真值表可以得到一位半减器的最简逻辑表达式:

$$d_0 = \overline{a_0} \cdot b_0 + a_0 \cdot \overline{b_0} = a_0 \oplus b_0$$

$$c_1 = \overline{a_0} \cdot b_0$$

根据最简逻辑表达式,可以得到图 2.27 所示的一位半减器逻辑结构。

表 2.13 一位半减器真值表

a_0	b_0	d_0	c_1
0	0	0	0
0	1	1	1
1	0	1	0
1	1	0	0

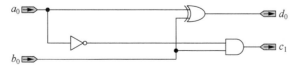

图 2.27 一位半减器逻辑结构

2. 一位全减器的实现

表 2.14 给出了一位全减器的真值表,使用图 2.28 所示的卡诺图映射,可以得到一位全减

器的最简逻辑表达式。

表 2.14 一位全减器真值表

c_i	a_i	b_i	d_i	c_{i+1}
0	0	0	0	0
0	0	1	1	1
0	1	0	1	0
0	1	1	0	0
1	0	0	1	1
1	0	1	0	1
1	1	0	0	0
1	1	1	1	1

$$d_i = \bar{a}_i \cdot b_i \cdot \bar{c}_i + a_i \cdot \bar{b}_i \cdot \bar{c}_i + \bar{a}_i \cdot \bar{b}_i \cdot c_i + a_i \cdot b_i \cdot c_i$$
$$= \bar{c}_i \cdot (a_i \oplus b_i) + c_i \cdot \overline{(a_i \oplus b_i)}$$
$$= (a_i \oplus b_i \oplus c_i)$$

$$c_{i+1} = c_i \cdot b_i + \bar{a}_i \cdot b_i + \bar{a}_i \cdot c_i$$
$$= \bar{a}_i \cdot b_i + c_i \cdot (\bar{a}_i + b_i)$$
$$= \bar{a}_i \cdot b_i + c_i \cdot (\bar{a}_i \cdot (b_i + \bar{b}_i) + b_i \cdot (a_i + \bar{a}_i))$$
$$= \bar{a}_i \cdot b_i + c_i \cdot (\bar{a}_i \cdot \bar{b}_i + b_i \cdot a_i)$$
$$= \bar{a}_i \cdot b_i + c_i \cdot \overline{(a_i \oplus b_i)}$$

根据最简的逻辑表达式,可以得到图 2.29 所示的一位全减器逻辑结构。

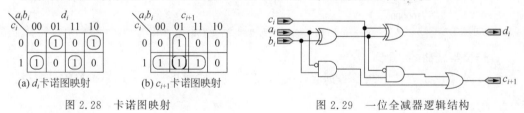

(a) d_i 卡诺图映射   (b) c_{i+1} 卡诺图映射

图 2.28 卡诺图映射   图 2.29 一位全减器逻辑结构

3. 负数的表示

以负整数为例,对于一个减法运算,比如 $5-3$,我们可以重写成 $5+(-3)$。这样,减法运算就变成了加法运算。但是,正数变了负数。因此,在数字电路中必须有表示负数的方法。本节仅讨论负数中的负整数表示方法。

数字系统中有固定数目的信号来表示二进制数,较小的简单系统可能使用 8 位宽度总线(即多位二进制信号线的集合),而较大的系统可能使用 16、32 或 64 位宽度的总线。不管使用多少位,但是信号线、存储元素和处理元素所表示和操作的数字数据的位数是有限的。可用的位数决定了在一个给定的系统中,可以表示多少个不同的数。在数字电路中,用于执行算术功能的部件经常需要处理负数。所以,必须要定义一种表示负数的方法。一个 N 位的数据线总共可以表示 2^N 个整数,因此使用一半可用的编码($2^N/2$)表示正整数,另一半表示负整数。可以将一位设计成一个符号位,用于区分正整数和负整数。如果符号位为"1",则所表示的数为负整数;否则,所表示的数为正整数。通常,将最高有效位(most significant bit,MSB)用作符号位。如果该位为"0",表示一个正整数。

在所有可能的负整数编码方案中,经常使用两种,即符号幅度和二进制补码。符号幅度就是简单地用 MSB 表示符号位,剩下的位表示幅度。在一个 8 位宽度的符号幅度系统中,十进制正整数 16 用二进制数表示为"00010000",而十进制负整数 -16 用二进制数表示为"10010000"。这种表示方法很容易理解。但是,用于数字电路最不利的方面表现在,如果在 0 到 2^N 的计数范围从最小到最大变化,则最大的正整数将出现在所表示范围一半的地方。然后,跟随最大的负整数。而且,最小的负整数出现在范围的末尾,更多的计数将出现"回卷"。这是由于宽度的限制而不能表示 2^N+1。因此,在计数范围内,2^N 后面跟着 0,这样最小的负整数就立即调整到最小的正整数。由于这个原因,一个简单的操作"$2-3$",其要求计数返回两三次,将不会产生所希望的结果"-1",它是系统中的最大负整数。一个更好的方法应该将最小的正整数和最大的负整数放在相邻的位置,这与在 X 轴上表示负整数、零和正整数的方法相一致。因此,引入了二进制补码的概念。图 2.30(a)给出了 8 位有符号整数的符号幅度表示法,图 2.30(b)给出了 8 位有符号整数二进制补码表示法。

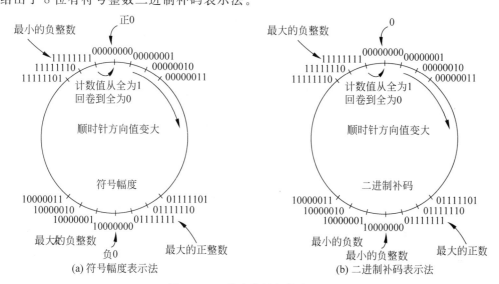

图 2.30　8 位有符号整数表示法

在二进制补码编码中,MSB 仍是符号位,"1"表示负整数,"0"表示正数。在二进制补码中,十进制数 0 由一个包含所有"0"的比特定义;其余的 2^N-1 个数表示非零的正整数和负整数,其中,2^{N-1} 个编码表示负整数,$2^{N-1}-1$ 个编码表示正整数。换句话说,可以表示的负整数比正整数要多一个。最大负整数的幅度要比最大正整数的幅度多 1。

二进制补码编码不利的地方是,对负数的表示不够直观。以整数为例,一个简单的算法,用于将一个正数转换为一个二进制补码编码同样幅度的负数。负整数的二进制补码算法描述是:将该负整数所对应的正整数按位全部取反(包括符号位);将取反后的结果加 1。

例如,$+17$ 转换为 -17 的二进制补码计算公式:

(1) 17 对应的二进制原码为 00010001;

(2) 按位全部取反后变成 11101110;

(3) 结果加 1,变成 11101111。

例如,-35 转换为 $+35$ 的二进制补码计算公式:

(1) -35 对应的二进制补码为 11011101;

(2) 按位取反后变成 00100010;

(3) 结果加 1,变成 00100011。

例如,-127 转换为 $+127$ 的二进制补码计算公式:

（1）—127 对应的二进制补码为 10000001。

（2）按位取反后变成 01111110。

（3）结果加 1，变成 01111111。

例如，+1 转换为—1 的二进制补码计算公式：

（1）+1 对应的二进制原码为 00000001。

（2）按位取反后变成 11111110。

（3）结果加 1，变成 11111111。

在前面介绍了使用比较法将十进制正整数转换成二进制数的方法。类似地，下面介绍使用比较法将十进制负整数转换成二进制数的方法。

以十进制负整数—97 转换为所对应的二进制补码为例，在该例子中假设使用 8 位宽度表示所对应的二进制补码，如表 2.15 所示。表中：

表 2.15　十进制负整数—97 的二进制补码比较法实现过程

转换的数	—97	31	31	31	15	7	3	1
权值	$-2^7(-128)$	$2^6(64)$	$2^5(32)$	$2^4(16)$	$2^3(8)$	$2^2(4)$	$2^1(2)$	$2^0(1)$
二进制数	1	0	0	1	1	1	1	1
余数	31	31	31	15	7	3	1	0

（1）首先，得到需要转换负整数的最小权值，该权值为负数，以 -2^i 表示（i 为所对应的符号位的位置），使其满足：

$$-2^i \leqslant 需要转换的负整数$$

并且，-2^i 与所要转换的负整数有最小的距离，保证绝对差值最小。

（2）然后，取比该权值绝对值 2^i 小的权值，以 $2^{i-1}, 2^{i-2}, \cdots, 2^0$ 的幂次方表示。

比较过程描述如下：

（1）首先，需要转换的负整数$+2^i$，得到了正整数，该正整数作为下一次需要转换的数。

（2）然后，后面的比较过程与前面所介绍的正整数转换方法一致。

因此，使用比较法得到有符号负整数—97 所对应的二进制补码为 10011111。

2.1.8　加法器/减法器

比较前面给出的一位半加器和一位半减器的结构，二者的差别只存在于：

（1）当结构是半加器时，取 a 参与半加器内的逻辑运算。

（2）当结构是半减器时，对 a 进行逻辑取反后参与半减器内的逻辑运算。

1. 一位加法器/减法器的实现

假设，一个逻辑变量 E 用于选择实现一位半加器还是一位半减器功能。规定 $E=$"0"时，为一位半加器，否则为一位半减器。因此，二者之间的差别可以用下面的逻辑关系式表示：

$$\overline{E} \cdot a + E \cdot \overline{a}$$

这样，一位半加器和一位半减器就可以使用一个逻辑结构实现。图 2.31 给出了一位半加/半减器的统一结构。

图中 SD_0 为一位半加器/半减器的和/差结果，CB_1 为一位半加器/半减器的进位/借位。

也可以采用另一种结构实现四位加法器/减法器结构。将表 2.12 全加器的真值表重新写成

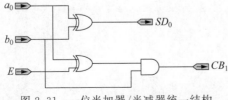

图 2.31　一位半加器/半减器统一结构

表 2.16 的形式,并与表 2.14 所示的全减器真值表进行比较。可以很直观地看到全减器和全加器的 c_i 和 c_{i+1} 互补,b_i 也互补。如图 2.32 所示,可以得到这样的结果,如果对 c_i 和 b_i 进行求补,则全加器可以用作全减器使用。

表 2.16 重排的全加器真值表

c_i	a_i	b_i	s_i	c_{i+1}
1	0	1	0	1
1	0	0	1	0
1	1	1	1	1
1	1	0	0	1
0	0	1	1	0
0	0	0	0	0
0	1	1	0	1
0	1	0	1	0

2. 多位加法器/减法器的实现

下面介绍多位加法器/减法器的实现原理。如果把图 2.32 的结构级联,可以生成一个四位的减法器。但是将取消进位输出和下一个进位输入的取补运算,这是因为最终的结果只是需要对最初的进位输入 c_0 取补。对于加法器来说 c_0 为"0";而对于减法器来说,c_0 为"1"。这就等效于 a 和 $\sim b$ 的和加 1,这其实就是补码的运算。这样,使用加法器进行相减运算,只需要用减数的补码,然后相加。图 2.33 给出了使用全加器实现多位加法和减法的结构。注意当用作减法时($E="1"$),则输出进位 c_4 是输出借位的补码。

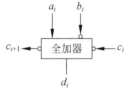

图 2.32 一位全加器用作全减器

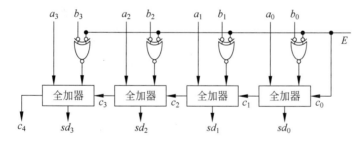

图 2.33 四位全加器实现加法和减法运算

2.1.9 乘法器

二进制乘法器实现两个二进制数的相乘。本质上乘法器由更基本的加法器组成。

二进制乘法中包含对部分积的计算,以及将部分积相加。这一过程与多位十进制数乘法的过程类似,不过在这里根据二进制的情况进行了修改。

图 2.34(a)给出了 4×4 二进制数乘法实现的一个具体例子,并对这个例子进行扩展给出了形式化的图 2.34(b)所示的一般结构。对这个结构进行进一步的分析,乘法运算的本质实际上是"部分乘积移位求和"的过程。图 2.35(a)给出了 $A \times B$ 得到的部分积,图 2.35(b)给出了部分积相加的过程。

思考与练习 2-4 完成下面有符号数的转换:

(1) $(-19)_{10} = ($_____$)_2$　　　　　(2) $(10011010)_2 = ($_____$)_{10}$

(3) $(10000000)_2 = ($_____$)_{10}$　　　(4) $(-101)_{10} = ($_____$)_2$

```
        1001                        A₃   A₂   A₁   A₀
    ×   1011                    ×  B₃   B₂   B₁   B₀
        1001                       P₀₃  P₀₂  P₀₁  P₀₀
        1001                   P₁₃  P₁₂  P₁₁  P₁₀
        0000              P₂₃  P₂₂  P₂₁  P₂₀
        1001          P₃₃  P₃₂  P₃₁  P₃₀
      1100011      R₇   R₆   R₅   R₄   R₃   R₂   R₁   R₀
```

（a）4×4二进制数乘法实现例子　　　　（b）4×4二进制数乘法实现一般结构

图 2.34　乘法器原理

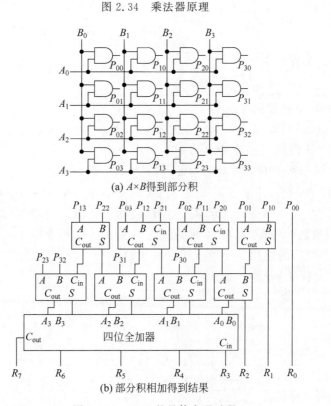

(a) $A \times B$ 得到部分积

(b) 部分积相加得到结果

图 2.35　$A \times B$ 的具体实现过程

思考与练习 2-5　完成下面 8 位二进制补码的运算，并对运算结果进行判断：

（1）$17-11$

（2）$-22+6$

（3）$35-42$

（4）$19-(-7)$

2.2　时序逻辑电路

在数字电路中,时序逻辑电路是指电路当前时刻的稳态输出不仅取决于当前时刻的输入,还与前一时刻输出的状态有关。这跟组合逻辑电路不同,组合逻辑的输出只会跟当前的输入成一种逻辑函数关系。换句话说,时序逻辑电路包含用于存储信息的存储元件,而组合逻辑则没有。这就是两者的本质区别。但是,需要注意的是,构成时序逻辑电路的基本存储元件也都是由组合逻辑电路实现的,只不过是由于这些组合逻辑电路存在"反馈"。所以,就成为具有记忆信息能力的特殊功能部件。

2.2.1 时序逻辑电路特点

视频讲解

由于时序逻辑电路有"记忆"信息的功能,因此它可以用于保存数字系统的工作状态。大量的电子设备包含数字系统,数字系统使用存储电路来定义它们的工作状态。事实上,任何能够创建或者响应事件序列的电子设备必须要包含存储电路。典型地,这样的设备有手表和定时器、家电控制器、游戏设备和计算设备。如果一个数字系统包含 N 个存储器件,并且每个存储器件存储一个"1"或者"0",则可以使用 N 位的二进制数来定义系统的工作状态。包含 N 个存储器件的数字系统最多有 2^N 个状态,每个状态的值由系统中存储器件所创建的二进制数定义。

在任何一个时刻,保存在内部存储器件的二进制数定义了一个数字系统的当前状态。输入到数字系统的逻辑信号可能引起一个或者多个存储器件的状态发生改变(从逻辑"1"变化到逻辑"0",或者从逻辑"0"变化到逻辑"1")。因此,引起数字系统的状态发生改变。这样,当保存在内部存储器的二进制数发生变化时,就会引起数字系统状态改变或者状态跳变。通过状态到状态的跳变,数字系统就能创建或者响应事件序列。

在数字系统中,主要关心两状态或者双稳态电路。双稳态电路有两个稳定的工作状态,一个状态是输出逻辑"1"(高电平),另一个状态是输出逻辑"0"(低电平)。当双稳态存储电路处于其中一个逻辑状态时,需要外界施加能量,使其从一种逻辑状态变化到另一种逻辑状态。在两个状态跳变期间,输出信号必须跨越不稳定状态区域。因此,在设计存储电路时不允许无限停留在不稳定区域内。一旦它们进入不稳定状态,则立即尝试重新进入两个稳定状态中的一个。

如图 2.36 所示,给出了状态变迁的示意图。图中小球表示保存在存储电路中的值,山表示不稳定区域,为存储电路从保存的一个值跳变到另一个值所穿越的区域。在这个图中,有第三个潜在的稳定状态,有可能在山顶上球处于平衡状态。同样地,存储电路也有第三个潜在的稳定状态,当存储电路在两个稳定状态之间进行跳变时,确保为电路施加足够的能量,使其可以穿越不稳定区域。

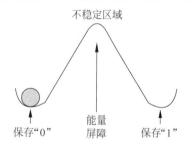

图 2.36 状态变迁

在双稳态电路中,一旦进入到逻辑"0"或者逻辑"1"的状态,则很容易维持这个状态。用于改变电路状态的控制信号必须满足最小的能量以穿过不稳定区域。如果所提供的能量大于所需的最小能量,则状态的变化过程很快;如果所提供的能量小于所需的最小能量,则重新返回到最初的状态。如果输入给出了错误的能量大小,即足够引起跳变的开始,但不足以使得它快速通过不稳定区域,则电路可以暂时处于不稳定区域,存储电路的设计要尽可能地减少这种情况的发生。如果存储器件处于不稳定区域的时间太长,则输出可能产生振荡,或者待在逻辑"0"和逻辑"1"的中间,将使得数字系统经历意外的或者不期望的行为。一个处于不稳定区域的状态,称为亚稳定状态。一旦进入亚稳定状态,存储器件将出现时序问题。

一个静态存储电路要求反馈,任何带有反馈的电路是存储器。如果输出信号简单的反馈,并且连接到输入,则称为包含反馈的逻辑电路。大多数的反馈电路,输出要不就是逻辑"1"或者逻辑"0",要不就是永无停止振荡。一些反馈电路是双稳态和可控的,这些电路就可作为存储电路的备选电路。图 2.37 给出了简单的反馈电路,它们标记为可控的/不可控的和双稳态/非双稳态。

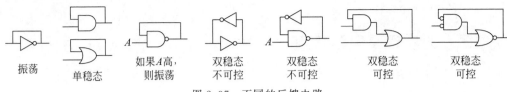

图 2.37 不同的反馈电路

2.2.2 基本 SR 锁存器

图 2.38 给出了基本 SR 锁存器的结构,其中 $\overline{Q}$ 和 Q 呈现互补的逻辑关系。表 2.17 给出了基本 SR 锁存器的真值表。从表 2.17 给出的 R、S 和 Q 的关系可知,S 是 Set(设置)的缩写,R 是 Reset(复位)的缩写。当 $S=$"0"时,Q 输出为"1";当 $R=$"0"时,Q 输出为"0"。

注:表中 Q_0 表示前一个时刻 Q 的输出,$\overline{Q}_0$ 表示前一个时刻 $\overline{Q}$ 的输出。

图 2.38 基本 SR 锁存器的结构

表 2.17 基本 SR 锁存器的真值表

S	R	Q	$\overline{Q}$	状态
0	0	1	1	不期望
0	1	1	0	置位
1	0	0	1	复位
1	1	Q_0	$\overline{Q}_0$	保持

仔细观察图 2.38,虽然基本 SR 锁存器还是由逻辑门电路组成,但是和前面组合逻辑电路最大的不同点是,在基本 SR 锁存器中增加了从输出到逻辑门输入的"反馈"路径,而前面的组合逻辑电路中并不存在从输出到输入的"反馈"路径。这个反馈路径的重要作用表明在有反馈的逻辑电路中,当前时刻逻辑电路的状态由当前时刻逻辑电路的输入和前一时刻逻辑电路的输出状态共同确定。

SR 锁存器电路如图 2.39 所示。在该电路中,使用了 74LS279 芯片,该芯片内部集成了 4 个 SR 锁存器。

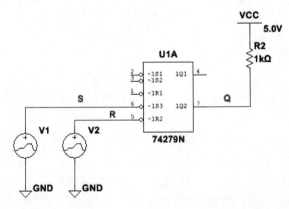

图 2.39 由 74LS279 构成的 SR 锁存器电路

注:在配套资源\eda_verilog 目录下,用 Multisim 打开 RS_latch.ms14。

对该电路执行 SPICE 瞬态分析的结果如图 2.40 所示。

下面对 SPICE 瞬态分析结果进行说明,帮助读者理解基本 SR 锁存器的工作原理。

① $R=$"0"并且 $S=$"0"时,很明显,Q 和 $\overline{Q}$ 的输出均为"1"。注意该状态为不期望的状态,这是因为期望 Q 和 $\overline{Q}$ 的状态始终是相反的。

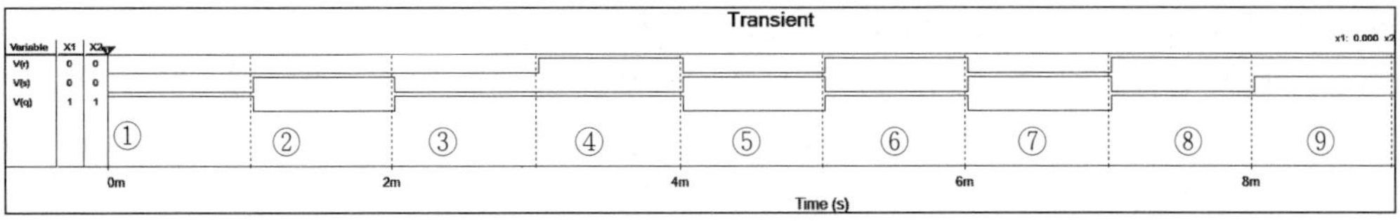

图 2.40 对 SR 锁存器电路执行 SPICE 瞬态分析的结果

② R = "0"并且 S = "1"时,很明显,Q = "0",$\overline{Q}$ = "1",称为基本 SR 锁存器的复位状态。

③ 和①的条件相同。

④ R = "1"并且 S = "0"时,很明显,Q = "1",$\overline{Q}$ = "0",称为基本 SR 锁存器的置位状态。

⑤ 和②的条件相同。

⑥ 和④的条件相同。

⑦ 和②的条件相同。

⑧ 和④的条件相同。

⑨ 由于⑧的 Q 输出为高,对应于当前 R = "1"和 S = "1"输入,当前 $\overline{Q}$ = "0",Q = "1"。这个和⑧的输出相同。称为基本 SR 锁存器的保持状态,即当前输出状态和前一个输出状态保持一致。

2.2.3 同步 SR 锁存器

图 2.41 给出了同步 SR 锁存器的结构,这个锁存器增加了两个逻辑"与非"门,且增加了时钟输入信号 CLK。表 2.18 给出了同步锁存器的真值表。同步 SR 锁存器是在基本 SR 锁存器的前面增加了由 CLK 控制的逻辑与非门电路。与同步 SR 锁存器相比,基本 SR 锁存器属于异步锁存器。

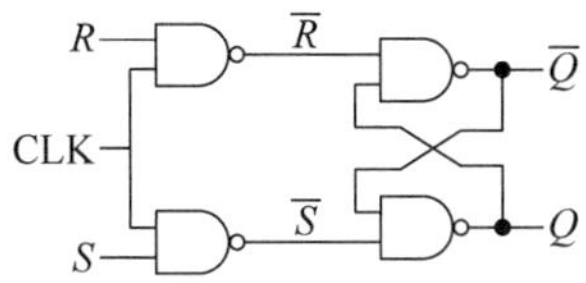

表 2.18 同步 SR 锁存器的真值表

CLK	S	R	Q	$\overline{Q}$	状态
0	$\times$	$\times$	Q_0	$\overline{Q_0}$	保持
1	0	0	Q_0	$\overline{Q_0}$	保持
1	0	1	0	1	复位
1	1	0	1	0	置位
1	1	1	1	1	不期望

图 2.41 同步 SR 锁存器结构

从图中,可以得到下面的分析结果。

(1) 当 CLK 为逻辑"0"(低电平)时,R 和 S 连接到前端逻辑与非门的输入不会送到基本 SR 锁存器中,此时后面基本 SR 锁存器的输入 $\overline{R}$ 和 $\overline{S}$ 为逻辑"1"(高电平)。所以,同步 SR 锁存器处于保持状态。

(2) 当 CLK 为逻辑"1"(高电平)时,R 和 S 的输入端通过前面的与非门逻辑,送入到后面的基本 SR 锁存器中,其分析方法和前面基本 SR 锁存器相同。

根据前面的分析,CLK 控制逻辑拥有最高优先级,即当 CLK 为逻辑"0"(低电平)的时候,不管 R 和 S 的输入逻辑处于何种状态,同步 SR 锁存器都将处于保持状态。

对比同步 SR 锁存器和异步/基本 SR 锁存器,可知同步和异步的本质含义,理解同步和异步的概念对于掌握时序逻辑电路至关重要。

在同步时序逻辑电路中,其他所有输入信号都是以时钟信号为基准的。只有在时钟信号有效时,其他输入信号才对时序逻辑电路的输出状态的变化产生影响。如果时钟信号无效,其他输入信号的变化并不会改变时序逻辑电路的输出状态。

在异步时序逻辑电路中,所有输入信号是异步变化的,也就是输入信号之间的变化是任意的,并没有统一的类似时钟的信号作为参考。只要输入信号的状态发生改变,这种改变就会反映在时序逻辑电路的输出端。

2.2.4 D锁存器

为了避免在 SR 锁存器中出现不允许的状态,应确保图 2.41 电路中的输入 S 和 R 总是处于相反的逻辑状态。如图 2.42 所示,在同步 SR 锁存器前面添加反相器,这样的结构叫作 D 锁存器。表 2.19 给出了 D 锁存器的真值表。

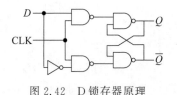

图 2.42 D 锁存器原理

表 2.19 D 锁存器真值表

D	CLK	Q	$\overline{Q}$	状态
0	1	0	1	复位
1	1	1	0	置位
$\times$	0	Q_0	$\overline{Q_0}$	保持

使用基本逻辑门构建的 D 锁存器电路如图 2.43 所示。

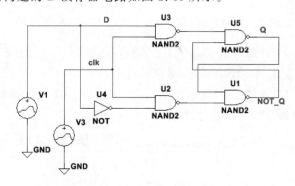

图 2.43 使用基本逻辑门构建的 D 锁存器电路

注:在配套资源\eda_verilog 目录下,用 Multisim 打开 D_latch.ms14。

对该电路执行 SPICE 瞬态分析的结果如图 2.44 所示。

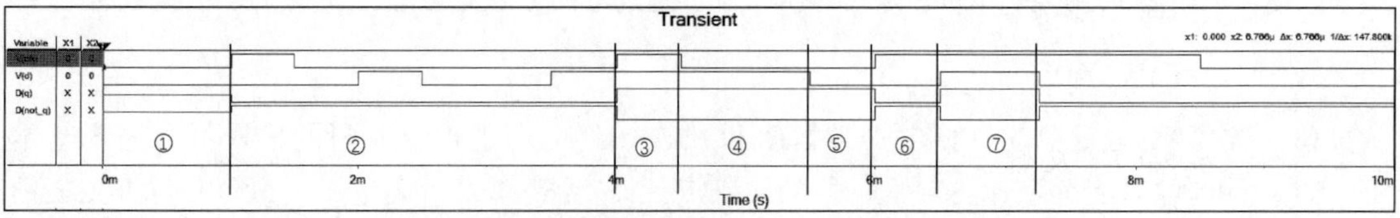

图 2.44 对构建 D 锁存器电路执行 SPICE 瞬态分析的结果

下面通过对该仿真结果的分析,帮助读者理解 D 锁存器的工作原理。

① 当 CLK="0"且 D="0"时,D 锁存器前端的两个与非门输出为"1"。这样,D 锁存器后端的基本 SR 锁存器保持前面的状态不变。

② 和①的结果相同,由于②前面的 Q 输出为低,所以在②时,Q 的输出仍然保持为低。

③ 当 CLK="1"且 D="1"时,D 锁存器的前端与非门的输出分别为"0"和"1",参考基本 SR 锁存器的结构,Q 输出为"1",$\overline{Q}$ 输出为"0"。此时,D 锁存器工作在置位状态,即 Q 输出为"1"。

④ 当 CLK＝"0"时,D 锁存器处于保持③输出的状态。

⑤ 当 CLK＝"0"时,D 锁存器处于保持④输出的状态。

⑥ 当 CLK＝"1"且 D＝"0"时,D 锁存器的前端与非门的输出分别为"1"和"0",参考基本 SR 锁存器的结构,Q 输出为"0",$\bar{Q}$ 输出为"1"。此时,D 锁存器工作在复位状态,即 Q 输出为"0"。

⑦ 和③的条件相同。此时,D 锁存器工作在置位状态,即 Q 输出为"1"。

如图 2.45 所示,SN74LS373 是包含 8 个 D 锁存器的专用芯片。表 2.20 给出了该芯片的真值表。

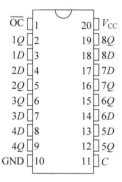

图 2.45　SN74LS373 引脚图

表 2.20　SN74LS373 的真值表

输入			输出 Q
$\overline{OC}$	C	D	
L	H	H	H
L	H	L	L
L	L	×	Q_0
H	×	×	Z

2.2.5　D 触发器

视频讲解

本节将介绍基本 D 触发器和带置位/复位 D 触发器。

1. 基本 D 触发器

图 2.46 给出了基本边沿触发 D 触发器的结构。该触发器在时钟 CLK 的上升沿将 D 的值锁存到 Q。

注:

① 锁存器和触发器不同,前者是靠控制信号"电平"的高低来实现数据的保存,而后者是靠时钟控制信号"边沿"的变化来实现数据的保存。触发器只对"边沿"敏感,而锁存器只对"电平"敏感。

② 与非门 1 和 2 构成基本 SR 触发器。当 $\bar{S}$ 和 $\bar{R}$ 均为逻辑"高"时(F_4 和 F_5 反馈线连在这两个输入端),处于保存数据状态。

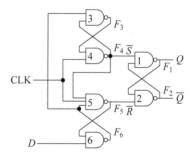

图 2.46　D 触发器结构

为了更清楚地掌握图 2.46 所示 D 触发器的工作原理。

使用图 2.46 给出的逻辑电路结构构建的 D 触发器如图 2.47 所示。

注:在配套资源\eda_verilog 目录下,用 Multisim 打开 D_FF.ms14。

对该电路执行 SPICE 瞬态分析的结果如图 2.48 所示。

下面通过该仿真结果的分析,帮助读者理解 D 触发器的工作原理。

① CLK＝"0"且 D＝"0",则 F_4＝"1",F_5＝"1",F_6＝"1",F_3＝"0"。此时,D 触发器处于保持状态。

② CLK 变成"1",F_5 变成"0",F_4 保持不变,其仍然为"1",复位 SR 触发器,此时,Q＝"0"。

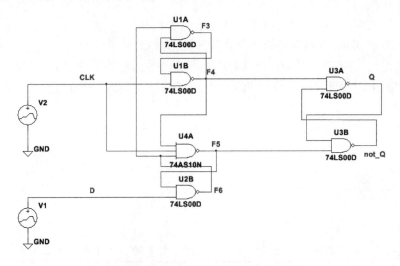

图 2.47　构建 D 触发器内部结构电路

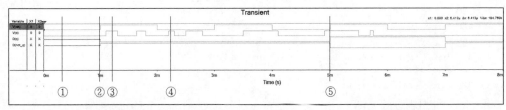

图 2.48　对构建 D 触发器内部结构电路执行 SPICE 瞬态分析的结果

③ CLK＝"1"且 D＝"1",则 F_6＝"1", F_5＝"0", F_4 保持不变,其仍然为"1",复位 SR 触发器,此时, Q＝"0"。

④ CLK＝"0"且 D＝"1",则 F_4＝"1", F_5＝"1", F_6＝"0", F_3＝"1"。此时,D 触发器处于保持状态。

⑤ CLK 变成"1", F_4＝"0", F_5＝"1",置位 SR 触发器,此时, Q＝"1"。

综合上述分析,可以得出下面重要的结论。

对于该 D 触发器来说,总是在时钟上升沿(有些设计可以是时钟下降沿)保存当前 D 输入的状态并且反映到输出端 Q。如果不满足上升沿的条件,则输出端 Q 保持其原来的输出状态。

2. 带置位/复位 D 触发器

图 2.49 给出了带置位(S)/复位(R)D 触发器的结构。图中在基本 D 触发器的结构中添加了异步置位/复位信号。表 2.21 给出了带置位/复位 D 触发器真值表。

(1) 当 S＝"1", R＝"0"时,输出 Q 立即为逻辑"1"(高电平)。

(2) 当 S＝"0", R＝"1"时,输出 Q 立即为逻辑"0"(低电平)。

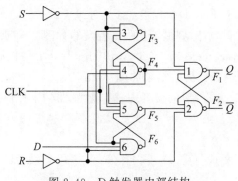

图 2.49　D 触发器内部结构

图 2.50 给出了带置位/复位 D 触发器的符号描述。

表 2.21 带置位/复位 D 触发器真值表

S	R	D	CLK	Q	$\overline{Q}$
0	0	0	↑	0	1
0	0	1	↑	1	0
1	0	×	×	1	0
0	1	×	×	0	1
0	0	×	0	Q_0	$\overline{Q_0}$

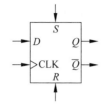

图 2.50 带置位/复位 D 触发器符号

3. 专用 D 触发器芯片

表 2.22 给出 74LS 系列中用于 D 触发器的专用芯片列表。

表 2.22 74LS 中 D 触发器芯片

芯片型号	功　能
SN74LS173	包含 3 态输出的 4 位 D 寄存器
SN74LS174	包含清零的 6 个 D 触发器
SN74LS175	包含清零的 4 个 D 触发器
SN74LS273	包含清零的 8 个 D 触发器
SN74LS374	包含 3 态输出的 8 个 D 触发器
SN74LS377	包含时钟使能的 8 个 D 触发器
SN74LS378	包含时钟使能的 6 个 D 触发器
SN74LS74A	包含置位和复位的双 D 触发器

2.2.6 普通寄存器

在真正的数字系统中,输入到 D 触发器的时钟信号 clk 是连续的,这就是说,每当 clk 上升沿到来的时候,D 输入的逻辑状态就被保存到 Q 输出。在前面 D 触发器基础上,添加另一个称为 load 的输入线。如图 2.51 所示,当 load 信号输入为逻辑"1"(高电平)时,inp0 的信号就在下一个时钟上升沿到来的时候,保存到输出 q_0。否则,当 load 信号输入为逻辑"0"(低电平)时,D 触发器的输出接入反馈通道。

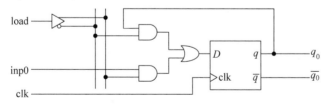

图 2.51 一位寄存器的结构

假设时钟信号连续运行,为了保证在每个时钟周期 q 的值不变,则 q 的值反馈到逻辑与门,通过 $\overline{load}$ 信号进行逻辑"与"运算后,经过逻辑"或"运算,送到 D 触发器的输入端。

2.2.7 移位寄存器

N 个 D 触发器可以构成 N 位的移位寄存器。图 2.52 给出了四位移位寄存器的结构。当每个时钟上升沿来时,数据向右移动一位。在每个时钟脉冲到来时,当前 data_in 数据移动到 q_3,前一时刻 q_3 的值移动到 q_2,前二时刻 q_2 的值移动到 q_1,前三时刻的 q_1 的值移动到 q_0。

使用 74LS273 专用 D 触发器芯片所构建四位移位寄存器电路如图 2.53 所示。

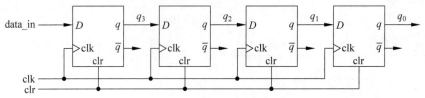

图 2.52　四位移位寄存器的结构

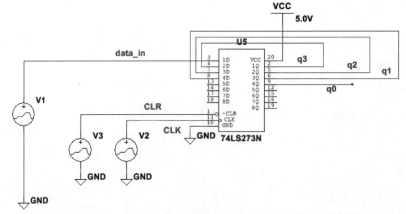

图 2.53　由 74LS273 构成的四位移位寄存器电路

注：在配套资源\eda_verilog 目录下,用 Multisim 打开 shifter.ms14。

对该电路执行 SPICE 瞬态分析的结果如图 2.54 所示。对仿真波形进行放大后,读者可以看到每个 D 触发器的输出 Q 和输入 D 之间存在的延迟。

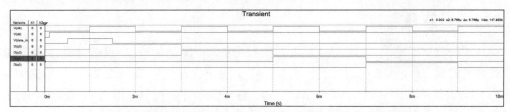

图 2.54　对四位移位寄存器电路执行 SPICE 瞬态分析的结果

对仿真结果进一步分析可知,移位寄存器可以实现对输入信号的延迟。对于 N 个触发器构成的 N 位移位寄存器,它可以将输入信号延迟 N 个时钟周期,因此移位寄存器常用于对输入信号的延迟。

思考与练习 2-6　简要说明时序逻辑电路和组合逻辑电路的区别。

思考与练习 2-7　以基本/异步 SR 锁存器和同步 SR 锁存器为例,说明同步时序电路和异步时序电路的主要区别。

思考与练习 2-8　修改图 2.53 给出的电路,实现循环移位寄存器的功能,并通过 SPICE 瞬态分析对该结构的功能进行验证。

2.3　有限自动状态机

在数字系统中,有限自动状态机(finite state machine,FSM)有着非常重要的应用。在 FSM 中,包含了组合逻辑电路和时序逻辑电路。

2.3.1　有限自动状态机原理

图 2.55 给出了有限自动状态机的模型。有限状态机分为摩尔(Moore)状态机和米勒

视频讲解

（Mealy）状态机。摩尔状态机的输出只和当前状态有关；而米勒状态机的输出不但和当前状态有关，而且和当前输入有关。

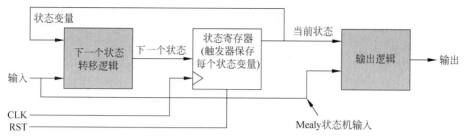

图 2.55 有限自动状态机模型

在 FSM 中：

（1）组合逻辑电路构成下一个状态转移逻辑和输出逻辑，下一个状态转移逻辑控制数据流的方向。

（2）时序逻辑电路构成状态寄存器，状态寄存器是状态机中的记忆（存储）电路。

图 2.56 给出了有限自动状态机的一个具体实现模型，图中：

（1）下标 PS 表示当前状态（previous state，PS）。

（2）下标 NS 表示下一个状态（next state，NS）。

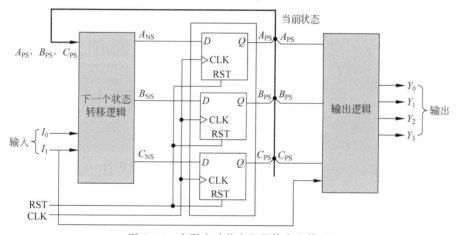

图 2.56 有限自动状态机具体实现模型

从构成要素上来说，该状态机模型包含：

（1）输入逻辑变量的集合。在该模型中，输入逻辑变量集合为 $\{I_0, I_1\}$。

（2）状态集合。因为 $A_{NS}, A_{PS} \in \{``0", ``1"\}$，$B_{NS}, B_{PS} \in \{``0", ``1"\}$，$C_{NS}, C_{PS} \in \{``0", ``1"\}$。所以

$$A_{PS}B_{PS}C_{PS} \in \{``000", ``001", ``010", ``011", ``100", ``101", ``110", ``111"\}$$

$$A_{NS}B_{NS}C_{NS} \in \{``000", ``001", ``010", ``011", ``100", ``101", ``110", ``111"\}$$

该状态机模型最多可以有 8 个状态，每个状态可以是 $\{``000", ``001", ``010", ``011", ``100", ``101", ``110", ``111"\}$ 集合中的任意编码组合。

（3）状态转移函数。用于控制下一个状态转移逻辑，下一个状态转移逻辑可以表示为当前状态和当前输入逻辑变量的函数，对于该模型来说：

$$A_{NS} = f_1(A_{PS}B_{PS}C_{PS}, I_0, I_1)$$

$$B_{NS} = f_2(A_{PS}B_{PS}C_{PS}, I_0, I_1)$$

$$C_{NS} = f_3(A_{PS}B_{PS}C_{PS}, I_0, I_1)$$

（4）输出变量集合。在该模型中，输出变量的集合为 $\{Y_0, Y_1, Y_2, Y_3\}$。

（5）输出函数。用于确定在当前状态下，各个输出逻辑变量的值，即：输出变量可以表示为当前状态和当前输入逻辑变量的函数。对于该模型来说，输出函数可以表示为：

$$Y_0 = h_1(A_{PS}B_{PS}C_{PS}, I_1)$$
$$Y_1 = h_2(A_{PS}B_{PS}C_{PS}, I_1)$$
$$Y_2 = h_3(A_{PS}B_{PS}C_{PS}, I_1)$$
$$Y_3 = h_4(A_{PS}B_{PS}C_{PS}, I_1)$$

2.3.2 状态图表示及实现

下面以图 2.57 所示的状态图为例，详细介绍有限状态机的实现过程。

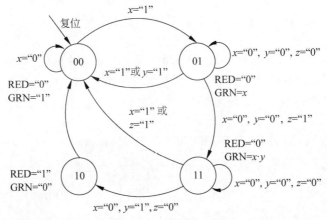

图 2.57 FSM 的状态图描述

1. 状态机的状态图表示

状态图是有限状态机最直观和最直接的表示方法。图中：

（1）每个圆圈表示一个状态，圆圈内的二进制数的组合表示状态的编码。

（2）两个圆圈之间的连线表示从一个状态转移到另一个状态。连线上方为状态转移条件。

（3）每个状态旁给出当前状态下的输出变量。

从状态图中，可以很直观地知道有限自动状态机的状态集合、输入变量和输出变量，因此，只要从状态图中得到具体的状态转移函数和输出函数，就可以实现有限自动状态机。

该有限自动状态机模型描述如下。

（1）状态集合：该状态机包含四个状态，四个状态分别编码为"00"、"01"、"11"、"10"。其中：

① 状态变量 $A_{NS}B_{NS} \subseteq \{"00", "01", "10", "11"\}$。

② 状态变量 $A_{PS}B_{PS} \subseteq \{"00", "01", "10", "11"\}$。

（2）输入变量：该状态机中包含三个输入变量，即 x, y, z。

（3）系统的状态迁移和在各个状态下的输出描述为：

① 当复位系统时，系统处于状态"00"。该状态下，驱动逻辑输出变量 RED 为"0"（低电平），驱动逻辑输出变量 GRN 为"1"（高电平）。此外，当 $x="0"$ 时，系统一直处于状态"00"；当 $x="1"$ 时，系统迁移到状态"01"。

② 当系统处于状态"01"时，驱动逻辑输出变量 RED 为"0"（低电平），由逻辑输入变量 X 驱动逻辑输出变量 GRN。此外，当 $x="0"$，$y="0"$ 和 $z="0"$ 时，系统一直处于状态"01"；当 $x="1"$ 或者 $y="1"$ 时，系统迁移到状态"00"；当 $x="0"$，$y="0"$ 和 $z="1"$ 时，系统迁移到状态"11"。

③ 当系统处于状态"11"时,驱动逻辑输出变量 RED 为"0"(低电平),由逻辑输入变量 X 和 Y 共同驱动逻辑输出变量 GRN,即 GRN$=x \cdot y$。当 $x=$"0",并且 $y=$"0"和 $z=$"0"时,系统一直处于状态"11";当 $x=$"1"或者 $z=$"1"时,系统迁移到状态"00";当 $x=$"0",$y=$"1"和 $z=$"0"时,系统迁移到状态"10"。

④ 当系统处于状态"10"时,驱动逻辑输出变量 RED 为"1"(高电平),驱动逻辑输出变量 GRN 为"0"(低电平)。在该状态下,系统无条件地迁移到状态"00"。

2. 推导状态转移函数

图 2.58(a)和图 2.58(b)分别给出了下地状态编码 B_{NS} 和 A_{NS} 的卡诺图映射。下面举例说明卡诺图的推导过程。当 $A_{PS}B_{PS}=$"00"时,表示当前的状态是"00"。要想 B_{NS} 为"1",则 $A_{NS}B_{NS}$ 编码组合为"01"或者"11",即下一个状态是"01"或者"11"。但是,从图 2.57 可以看出,只存在从"00"到"01"的状态变化,而不存在"00"到"11"的状态变化。此外,从图 2.57 可以看出,从状态"00"到"01"的状态变迁条件是 $x=$"1",即 y 和 z 可以是任意的情况。所以,在图 2.58(a)中,第一行的 zyx 组合取值分别为"001"、"011"、"111"和"101"的列下,填入"1",该行的其他列都填入"0"。

以此类推,完成图 2.58 中下一个状态编码 B_{NS} 和 A_{NS} 的卡诺图映射关系。

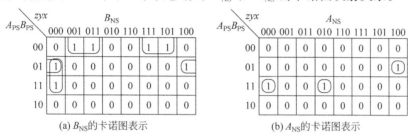

(a) B_{NS}的卡诺图表示　　　　　　(b) A_{NS}的卡诺图表示

图 2.58　状态转移函数的卡诺图表示

得到状态转移函数的布尔逻辑表达式为

$$B_{NS} = \overline{A_{PS}} \cdot \overline{B_{PS}} \cdot x + \overline{A_{PS}} \cdot B_{PS} \cdot \bar{x} \cdot \bar{y} + B_{PS} \cdot \bar{x} \cdot \bar{y} \cdot \bar{z}$$

$$A_{NS} = \overline{A_{PS}} \cdot B_{PS} \cdot \bar{x} \cdot \bar{y} \cdot z + A_{PS} \cdot B_{PS} \cdot \bar{x} \cdot \bar{z}$$

3. 推导输出函数

图 2.59(a)和图 2.59(b)分别给出了 GRN 和 RED 的卡诺图映射。下面举例说明输出函数卡诺图的推导过程。当 $A_{PS}B_{PS}=$"00"时,GRN$=$"1",与 x、y、z 的输入无关。

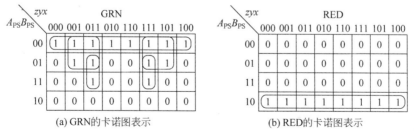

(a) GRN的卡诺图表示　　　　　　　(b) RED的卡诺图表示

图 2.59　FSM 的卡诺图映射

其逻辑关系可用下面的逻辑等式表示:

$$GRN = \overline{A_{PS}} \cdot \overline{B_{PS}} + \overline{A_{PS}} \cdot x + B_{PS} \cdot x \cdot y$$

$$RED = A_{PS} \cdot \overline{B_{PS}}$$

4. 状态机逻辑电路的实现

图 2.60 给出了图 2.57 状态机模型的具体实现电路。

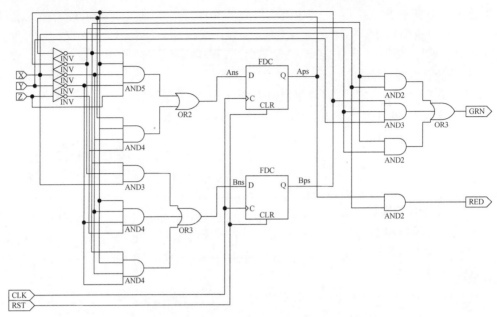

图 2.60 FSM 的具体实现电路

2.3.3 三位计数器

本节将使用前面介绍的 FSM 的实现方法设计一个三位八进制计数器。

1. 三位计数器原理

三位八进制计数器可以从"000"计数到"111"。
图 2.61 给出了三位八进制计数器的状态图描述。

在时钟的每个上升沿到来时,计数器从一个状态
转移到另一个状态,计数器的输出从"000"递增到
"111",然后回卷到"000"。由于状态编码反映了输出
逻辑变量的变化规律,所以在该设计中将状态编码作
为逻辑变量直接输出。

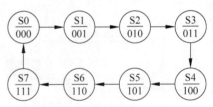

图 2.61 三位八进制计数器的
状态图描述

如表 2.23 所示,三个触发器的输出 q_2、q_1、q_0 表示当前的状态。下一个状态由到 D 触发器的三个输入确定。

表 2.23 三位计数器的真值表

状态	当前状态			下一个状态		
	q_2	q_1	q_0	D_2	D_1	D_0
S0	0	0	0	0	0	1
S1	0	0	1	0	1	0
S2	0	1	0	0	1	1
S3	0	1	1	1	0	0
S4	1	0	0	1	0	1
S5	1	0	1	1	1	0
S6	1	1	0	1	1	1
S7	1	1	1	0	0	0

注:D 触发器的任意时刻的输入包含下一个计数值,因此在下一个时钟上升沿,这个值就
锁存到 q,计数器的值将递增 1。

如图 2.62 所示,通过化简卡诺图,得到下面的逻辑表达式:

$$D_2 = q_2 \cdot \bar{q}_1 + q_2 \cdot \bar{q}_0 + \bar{q}_2 \cdot q_1 \cdot q_0$$

$$D_1 = q_0 \cdot \bar{q}_1 + \bar{q}_0 \cdot q_1 = q_0 \oplus q_1$$

$$D_0 = \bar{q}_0$$

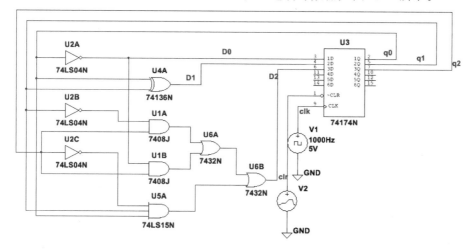

(a) D_2 的卡诺图映射　　　(b) D_1 的卡诺图映射　　　(c) D_0 的卡诺图映射

图 2.62　状态编码的卡诺图映射

2. 三位计数器的实现

使用基本逻辑门和 D 触发器芯片构建的三位八进制计数器如图 2.63 所示。

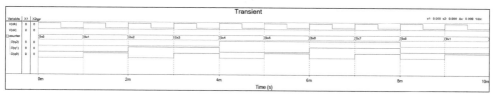

图 2.63　使用基本逻辑门和 D 触发器芯片构建的三位八进制计数器

注:在配套资源\eda_verilog 目录下,用 Multisim 打开 counter_3b.ms14。

对该电路执行 SPICE 瞬态分析的结果如图 2.64 所示,从瞬态分析结果可知该设计的正确性。

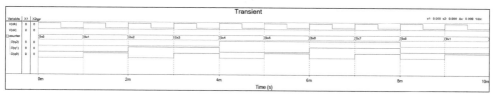

图 2.64　对三位八进制计数器执行 SPICE 瞬态分析的结果

思考与练习 2-9　在 Mutlisim 中使用逻辑门电路和 D 触发器搭建计数范围为 9~15 的四位计数器,并通过 SPICE 瞬态分析验证设计的正确性。在该计数器基础上,添加计数器的使能控制信号,当该信号有效时计数器才能工作。

2.4　存储器的原理

本节介绍静态随机访问存储器、动态随机访问存储器和 Flash 存储器的基本原理。

2.4.1　静态随机访问存储器的原理

静态随机访问存储器(static random access memory,SRAM)的主要特点如下。

视频讲解

（1）SRAM属于易失性存储器。只有给SRAM供电时,数据才能保存在存储单元中。一旦掉电,则存储单元中保存的数据丢失。

（2）六个晶体管组成一个最小的存储单元来保存一位数据。

（3）具有快速的读/写访问速度。

（4）功耗较大。

（5）密度较低,需要较大的硅片面积。

（6）其单位存储的成本较高。

SRAM中一个存储单元的内部结构如图2.65所示。从图中可知,一个存储单元由六个MOSFET构成($M_1 \sim M_6$)。其中:M_1和M_2以及M_3和M_4分别构成两个反相器,构成稳定的"互锁"电路,用于保存一位信息;M_5和M_6为传输晶体管。

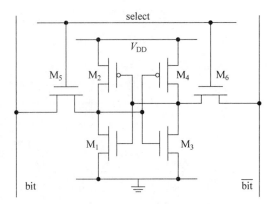

图2.65　SRAM中一个存储单元的内部结构

当select信号为逻辑"1"（高电平）时,传输晶体管M_5和M_6导通,读/写该比特位。在图2.65中,bit和$\overline{\text{bit}}$为互补的逻辑关系。

当读取SRAM内的数据时,执行以下操作。

（1）对地址进行译码,选中所期望访问的存储单元。当选中某个存储单元时,将该存储单元内的select信号驱动为逻辑"1"（高电平）,MOSFET晶体管M_5和M_6导通。

（2）反相器保存的位值"0"/"1",将通过传输晶体管M_5和M_6分别送到bit线和$\overline{\text{bit}}$线。若晶体管M_2和M_1的输出为逻辑"1"（高电平）,则将晶体管M_3和M_4的输出为逻辑"0"（低电平）。因此,将bit线设置为逻辑"1"（高电平）,将$\overline{\text{bit}}$设置为逻辑"0"（低电平）。

（3）bit和$\overline{\text{bit}}$线上的逻辑值送到SRAM存储器的数据线上。

将数据写到SRAM时,执行以下操作。

（1）将两个位线（bit和$\overline{\text{bit}}$）充电到逻辑"0"（低电平）/逻辑"1"（高电平）,比如,bit="1"（高电平）和$\overline{\text{bit}}$="0"（低电平）。

（2）对地址进行译码,选中所期望访问的存储单元。当选中某个存储单元时,将该存储单元内的select信号驱动为逻辑"1"（高电平）,MOSFET晶体管M_5和M_6导通。

（3）改变或保持四个晶体管的逻辑状态。例如bit="1"（高电平）,则将晶体管M_3和M_4的输出设置为逻辑"0"（低电平）;$\overline{\text{bit}}$="0"（低电平）,则将晶体管M_1和M_2的输出设置为逻辑"1"（高电平）。

2.4.2　动态随机访问存储器的原理

动态随机访问存储器（dynamic random access memory,DRAM）的主要特点如下。

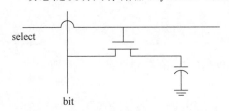

图2.66　单管DRAM存储单元内部结构

（1）在DRAM中,一个晶体管和一个电容构成一个最小的存储单元,如图2.66所示。在该存储单元中,保存一位数据。电容的充电或者放电状态对应于逻辑"1"或者逻辑"0"。

（2）存储在电容上的电荷会"泄漏",因此需要对电容进行周期性地刷新（充电）,比如每10ms刷新一次。

（3）与 SRAM 相比，其存储密度高，占用的面积小，因此，成本较低。

读取 DRAM 内的数据，执行以下操作。

（1）地址译码器对地址进行译码，选中所期望访问的存储单元。当选中某个存储单元时，将该存储单元内的 select 线设置为逻辑"1"（高电平），MOSFET 晶体管导通。

（2）根据电容存储电荷的状态，设置 bit 信号线的逻辑状态。当电容存储电荷时，bit 线设置为逻辑"1"；当电容未存储电荷时，bit 线设置为逻辑"0"。

数据写到 DRAM 内，执行以下操作。

（1）将单个 bit 线预充电到期望的值，例如高电平或者低电平。

（2）地址译码器对地址进行译码，选中所期望访问的存储单元。当选中某个存储单元时，将该存储单元内的 select 线设置为逻辑"1"（高电平），MOSFET 晶体管导通。

（3）由 bit 线向电容充电，或者是由电容向 bit 线放电。

思考与练习 2-10 SRAM 靠＿＿＿＿＿＿存储信息，DRAM 靠＿＿＿＿＿＿存储信息。

思考与练习 2-11 DRAM 电容所存储的电荷会泄漏，因此需要每隔一段时间对其执行＿＿＿＿＿＿操作，以维持电容上所存储的电荷。

思考与练习 2-12 绘制表格，比较 SRAM 和 DRAM 的特点。

2.4.3 Flash 存储器的原理

在闪存中，每个存储单元类似一个标准的 MOSFET，只是晶体管有两个栅极而不是一个栅极，如图 2.67 所示。

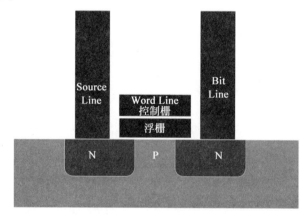

图 2.67 一个闪存单元

这些单元可以看作一个电子开关，其中电流在两个端子（源极和漏极）之间流动，并且由浮栅（float gate，FG）和控制栅（control gate，CG）控制。CG 类似于其他 MOS 晶体管中的栅极，但在其下方是 FG 四周被氧化层绝缘。FG 介于 CG 和 MOSFET 通道之间，由于 FG 被其绝缘层电隔离，所以放置在其上的电子会被捕获。当用电子给 FG 充电时，该电荷会屏蔽来自 CG 的电场，从而增加单元的阈值电压（V_{T1}）。这意味着现在必须向 CG 施加更高的电压（V_{T2}）才能使沟道导电。如果沟道在此中间电压下导通，则 FG 必须没有充电（如果已经充电，则不会导通，因为中间电压小于（V_{T2}）），因此，逻辑"1"保存在栅极中。如果沟道在中间电压下不导通，则表明 FG 已经充电，因此，逻辑"0"保存在栅极中。当在 CG 上的中间电压有效时，通过确定是否有电流流过晶体管来感应逻辑"0"和逻辑"1"的存在。在每个单元保存多于一位的多电平单元器件中，检测电流量（而不是简单地存在或不存在）以便更精确地确定在 FG 上的电荷水平。

之所以称为浮栅 MOSFET,是因为浮栅和硅之间有一层电绝缘的隧道氧化层,因此栅"浮"在硅上面。氧化物将电子限制在浮栅中。由于氧化物所经历的极高电场(每厘米 1000 万伏特),所以会发生退化或磨损(以及浮栅闪存的有限耐久性)。随着时间的推移,这种高电压密度会破坏相对较薄的氧化物中的原子键,逐渐降低其电绝缘性能,并允许捕获电子并从浮栅自由(泄漏)进入氧化物,增加数据丢失的可能性,这是因为电子(其数量通常用于表示不同的电荷水平,每个电子分配给 MLC 闪存中的不同位组合)通常位于浮栅中。这就是为什么数据保留会下降,并且数据丢失的风险随着退化的增加而增加的原因。

思考与练习 2-13 简述 Flash 存储器保存位信息的原理。

## 第 3 章

可编程逻辑器件工艺和结构

　　可编程逻辑器件(programmable logic device,PLD)产生于 20 世纪 70 年代,是在专用集成电路(application specific integrated circuit, ASIC)基础上发展起来的一种新型逻辑器件,是当今数字系统设计的主要硬件平台,其主要特点就是由用户通过硬件描述语言和相关电子设计自动化软件对其进行配置和编程。

　　本章首先介绍可编程逻辑器件发展历史、可编程逻辑器件工艺;在此基础上介绍可编程逻辑器件结构;最后,对高云半导体的可编程逻辑器件进行介绍。

　　通过该章内容的学习,读者可初步掌握可编程逻辑器件的结构及功能,为学习后续章节的内容打下基础。

3.1　可编程逻辑器件的发展历史

视频讲解

可编程逻辑器件伴随着半导体集成电路的发展而不断发展,其发展可以划分为以下 4 个阶段。

1. 第一阶段

20 世纪 70 年代,可编程器件只有简单的可编程只读存储器(programmable read only memory,PROM)、紫外线可擦除只读存储器(electrical programmable read only memory, EPROM)和电可擦除只读存储器(electrical erasable programmable read only memory, EEPROM)3 种,由于结构的限制,它们只能完成简单的数字逻辑功能。

2. 第二阶段

20 世纪 80 年代,出现了结构上稍微复杂的可编程阵列逻辑(programmable array logic, PAL)和通用阵列逻辑(general array logic,GAL)器件,正式被称为 PLD,它们能够完成各种逻辑运算功能。典型的 PLD 由"与""非"阵列组成,用"与或"表达式来实现任意组合逻辑,所以 PLD 能以乘积和形式完成大量的逻辑组合。PAL 器件只能实现可编程,在编程以后无法修改;如需要修改,则需要更换新的 PAL 器件。但 GAL 器件不需要进行更换,只要在原器件上再次编程即可。

3. 第三阶段

20 世纪 90 年代,众多可编程逻辑器件厂商推出了与标准门阵列类似的现场可编程门阵列(field programmable gate array,FPGA)和类似于 PAL 结构的扩展性复杂可编程逻辑器件(complex programmable logic device,CPLD),提高了逻辑运算的速度,具有体系结构和逻辑单元灵活、集成度高和适用范围宽等特点,兼容了 PLD 和通用门阵列的优点,能够实现超大规模的电路,编程方式也很灵活,成为产品原型设计和中小规模产品生产的首选。

4. 第四阶段

21世纪初,FPGA和CPU相融合,并且集成到单个FPGA器件中。典型地,高云半导体推出了两种基于FPGA的嵌入式解决方案。

(1) FPGA器件内嵌了ARM Cortex-M3硬核和RISC-V AE350硬核。

(2) 提供了低成本的嵌入式软核处理器知识产权(Intellectual Property,IP)核,如ARM Cortex-M1、Cortex-M3和RISC-V N25。

通过这些嵌入式解决方案,实现了软件和硬件在单个芯片内的完美结合,使FPGA的应用范围从传统的数字逻辑扩展到嵌入式系统领域。

3.2 可编程逻辑器件典型工艺

视频讲解

本节将介绍可编程逻辑器件通常采用的几种不同的半导体工艺,以帮助读者理解器件工艺对可编程逻辑器件结构和性能的影响。

1. 反熔丝连接工艺

这是一项由美国斯坦福大学发明,并由Actel公司(被Microsemi公司收购,Microsemi公司后又被Microchip公司收购)开发的可编程逻辑器件工艺,如图3.1所示。该工艺主要用于ACT 1、ACT 2和ACT 3系列FPGA器件。Actel技术的基础是该公司新颖的编程元素,即可编程低阻抗电路元件(programmable low-impedance circuit element,PLICE)和多专利FPGA架构所创造的独特协同作用。

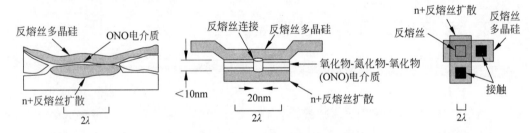

图3.1 反熔丝工艺的半导体结构描述

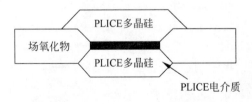

图3.2 PLICE元素结构

如图3.2所示,PLICE反熔丝是一种非易失性双端元件,当编程后,其展示出具有低“导通”电阻特性,并提供了掩膜可编程门阵列中提供的“过孔”相同的线到线的互联功能,以及在传统可编程逻辑器件中基于晶体管的EPROM及RAM单元和金属熔丝。

PLICE反熔丝在尺寸和电气性能方面具有关键优势。反熔丝足够小,可以适应通道布线轨迹的宽度。这意味着反熔丝本身基本上不会产生芯片尺寸开销。PLICE反熔丝的小尺寸和低延迟特性的结合使得Actel能够在两个关键的架构上取得突破。

(1) 提供丰富的布线资源,同时提供非常小的芯片尺寸。

(2) 提供高度灵活、高度精细的架构(小的逻辑块)。

当采用这种工艺的PLD编程后,永久不能再改变其内部连接关系,因此其设计成本较高,这是因为它是一次性器件,一旦编程失败或者设计出现缺陷,整个器件将被报废,必须重新采购新的器件。但是,采用这种工艺的PLD具有优异的抗干扰性能和保密性能,这是因为整个设计已经被固化到芯片内,并且要想破解芯片内的设计结构异常困难。

2. SRAM 工艺

典型地,高云半导体的晨熙(GWZA)系列 FPGA 采用 SRAM 工艺。在第 2 章提到,SRAM 存储数据需要消耗大量的硅片面积,且断电后数据信息丢失。在采用 SRAM 工艺的 FPGA 中,SRAM 单元主要实现以下 3 个任务。

(1) 作为查找表(look-up table,LUT)实现逻辑(用作真值表)。

(2) 用作嵌入式块存储器资源(例如缓冲区存储)。

(3) 用于控制布线和配置开关。

采用这种工艺的 PLD 优势主要体现在以下方面。

(1) 易于修改(甚至可以动态可重配置),设计者可以对 PLD 进行反复修改和编程。

(2) 较好的密度。

(3) 跟踪最新的 SRAM 技术(比逻辑技术更快)。

(4) 灵活,实现结构更好,不但适用于限自动状态机,同时也适用于算术电路。

采用这种工艺的 PLD 的劣势在于:

(1) 采用这种工艺的 PLD 属于易失性器件。只要系统正常供电,器件配置信息就不会丢失;一旦断电,保存在 FPGA 内的配置信息将丢失。因此,在使用 SRAM 工艺的 FPGA 进行数字系统设计时,需要在 FPGA 的外部连接一个存储器芯片来保存器件配置信息。

(2) 通常具有较大的功耗。

3. 掩膜工艺

典型地,只读存储器(read only memory,ROM)就采用掩膜工艺,它属于非易失性存储器。当系统断电后,信息仍然保留在 ROM 内的存储单元中。用户可以从掩膜器件中读取信息,但是不能往 ROM 中写入任何信息。

ROM 单元保存了行和列数据,形成一个阵列,每一列有负载电阻使其保持逻辑"1",每个行列的交叉处有一个关联晶体管与一个掩膜连接。

下面通过一个例子来帮助读者理解 ROM 实现逻辑功能的原理。从图 3.3 可知,ROM 内部由"与"阵列和"或"阵列构成。相同列上二极管的串联形成逻辑"与"关系,相同行上二极管的并联形成逻辑"或"关系。原理分析很简单,就是当通过电阻给二极管两端施加的逻辑电平超过二极管的导通电压时,二极管导通;否则,二极管处于截止状态。根据这个原理,很容易得到下面的逻辑表达式:

$$W_0 = \overline{A_0} \cdot \overline{A_1}$$
$$W_1 = A_0 \cdot \overline{A_1}$$
$$W_2 = \overline{A_0} \cdot A_1$$
$$W_3 = A_0 \cdot A_1$$

从上面的逻辑表达式可知,地址译码器实现的是逻辑"与"关系。

$$D_3 = W_1 + W_3$$
$$D_2 = W_0 + W_2 + W_3$$
$$D_1 = W_1 + W_3$$
$$D_0 = W_0 + W_1$$

从上面的逻辑表达式可知,存储矩阵实现的是逻辑"或"关系。

4. PROM 工艺

典型地,EPROM 就采用了 PROM 工艺,它是非易失性器件。当系统断电时,信息仍然保

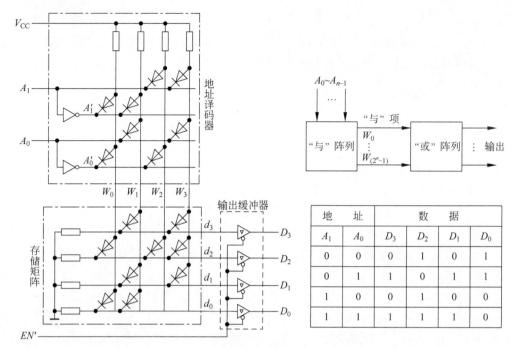

图 3.3 采用掩膜工艺 ROM 的内部结构

留在存储单元中。PROM 器件可编程一次,之后只能读取 EPROM 内的数据,但是不能向 PROM 写入新的数据。PROM 单元保存了行和列数据,形成一个阵列,每一列有负载电阻使其保持逻辑"1",每个行列的交叉有一个关联晶体管和一个掩膜连接,如图 3.4 所示。

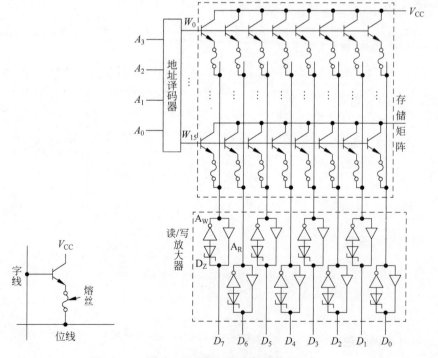

图 3.4 PROM 的内部结构

5. EPROM 和 EEPROM 工艺

这种工艺常用于乘积项类型的 PLD 中。采用这种工艺的 PLD 是非易失性器件,并且可重新编程。采用这种工艺的 PLD 更适合实现有限自动状态机,而不适合算术电路。这种工艺的晶体管级表示如图 3.5 所示。

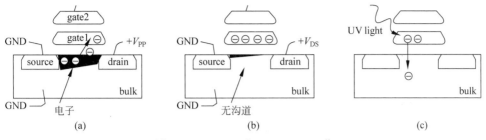

图 3.5　EPROM 和 EEPROM 工艺

图 3.5(a)表示将一个高编程电压(>12V)V_{PP} 施加在漏极(drain),电子增益足够"跳跃"到浮栅上。

图 3.5(b)表示附着在 gate1 上的电子抬高了阈值电压,这样使晶体管总是处于正常工作电压。

图 3.5(c)表示紫外线为在 gate1 上附着的电子提供足够的能量,以"跃回"衬底,使晶体管正常工作。

6. Flash 工艺

真正的基于 Flash(闪存)工艺的 FPGA 不应该和其他内部带有 Flash 存储器的 FPGA 类型混合。具有内部 Flash 存储器的基于 SRAM 的 FPGA 仅在启动期间使用 Flash 存储器将数据加载到 SRAM 配置单元。相反,真正基于 Flash 工艺的 FPGA 使用 Flash 作为配置存储的主要资源,并且不需要 SRAM(类似技术用于 CPLD,但是 FPGA 架构和 CPLD 架构不同)。该技术具有耗电少的优点。此外,基于 Flash 工艺的 FPGA 对辐射效应也更宽容。典型地,高云半导体的小蜜蜂(GW1N)系列 FPGA 就采用 Flash 工艺。

采用 Flash 工艺的 PLD 具有多次可重复编程的能力,以及非易失性的特点。在断电后,器件配置信息仍然保存在 PLD 内。

Flash 可采用多种结构,与 EPROM 单元类似,具有一个浮置栅晶体管单元和 EEPROM 器件的薄氧化层特性,其原理详见第 2 章存储器部分的介绍。

思考与练习 3-1　高云半导体的小蜜蜂系列的 FPGA 采用_____工艺,并简述这种工艺的特点。

思考与练习 3-2　高云半导体的晨熙(GW2A)器件采用_____工艺,并简述这种工艺的特点。

3.3　简单可编程逻辑器件结构

本节介绍简单可编程逻辑器件结构,包括 PROM 原理及结构、PAL 原理及结构和 PLA 原理及结构。

3.3.1　PROM 原理及结构

PROM 是一种可编程逻辑器件,如图 3.6 所示。从图中可以看出,PROM 内部由固定的逻辑与阵列和可编程的逻辑或阵列构成。当使用 PROM 时,可以通过最小项求和的方式,实现布尔逻辑函数功能。

从图中可知,第一行实现 $I_3 \cdot I_2 \cdot I_1 \cdot I_0$ 的逻辑关系,第二行实现 $I_3 \cdot I_2 \cdot I_1 \cdot \overline{I_0}$ 的逻辑关系,第三行实现 $I_3 \cdot I_2 \cdot \overline{I_1} \cdot I_0$ 的逻辑关系,以此类推,最后一行实现 $\overline{I_3} \cdot \overline{I_2} \cdot \overline{I_1} \cdot \overline{I_0}$ 的逻辑关系。

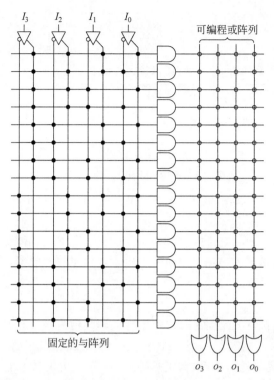

图 3.6　PROM 的内部结构

3.3.2　PAL 原理及结构

PAL 是一种可编程逻辑器件,其内部结构如图 3.7 所示。从图中可以看出,PAL 内部由固定的逻辑或阵列和可编程的逻辑与阵列构成。

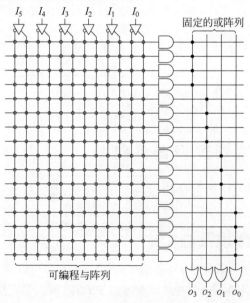

图 3.7　PAL 的内部结构

可以对 PAL 内部每个逻辑与门编程,用于生成输入变量的一个乘积项。因此,当使用 PAL 时,可以通过 SOP 方式实现指定的布尔函数功能。

3.3.3 PLA 原理及结构

可编程逻辑阵列(programmable logic array,PLA)是一种可编程逻辑器件,如图 3.8 所示。从图中可以看出,PLA 内部由可编程的逻辑或阵列和可编程的逻辑与阵列构成。很明显,PLA 的灵活性要远远高于 PROM 和 PAL。

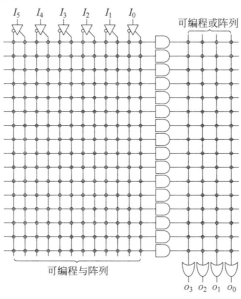

图 3.8　PLA 的内部结构

思考与练习 3-3　请使用 PAL 实现下面的逻辑表达式。

(1) $W(A,B,C,D) = \sum m(2,12,3)$

(2) $Y(A,B,C,D) = \sum m(0,2,3,4,5,6,7,8,10,11,15)$

3.4 CPLD 原理及结构

视频讲解

CPLD 由完全可编程的与/或阵列以及宏单元库构成。与/或阵列是可重新编程的,可以实现多种逻辑功能。宏单元则是可实现组合或时序逻辑的功能模块,同时还提供了真值或补码输出和以不同的路径反馈等额外的灵活性。Xilinx XC9500 系列 CPLD 的内部结构,如图 3.9 所示,从图中可以看到 XC9500 CPLD 内的多个功能块(function block,FB)和 I/O 块(I/O Block,IOB)通过快速开关矩阵连接。IOB 提供了缓冲区用于器件的输入和输出。每个FB 提供了可编程逻辑的能力,共 36 个输入和 18 个输出。开关矩阵将所有 FB 的输出和输入信号以及 FB 的输入信号连接在一起。

3.4.1 功能块

CPLD 的功能块 FB 的内部结构,如图 3.10 所示。从图中可以看出,FB 由 18 个独立的宏单元构成,每个宏单元可以实现一个组合逻辑或寄存器功能。FB 也接收全局时钟,输出使能和置位/复位信号。FB 产生 18 个输出用于驱动快速连接开关矩阵,18 个输出和它们相对应的输出使能信号也可以驱动 IOB。

FB 内部的逻辑使用积之和 SOP 描述,36 个输入所提供的 72 个信号(包括 36 个真值和36 个取反值)可以连接到可编程的逻辑与阵列,生成 90 个乘积项。通过乘积项分配器,可以

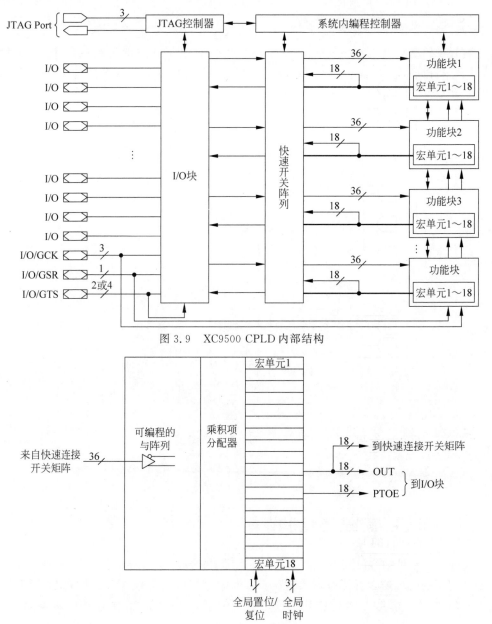

图 3.9　XC9500 CPLD 内部结构

图 3.10　FB 块的内部结构

将它们分配到每个宏单元。

　　每个宏单元也支持本地反馈路径,这样可以允许任何数量的 FB 输出来驱动它自己的逻辑与阵列。这些路径可用于创建快速的计数器和状态机,在状态机内的状态寄存器也在相同的 FB 内。

3.4.2　宏单元

　　FB 内宏单元的结构如图 3.11 所示。通过配置文件,可以单独配置每个宏单元,这样它们可实现组合逻辑或者寄存器功能。来自逻辑与阵列的 5 个直接乘积项可用作基本的数据输入(到 OR 和 XOR 门),通过它们可以实现组合逻辑功能,或者作为控制输入,包括时钟、置位/复位和输出使能。与每个宏单元连接的乘积项分配器,用于从 5 个直接项中选择信号。

　　在宏单元内的寄存器可以配置成 D 型、T 型触发器,或者也可以旁路掉它们用于组合逻辑操作。每个寄存器支持异步置位和复位操作。当上电时,所有的寄存器初始化为用户定义

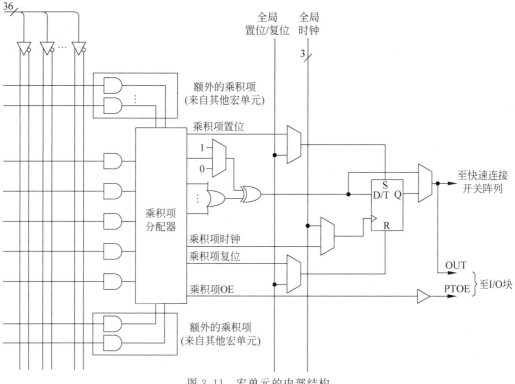

图 3.11　宏单元的内部结构

的预加载状态。

3.4.3　快速连接矩阵

　　CPLD 内部的快速连接开关矩阵结构如图 3.12 所示。快速连接矩阵将信号连接到 FB 输入,所有 IOB 输出以及 FB 输出均可用于驱动快速连接矩阵。通过用户的编程,可以选择它们中的任何一个以相同的延迟来驱动 FB。快速连接矩阵能将多个内部的信号连接到一个逻辑线与输出,用于驱动目的 FB。

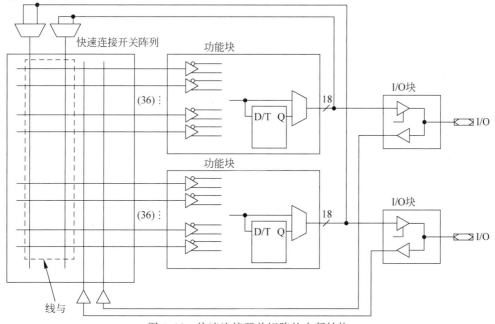

图 3.12　快速连接开关矩阵的内部结构

3.4.4　输入/输出块

I/O块是内部逻辑和用户I/O引脚之间的接口,如图3.13所示。每个I/O块包含一个输入缓冲区、输出驱动器、输出使能选择复用器和可编程的地控制。

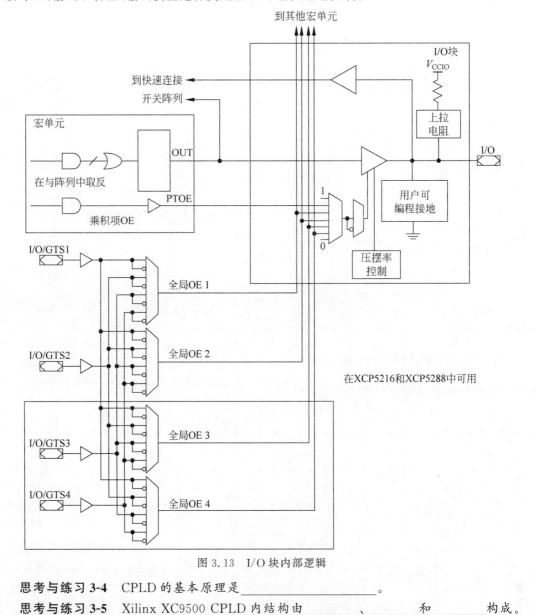

图3.13　I/O块内部逻辑

思考与练习 3-4　CPLD的基本原理是_____。

思考与练习 3-5　Xilinx XC9500 CPLD 内结构由_____、_____和_____构成。

思考与练习 3-6　Xilinx XC9500 CPLD 的最基本的逻辑单元称为_____。

思考与练习 3-7　Xilinx XC9500 CPLD 内的快速连接矩阵的作用是_____。

3.5　FPGA 原理及结构

FPGA 是在 PAL、PLA、CPLD 等可编程器件的基础上进一步发展起来的一种更复杂的可编程逻辑器件。它是作为 ASIC 领域中的一种半定制电路而出现的,既解决了定制电路的不足,又克服了原有可编程器件门电路有限的缺点。

由于 FPGA 需要被反复烧写,它实现组合逻辑的基本结构不可能像 ASIC 那样通过固定的与非门来完成,而只能采用一种易于反复配置的结构,查找表可以很好地满足这一要求。目前,主流 FPGA 都采用了基于 SRAM 工艺的查找表结构,也有一些军品和宇航级 FPGA 采用Flash/熔丝/反熔丝工艺的查找表结构。

视频讲解

3.5.1　FPGA 的基本原理

由布尔代数理论可知,对于一个 n 输入的逻辑运算,其最多产生 2^n 个不同的组合。所以,如果预先将相应的结果保存在一个存储单元中,就相当于实现了与非门电路的功能。FPGA 原理的实质,就是通过配置文件对查找表(LUT)进行配置,从而在相同的电路情况下实现不同的逻辑功能。

LUT 本质上就是一个 RAM。自 FPGA 诞生以来,它大多使用四输入的 LUT 结构。所以,每个 LUT 可以看成一个包含四位地址线的 RAM。当设计者通过原理图或 HDL 描述了一个逻辑电路后,FPGA 厂商提供的开发软件集成开发工具就会自动计算逻辑电路的所有可能结果,并把真值表事先写入 RAM 中。这样,每输入一个信号进行逻辑运算就等于输入一个地址进行查表,找出地址对应的内容,然后输出即可。

下面用一个四输入逻辑与门电路的例子来说明 LUT 实现组合逻辑的原理。LUT 描述四输入逻辑与关系如表 3.1 所示。

表 3.1　输入与门的真值表

实际逻辑电路		LUT 实现方式	
a,b,c,d 输入	逻辑输出	RAM 地址	RAM 中存储内容
0000	0	0000	0
0001	0	0001	0
...	...	...	...
1111	1	1111	1

从表 3.1 可以看到,LUT 具有和逻辑电路相同的功能。但是,LUT 具有更快的执行速度和更大的规模。与传统化简真值表构造组合逻辑的方法相比,LUT 具有明显的优势,主要表现在:

(1) LUT 实现组合逻辑的功能由输入决定,而不是由复杂度决定;

(2) LUT 实现组合逻辑有固定的传输延迟。

注：目前,国际上一些 FPGA 厂商将 LUT 由四输入升级为六输入,这样在实现一个逻辑功能时会显著降低所使用的 LUT 的数量。

3.5.2　高云 FPGA 的结构

本节以高云 GW1N 家族中的 GW1N-9 系列 FPGA 为例,介绍 FPGA 内部的结构和主要的逻辑设计资源。GW1N-9 系列 FPGA 内部的结构如图 3.14 所示。

3.5.3　可配置单元

视频讲解

从图 3.14 可知,在高云 GW1N 系列 FPGA 内部提供了大量的可配置功能单元(configurable function unit,CFU)和可配置逻辑单元(configurable logic unit,CLU)。CFU和 CLU 也是 FPGA 最基本的功能单元,它在 FPGA 内部按照行和列的形式整齐排列,不同规

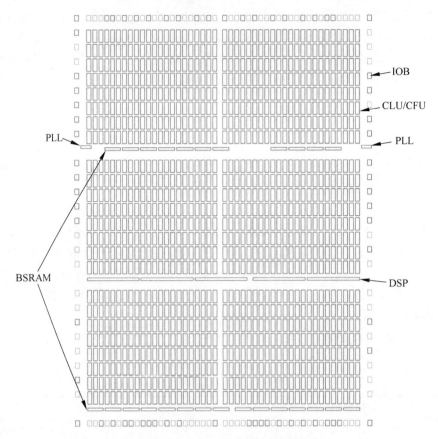

图 3.14 GW1N-9 系列 FPGA 的内部结构

注:图中相同形状的"对象"(底层原语)只标注一次;图中空白的区域为布线资源;在高云 FPGA
中可配置单元分为 CFU 或 CLU,它们的符号形状相同,但是功能上有所区别。

模的 FPGA 其内部 CFU 的个数也不相同。CLU 和 CFU 的不同之处仅在于,CLU 中的可配置逻辑块不能配置为静态随机存储器,在此将其统称为可配置单元。

CFU 的内部结构如图 3.15 所示。CLU 内部包含四个 CLS,以及可配置的布线单元(configurable route unit,CRU)。每个 CFU/CLU 由四个 CLS 构成,编号为 CLS0~CLS3。每个 CLS 包含两个 LUT 和两个 REG,以及用于控制连线的 MUX。

在 CFU/CLU 中的 CRU 主要实现下面功能。

(1) 输入选择功能。为 CFU 的输入信号提供输入选择源。

(2) 布线资源功能。为 CFU 的输入/输出信号提供连接关系,包括 CFU 内部连接、CFU 之间连接以及 CFU 和 FPGA 其他功能模块之间的连接。

1. 查找表

CFU 中可配置逻辑块(configurable logic slice,CLS)可配置为 LUT、ALU、SRAM 和 ROM 四种工作模式。

(1) 基本查找表模式。每个查找表可配置为一个四输入的 LUT,通过 CLS 内的多路选择器的控制,可将多个 LUT 连接在一起,实现更多输入的查找表功能。

① 将一个 CLS 内的两个 LUT 进行组合(通过 CLS 内部的 MUX2_LUT5),构成五输入的 LUT,如图 3.16 所示。

② 将两个五输入的 LUT 进行组合(通过 CLS 外部 MUX2_LUT6),可构成六输入的 LUT,此时需要两个 CLS。

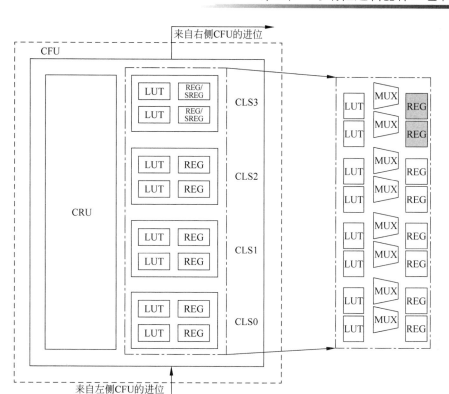

图 3.15 CFU 的内部结构

注：仅 GW1N-2、GW1N-1P5、GW1N-2B、GW1N-1P5B、GW1NR-2、GW1NR-2B 器件支持 CLS3 的 REG，对于 GW1N 家族的其他系列不支持 CLS3 的 REG，在图 3.2 中用阴影区域标识。当存在 CLS3 时，CLS3 与 CLS2 的 CLK/CE/SR 同源。

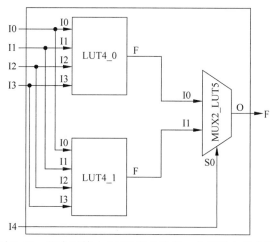

图 3.16 两个四输入 LUT 组合构成一个五输入的 LUT

③ 将两个六输入的 LUT 进行组合（通过 CLS 外部的 MUX2_LUT7），可构成七输入的 LUT，此时需要四个 CLS，即一个全部的 CFU/CLU。

④ 将两个七输入的 LUT 进行组合（通过 CFU/CPU 外部的 MUX2_LUT8），可构成八输入的 LUT，此时需要八个 CLS，即两个 CFU/CLU。

（2）算术逻辑模式。结合进位 Carry，查找表可配置为算术逻辑单元（arithmetic logic unit，ALU），其输入和输出端口如图 3.17 所示，端口实现的功能如表 3.2 所示。ALU

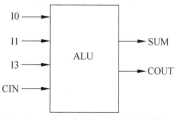

图 3.17 ALU 的输入和输出端口

的参数设置如表 3.3 所示。

表 3.2　ALU 输入和输出端口的功能

端口名字	方　向	功　能
I0	输入	数据输入
I1	输入	数据输入
I3	输入	数据选择信号。用于加减选择或计数器的递增/递减选择
CIN	输入	数据进位输入信号
COUT	输出	数据进位输出信号
SUM	输出	数据输出信号

表 3.3　ALU 的参数设置

参　数	取值范围	功　能
ALU_MODE	0(默认)、1、2、3、4、5、6、7、8 或 9	0:加法;1:减法;2:加减法;3:不等于;4:大于或等于;5:小于或等于;6:计数器递增;7:计数器递减;8:计数器递增/递减;9:乘法

(3) 存储器模式。

存储器模式包含了 SRAM 和 ROM 两种模式,当使用 CFU 内的 LUT 构成 SRAM 或 ROM 时,称为分布式影子存储器(shadow SBRAM,SSRAM);而使用图 3.1 内的专用 BSRAM 构成的存储器,称为块存储器。使用 CFU 内 LUT 可构成的 SSRAM 类型如表 3.4 所示。

表 3.4　CFU 内 LUT 可构成的 SSRAM 类型

类　型	描　述
RAM16S1	地址深度 16,数据宽度为 1 的单端口 SSRAM
RAM16S2	地址深度 16,数据宽度为 2 的单端口 SSRAM
RAM16S4	地址深度 16,数据宽度为 4 的单端口 SSRAM
RAM16SDP1	地址深度 16,数据宽度为 1 的伪双端口 SSRAM
RAM16SDP2	地址深度 16,数据宽度为 2 的伪双端口 SSRAM
RAM16SDP4	地址深度 16,数据宽度为 4 的伪双端口 SSRAM
ROM16	地址深度 16,数据宽度为 1 的 ROM

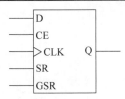

图 3.18　寄存器的符号

2. 多路选择器

CLS 中的多路选择器 MUX,用于组合 LUT 的输出,以及控制 CLS 中的布线。

3. 寄存器

CLS 中包含两个寄存器(REG),其符号如图 3.18 所示。寄存器的端口功能如表 3.5 所示。

表 3.5　寄存器端口的方向和功能

信号名字	方向	功　能
D	输入	寄存器数据输入[1]
CE	输入	CLK 使能信号,可配置为逻辑"1"(高电平)/逻辑"0"(低电平)使能[2]
CLK	输入	时钟信号,可配置为上升沿触发或下降沿触发
SR	输入	本地置位复位输入(set reset,SR),可配置为同步复位、同步置位、异步复位、异步置位以及无本地置位和复位[2]
GSR[3][4]	输入	全局置位复位,可配置为异步复位、异步置位以及无全局置位和复位[4]
Q	输出	寄存器输出

(1) 信号 D 的来源可以是同一 CLS 中任一 LUT 的输出,也可以是来自 CRU 的输入。因此,在 LUT 被占用的情况下,仍可以单独使用寄存器。

(2) CFU 中 CLS 的 CE/CLK/SR 均可以独立配置选择。

(3) 在高云 FPGA 内部,GSR 通过直连线连接,不通过 CRU。

(4) SR 与 GSR 同时有效时,GSR 有更高优先级。

3.5.4　块静态随机访问存储器

GW1N 系列 FPGA 内部提供了丰富的块静态随机访问存储器(block static random access memory,BSRAM)资源,其时钟频率可达 190MHz。每个 BSRAM 可配置最高 18432 位(18Kb),每个 BSRAM 的工作模式包括单端口(single port,SP)模式、双端口(dual port,DP)模式、伪双端口模式(semi dual port,SDP)模式和只读存储器(read only memory,ROM)模式。此外,BSRAM 还提供了下面的功能。

(1) 奇偶校验。

(2) 数组宽度范围为 1~36 位。

(3) 混合时钟操作模式(mixed clock mode,MCM)。

(4) 混合数据宽度模式(mixed data width mode,MDWM)。

(5) 当数据宽度大于 8 位时,支持多字节使能功能。

(6) 支持下面的读/写模式,包括正常读/写模式、先读后写模式以及直写模式。

1. 可配置的结构模式

BSRAM 可配置的结构模式如表 3.6 所示。

表 3.6　BSRAM 可配置的结构模式

单端口模式	双端口模式	伪双端口模式	只读模式
16K×1	16K×1	16K×1	16K×1
8K×2	8K×2	8K×2	8K×2
4K×4	4K×4	4K×4	4K×4
2K×8	2K×8	2K×8	2K×8
1K×16	1K×16	1K×16	1K×16
512×32	—	512×32	512×32
2K×9	2K×9	2K×9	2K×9
1K×18	1K×18	1K×18	1K×18
512×36	—	512×36	512×36

注:GW1N-1S FPGA 不支持双端口模式,GW1N-9K 系列 FPGA 仅 GW1N-9C 支持双端口模式。

2. 可配置的端口模式

GW1N 家族 FPGA 可支持单端口模式、双端口模式和伪双端口模式。需要注意,GW1N 家族 FPGA 中不同的系列对端口模式的支持也不同,详见"Gowin 存储器(BSRAM & SSRAM)用户指南"。

1) 单端口模式

在单端口模式下,可以在一个时钟沿对 BSRAM 进行读或写操作。在写操作时,写入的数据会传递到 BSRAM 输出。在单端口模式下,支持正常读/写模式、先读后写模式以及只写模式。单端口模式下的 BSRAM 如图 3.19 所示,端口的功能如表 3.7 所示。

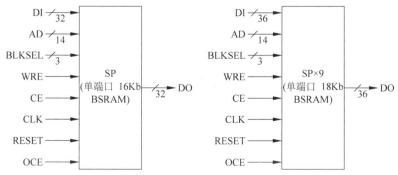

图 3.19　单端口模式下的 BSRAM

表 3.7　单端口模式下 BSRAM 的引脚功能

端口名字	方向	功　　能
DO[31:0]/DO[35:0]	输出	数据输出
DI[31:0]/DI[35:0]	输入	数据输入
AD[13:0]	输入	地址输入
WRE	输入	写使能输入。当为逻辑"1"时,表示写入;当为逻辑"0"时,表示读取
CE	输入	时钟使能输入,当为逻辑"1"时,允许时钟输入
CLK	输入	时钟输入信号
RESET	输入	复位输入信号,支持同步复位和异步复位,逻辑"1"有效。需要注意,RESET 仅复位寄存器,并不复位存储器内的值
OCE	输入	输出时钟使能信号,用于流水线模式,对旁路模式无效
BLKSEL[2:0]	输入	BSRAM 块选择信号,用于需要多个 BSRAM 存储单元级联实现容量扩展

2) 双端口模式

在双端口模式下,可对两个端口同时读取、同时写入,或任何一个端口的读和写。双端口模式下的 BSRAM 如图 3.20 所示。

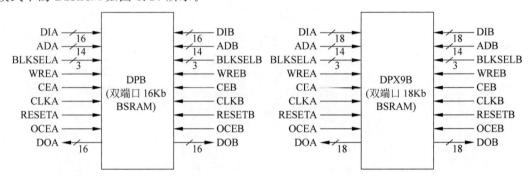

图 3.20　双端口模式下的 BSRAM

3) 伪双端口模式

在伪双端口模式下,支持同时的读和写操作。但是对同一个端口不能做读/写操作,只支持 A 端口写、B 端口读。伪双端口模式下的 BSRAM 如图 3.21 所示。

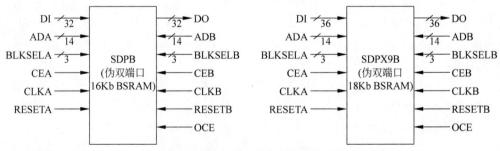

图 3.21　伪双端口模式下的 BSRAM

4) 只读模式

在只读模式下,开发人员可以通过存储器初始化文件,通过编程端口来初始化只读存储器,如图 3.22 所示。开发人员需要提供 ROM 中的内容,将其编码到初始化文件中。在对 FPGA 上电编程时完成初始化操作。每个 BSRAM 可配置为一个 16Kb 的 ROM。

3. 读/写操作模式

BSRAM 支持 5 种操作模式。其中,读模式包括流水线读模式和旁路模式,写模式包括正常写模式、写通过模式和先读后写模式。

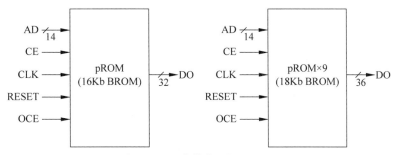

图 3.22　只读模式下的 BSRAM

1) 读操作模式

从 BSRAM 读出的数据通过输出寄存器(流水线模式)或不通过输出寄存器输出(旁路模式)。

(1) 流水线模式。在同步写入存储器时,使用输出寄存器。该模式可支持数据宽度最大为 36 位。

(2) 旁路模式。不使用输出寄存器,数据保留在存储器阵列的输出。

2) 写操作模式

(1) 正常写模式。对一个端口进行正常写操作,该端口的输出数据保持不变,即写入的数据不会出现在读端口中。

(2) 写通过模式。对一个端口进行写操作时,写入的数据会出现在该端口的输出。

(3) 先读后写模式。对一个端口进行写操作时,原来的数据会出现在该端口的输出,写入数据会保存到相应的单元。

3.5.5　时钟资源

视频讲解

时钟资源即布线对 FPGA 在高性能方面的应用至关重要。GW1N 家族提供了专用全局时钟(global clock,GCLK),可以直接连接到器件上的所有资源。除了 GCLK 外,还提供了高速时钟(high-speed clock,HCLK)。此外,还提供了相位锁相环(phase lock loop,PLL)。

1. GCLK

GCLK 在 FPGA 中按象限分布,1K、2K 和 4K 系列 FPGA 中 GCLK 分为 L 和 R 两个象限,9K 系列 FPGA 中 GCLK 分为 BL、BR、TL 和 TR 四个象限,如图 3.23 所示。每个象限提供八个 GCLK 网络。GCLK 可选的时钟源包括专用的时钟输入引脚和普通布线资源,使用专用的时钟输入引脚具有更好的时钟性能。

每个象限的 GCLK0~GCLK5 由 DQCE 动态控制打开/关闭。关闭 GCLK0~GCLK5 时钟,GCLK0~GCLK5 驱动的内部逻辑不再翻转,从而降低了器件的总体功耗。

每个象限的 GCLK6~GCLK7 由 DCS 控制,内部逻辑可以通过 CRU 在四个时钟输入之间动态选择,输出不带毛刺的时钟。

2. PLL

PLL 内部是一个反馈电路,它利用外部输入的参考时钟信号控制环路内振荡信号的频率和相位。PLL 提供可合成的频率,通过配置不同参数可以调整时钟的频率(包括分频和倍频)、调整相位和调整占空比等功能。

在第 7 章介绍串口通信模块设计时,将详细介绍通过调用 IP 核使用 PLL 的方法。

3. HCLK

GW1N 家族 FPGA 内的 HCLK 可以支持 I/O 完成高性能数据传输,是专门针对源时钟同步的数据传输接口。高速时钟 HCLK 中间有个 HCLKMUX 模块,HCLKMUX 能将任何一个组中的 HCLK 时钟输入信号送到其他任何一个 Bank 中,这使得 HCLK 的使用更加灵活,如图 3.24 所示。

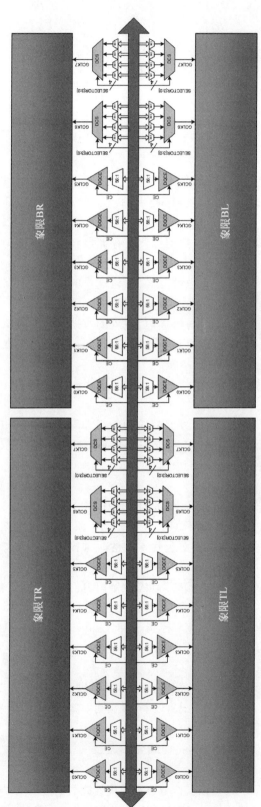

图 3.23　GN1N-9 FPGA 内 GCLK 资源

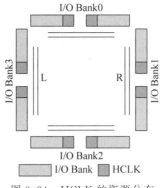

图 3.24 HCLK 的资源分布

3.5.6 输入/输出块

视频讲解

GW1N 系列 FPGA 的输入/输出块(input & output block,IOB)主要包括 I/O 缓冲区、I/O 逻辑以及相应的布线资源三部分,如图 3.25 所示。

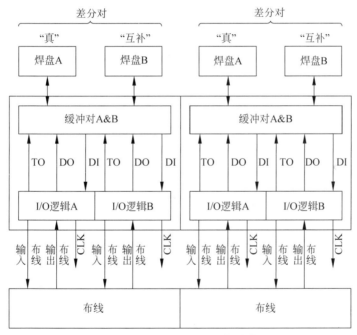

图 3.25 两个 IOB 的内部结构

1. I/O 电平标准

GW1N 家族 FPGA 每个组支持单独供电,有独立的电源 V_{CCIO}。为了支持 SSTL、HSTL 等 I/O 输入标准,每个组还提供一个独立的参考电压 V_{REF},开发人员可以选择使用 IOB 内置的 V_{REF} 源(等于 $0.5 \times V_{CCIO}$),也可选择外部的 V_{REF} 输入(使用组中任意一个 I/O 引脚作为外部 V_{REF} 输入)。

GW1N-9 系列 FPGA 的 I/O 组分布如图 3.26 所示。

GW1N 系列 FPGA 分为 LV 及 UL 版本。LV 版本的 FPGA 支持 1.2V V_{CC} 供电电压,可满足低功耗的需求。V_{CCIO} 根据需要可在 1.2V、1.5V、1.8V、2.5V 和 3.3V 电压中灵活选择。

2. I/O 逻辑

I/O 逻辑的内部结构如图 3.27 所示。该结构的端口功能如表 3.8 所示。

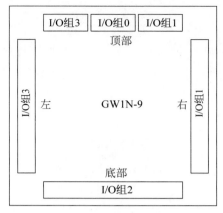

图 3.26   GW1N-9 系列的 I/O 组分布

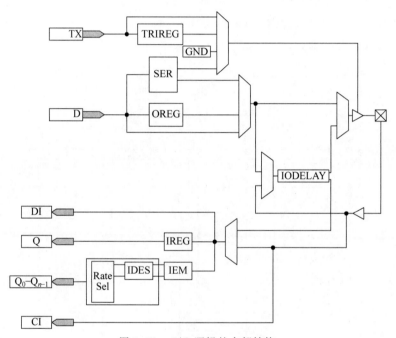

图 3.27   I/O 逻辑的内部结构

表 3.8   I/O 逻辑的端口功能

端口名字	方向	功能
C	输入	GCLK 输入信号[1]
DI	输入	I/O 口低速输入信号,直接输入到 FPGA 内部的逻辑结构
Q	输出	SDR 模块中的 IREG 输出信号
$Q_0 \sim Q_{n-1}$	输出	DDR 模块中的 IDES 输出信号

(1) 当 CI 作为 GCLK 输入时,DI、Q 及 $Q_0 \sim Q_{n-1}$ 不能作为 I/O 输入输出使用。

1) 延迟模块

I/O 逻辑内部包含延迟模块,其内部结构如图 3.28 所示。该模块可以提供最多 128(0~127)步的延迟,一步的延迟时间大约为 30ps。可以采用静态或动态方式控制延迟。当采用动态延迟方式时,可与 IEM 模块一起使用来调节动态取样窗口,IODELAY 不能同时用于输入和输出。

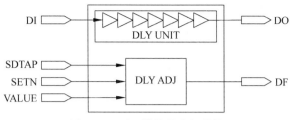

图 3.28　延迟模块的内部结构

2）I/O 寄存器

I/O 寄存器的引脚如图 3.29 所示。GW1N 家族 FPGA 的每个 I/O 都提供可编程的输入寄存器（IREG）、输出寄存器（OREG）和高阻控制寄存器（TRIREG）。

3）取样模块

取样模块（IEM）用于取样数据边沿，用于通用 DDR 模式，如图 3.30 所示。

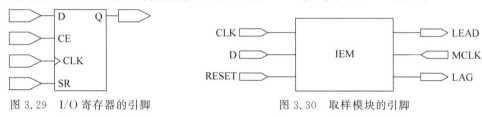

图 3.29　I/O 寄存器的引脚　　　　图 3.30　取样模块的引脚

4）解串行化器 DES 模块

每个输入的 I/O 逻辑提供了简单的解串行化器 DES 模块，它将外部的串行数据转换为用于 FPGA 内部逻辑结构的并行数据。

5）串行化器 SER 模块

每个输出的 I/O 逻辑提供了简单的串行化器 SER 模块，它将 FPGA 内部逻辑结构的并行数据转换为要发送的串行数据。

3.5.7　数字信号处理模块

GW1N 家族 FPGA 内具有丰富的数字信号处理（digital signal processing，DSP）模块，以满足 FPGA 在 DSP 方面的任务需求，例如有限冲激响应（finite impulse response，FIR）滤波器和快速傅里叶变换（fast fourier transform，FFT）等。

在高云 GW1N 家族 FPGA 中，DSP 模块以行的形式排列，如图 3.14 所示。每个 DSP 模块由两个宏单元构成，每个宏单元包含两个预加法器（Pre-adder），两个 18 位的乘法器（18×18）和三输入 54 位算术/逻辑运算单元（ALU54），宏单元的内部结构如图 3.31 所示。

该 DSP 模块提供的功能还包括：

（1）3 种位宽（9 位、18 位和 36 位）的乘法器；

（2）多个乘法器级联可增加数据宽度；

（3）桶形移位器；

（4）通过反馈信号做自适应滤波；

（5）支持寄存器的流水线和旁路功能。

思考与练习 3-8：FPGA 最基本的原理是基于_____。

思考与练习 3-9：高云 GW1N 系列 FPGA 内基本的逻辑单元称为_____和_____，两者的主要区别是_____。

思考与练习 3-10：高云 GW1N 系列 FPGA 的 CFU 内的 CLS 可配置为四种工作模式，包括_____、_____、_____和_____。

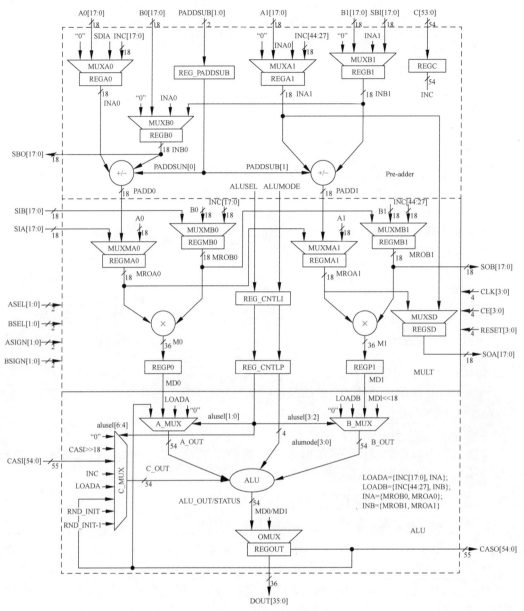

图 3.31 DSP 模块宏单元内部结构

思考与练习 3-11：高云 GW1N 系列 FPGA 的 CLS 中的多路选择器 MUX，其功能包括 _____ 和 _____。

思考与练习 3-12：高云 GW1N 系列 FPGA 内的 BSRAM 的工作模式包括 _____、_____、_____ 和 _____。

思考与练习 3-13：简述高云 GW1N 系列 FPGA 内的 GCLK 的布局结构和功能。

思考与练习 3-14：高云 GW1N 系列 FPGA 内的输入输出块主要包括 _____、_____ 和 _____。

3.6 高云 FPGA 产品类型和功能

本节介绍高云 FPGA 产品类型，以及不同类型 FPGA 的功能和特点。

3.6.1　小蜜蜂家族 FPGA 产品

小蜜蜂(LittleBee)家族 FPGA 产品是采用 55nm 闪存工艺的低功耗、低成本、瞬时启动和高安全性的可编程逻辑器件。小蜜蜂家族 FPGA 的标识为:

$$\underset{①}{\underline{\text{GW1N-LV}}}\ \underset{②}{\underline{9}}\ \underset{③}{\underline{\text{PG256}}}\ \underset{④}{\underline{\text{C6/I5}}}\ \underset{⑤}{}$$

其中:①GW1N 表示产品系列。②表示内核供电电压。当该字段标识为 LV 时,为 1.2V;当该字段标识为 UV 时,为 1.8V/2.5V/3.3V。③逻辑密度。该字段标识器件的 LUT 的个数。④封装类型。⑤等级和速度。C 表示商业级,I 表示工业级;数字表示速度,4 指速度最慢,7 指速度最快。

1. GW1N 系列/GW1N 系列(车规级)

它是小蜜蜂家族第一代产品。该系列 FPGA 的具体资源数量如表 3.9 所示。

表 3.9　GW1N 系列 FPGA 的资源

资　　　源		GW1N-1	GW1N-2	GW1N-4	GW1N-9	GW1N-1S	GW1N-1P5
逻辑单元(LUT4)		1152	2304	4608	8640	1152	1584
触发器(FF)		864	2016	3456	6480	864	1584
分布式存储器 SSRAM/位		0	18 432	0	17 280	0	12 672
块存储器 BSRAM	/位	72K	72K	180K	468K	72K	72K
	数量	4	4	10	26	4	4
用户闪存/位		96K	96K	256K	608K	96K	96K
乘法器(18×18)		0	0	16	20	0	0
相位锁相环(PLL)		1	1	2	2	1	1
I/O 组(总数)		4	6	4	4	3	6
最多用户 I/O		120	125	218	276	44	125
(LV 版本)核电压/V		1.2	1.2	1.2	1.2	1.2	1.2
(UV 版本)核电压/V		1.8/2.5/3.3	1.8/2.5/3.3	2.5/3.3	2.5/3.3	—	1.8/2.5/3.3

2. GW1NR 系列

该系列在 GW1N 的基础上集成了丰富的 SDRAM 存储芯片。该系列 FPGA 的具体资源数量如表 3.10 所示。

表 3.10　GW1NR 系列 FPGA 的资源

资　　　源		GW1NR-1	GW1NR-2	GW1NR-4	GW1NR-9
逻辑单元(LUT4)		1152	2304	4608	8640
触发器(FF)		864	2304(FF+Latch) 其中,FF: 2016	3456	6480
分布式存储器 SSRAM/位		0	0	0	17 280
块存储器 BSRAM	/位	72K	72K	180K	468K
	数量	4	4	10	26
用户闪存/位		96K	96K	256K	608K
SDR SDRAM/位		—	—	64M	64M
PSRAM/位		—	32M/64M	32M/64M	64M/128M
乘法器(18×18)		0	0	16	20
相位锁相环(PLL)		1	1	2	2
I/O 组(总数)		4	7	4	4
最多用户 I/O		120	126	218	276
(LV 版本)核电压/V		1.2	1.2	1.2	1.2
(UV 版本)核电压/V		—	1.8/2.5/3.3	2.5/3.3	2.5/3.3

3. GW1NS 系列

高云半导体 GW1NS 系列包括 SoC 产品(封装前带"C"的器件)和非 SoC 产品(封装前不带"C"的器件)。SoC 产品内嵌 ARM Cortex-M3 硬核处理器,而非 SoC 产品内部没有 ARM Cortex-M3 硬核处理器。此外,GW1NS 系列产品内嵌用户闪存。该系列 FPGA 的具体资源数量如表 3.11 所示。

表 3.11 GW1NS 系列 FPGA 的具体资源数量

资　　源		GW1NS-4	GW1NS-4C
逻辑单元(LUT4)		4608	4608
触发器(FF)		3456	3456
块存储器 BSRAM	/位	180K	180K
	数量	10	10
乘法器(18×18)		16	16
用户闪存/位		256K	256K
相位锁相环(PLL)		2	2
OSC		1,精度±5%	1,精度±5%
硬核处理器		—	Cortex-M3
USB PHY		—	—
ADC		—	—
I/O 组(总数)		4	4
最多用户 I/O		106	106
核电压/V		1.2	1.2

4. GW1N 系列

该系列 FPGA 产品是小蜜蜂家族第一代低功耗产品。该系列 FPGA 的具体资源数量如表 3.12 所示。

表 3.12 GW1N 系列 FPGA 的具体资源数量

资　　源	GW1N-1	资　　源	GW1N-1
逻辑单元(LUT4)	1152	用户闪存/位	64K
触发器(FF)	864	最多用户 I/O	48
分布式存储器 SSRAM/位	4K	(LV 版本)核电压/V	1.2
块存储器 BSRAM/位	72K	(ZV 版本)核电压/V	0.9
相位锁相环(PLL)	1		

5. GW1NSR 系列

该系列 FPGA 是小蜜蜂家族第一代可编程逻辑器件产品,是一款系统级封装产品,型号为 GW1NSR-4 和 GW1NSR-4C。该系列 FPGA 内部集成了 GW1NS 系列可编程逻辑器件产品(GW1NS-4 和 GW1NSR-4C)和 PSRAM 存储芯片(容量为 64Mb)。此外,GW1NSR 系列产品内嵌用户闪存。

6. GW1NSE 系列

该系列提供嵌入式的安全组件,支持基于 PUT 技术的信任根,每个设备在出厂时都配有一个永远不会暴露在设备外部的唯一密钥。高安全性特性使得 GW1NSE 适合于各种消费和工业物联网、边缘和服务器管理应用,其产品型号为 GW1NSE-4C,其参数与 GW1NS-4C 对应。

7. GW1NSER 系列

该系列 FPGA 产品与 GW1NSR 系列产品具有相同的硬件组成单元,唯一的区别是在制造过程中,在 GW1NSER 系列安全芯片产品内部非易失性 User Flash 中提前存储了一次性编程(OTP)认证码,具有该认证码的器件可用于实现加密、解密、密钥/公钥生成、安全通信等应用。

8. GW1NRF 系列

该系列蓝牙 FPGA 产品是一款系统级封装芯片,是一款 SoC 芯片。器件以 32 位硬核微处理器为核心,支持蓝牙 5.0 低功耗射频功能,具有丰富的逻辑单元、内嵌 B-SRAM 和 DSP 资源,I/O 资源丰富,系统内部有电源管理模块和安全加密模块。具有高性能、低功耗、瞬时启动、低成本、非易失性、高安全性、封装类型丰富、使用方便灵活等特点。

3.6.2　晨熙家族 FPGA 产品

晨熙家族 FPGA 产品是采用 55nm SRAM 工艺的可编程逻辑器件,具有高性能的 DSP 资源、高速低电压差分信号(low voltage differential signaling,LVDS)接口,以及丰富的片内存储器资源。

1. GW2A 系列/GW2A 系列(车规级)

它是晨熙家族第一代产品。该系列 FPGA 的具体资源数量如表 3.13 所示。

表 3.13　GW2A 系列 FPGA 的具体资源数量

资　　源		GW2A-18	GW2A-55
逻辑单元(LUT4)		20 736	54 720
触发器(FF)		15 552	41 040
分布式 SSRAM/位		41 472	109 440
块 BSRAM	/位	828K	2520K
	数量	46	140
乘法器(18×18)		48	40
相位锁相环(PLL)		4	6
I/O 组		8	8
最多用户 I/O		384	608
核电压/V		1.0	1.0

2. GW2AR 系列

它是晨熙家族第一代产品,是一款系统级封装芯片,在 GW2A 系列基础上集成了大容量的 SDRAM。该系列产品的具体型号为 GW2AR-18,在 GW2A-18 的基础上,集成了 64/128Mb 容量的 SDR/DDR SDRAM,以及 64Mb 容量的 PSRAM。

3. GW2AN 系列

它是晨熙家族第一代具有非易失性的 FPGA 产品,内部资源丰富,提供了高速 LVDDS 接口以及丰富的 BSRAM 和 NOR 闪存。该系列 FPGA 的具体资源数量如表 3.14 所示。

表 3.14　GW2AN 系列 FPGA 的具体资源数量

资　　源		GW2AN-9X	GW2A-18X
逻辑单元(LUT4)		10 368	20 736
触发器/锁存器(FF/Latch)		7776	15 552
分布式 SSRAM/位		41 472	41 472
块 BSRAM	/位	540K	540K
	数量	30	30
NOR Flash/位		16M	16M

续表

资　　源	GW2AN-9X	GW2A-18X
相位锁相环(PLL)	2	2
全局时钟	8	8
高速时钟	8	8
LVDS/(Mb/s)	1250	1250
MIPI/(Mb/s)	1200	1200
I/O 组	9	9
最多用户 I/O	TBD	384
(LV 版本)核电压/V	1.0	1.0
(EV 版本)核电压/V	1.2	1.2
(UV 版本)核电压/V	2.5/3.3	2.5/3.3

4. GW2ANR 系列

它是晨熙家族第一代产品,是一款系统级封装、具有非易失性的 FPGA 产品,在 GW2A 基础上集成了丰富容量的 SDRAM 及 NOR 闪存,同时具有 GW2A 系列高性能的 DSP 资源、高速 LVDS 接口以及丰富的 BSRAM 资源。该系列 FPGA 的具体资源数量如表 3.15 所示。

表 3.15　GW2ANR 系列 FPGA 的具体资源数量

资　　源		GW2ANR-18
逻辑单元(LUT4)		20 736
触发器(FF)		7776
分布式 SSRAM/位		41 472
块 BSRAM	/位	828K
	数量	46
NOR Flash/位		32M
SDR SDRAM/位		64M
乘法器(18×18)		48
相位锁相环(PLL)		4
I/O 组		8
最多用户 I/O		384
核电压/V		1.0

3.6.3　Arora V 家族 FPGA 产品

Arora V 是晨熙家族第五代 FPGA 产品,采用了 22nm SRAM 工艺。该家族 FPGA 内部资源丰富,具有全新架构并且支持 AI 运算的高性能 DSP、高速 LVDS 接口以及丰富的 BSRAM,同时集成了自主研发的 DDR3,支持多协议 12.5Gb/s SERDES,提供多种引脚封装形式。

1. GW5A 系列

该系列 FPGA 的具体资源数量如表 3.16 所示。

表 3.16　GW5A 系列 FPGA 的具体资源数量

资　　源		GW5A-25	GW5A-138
逻辑单元(LUT4)		23 040	138 240
触发器(FF)		23 040	138 240
分布式 SSRAM/Kb		180	1080
块 BSRAM	/Kb	1008	6120
	数量	56	340

续表

资　　源	GW5A-25	GW5A-138
DSP	28	298
相位锁相环(PLL)	6	12
全局时钟	32	32
高速时钟	16	24
LVDS/(Mb/s)	1250	1250
DDR3/(Mb/s)	1066	1333
MIPI DPHY 硬核/(b/s)	2.5G(RX/TX),4 个数据通道,1 个时钟通道	2.5G(RX/TX),8 个数据通道,2 个时钟通道
ADC	1	2
GPIO 组	8	6
最多用户 I/O	236	376
核电压/V	0.9/1.0	0.9/1.0

2. GW5AT 系列

该系列 FPGA 的具体资源数量如表 3.17 所示。

表 3.17　GW5AT 系列 FPGA 的具体资源数量

资　　源		GW5AT-60	GW5AT-138
逻辑单元(LUT4)		59 904	138 240
触发器(FF)		59 904	138 240
分布式 SSRAM/Kb		468	1080
块 BSRAM	/Kb	2070	6120
	数量	115	340
DSP		117	298
相位锁相环(PLL)		8	12
全局时钟		32	32
高速时钟		20	24
收发器		4	8
收发器速率/(b/s)		270M～12.5G	270M～12.5G
PCIe 2.0 硬核		1 个 x1, x2, x4	1 个 x1, x2, x4, x8
LVDS/(Mb/s)		1250	1250
DDR3/(Mb/s)		1333	1333
MIPI DPHY 硬核/(b/s)		2.5G(RX/TX),8 个数据通道,2 个时钟通道	2.5G(RX/TX),8 个数据通道,2 个时钟通道
ADC		1	2
GPIO 组		11	6
最多用户 I/O		320	376
核电压/V		0.9/1.0	0.9/1.0

3. GW5AST 系列

该系列 FPGA 对应的具体型号为 GW5AST-138,它在 GW5AT-138 的基础上又集成了 RISC-V 的硬核。

## 第 4 章

高云云源软件的下载、安装和设计流程

本章将介绍广东高云半导体科技股份有限公司(以下简称高云)提供的用于开发该公司 FPGA 的高云云源软件。首先,介绍下载、安装以及授权云源软件的过程;然后,介绍在 ModelSim 软件中安装高云 FPGA 功能仿真库和时序仿真库的过程;最后,通过一个设计实例介绍基于高云云源软件的 FPGA 设计流程。

通过本章内容的介绍,读者将掌握在高云云源软件中开发 FPGA 的方法,并且进一步理解 FPGA 设计中 EDA 软件所起的重要作用,为后续系统学习 Verilog HDL 语法打下基础。

视频讲解

4.1 高云云源软件的下载

本节介绍高云云源软件的下载过程,主要步骤如下。

(1) 在 Windows 10/11 操作系统中,打开 Microsoft Edge 浏览器。

(2) 在浏览器地址栏中输入 www.gowinsemi.com.cn,打开广东高云半导体科技股份有限公司官网页面。

(3) 出现新的官网页面。在官网页面中找到并选中"开发者专区"按钮,出现浮动菜单,如图 4.1 所示。在浮动菜单中,单击"高云云源软件"按钮。

图 4.1　下载软件入口界面

(4) 出现新的页面,如图 4.2 所示。当在 Windows 操作系统中使用 FPGA 集成开发环境时,选择"云源软件 for win(V1.9.8.10)";当在 Linux 操作系统中使用 FPGA 集成开发环境时,选择"云源软件 for Linux(V1.9.8.10)"。本书中,将在 Windows 10/11 操作系统中使用 FPGA 集成开发环境。因此,单击"云源软件 for win(V1.9.8.10)"。

(5) 弹出"www.gowinsemi.com.cn 显示"对话框,提示信息"如果您需要下载该版本的软件,请重新发送 MAC 地址申请新的 License 文件,谢谢"。

注：读者可按照本书学习声明提供的方法,申请 FPGA 集成开发环境的 License。

(6) 单击"确定"按钮,退出"www.gowinsemi.com.cn 显示"对话框。同时,在浏览器右上角弹出"下载"对话框,如图 4.3 所示。

(7) 当下载完软件后,在如图 4.4 所示的"下载"对话框中,单击"打开文件"按钮。

(8) 在压缩文件 Gowin_V1.9.8.10_win.zip 文件中,包含了一个名为 Gowin_V1.9.8.10_win.exe 的文件。

图 4.2　选择所要下载的软件

图 4.3　"下载"对话框(1)　　　　　　图 4.4　"下载"对话框(2)

4.2　高云云源软件的安装

本节介绍高云云源软件的安装过程,主要步骤如下。

(1) 双击图 4.5 中的安装文件 Gowin_V1.9.8.10_win.exe。

图 4.5　安装文件 Gowin_V1.9.8.10_win.exe

(2) 若在 Windows 10/11 操作系统中打开病毒防火墙,则会弹出"Windows 已保护你的电脑"对话框,提示信息"Microsoft Defender SmartScreen 阻止了无法识别的应用启动。运行此应用可能会导致你的电脑存在风险"。单击该信息下面的"更多信息"按钮。

(3) 单击该对话框右下角的"仍要运行"按钮,准备开始安装软件。

(4) 弹出 Gowin V1.9.8.10 Setup-Welcome to Gowin V1.9.8.10 Setup 对话框。

(5) 单击该对话框右下角的 Next 按钮。

(6) 弹出 Gowin V1.9.8.10 Setup-License Agreement 对话框。

(7) 单击该对话框右下角的 I Agree 按钮。

(8) 弹出 Gowin V1.9.8.10 Setup-Choose Components 对话框,默认选中 Gowin 前面的复选框和 Gowin programmer 前面的复选框。

(9) 单击该对话框右下角的 Next 按钮。

(10) 弹出 Gowin V1.9.8.10 Setup-Choose the folder in which to install Gowin V1.9.8.10 对话框来设置软件的安装路径。默认设置为 C:\Gowin。在本书中,采用默认安装路径。

注:读者可以根据自己的要求,通过单击该界面中的 Browse 按钮重新设置安装软件的目录。

(11) 单击该对话框右下角的 Install 按钮,开始安装过程。

(12) 弹出 Gowin V1.9.8.10 Setup-Installing 对话框,提示信息"Please wait while Gowin V1.9.8.10 is being installed"。在该对话框中,通过进度条指示软件的安装进度。

(13) 当安装完软件后,弹出 Gowin V1.9.8.10 Setup-Completing Gowin V1.9.8.10

Setup 对话框,默认勾选 Install USB driver V4(FTDI) for windows7＋前面的复选框和勾选 Install USB driver V5(WU2X) for windows7＋前面的复选框。

（14）单击该对话框右下角的 Finish 按钮。

（15）弹出用户账户控制对话框,提示信息"你要允许此应用对你的设备进行更改吗?"

（16）单击该对话框的"是"按钮。

（17）弹出 FIDI CDM Drivers-FTDI CDM Drivers 对话框。

（18）单击该对话框右下角的 Extract 按钮。

（19）弹出"设备驱动程序安装向导-欢迎使用设备驱动程序安装向导!"对话框。

（20）单击该对话框中的"下一页"按钮。

（21）弹出"设备驱动程序安装向导-许可协议"对话框,勾选"我接受这个协议"前面的复选框。

（22）单击该对话框中的"下一页"按钮。

（23）弹出"设备驱动程序安装向导-正在完成设备驱动程序安装向导"对话框。

（24）单击"完成"按钮。

（25）再次弹出"用户账户控制"对话框,提示信息"你要允许来自未知发布者的此应用对你的设备进行更改吗?"。

（26）在该对话框中单击"是"按钮。

（27）弹出 GWU2X Setup-Choose Install Location 对话框,使用默认安装路径 C：\Program File(x86)\GWU2X。

注：读者可以根据自己的要求,在该对话框中通过单击 Browse 按钮,设置安装路径。

（28）单击该对话框右下角的 Install 按钮。

（29）弹出 GWU2X Setup-Installing 对话框,通过进度条指示安装软件的进度。

（30）等待安装结束时,对话框变成 GWU2X Setup-Installation Complete,单击该对话框右下角的 Close 按钮,关闭该对话框。

4.3 高云云源软件的授权

本节介绍正确授权高云云源软件的方法,主要步骤如下。

（1）读者可以使用下面两种方法中的其中一种来启动高云云源软件。

① 在 Windows 10/11 操作系统桌面上,找到并双击名为 Gowin_V1.9.8.10 的图标,如图 4.6 所示。

② 在 Windows 10 操作系统桌面左下角,单击"开始"按钮,出现浮动菜单。在浮动菜单中,找到名为 Gowin 的文件夹,展开该文件夹。在展开项中,找到并单击名为 Gowin 的图标。在 Windows 11 操作系统桌面底部的中间,找到并单击"开始"按钮,出现浮动菜单。在浮动菜单中,单击右上角的"所有应用"按钮,出现浮动菜单。在浮动菜单中,找到名为 Gowin 的文件夹,展开该文件夹。在展开项中,找到并单击名为 Gowin 的图标,如图 4.7 所示。

图 4.6　高云云源软件图标(1)　　　　图 4.7　高云云源软件图标(2)

（2）当首次启动高云云源软件时,弹出 ERROR 对话框,提示信息"License verification failed. File can not be opened."。

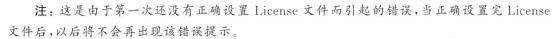

注：这是由于第一次还没有正确设置 License 文件而引起的错误，当正确设置完 License 文件后，以后将不会再出现该错误提示。

（3）单击该对话框中的 OK 按钮。

（4）弹出 License Manager-License Configuration 对话框，如图 4.8 所示。在该对话框中单击 License File 右侧的 Browse 按钮。

（5）弹出"打开"对话框，在该对话框中，定位到保存 License 文件的路径。在本书中，将 License 文件保存在 E:/上，License 文件的名为 gowin_E_34E12D93FE7C.lic。定位到该文件后，单击"打开"按钮。

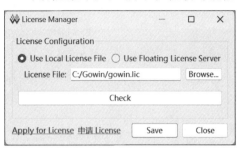

图 4.8　License Manager 对话框

（6）单击图 4.8 中间的 Check 按钮。

（7）弹出 INFO 对话框，提示信息"License is OK."，并且给出 HOST-ID 以及该文件的有效时间。

（8）单击 OK 按钮，退出 INFO 对话框。

（9）单击图 4.8 右下角的 Save 按钮。

（10）弹出对话框，提示信息"Done"。

（11）单击图 4.8 右下角的 Close 按钮，退出 License Manager-License Configuration 对话框。

（12）按步骤（1）介绍的其中一种方法，重新启动高云云源软件。

4.4　仿真库的安装

高云云源软件需要与美国 Mentor Graphics（中文名称"名导"）公司（该公司已被德国 Siemens 公司收购）的 ModelSim 仿真工具一起使用，以实现对基于高云 FPGA 数字系统设计的综合后仿真和时序仿真。

ModelSim 个人版（personal edition，PE）是业界领先的基于 Windows 的 VHDL、Verilog 或混合语言仿真环境的仿真器，为 RTL 和门级仿真提供了极具成本效益的解决方案。

ModelSim 豪华版（deluxe edition，DE）包括完整的 PE 功能，加上 PSL & System Verilog 断言、代码覆盖、增强数据流、波形比较。

ModelSim 系统版（system edition，SE）将高性能和大容量与仿真较大块和系统所需的代码覆盖和调试能力相结合，并实现 ASIC 门级签核。ModelSim SE 能够仿真非常大的设计。

注：在本书中，使用 ModelSim SE-64 10.4c，由于篇幅限制，请读者自行下载并安装该软件。

4.4.1　功能仿真库的安装

下面介绍在 ModelSim 软件中安装用于执行功能仿真的高云 FPGA 库，主要步骤如下。

视频讲解

（1）在 ModelSim 安装目录下，新建一个名为 gowin_lib 的文件夹，编译后的库就保存在该文件夹中。例如，本书中将 ModelSim 安装在 D:\modeltech64_10.4c，因此文件夹 gowin_lib 所在的位置为 D:\modeltech64_10.4c\gowin_lib。

（2）使用下面其中一种方法启动 ModelSim 软件，进入 ModelSim SE-64 10.4c（以下简称 ModelSim）主界面。

图 4.9 ModelSim SE-64 10.4c 桌面图标

① 在 Windows 10/Windows 11 操作系统桌面上,找到并双击名为 ModelSim SE-64 10.4c 的图标,如图 4.9 所示。

② 在 Windows 10 操作系统桌面左下角,单击"开始"按钮,出现浮动菜单。在浮动菜单内,找到并展开名为 ModelSim SE-64 10.4c 的文件夹。在展开项中,找到并单击名为 ModelSim 的条目;在 Windows 11 操作系统桌面底部,单击"开始"按钮,出现浮动菜单。在浮动菜单中,单击右上角的"所有应用"按钮,弹出新的浮动菜单。在浮动菜单内,找到并展开名为 ModelSim SE-64 10.4c 的文件夹。在展开项中,找到并单击名为 ModelSim 的条目。

(3) 在 ModelSim 主界面主菜单下,选择 File→Change Directory。

(4) 弹出"浏览文件夹"对话框,如图 4.10 所示。在图中,将路径定位到新建文件夹 gowin_lib 的位置。

(5) 单击"确定"按钮,退出"浏览文件夹"对话框。

(6) 在 ModelSim 主界面主菜单中,选择 File→New→Library。

(7) 弹出 Create a New Library 对话框,如图 4.11 所示,按如下设置参数。

① 勾选 a new library and a logical mapping to it 前面的复选框。

② 在 Library Name 文本框中输入 gw1n。

③ 在 Library Physical Name 文本框中输入 gw1n。

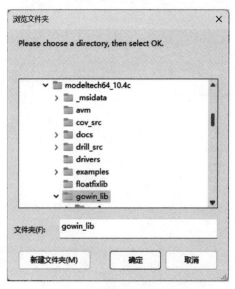

图 4.10 浏览文件夹对话框

图 4.11 Create a New Library 对话框

(8) 单击该对话框右下角的 OK 按钮,退出该对话框。

(9) 在高云云源软件安装路径中(如 C:\Gowin\Gowin_V1.9.8.10\IDE\simlib\gw1n),找到 prim_sim.v 文件,将该文件复制粘贴到 D:\modeltech64_10.4c\gowin_lib 中。

(10) 在 ModelSim 主界面主菜单下,选择 Compile→Compile。

(11) 弹出 Compile Source Files 对话框,如图 4.12 所示,按如下设置参数。

① Library:gw1n。

② 定位到新建的子目录 gowin_lib 中。在该目录中,找到并选中文件 prim_sim.v。

(12) 单击该对话框右下角的 Compile 按钮,开始编译库。

图 4.12　Compile Source Files 对话框

（13）当编译完成后，单击该对话框右下角的 Done 按钮，退出该对话框。

（14）在当前 ModelSim 安装路径（如 D:\modeltech64_10.4c）下，找到并打开 modelsim. ini 文件。在该文件中，如图 4.13 所示，添加下面一行代码，用于指向 gw1n 库。

gw1n = d:\modeltech64_10.4c\gowin_lib\gw1n

```
[Library]
std = $MODEL_TECH/../std
ieee = $MODEL_TECH/../ieee
vital2000 = $MODEL_TECH/../vital2000

gw1n=d:\modeltech64_10.4c\gowin_lib\gw1n
```

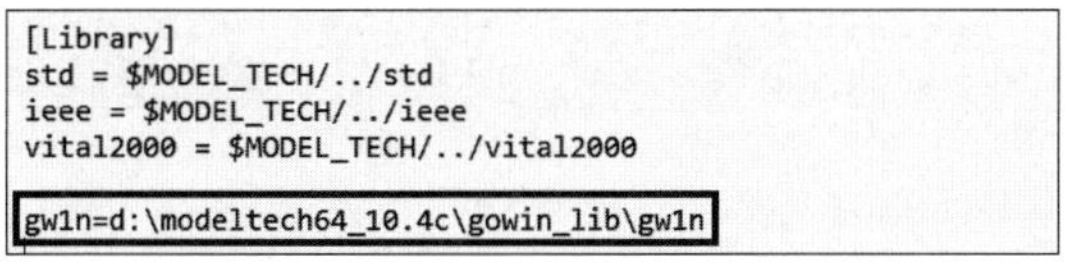

图 4.13　在 modelsim. ini 文件下添加 gw1n 库路径

（15）保存修改后的 modelsim 文件，并重新启动 ModelSim 软件。

（16）在 ModelSim 的 Library 选项卡中添加了 gw1n 库，如图 4.14 所示。

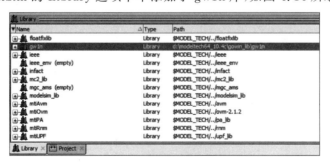

图 4.14　ModelSim 的 Library 选项卡

4.4.2　时序仿真库的安装

时序仿真用于对高云 FPGA 设计进行布局和布线后的仿真，安装时序仿真库的主要步骤如下。

（1）在 ModelSim 主界面主菜单下，选择 File→Change Directory。

（2）弹出"浏览文件夹"对话框，将路径定位到新建文件夹 gowin_lib 的位置。

（3）在 ModelSim 主界面主菜单中，选择 File→New→Library。

图 4.15　Create a New Library
对话框

（4）弹出 Create a New Library 对话框界面，如图 4.15 所示。在该对话框中，按如下设置参数。

① 勾选 a new library and a logical mapping to it 前面的复选框。

② 在 Library Name 文本框中输入 gw1n_tsim。

③ 在 Library Physical Name 文本框中输入 gw1n_tsim。

（5）单击 OK 按钮，退出对话框界面。

（6）在高云云源软件安装路径中（如 C:\Gowin\Gowin_V1.9.8.10\IDE\simlib\gw1n），找到 prim_tsim.v 文件，将该文件复制粘贴到 D:\modeltech64_10.4c\gowin_lib 中。

（7）在 ModelSim 主界面主菜单下，选择 Compile→Compile。

（8）弹出 Compile Source Files 对话框，如图 4.16 所示。

① Library：gw1n_tsim。

② 定位到新建的子目录 gowin_lib 中。在该目录中，找到并选中文件 prim_tsim.v。

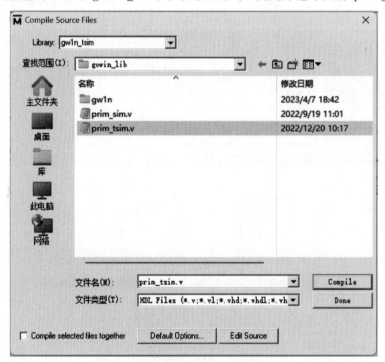

图 4.16　Compile Source Files 对话框

（9）单击该对话框右下角的 Compile 按钮，开始编译库。

（10）当编译完成后，单击该对话框右下角的 Done 按钮，退出该对话框。

（11）在当前 ModelSim 安装路径（如 D:\modeltech64_10.4c）下，找到并打开 modelsim.ini 文件。在该文件中，如图 4.17 所示添加代码，用于指向 gw1n_tsim 库。

（12）保存修改后的 modelsim 文件，并重新启动 ModelSim 软件。

（13）在 ModelSim 的 Library 选项卡中添加了 gw1n_tsim 库，如图 4.18 所示。

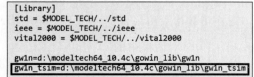

图 4.17　在 modelsim.ini 文件下添加
gw1n_tsim 库路径

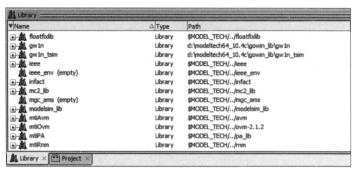

图 4.18　ModelSim 的 Library 选项卡

4.5　FPGA 的设计流程

本节基于高云云源软件和 ModelSim 软件，以及 Pocket Lab-F0 硬件开发平台，介绍高云公司 FPGA 的开发流程。在 Pocket Lab-F0 硬件开发平台上搭载了高云公司型号为 GW1N-LV9LQ144C6/I5 的 FPGA 芯片。

4.5.1　建立新的设计工程

在高云云源软件中建立新设计工程的主要步骤如下。

（1）启动高云云源软件，弹出 GOWIN FPGA Designer 主界面，如图 4.19 所示。

视频讲解

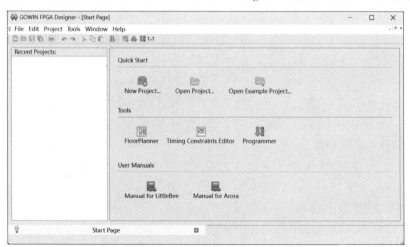

图 4.19　GOWIN FPGA Designer 主界面

（2）在主界面主菜单下，选择 File→New；或在主界面右侧窗口中，单击 New Project。

（3）弹出 New 对话框，如图 4.20 所示。在该对话框中，提示信息"Create a FPGA design project. You will be able to add or create RTL source，run synthesis，place & route，and program your device."（创建一个 FPGA 设计工程，你可以添加或创建 RTL 源文件、运行综合、布局和布线以及对器件编程）。

（4）单击该对话框中的 OK 按钮。

（5）弹出 Project Wizard-Project Name 对话框，如图 4.21 所示，在 Name 文本框中输入工程的名字 example_4_1；单击 Create in 右侧的按钮 ，将新创建的工程保存在 f:\eda_verilog 目录下。

图 4.20　New 对话框

图 4.21　Project Wizard-Project Name 对话框

注：① 读者可以自行决定工程的名字，以及保存工程的路径。建议保存工程的路径和工程的名字中不要包含任何中文名字。

② 为了后面案例设置保存路径的方便，建议读者勾选 Use as default project location 前面的复选框。

（6）单击该对话框右下角的 Next 按钮。

（7）弹出 Project Wizard-Select Device 对话框，如图 4.22 所示，选择该设计中使用的 FPGA 型号。注意，所选择的 FPGA 型号必须与所使用硬件平台上的 FPGA 型号完全相同。

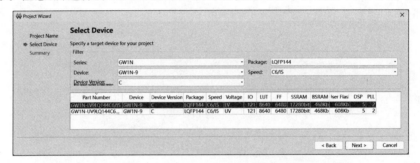

图 4.22　Project Wizard-Select Device 对话框

为了加快搜索器件的速度，在该对话框中通过下拉框设置参数。Series：GW1N；Package：LQFP144；Device：GW1N-9；Speed：C6/I5；Device Version：C。

然后在图 4.22 中，选中 Part Number 为 GW1N-LV9LQ144C6/I5 一行，在该行不同的列中给出了该器件的相关信息，包括 IO 个数、LUT 个数、FF 个数等。

（8）单击图 4.22 右下角的 Next 按钮，弹出 Project Wizard-Summary 对话框，如图 4.23 所示。在该对话框中给出了该工程的相关信息。

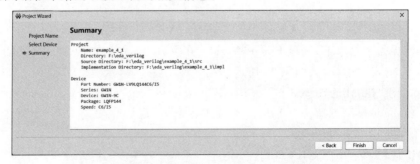

图 4.23　Project Wizard-Summary 对话框

（9）单击图 4.23 右下角的 Finish 按钮，出现创建完工程后的 GOWIN FPGA Designer 主界面，如图 4.24 所示。图中，左侧 Design 窗口中以树形结构给出了工程名字、工程所在的目录以及工程所使用的器件。在右侧的上半部分窗口中,给出了完整的工程名字 example_4_1. gprj,以及该工程使用的综合工具(Synthesis Tool)GowinSynthesis;在右侧的下半部分窗口中,给出了所使用器件的信息。

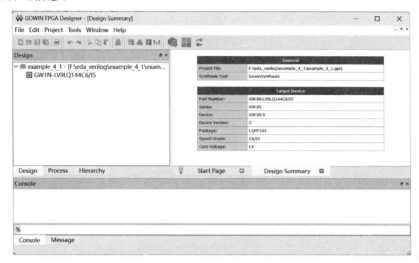

图 4.24 创建完工程后的 GOWIN FPGA Designer 主界面

思考与练习 4-1 根据图 4.22 给出的信息,说明该设计中所使用 FPGA 的逻辑资源个数。

4.5.2 创建新的设计文件

Verilog 是一种硬件描述语言(Hardware Description Language,HDL),通常称为 Verilog HDL,该语言支持从晶体管级到行为级的数字系统建模。Verilog HDL 最早由 Gateway 设计自动化公司的工程师于 1983 年年末创立,菲尔・莫比(Phil Moorby)完成了 Verilog HDL 的主要设计工作。Verilog HDL 于 1995 年成为电气与电子工程师协会(Institute of Electrical and Electronics Engineers,IEEE)标准。2001 年,扩展后的版本称为 IEEE Std 1364—2001。2005 年,对该版本再次进行更新,即 IEEE Std 1364—2005。

下面介绍在工程中添加 Verilog HDL 设计文件的方法,主要步骤如下。

(1) 在图 4.24 所示的主界面主菜单中,选择 File→New。

(2) 弹出 New 对话框,如图 4.25 所示,展开 Files 条目,在展开项中选中 Verilog File。

(3) 单击 OK 按钮。

(4) 弹出 New Verilog file 对话框,如图 4.26 所示。

图 4.25 选择添加文件的类型

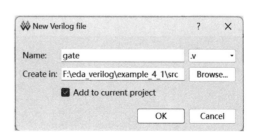

图 4.26 New Verilog file 对话框

在该对话框界面 Name 标题右侧的文本框中输入 gate,该文件的后缀名为.v,该文件完整的名为 gate.v。默认将该文件放置在当前目录(F:\eda_verilog\example_4_1)的 src 子目录中。默认勾选 Add to current project 前面的复选框,将该文件自动添加到当前工程中。

(5) 单击该对话框界面右下角的 OK 按钮。

(6) 在高云云源软件主界面右侧窗口中,自动打开 gate.v 文件编辑器界面。在该界面中,输入设计代码,如代码清单 4-1 所示。

代码清单 4-1　gate.v 文件

```
module gate(              // module 关键字定义模块 gate
  input a,                // input 关键字定义输入端口 a
  input b,                // input 关键字定义输入端口 b
  output [5:0] z          // output 关键字定义输出端口 z,宽度 6 位,[5:0]
);

assign z[0] = a & b;       // assign 关键字将端口 a 与 b 的输入进行逻辑"与",结果分配给 z[0]
assign z[1] = ~(a & b);    // assign 关键字将端口 a 与 b 的输入进行逻辑"与非",结果分配给 z[1]
assign z[2] = a | b;       // assign 关键字将端口 a 与 b 的输入进行逻辑"或",结果分配给 z[2]
assign z[3] = ~(a | b);    // assign 关键字将端口 a 与 b 的输入进行逻辑"或非",结果分配给 z[3]
assign z[4] = a ^ b;       // assign 关键字将端口 a 与 b 的输入进行逻辑"异或",结果分配给 z[4]
assign z[5] = a ~^ b;      // assign 关键字将端口 a 与 b 的输入进行逻辑"异或非",结果分配给 z[5]

endmodule                  // endmodule 关键字标识模块 gate 的结束
```

(7) 按 Ctrl+S 按键,保存该设计文件。

视频讲解

4.5.3　查看 RTL 网表

通过执行推断(elaboration)过程,生成寄存器传输级(register transfer level,RTL)网表。在执行顶层设计的 RTL 推断过程中,运行 RTL 代码检查(RTL linting),执行高级优化,从 RTL 推断逻辑,构建设计数据结构,并可选的应用设计约束。更简单地说,就是把用 Verilog HDL 描述的电路模型转换为所对应的电路结构。

查看 RTL 网表的主要步骤如下。

(1) 在高云云源软件主界面主菜单中,选择 Tools→Schematic Viewer→RTL Design Viewer。

(2) 在高云云源软件主界面右侧窗口中,自动打开 RTL Design Viewer 界面,如图 4.27 所示,在该界面左侧窗口中列出了该模块的信息。

① Nets(网络)。用于表示电路中各个元件之间的连接关系。

② Primitives(原语)。用于指示电路中所使用到的高云 FPGA 内的基本单元,包括加法器、乘法器、比较器、逻辑门等逻辑电路或 LUT、FF、BSRAM、PLL 和 DSP 等。在该设计中,所使用的原语为逻辑"与"门(标号 i4)、逻辑"非"门(标号 inv_11)、逻辑"或"门(标号 i7)、逻辑"异或"门(标号 i10)、逻辑"异或非"门(标号 i11)。

③ Ports(端口)。指在 module 中使用关键字 input、output 和 inout 定义的端口,如该设计中的端口 a、端口 b 和端口 z。注意图中这些端口的符号表示。

④ Modules(模块)。在设计中当前层级所例化的所有底层模块。每个 module 中,也按照 Nets、Primitives、Ports、Modules、Black Boxes 这 5 个类型进行显示。

⑤ Black Boxes(黑盒)。在设计中当前层级例化的只有定义没有逻辑实现的底层模块或加密的模块。

注:读者可以单击图 4.27 左侧窗口中的条目,在右侧窗口中找到其对应的表示。

(3) 选中图 4.27 中的任意一个原语,右击出现浮动菜单,在浮动菜单内选择 View Instance In Source,就可以定位到该原语所对应的 Verilog HDL 源文件相应的位置。

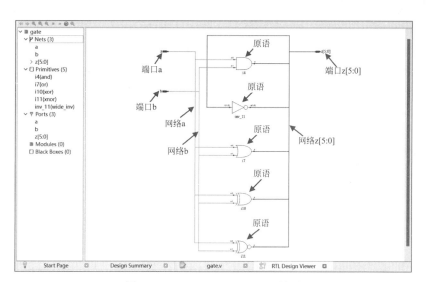

图 4.27 RTL Design Viewer 界面

当查看完 RTL 网表后,读者初步理解 Verilog HDL 对电路建模的方法和以前在数字逻辑电路课程中学到的方法截然不同。在现代数字系统设计中,使用硬件表述语言(hardware description language,HDL)描述电路要实现的逻辑行为,然后由电子设计自动化(electronics design automation,EDA)工具将 Verilog HDL 描述的电路模型转换为相对应的具体电路结构。

为什么称为 RTL 网表?这有什么说法吗?本书前面曾详细介绍数字电路基础,在这部分提到一个复杂的数字系统/数字电路由组合逻辑电路和时序逻辑电路两部分构成。在一个完整的数字系统/数字电路中,数据从输入端口输入后,经过组合逻辑电路和时序逻辑电路后从输出端口输出。其中,时序逻辑电路本质是具有保存/记忆数据能力的电路,触发器是时序逻辑电路的典型代表,而触发器又是构成寄存器(register)的基础。换个角度看问题,数据从输入端口输入后,经过寄存器、组合逻辑,以及寄存器后从输出端口输出,也就是数据从输入端口输入后,经过寄存器后,将数据传到输出端口。Verilog HDL 无非就是实现上述目的,因此将 Verilog HDL 所描述的电路模型/电路结构称为 RTL 描述。从计算机的角度来看,寄存器和组合逻辑电路实现了将数据从输入传输到输出的过程,因此把 RTL 描述也称为数据流传输级描述。

4.5.4 RTL 的功能仿真

当使用 Verilog HDL 对电路进行建模后,其所描述电路模型的逻辑功能是否正确?能否在计算机上通过特定的软件工具进行验证呢?答案是肯定的,通常我们把在计算机上通过特定的软件工具对电路模型进行验证的过程称为仿真/模拟。在本书中,将使用 ModelSim 软件对 Verilog HDL 描述的电路模型进行仿真,以验证所描述电路模型的正确性。

视频讲解

读者需要注意 RTL 仿真仅验证电路的纯逻辑功能,并不考虑门电路本身的延迟以及门电路之间连线的延迟。当考虑门电路本身的延迟以及门电路之间的连线延迟时,称为时序仿真,关于时序仿真在本章后面进行详细介绍。

1. 建立新的仿真工程

在 ModelSim 软件中建立新仿真工程的主要步骤如下。

(1)启动 ModelSim 软件,进入 ModelSim SE-64 10.4c(以下简称 ModelSim)主界面。

（2）在 ModelSim 主界面主菜单下，选择 File→New→Project。

（3）弹出 Create Project 对话框，如图 4.28 所示。

① Project Name：rtl_sim。

② Project Location：F：/eda_verilog/example_4_2。

（4）单击 OK 按钮，退出 Create Project 对话框。

（5）如果预先没有创建图 4.28 所指向的目录，则弹出 Create Project 对话框。该对话框中提示信息"The project directory does not exist. OK to create the directory?"。

（6）单击该对话框中的"是"按钮。

2. 添加和创建文件

下面添加已经存在的 gate.v 文件，并创建新的 test.v 文件。

（1）弹出 Add Items to the Project 对话框，如图 4.29 所示。首先将 4.5.2 节中创建的 gate.v 文件添加到当前的工程中。单击图 4.29 中名为 Add Existing File 的图标。

图 4.28　Create Project 对话框

图 4.29　Add items to the Project 对话框

（2）弹出 Add file to Project 对话框，如图 4.30 所示，单击 Browse 按钮。

（3）弹出 Select files to add to project 对话框，按如下设置参数。

① 将路径定位到 F：/eda_verilog/example_4_1/src，选中该路径下的 gate.v 文件，并单击该对话框右下角的"打开"按钮，自动退出 Select files to add to project 对话框。

② 勾选图 4.30 中 Copy to project directory 前面的复选框。

（4）单击图 4.30 右下角的 OK 按钮，退出 Add file to Project 对话框。

（5）单击图 4.29 中名为 Create New File 的图标。

（6）弹出 Create Project File 对话框，如图 4.31 所示，按如下设置参数：File Name 为 test（文本框输入）；Add file as type 为 Verilog（下拉框选择）。

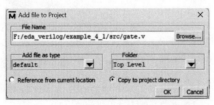

图 4.30　Add file to Project 对话框

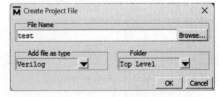

图 4.31　Create Project File 对话框

（7）单击图 4.31 中的 OK 按钮，退出 Create Project File 对话框。

（8）单击图 4.29 右下角的 Close 按钮，退出 Add items to the Project 对话框。

（9）在 ModelSim 主界面左侧的 Project 界面中，以列表形式展示了当前工程中所包含的文件为 gate.v 和 test.v，如图 4.32 所示。

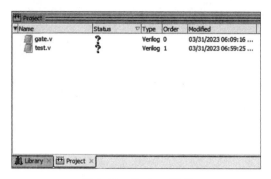

图 4.32　Project 界面

（10）双击图 4.32 中名为 test.v 的条目，在其右侧窗口中，自动打开空白的界面，在该界面中输入测试代码，如代码清单 4-2 所示。

代码清单 4-2　test.v 文件

```
`timescale 1ns/1ps        // Verilog HDL 的预编译命令`timescale 定义时间精度(1ns)/分辨率(1ps)

module test;              // module 关键字定义模块 test
reg a;                    // reg 关键字定义了 reg 类型变量 a
reg b;                    // reg 关键字定义了 reg 类型变量 b
wire [5:0] c;             // wire 关键字定义了网络类型 c,宽度为 6 位[5:0]

gate Inst_gate(           // Verilog HDL 元件例化/调用语句,将模块 gate 例化为 Inst_gate
  .a(a),                  // 将模块 gate 的端口 a 连接到模块 test 的变量 a
  .b(b),                  // 将模块 gate 的端口 b 连接到模块 test 的变量 b
  .z(c)                   // 将模块 gate 的端口 z 连接到模块 test 的网络 c
);

initial                   // initial 关键字定义初始化部分
begin                     // begin 关键字标识初始化部分的开始,类似 C 语言的"{"
 while(1)                 // while 关键字定义无限循环
 begin                    // begin 关键字标识无限循环的开始,类似 C 语言的"{"
 a = 1'b0;                // 给变量 a 分配/赋值"0"
 b = 1'b0;                // 给变量 b 分配/赋值"0"
 #100;                    // "#"用于声明延迟,100 为延迟值,单位由 timescale 定义,持续 100ns
 a = 1'b1;                // 给变量 a 分配/赋值"1"
 b = 1'b0;                // 给变量 b 分配/赋值"0"
 #100;                    // "#"用于声明延迟,100 为延迟值,单位由 timescale 定义,持续 100ns
 a = 1'b0;                // 给变量 a 分配/赋值"0"
 b = 1'b1;                // 给变量 b 分配/赋值"1"
 #100;                    // "#"用于声明延迟,100 为延迟值,单位由 timescale 定义,持续 100ns
 a = 1'b1;                // 给变量 a 分配/赋值"1"
 b = 1'b1;                // 给变量 b 分配/赋值"1"
 #100;                    // "#"用于声明延迟,100 为延迟值,单位由 timescale 定义,持续 100ns
 end                      // end 关键字标识 while 无限循环语句的结束,类似 C 语言的"}"
end                       // end 关键字标识初始化部分的结束,类似 C 语言的"}"
endmodule                 // endmodule 关键字标识 test 模块的结束
```

（11）按 Ctrl+S 按键，保存设计代码。

3. 执行 RTL 功能仿真

下面执行 RTL 功能仿真。

（1）在 ModelSim 主界面主菜单下，选择 Compile→Compile All，对这两个文件成功编译后，在 Status 一列中显示 ✔ 标记。

（2）在 ModelSim 主界面主菜单下，选择 Simulate→Start Simulation。

（3）弹出 Start Simulation 对话框，如图 4.33 所示，单击 Libraries 标签，其选项卡中有两

个子窗口 Search Libraries 和 Search Libraries First。

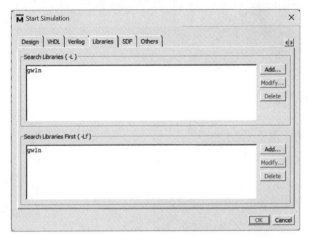

图 4.33 Start Simulation 对话框中的 Libraries 选项卡

① 单击 Search Libraries 子窗口右侧的 Add 按钮,弹出 Select Library 对话框,如图 4.34 所示。首先,通过下拉框将 Select Library 设置为 gw1n;然后,单击 OK 按钮,退出 Select Library 对话框。

② 单击 Search Libraries First 子窗口右侧的 Add 按钮,弹出 Select Library 对话框。首先,通过下拉框,将 Select Library 设置为 gw1n;然后,单击 OK 按钮,退出 Select Library 对话框。

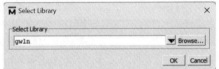

图 4.34 Select Library 对话框

(4) 在 Start Simulation 对话框中单击 Design 标签,找到并展开 work 条目。在展开项中,找到并选中 test 条目,如图 4.35 所示,不要勾选 Enable optimization 前面的复选框。

(5) 单击该对话框右下角的 OK 按钮,退出 Start Simulation 对话框。

(6) 进入仿真窗口界面,如图 4.36 所示。在该界面左侧的 Instance 窗口中,默认选择 test 条目,在 Objects 窗口中按住 Ctrl 键,分别单击 a、b 和 c 条目,以选中所有三个信号。

图 4.35 Start Simulation 对话框中的 Design 选项卡

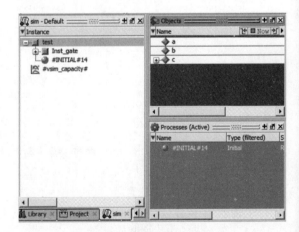

图 4.36 仿真窗口界面

(7) 右击,出现浮动菜单,然后选择 Add Wave。将这三个信号自动添加到波形窗口中,如图 4.37 所示。

图 4.37 将 a、b 和 c 添加到 Wave 窗口中

（8）找到 ModelSim 主界面最下面的 Transcript 窗口。在该窗口的 VSIM＞提示符后，输入下面的一行命令：

run 1000ns

该命令表示运行仿真的时间长度为 1000ns，如图 4.38 所示。

（9）在 Wave 窗口中看到，当给变量 a 和变量 b 不同的值时，网络 c[5:0] 的输出结果如图 4.39 所示。注意，通过单击工具栏中的放大按钮 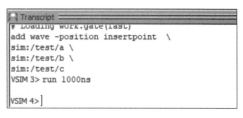 或缩小按钮 ，使得在 Wave 窗口中正确地显示波形。

图 4.38 Transcript 窗口中输入命令

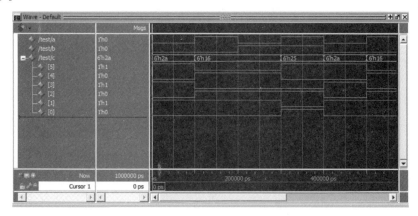

图 4.39 执行仿真后 Wave 窗口中给出的仿真波形

（10）在 ModelSim 主界面主菜单下，选择 Simulate→End Simulation。

（11）弹出 End Current Simulation Session 对话框，提示信息"Are you sure you want to quit simulating?"。

（12）单击"是"按钮，退出该对话框。

（13）再次单击 Project 标签。然后，在 ModelSim 主界面主菜单下，选择 File→Close Project。

（14）弹出 Close Project 对话框，在该对话框中提示信息"This operation will close the current project. Continue?"。

（15）单击"是"按钮，退出该对话框。

思考与练习 4-2 查看图 4.39 给出的仿真结果，验证 RTL 描述中逻辑功能的正确性。

4. RTL 和行为级描述的区别

从整个 RTL 仿真过程可知，Verilog HDL 不但可以用于对电路结构进行建模，也可以用于生成测试向量，对电路的结构功能进行验证。在 4.5.3 节中提到，当 Verilog HDL 用于对电路结构进行建模时，称为 RTL 描述或数据流描述。这里用 Verilog HDL 生成测试向量，这里将 Verilog HDL 称为行为级描述。Verilog HDL 的 RTL 描述或数据流描述可以通过 EDA 工具的处理转换为所对应的电路结构，而 Verilog HDL 的行为级描述是不能通过 EDA 工具的处理转换为所对应的电路结构的,只能用于测试向量,以模拟硬件在真实工作场景中所遇到的各种条件。从代码清单 4-2 给出的代码可知,在 Verilog HDL 的行为级描述中包含了一些不可以综合成电路结构的语句,典型地如♯100,这种描述就不能综合成电路结构。

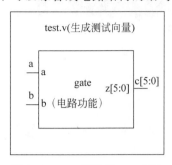

图 4.40   test 模块和 gate 模块的关系

此外,读者会发现在使用 Verilog HDL 描述电路结构的描述风格与生成测试向量的描述风格有很大的不同。为了说明这个问题,首先,观察一下 test 模块和 gate 模块的关系,如图 4.40 所示。从这个结构关系就很容易理解 RTL 描述和行为级描述的不同之处。在使用 Verilog HDL 描述电路结构功能时,需要明确声明该电路的输入、输出、输入/输出端口,这些端口用于与其他模块进行连接,通过输入端口将输入信号送给内部电路结构,然后又通过内部电路结构将最终的逻辑结果通过输出端口送到其他模块。在使用 Verlog HDL 生成测试向量时,由于测试向量是在生成测试向量的模块内部产生的,如 test 模块,而不是由其他外部模块产生,因此在 test 模块中就没有输入、输出、输入/输出端口的描述。

更简单一些来说,Veriog HDL 的 RTL/数据流描述就是用于生成电路结构,而 Verilog HDL 的行为级描述就是提供测试向量以测试所设计电路功能的正确性。

此外,从图 4.40 可知,这里还隐含着 Verilog HDL 的模块化描述风格,模块 test 中使用/例化了 gate 模块,模块 test 通过模块 gate 的输入端口 a 和 b 送入测试向量,再通过 gate 的输出端口 z 送出测试结果。通过将模块 gate 的端口分别连接到模块 test 的变量 a、b 以及网络 c,就可以将 test 模块生成的测试向量通过变量 a 和 b 送到模块 gate 的端口 a 和 b。在基于 Verilog HDL 的复杂数字系统设计中,一定有模块化描述。从图 4.40 可知,在使用 Verilog HDL 的模块化描述中,不需要知道被调用模块的内部是如何设计的,只要知道该模块的输入和输出端口的含义,以及被调用模块的逻辑功能即可。

因此,Verilog HDL 的描述风格应该包含 RTL/数据流描述、行为级描述和结构级描述三种。

4.5.5   设计综合

视频讲解

在高云云源软件中,使用高云自主研发的综合工具 GowinSynthesis,该工具基于高云 FPGA 特性以及硬件电路的资源情况,实现 RTL 设计提取、算术优化、推导置换、资源共享、并行综合以及映射等技术,可快速对设计者的 RTL 设计进行优化处理、资源检查和时序分析。

经过综合工具 GowinSynthesis 的综合后,生成基于高云 FPGA 原语库的网表,该网表将作为高云布局和布线(Place & Route,PAR)工具的输入文件。

注:在业界给出的处理流程中,要求先有设计约束文件后,才应该执行设计综合过程。但是,一般情况下,由于数字系统设计的复杂性,通常要对综合后的网表功能通过仿真工具进行反复验证,在确定网表功能的正确性后才会加入约束文件。即使在综合时,设计者没有显式给出约束条件,但是综合时也会采用默认的约束条件。因此,在本书中先介绍设计综合,然后再介绍设计约束。

本节内容包括执行综合过程、查看综合后的报告,以及查看综合后的网表。

1. 执行设计综合
使用下面其中一种方法,调用高云综合工具 GowinSynthesis 执行设计综合。

（1）在高云云源软件主界面工具栏中，找到并单击 Run Synthesis 按钮 ■。

（2）在高云云源软件左侧窗口中，找到并单击 Process 标签，如图 4.41 所示，其中给出了处理流程，包括 User Constraints（用户约束）、Synthesize（综合）、Place & Route（布局和布线）以及 Program Device（编程器件）。双击图 4.41 中的 Synthesize。

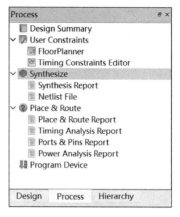

在主界面下方的 Console 窗口中显示了综合的过程，如图 4.42 所示。从图中可知，该综合过程主要包括语法分析（Running parser...）、运行网表转换（Running netlist conversion...）、运行独立于器件的优化（Running device independent optimization...）、运行推断（Running inference...）、运行技术映射（Running technical mapping...），最后生成综合后的网表 example_4_1.vg。

图 4.41　Process 选项卡

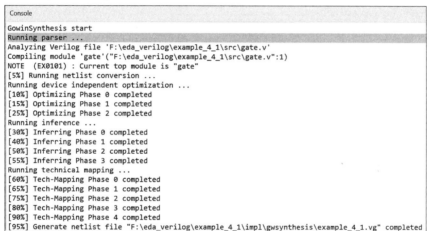

图 4.42　Console 窗口中显示的综合过程信息

2. 查看综合后的报告

在图 4.41 中，找到并展开 Synthesize 条目。在展开项中，双击 Synthesis Report 条目，在高云云源软件右侧窗口中自动打开 example_4_1_syn.rpt.html 界面。在该界面中，以 html 的形式给出了综合后的报告，包含以下内容。

（1）Synthesis Message：综合的基本信息，主要包括综合的设计文件、当前综合工具 GowinSynthesis 版本、设计配置信息和运行时间等。

（2）Synthesis Details：该标题下除了给出图 4.42 中综合过程的各个阶段外，还显示了设计文件的顶层模块、综合过程中各个阶段的运行时间、占用的内存资源、总的运行时间和总占用的内存。

（3）Resources：资源，是指当前设计所使用芯片的资源数量。

① Resource Usage Summary（资源使用总结）。该部分给出了所使用资源的个数，这些资源包括 I/O Port（I/O 端口）、I/O Buf（I/O 缓冲区）、REG（寄存器）、LUT（查找表）等，如图 4.43 所示。从图中可知，当前设计使用了 8 个 I/O 端口、8 个 I/O 缓冲区（其中 2 个输入缓冲区 IBUF，6 个输出缓冲区 OBUF）和 6 个查找表。

② Resource Utilization Summary（资源利用率总结）。该部分给出了当前设计使用的逻

Resource Usage Summary

Resource	Usage
I/O Port	8
I/O Buf	8
IBUF	2
OBUF	6
LUT	6
LUT2	6

图 4.43　资源使用总结

辑(Logic)、寄存器(Register)、BSRAM 和 DSP 等资源在当前所使用器件的资源占用率,如图 4.44 所示。对于当前设计所使用的高云 GW1N-LV9LQ144C6/I5 器件来说,提供了 8640 个 LUT,该设计使用了 6 个 LUT,所使用的资源占比为 6/8640<1%。在该设计中,没有使用其他逻辑资源,因此其他资源的使用率均为 0%。

Resource Utilization Summary

Resource	Usage	Utilization
Logic	6(6 LUTs, 0 ALUs) / 8640	<1%
Register	0 / 6843	0%
--Register as Latch	0 / 6843	0%
--Register as FF	0 / 6843	0%
BSRAM	0 / 26	0%

图 4.44　资源利用率总结

3. 查看综合后的网表

在高云云源软件主界面主菜单中,选择 Tools → Schematic Viewer → Post-Synthesis Netlist Viewer。自动打开 Post-Synthesis Netlist Viewer,在该界面中给出了综合后的网表结构,如图 4.45 所示。

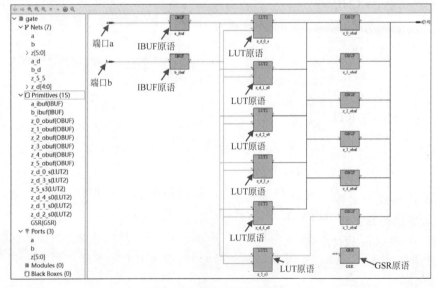

图 4.45　综合后的网表结构

与 RTL 网表相比较,图 4.45 给出的综合后的网表结构明显不同,这是因为综合后的网表针对所使用的 FPGA 器件进行了结构上的变化。典型地,将设计中的逻辑运算使用 FPGA 内的 LUT 表示,并且在输入端口和查找表之间插入了输入缓冲区 IBUF,并在查找表和输出端口之间插入了输出缓冲区 OBUF。

当选中图 4.45 中的任意一个原语时,右击,在出现的浮动菜单内选择 View Instance In

Source,自动打开. vg 网表文件,并且跳到该文件相对应的位置。

思考与练习 4-3　查看文件 example_4_1. vg 的内容,并与图 4.45 给出的网表结构进行比较,找出两者之间的对应关系。

下面将说明高云 FPGA 中的 LUT 是如何表示逻辑关系的。在图 4.33 中找到名为 z_d_0_s 的 LUT 符号,右击,在出现的浮动菜单内选择 Property,弹出 Property 对话框,如图 4.46 所示。二输入查找表的两个输入端 I0 和 I1 与 INIT 值之间的关系,如表 4.1 所示。

图 4.46　Property 对话框

表 4.1　LUT2 真值表

I1	I0	F
0	0	INIT[0]
0	1	INIT[1]
1	0	INIT[2]
1	1	INIT[3]

因为图 4.46 中 INIT=4'b1000,即 INIT[3]="1",INIT[2]="0",INIT[1]="0",INIT[0]="0",即 I0="1",且 I1="1"时,输出 F="1"; 在 I0 和 I1 的其余组合中,输出 F="0"。显然,该 LUT 实现的是逻辑"与"的关系。

思考与练习 4-4　单击图 4.45 中的其他 LUT 符号,根据每个 LUT 给出的 INIT 值,分析其实现的逻辑运算功能。

4.5.6　综合后的功能仿真

在执行综合后的仿真之前,必须搞清楚一个问题,那就是在前面已经通过执行综合前的 RTL 仿真验证过逻辑功能,那为什么还要在综合后再执行仿真来验证逻辑功能呢? 这是因为综合的过程会进一步优化 RTL 的网表,并且会适配到高云 FPGA 的结构。如果原本的 RTL 描述中存在一些问题,在 RTL 的仿真中可能并不会体现出来,但是通过对 RTL 描述进行综合后就会体现出来,例如,在 RTL 描述中存在一些冗余的逻辑,这部分逻辑在综合时就会被去掉。

在作者的设计实践中,通常只执行综合后的仿真而不执行 RTL 的仿真,这是因为综合后的仿真可以最大限度地保证 RTL 描述的正确性,发现 RTL 描述中的一些潜在缺陷。

注: 在执行综合后的仿真时,使用的是高云云源软件综合后生成的网表文件. vg,而不是 RTL 仿真时使用的. v 文件。

1. 建立新的仿真工程

下面在 ModelSim 软件中建立新的工程,用于综合后仿真,主要步骤如下。

(1) 启动 ModelSim 软件,进入 ModelSim SE-64 10.4c(以下简称 ModelSim)主界面。

(2) 在 ModelSim 主界面主菜单下,选择 File→New→Project。

(3) 弹出 Create Project 对话框,按如下设置参数: Project Name 为 postsynth_sim; Project Location 为 F:/eda_verilog/example_4_3。

(4) 单击 OK 按钮,退出 Create Project 对话框。

(5) 如果预先没有创建所指向的目录,则弹出 Create Project 对话框。该对话框中提示信息"The project directory does not exist. OK to create the directory?"。

(6) 单击该对话框中的"是"按钮。

2. 添加文件

下面添加已经存在的网表文件 example_4_1. vg 和测试文件 test. v。添加这些文件的主要步骤如下。

(1) 弹出 Add items to the Project 对话框,单击名为 Add Existing File 的图标。

(2) 弹出 Add file to Project 对话框,单击 Browse 按钮。

(3) 弹出 Select files to add to project 对话框,按如下设置参数。

① 文件类型: All Files(*. *)(通过下拉框设置);

② 将路径定位到 F:/eda_verilog/example_4_1/impl/gwsynthesis,选中该路径下的 example_4_1. vg 文件,并单击该对话框右下角的"打开"按钮,自动退出 Select files to add to project 对话框。

③ 勾选 Add file to Project 对话框右下角 Copy to project directory 前面的复选框。

(4) 单击 Add file to Project 对话框右下角的 OK 按钮,退出该对话框。

(5) 再次单击 Add items to the Project 对话框中名为 Add Existing File 的图标。

(6) 弹出 Add file to Project 对话框,单击 Browse 按钮。

(7) 弹出 Select files to add to project 对话框,按如下设置参数。

① 将路径定位到 F:/eda_verilog/example_4_2,选中该路径下的 test. v 文件,并单击该对话框右下角的"打开"按钮,自动退出 Select files to add to project 对话框。

② 勾选 Add file to Project 对话框右下角 Copy to project directory 前面的复选框。

(8) 单击 Add file to Project 对话框右下角的 OK 按钮,退出该对话框。

(9) 单击 Add items to the Project 对话框右下角的 Close 按钮,退出该对话框。

(10) 在 ModelSim 主界面左侧的 Project 选项卡中,以列表形式展示了当前工程中所包含的文件为 example_4_1. vg 和 test. v。

3. 执行综合后功能仿真

下面执行综合后功能仿真。

(1) 在 ModelSim 主界面主菜单下,选择 Compile→Compile All,对这两个文件成功编译后,在 Status 一列中显示 ✔ 标记。

(2) 在 ModelSim 主界面主菜单下,选择 Simulate→Start Simulation。

(3) 弹出 Start Simulation 对话框,单击 Libraries 标签,在其选项卡中有两个子窗口 Search Libraries 和 Search Libraries First,确认已经设置了 gw1n 库。

(4) 在 Start Simulation 对话框中单击 Design 标签,在其选项卡中找到并展开 work 条目。在展开项中,找到并选中 test 条目,不要勾选 Enable optimization 前面的复选框。

(5) 单击 OK 按钮,退出 Start Simulation 对话框。

(6) 进入仿真窗口,在左侧的 Instance 窗口中,默认选择 test 条目,在 Objects 窗口中,按住 Ctrl 键,分别单击 a、b 和 c 条目,以选中所有三个信号。

(7) 右击,在出现的浮动菜单内选择 Add Wave。将这三个信号自动添加到波形窗口中。

(8) 找到 ModelSim 主界面最下面的 Transcript 窗口。在该窗口的 VSIM> 提示符后,输入下面的一行命令:

    run 1000ns

该命令表示运行仿真的时间长度为 1000ns。

(9) 在 Wave 窗口中,看到当给变量 a 和变量 b 不同的值时,网络 c[5:0] 的输出结果。注意,通过单击工具栏中的放大按钮 🔍 或缩小按钮 🔍,使得在 Wave 窗口中正确地显示波形。

（10）在 ModelSim 主界面主菜单下，选择 Simulate→End Simulation。

（11）弹出 End Current Simulation Session 对话框，提示信息"Are you sure you want to quit simulating?"。

（12）单击"是"按钮，退出该对话框。

（13）再次单击 Project 标签。然后，在 ModelSim 主界面主菜单下，选择 File→Close Project。

（14）弹出 Close Project 对话框，提示信息"This operation will close the current project. Continue?"。

（15）单击"是"按钮，退出该对话框。

思考与练习 4-5　查看综合后功能仿真结果，验证综合后逻辑功能的正确性。

4.5.7　添加约束文件

视频讲解

本节将在工程中添加约束文件。在该约束文件中，将设计文件 gate.v 中的输入和输出端口映射到所使用高云 FPGA 的物理引脚位置。

该设计使用的是型号为 Pocket Lab-F0 的 FPGA 硬件开发平台。将该硬件开发平台上的两个拨码开关作为 gate 模块输入端口 a 和 b 的输入，将六个 LED 灯作为 gate 模块输出端口 z[5:0] 的输出。

1. LED 灯与 FPGA 引脚的连接关系

FPGA 硬件开发平台 Pocket Lab-F0 上 LED 灯的硬件电路，如图 4.47 所示。从图中可知，当每个 LED 灯对应的 FPGA 引脚驱动为逻辑"1"（高电平）时，LED 灯处于不亮（灭）状态；当每个 LED 灯对应的 FPGA 引脚驱动为逻辑"0"（低电平）时，LED 灯处于亮状态。

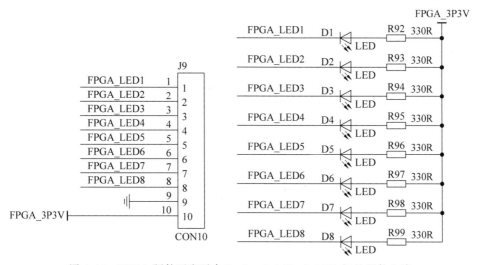

图 4.47　FPGA 硬件开发平台 Pocket Lab-F0 上 LED 灯的硬件电路

该电路中每个 LED 灯与所用高云 FPGA 引脚位置的对应关系如表 4.2 所示。

表 4.2　每个 LED 灯与 FPGA 引脚位置的对应关系

模块 gate 端口	LED 灯标记	驱动信号名称	FPGA 引脚位置	I/O 驱动电平
z[0]	D1	FPGA_LED1	63	3.3V
z[1]	D2	FPGA_LED2	62	3.3V
z[2]	D3	FPGA_LED3	61	3.3V
z[3]	D4	FPGA_LED4	60	3.3V

续表

模块 gate 端口	LED 灯标记	驱动信号名称	FPGA 引脚位置	I/O 驱动电平
z[4]	D5	FPGA_LED5	59	3.3V
z[5]	D6	FPGA_LED6	58	3.3V
—	D7	FPGA_LED7	57	3.3V
—	D8	FPGA_LED8	56	3.3V

2. 拨码开关与 FPGA 引脚的连接关系

FPGA 硬件开发平台 Pocket Lab-F0 上拨码开关的硬件电路如图 4.48 所示。从图中可知,当向上拨动拨码开关时,拨码开关连接到逻辑"1"(高电平);当向下拨动拨码开关时,拨码开关连接到逻辑"0"(低电平)。

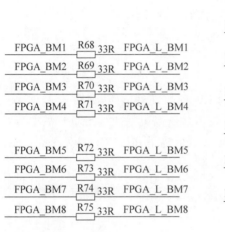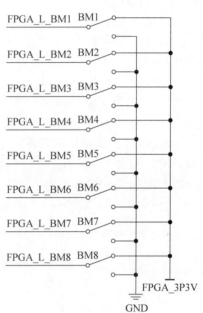

图 4.48　FPGA 硬件开发平台 Pocket Lab-F0 上拨码开关的硬件电路

该电路中每个拨码开关与所用高云 FPGA 引脚位置的对应关系如表 4.3 所示。

表 4.3　每个拨码开关与 FPGA 引脚位置的对应关系

模块 gate 端口	拨码开关标记	驱动信号名称	FPGA 引脚位置	I/O 驱动电平
a	BM1	FPGA_BM1	50	3.3V
b	BM2	FPGA_BM2	48	3.3V
—	BM3	FPGA_BM3	46	3.3V
—	BM4	FPGA_BM4	44	3.3V
—	BM5	FPGA_BM5	42	3.3V
—	BM6	FPGA_BM6	40	3.3V
—	BM7	FPGA_BM7	39	3.3V
—	BM8	FPGA_BM8	38	3.3V

3. 设置约束条件

下面创建约束文件,并在约束文件中添加物理约束条件,主要步骤如下。

(1) 在高云云源软件主界面左侧的 Design 选项卡,找到当前工程条目 example_4_1,右击选择 New File。

（2）弹出 New 对话框，如图 4.49 所示，选中 Physical Constraints File。

（3）单击 OK 按钮，退出 New 对话框。

（4）弹出 New Physical Constraints File 对话框，如图 4.50 所示。在 Name 文本框中输入 gate（即物理约束文件的名为 gate. cst）。默认将该文件放在 F:\eda_verilog\example_4_1\src 目录下。

（5）单击 OK 按钮，退出 New Physical Constraints File 对话框。

（6）在高云云源软件右侧窗口中，自动打开 gate. cst 选项卡，单击按钮 ⊠ ，关闭该文件。

（7）在高云云源软件左侧窗口中，单击 Process，在其选项卡中展开 User Constraints 条目。在展开项中，找到并双击 FloorPlanner 条目，如图 4.51 所示。

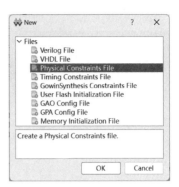

图 4.49　New 对话框

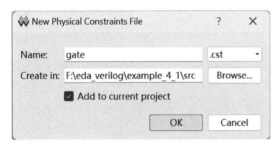

图 4.50　New Physical Constraints File 对话框

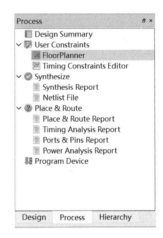

图 4.51　Process 选项卡

（8）启动 FloorPlanner 工具。在启动 FloorPlanner 工具的过程中，自动将设计综合生成的网表文件 example_4_1. vg 导入该工具中，如图 4.52 所示。

图 4.52　FloorPlanner 主界面

（9）单击图 4.52 上面的 Package View 标签，弹出如图 4.53 所示界面，显示了当前所使用 FPGA 的封装形式。图中：⊕表示用户 I/O，⚡表示 VCCIO，⏚表示 VSS。

图 4.53 Package View 界面（反色显示）

（10）单击图 4.52 上面的 Chip Array 标签，弹出如图 4.54 所示界面，显示了当前所使用 FPGA 内部逻辑资源的排列形式。

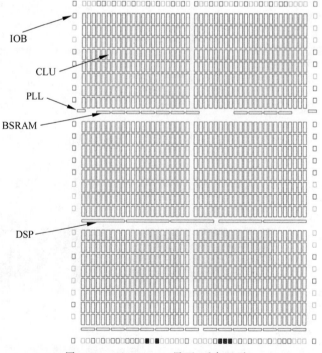

图 4.54 Chip Array 界面（反色显示）

（11）在 I/O 约束界面的 Location 一列中，双击该列中与端口对应的小方格，输入每个端口在 FPGA 中的引脚位置；在 IO Type 一列中，双击该列中与端口对应的小方格，出现下拉框，在下拉框中选择 LVCMOS33，即所有端口的 I/O 均为低电压 CMOS（Low Voltage CMOS，LVCMOS）3.3V 标准；在 Pull Mode 一列中，双击该类中与端口的小方格，出现下拉框,在下拉框中选择 NONE,即所有端口都设置为非上拉/非下拉模式。设置完所有 I/O 约束条件后的 I/O Constraints 界面,如图 4.55 所示。

	Port	Direction	Diff Pair	Location	Bank	Exclusive	IO Type	Drive	Pull Mode	PCI Clamp	Hysteresis	Open
1	a	input		50	2	False	*LVCMOS33*	N/A	*NONE*	ON	NONE	N/A
2	b	input		48	2	False	*LVCMOS33*	N/A	*NONE*	ON	NONE	N/A
3	z[0]	output		63	2	False	*LVCMOS33*	8	*NONE*	N/A	N/A	OF
4	z[1]	output		62	2	False	*LVCMOS33*	8	*NONE*	N/A	N/A	OF
5	z[2]	output		61	2	False	*LVCMOS33*	8	*NONE*	N/A	N/A	OF
6	z[3]	output		60	2	False	*LVCMOS33*	8	*NONE*	N/A	N/A	OF
7	z[4]	output		59	2	False	*LVCMOS33*	8	*NONE*	N/A	N/A	OF
8	z[5]	output		58	2	False	*LVCMOS33*	8	NONE	N/A	N/A	OF

Me··· | I/O Con··· | Primitive Con··· | Group Cons··· | Resource Res··· | Clock As··· | Quadrant Con··· | Hclk Cons··· | Vref Con···

图 4.55　I/O Constraints 界面

(12) 按 Ctrl+S 键,保存约束条件。

(13) 单击图 4.52 右上角的关闭按钮 ×,退出 FloorPlanner 界面。

(14) 在高云云源软件主界面左侧窗口中,单击 Design 标签,出现如图 4.56 所示界面,找到并展开 Physical Constraints Files 文件夹。在展开项中,找到并双击打开 gate.cst 文件。在该文件中,给出了 I/O 约束的条件,如代码清单 4-3 所示。

图 4.56　Design 界面

代码清单 4-3　gate.cst 文件

```
IO_LOC "z[5]" 58;
IO_PORT "z[5]" IO_TYPE = LVCMOS33 PULL_MODE = NONE DRIVE = 8 BANK_VCCIO = 3.3;
IO_LOC "z[4]" 59;
IO_PORT "z[4]" IO_TYPE = LVCMOS33 PULL_MODE = NONE DRIVE = 8 BANK_VCCIO = 3.3;
IO_LOC "z[3]" 60;
IO_PORT "z[3]" IO_TYPE = LVCMOS33 PULL_MODE = NONE DRIVE = 8 BANK_VCCIO = 3.3;
IO_LOC "z[2]" 61;
IO_PORT "z[2]" IO_TYPE = LVCMOS33 PULL_MODE = NONE DRIVE = 8 BANK_VCCIO = 3.3;
IO_LOC "z[1]" 62;
IO_PORT "z[1]" IO_TYPE = LVCMOS33 PULL_MODE = NONE DRIVE = 8 BANK_VCCIO = 3.3;
IO_LOC "z[0]" 63;
IO_PORT "z[0]" IO_TYPE = LVCMOS33 PULL_MODE = NONE DRIVE = 8 BANK_VCCIO = 3.3;
IO_LOC "b" 48;
IO_PORT "b" IO_TYPE = LVCMOS33 PULL_MODE = NONE BANK_VCCIO = 3.3;
IO_LOC "a" 50;
IO_PORT "a" IO_TYPE = LVCMOS33 PULL_MODE = NONE BANK_VCCIO = 3.3;
```

下面对 I/O 约束文件进行简单的说明。

(1) IO_LOC 用于 I/O 位置约束,将端口约束到指定的 IOB。语法格式为

```
IO_LOC "obj_name" obj_location;
```

其中,obj_name 可以是端口、缓冲区的名字; obj_location 为高云 FPGA 上的 IOB 的位置。

(2) IO_PORT 可用于 I/O 属性约束,用于设置 I/O 的各种属性值。语法格式为

```
IO_PORT "port_name" attribute = attribute_value;
```

一条约束语句中可以设置多个属性,各个属性之间使用空格分隔。

4.5.8　布局和布线

布局和布线(place and route,PAR)是对 FPGA 设计进行自动化处理的重要一步。综合后得到的网表文件.vg 和设计约束文件.cst 作为 PAR 的输入。简单来说,在 PAR 的过程中,

视频讲解

将综合网表中的原语对应/放置到FPGA上固定的原语(逻辑资源)位置,这称为布局;并通过FPGA内的布线资源将这些原语连接在一起,这称为布线。

1. 设置属性参数

在该设计中,需要为后面的时序仿真生成标准延迟格式(standard delay format,SDF)文件以及布局和布线后仿真模型文件。因此,在执行布局和布线之前需要设置布局和布线的参数。

设置布局和布线参数的主要步骤如下。

图4.57　Process选项卡

(1) 在高云云源软件左侧窗口中,在Process选项卡中,如图4.57所示,找到并选中Place & Route条目,右击选择Configuration选项。

(2) 弹出Configuration对话框,如图4.58所示,按如下设置参数。

① 双击Generate SDF File一行和Value一列相交的单元格,出现下拉框。在下拉框中选择True,将Generate SDF File设置为True。

② 双击Generate Post-PnR Verilog Simulation Model File一行和Value一列相交的单元格,出现下拉框。在下拉框中选择True,将Generate Post-PnR Verilog Simulaton Model File设置为True。

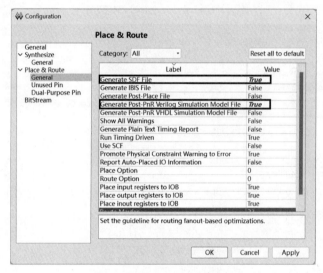

图4.58　Configuration对话框

(3) 单击OK按钮,退出Configuration对话框。

2. 执行布局和布线

执行布局和布线的主要步骤如下。

(1) 在图4.57所示的Process选项卡中,找到并双击Place & Route条目。

(2) 在高云云源软件下面的Console给出了布局和布线过程的信息,如图4.59所示。从图中可知,整个PnR过程大致包含以下阶段。

① 读取综合后的网表文件.vg,并分析该网表的正确性。

② 读取约束文件.cst,并分析该约束文件的正确性。

③ 运行布局的阶段,并进行布局优化,直到布局收敛为止。

④ 运行布线的阶段,并进行布线优化,直到布线收敛为止。

⑤ 运行时序分析阶段。

⑥ 运行生成比特流的阶段。

⑦ 运行功耗分析阶段。

```
Console
Reading netlist file: "F:\eda_verilog\example_4_1\impl\gwsynthesis\example_4_1.vg"
Parsing netlist file "F:\eda_verilog\example_4_1\impl\gwsynthesis\example_4_1.vg" completed
Processing netlist completed
Reading constraint file: "F:\eda_verilog\example_4_1\src\gate.cst"
Physical Constraint parsed completed
Running placement......
[10%] Placement Phase 0 completed
[20%] Placement Phase 1 completed
[30%] Placement Phase 2 completed
[50%] Placement Phase 3 completed
Running routing......
[60%] Routing Phase 0 completed
[70%] Routing Phase 1 completed
[80%] Routing Phase 2 completed
[90%] Routing Phase 3 completed
Running timing analysis......
[95%] Timing analysis completed
Placement and routing completed
Bitstream generation in progress......
Bitstream generation completed
Running power analysis......
[100%] Power analysis completed
Generate file "F:\eda_verilog\example_4_1\impl\pnr\example_4_1.power.html" completed
Generate file "F:\eda_verilog\example_4_1\impl\pnr\example_4_1.pin.html" completed
Generate file "F:\eda_verilog\example_4_1\impl\pnr\example_4_1.rpt.html" completed
Generate file "F:\eda_verilog\example_4_1\impl\pnr\example_4_1.rpt.txt" completed
Generate file "F:\eda_verilog\example_4_1\impl\pnr\example_4_1.sdf" completed
Generate file "F:\eda_verilog\example_4_1\impl\pnr\example_4_1.vo" completed
Generate file "F:\eda_verilog\example_4_1\impl\pnr\example_4_1.tr.html" completed
Sun Apr 09 09:23:50 2023
```

图 4.59　Console 窗口中给出的布局和布线过程的信息

运行完这些阶段后,生成下面的文件。

① 布局和布线后的报告文件 example_4_1.rpt.html。

② 时序分析报告文件 example_4_1.tr.html。

③ 端口和引脚报告文件 example_4_1.pin.html。

④ 功耗分析报告文件 example_4_1.power.html。

⑤ 标准延迟格式文件 example_4_1.sdf。

⑥ 布局和布线后的 Verilog HDL 仿真模型文件 example_4_1.vo。

(3) 当布局和布线结果结束时,在如图 4.57 所示的 Process 选项卡中找到并双击 FloorPlanner 条目。

(4) 启动 FloorPlanner 工具,并进入 FloorPlanner 主界面。

(5) 单击 FloorPlanner 主界面右侧窗口上面的 Chip Array 标签。

(6) 在 Chip Array 选项卡中右击,选择 Show Place View→All Instance。

(7) 在 Chip Array 选项卡中显示当前设计所使用的 FPGA 的底层原语。首先,按住 Ctrl 键,同时按下鼠标滚轮,将该视图局部放大;然后,按鼠标左键,拖动上下滚动条,调整局部放大的视图在当前 Chip Array 选项卡中的位置,如图 4.60 所示。

注:当把鼠标光标放到图中所使用的 FPGA 底层原语符号上时,会自动提示该原语的信息,以及在当前设计中所扮演的角色。为了读者方便,将这些原语信息标注在图 4.60 中。

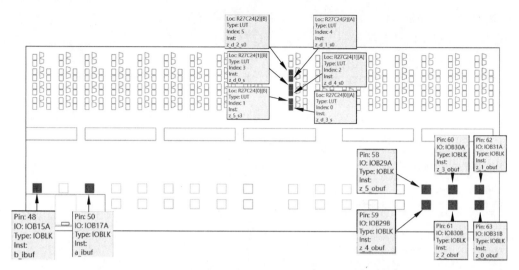

图 4.60 当前设计所使用的 FPGA 底层原语(放大局部视图)

4.5.9 布局和布线后仿真

布局和布线后生成的网表结构是初始 RTL 描述所生成最终电路结构的描述,它是设计在高云 FPGA 内真实运行情况的直接对应,因此在将布局和布线后生成的比特流文件下载到高云 FPGA 之前,需要对布局和布线后的网表执行布局和布线后仿真(也称为时序仿真)。

与前面所介绍的 RTL 功能仿真和综合后的功能仿真最大的不同之处在于,在时序仿真中不但要考虑设计本身的逻辑功能,还要考虑 FPGA 内不同原语本身的延迟,以及连接原语之间的互连线之间的延迟。因此,综合后的功能仿真结果正确并不意味着最终的时序仿真结果也一定正确,这是因为功能仿真不考虑“延迟”,而时序仿真一定涉及“延迟”问题。在本书前面使用 SPICE 分析数字逻辑电路时,读者清楚知道下面这个事实,即一旦涉及时序问题,就可能会出现竞争冒险和不稳定问题。

1. 建立新的仿真工程

在 ModelSim 软件中建立新的工程,用于布局和布线后仿真/时序仿真,主要步骤如下。

(1) 启动 ModelSim 软件,进入 ModelSim SE-64 10.4c(以下简称 ModelSim)主界面。

(2) 在 ModelSim 主界面主菜单下,选择 File→New→Project。

(3) 弹出 Create Project 对话框,按如下设置参数。

① Project Name:postpnr_sim。

② Project Location:F:/eda_verilog/example_4_4。

(4) 单击 OK 按钮,退出 Create Project 对话框。

(5) 如果预先没有创建所指向的目录,则弹出 Create Project 对话框。该对话框中提示信息“The project directory does not exist. OK to create the directory?”。

(6) 单击该对话框中的“是”按钮。

2. 添加文件

添加已经存在的 PnR 后的网表文件 example_4_1.vo 和测试文件 test.v,主要步骤如下。

(1) 弹出 Add items to the Project 对话框,单击名为 Add Existing File 的图标。

(2) 弹出 Add file to Project 对话框,单击 Browse 按钮。

（3）弹出 Select files to add to project 对话框，按如下设置参数。

① 文件类型：All Files（＊.＊）（通过下拉框设置）。

② 将路径定位到 F:/eda_verilog/example_4_1/impl/pnr，选中该路径下的 example_4_1.vo 文件，并单击"打开"按钮，自动退出 Select files to add to project 对话框。

③ 勾选 Add file to Project 对话框右下角 Copy to project directory 前面的复选框。

（4）单击 Add file to Project 对话框的 OK 按钮，退出该对话框。

（5）再次单击 Add items to the Project 对话框中名为 Add Existing File 的图标。

（6）弹出 Add file to Project 对话框，单击 Browse 按钮。

（7）弹出 Select files to add to project 对话框，按如下设置参数。

① 将路径定位到 F:/eda_verilog/example_4_3，选中该路径下的 test.v 文件，并单击该对话框的"打开"按钮，自动退出 Select files to add to project 对话框。

② 勾选 Add file to Project 对话框右下角 Copy to project directory 前面的复选框。

（8）单击 Add file to Project 对话框的 OK 按钮，退出该对话框。

（9）单击 Add items to the Project 对话框的 Close 按钮，退出该对话框。

（10）在 ModelSim 主界面左侧的 Project 选项卡中，以列表形式展示了当前工程中所包含的文件为 example_4_1.vo 和 test.v。

3. 执行布局和布线后仿真

执行布局和布线后仿真的主要步骤如下。

（1）在 ModelSim 主界面主菜单下，选择 Compile→Compile All，对这两个文件成功编译后，在 Status 一列中显示 ✔ 标记。

（2）在 ModelSim 主界面主菜单下，选择 Simulate→Start Simulation。

（3）弹出 Start Simulation 对话框，单击 Libraries 标签后出现的选项卡中有两个子窗口，分别为 Search Libraries 和 Search Libraries First，如图 4.61 所示。

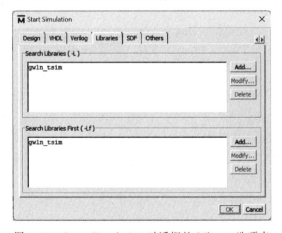

图 4.61 Start Simulation 对话框的 Library 选项卡

① 单击 Search Libraries 子窗口右侧的 Add 按钮，弹出 Select Library 对话框，如图 4.62 所示。首先，通过下拉框将 Select Library 设置为 gwln_tsim；然后，单击 OK 按钮，退出 Select Library 对话框。

② 单击 Search Libraries First 子窗口右侧的 Add 按钮，弹出 Select Library 对话框。首先，通过

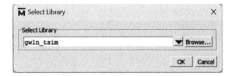

图 4.62 Select Library 对话框

下拉框将 Select Library 设置为 gw1n_tsim；然后，单击 OK 按钮，退出 Select Library 对话框。

（4）在 Start Simulation 对话框中，单击 SDF 标签后出现的选项卡如图 4.63 所示，单击 SDF Files 右侧的 Add 按钮。

（5）弹出 Add SDF Entry 对话框，如图 4.64 所示，按如下设置参数。

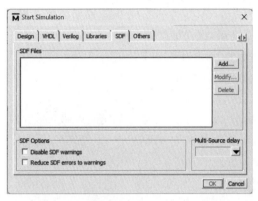

图 4.63　Start Simulation 对话框的 SDF 选项卡　　　　图 4.64　Add SDF Entry 对话框

① 单击 SDF File 右侧的 Browse 按钮，弹出 Select SDF file 对话框，将路径指向下面的目录 eda_verilog\example_4_1\impl\pnr，在该目录中，找到并选中 example_4_1.sdf 文件。单击该对话框右下角的"打开"按钮，退出 Select SDF file 对话框。

② 在 Apply to Region 文本框中输入/Inst_gate，表示将该 sdf 应用于 test 模块中的例化模块 Inst_gate。

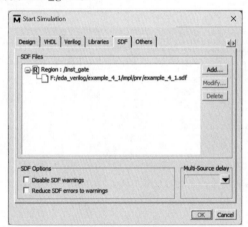

图 4.65　添加完 SDF 文件后的 Start Simulation 对话框的 SDF 选项卡

（6）单击 Add SDF Entry 对话框的 OK 按钮，退出该对话框。添加完 SDF 文件后的 SDF 选项卡如图 4.65 所示。

（7）在 Start Simulation 对话框中单击 Design 标签，在其选项卡中找到并展开 work 条目。在展开项中，找到并选中 test 条目，不要勾选 Enable optimization 前面的复选框。

（8）单击该对话框的 OK 按钮，退出 Start Simulation 对话框。

（9）进入仿真窗口界面。在该界面左侧的 Instance 窗口中，默认选择 test 条目，在 Objects 窗口中，按住 Ctrl 键，分别单击 a、b 和 c 条目，以选中所有三个信号。

（10）右击选择 Add Wave，将这三个信号自动添加到波形窗口中。

（11）找到 ModelSim 主界面最下面的 Transcript 窗口。在该窗口的 VSIM＞提示符后，输入下面的一行命令：

```
run 1000ns
```

该命令表示运行仿真的时间长度为 1000ns。

（12）在 Wave 窗口中，看到当给变量 a 和变量 b 不同的值时，网络 c[5:0]的输出结果。注意，通过单击工具栏中的放大按钮 🔍 或缩小按钮 🔍，使得在 Wave 窗口中正确地显示波形，如图 4.66 所示。

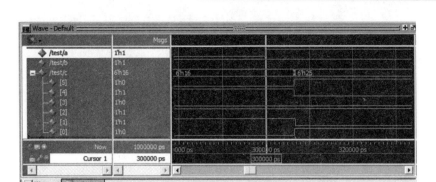

图 4.66　运行完时序仿真后的 Wave 窗口（局部放大）

与前面运行 RTL 功能仿真和综合后功能仿真所得到的波形明显不同,在执行完时序仿真后的波形,明显体现了时序中的"延迟"特征,主要表现在以下两方面。

① 当逻辑输入变量 a 和 b 的值发生变化后,需要经过一段时间后,才能反映到输出 z[5:0],也就是输入变量 a 和 b 的值发生变化后,需要延迟一段时间,其变化才能反映到输出,这是因为输入变量 a 和 b,经过 FPGA 内的输入缓冲区、LUT、输出缓冲区和互连线的传播,这其中就包含了输入缓冲区、LUT 和输出缓冲区原语本身的延迟,此外还包含了连接这些底层原语的互连线的延迟。

② 逻辑输入变量 a 和 b 的值发生变化后,其到达输出端口 z[0]~z[5] 的时间也不相同,这表现在输出端口 z[5:0] 从一个稳定状态变化到另一个稳定状态时,经历"过渡",这个"过渡"表现为在 z[5:0] 上出现"毛刺"。

(13) 在 ModelSim 主界面主菜单下,选择 Simulate→End Simulation。

(14) 弹出 End Current Simulation Session 对话框,提示信息"Are you sure you want to quit simulating?"。

(15) 单击"是"按钮,退出该对话框。

(16) 再次单击 Project 标签。然后,在 ModelSim 主界面主菜单下,选择 File→Close Project。

(17) 弹出 Close Project 对话框,提示信息"This operation will close the current project. Continue?"。

(18) 单击"是"按钮,退出该对话框。

思考与练习 4-6　查看布局和布线后的仿真结果,仔细分析时序中出现的延迟。

4.5.10　下载比特流

将生成的比特流文件下载到 FPGA 硬件开发平台 Pocket Lab-F0 上搭载的 GW1N-LV9LQ144C6/I5 的 FPGA 芯片中,主要步骤如下。

(1) 通过带有 Type-C 接口的 USB 电缆,将 FPGA 硬件开发平台 Pocket Lab-F0 上标记为 J5 的 Type-C USB 接口连接到 PC/笔记本电脑的 USB 接口。

(2) 将 FPGA 硬件开发平台 Pocket Lab-F0 上标记为 POWER 的电源开关拨动到标记为 ON 的位置,给 FPGA 硬件开发平台供电。

(3) 在高云云源软件左侧窗口中,单击 Process 标签出现的选项卡如图 4.67 所示,找到并双击 Program Device 条目。

(4) 启动高云编程器工具 Gowin Programmer(以下称为高云

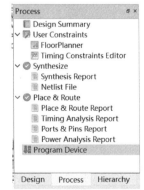

图 4.67　Process 选项卡

编程器软件),如图 4.68 所示。同时,弹出 Cable Setting 对话框界面。在该对话框中,给出了下载电缆的信息。单击该对话框的 Save 按钮,退出 Cable Setting 对话框。

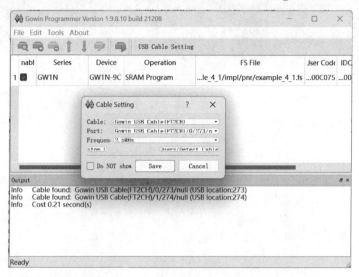

图 4.68　Gowin Programmer 主界面

(5) 在高云编程器软件工具主界面主菜单下,选择 Edit→Configure Device。

(6) 弹出 Device configuration 对话框,如图 4.69 所示,按如下设置参数。

① Access Mode:SRAM Mode(通过下拉框设置)。

② Operation:emFlash Erase,Prgram(通过下拉框设置)。

③ File name:/eda_verilog/example_4_1/impl/pnr/example_4_1. fs(默认设置)。

(7) 单击图 4.69 的 Save 按钮,退出 Device configuration 对话框。

(8) 在高云编程器软件主界面工具栏中,找到并单击 Program/Configure 按钮 📟。

(9) 弹出 Progress information 对话框,如图 4.70 所示,以进度条的形式显示了将比特流文件下载到高云 FPGA 内部 SRAM 的进度。当下载过程结束时,自动关闭 Progress information 对话框。

图 4.69　Device configuration 对话框

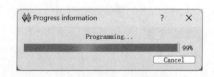

图 4.70　Progress information 对话框

(10) 单击图 4.68 中高云编程器主界面右上角的关闭按钮 ✕,退出高云编程器界面。

(11) 在高云云源软件主界面主菜单中,选择 File→Close Project,关闭当前的设计工程。

思考与练习 4-7　拨动 FPGA 硬件开发平台 Pocket Lab-F0 上标记为 BM1 和 BM2 的拨码开关,观察 FPGA 硬件开发平台上标记为 D1~D6 的 LED 灯的变化情况,进一步验证设计的正确性。

4.5.11 编程内部 Flash 存储器

在 4.5.10 节中介绍了将比特流文件通过 USB 电缆下载到高云 FPGA 的详细过程,读者需要注意,这个下载过程是将比特流文件下载到了 FPGA 内的 BSRAM 中,当给 FPGA 硬件开发平台断电然后重新上电后,保存在 BSRAM 中的比特流文件就会丢失,读者需要按照 4.5.10 节介绍的方法重新将比特流文件通过 USB 电缆下载到高云 FPGA 中,显然这非常不方便,那么如何解决这个问题呢?

高云 GW1N 系列 FPGA 具有内嵌的 Flash 存储器,因此可以将生成的数据流文件下载到 FPGA 内嵌的 Flash 存储器中。这样,当给 FPGA 硬件开发平台断电然后重新上电后,保存在 FPGA 内 Flash 存储器中的设计文件会自动加载到 GW1N 系列 FPGA 中,就省去了需要重新将比特流下载到高云 FPGA 这个烦琐的过程。

将比特流文件下载到高云 FPGA 内 Flash 存储器的主要步骤如下。

(1)保证 FPGA 硬件开发平台 Pocket Lab-F0 与 PC/笔记本电脑通过 USB Type-C 接口和 USB Type-C 电缆正确连接。

(2)给 FPGA 硬件开发平台 Pocket Lab-F0 上电。

(3)在高云云源软件左侧窗口中,通过 Process 选项卡启动 Gowin Programmer 软件工具(以下称为高云编程器软件工具)。

(4)在高云编程器软件工具主界面主菜单下,选择 Edit→Configure Device。

(5)弹出 Device configuration 对话框,按如下设置参数。

① Access Mode:Embedded Flash Mode(通过下拉框设置)。

② Operation:emFlash Erase,Prgram(通过下拉框设置)。

③ File name:/eda_verilog/example_4_1/impl/pnr/example_4_1.fs(默认设置)。

(6)单击 Device configuration 中右下角的 Save 按钮,退出该对话框。

(7)在高云编程器工具主界面工具栏中,找到并单击 Program/Configure 按钮 🖫。

(8)弹出 Progress information 对话框,以进度条的形式显示了将比特流文件下载到高云 FPGA 内部 Flash 存储器的进度。当下载过程结束时,自动关闭 Progress information 对话框。

(9)单击高云编程器主界面右上角的关闭按钮 ✕,退出高云编程器界面。

思考与练习 4-8 使用 Verilog HDL 的 RTL 级描述和结构化描述实现基本 SR 锁存器电路结构,并使用 Verilog HDL 的行为级描述对基本 SR 锁存器电路进行测试和验证。根据给出的代码清单 4-4～代码清单 4-6,在高云云源软件和 ModelSim 软件中创建工程、添加新的设计文件、执行设计综合、综合结果分析、添加新的仿真文件、执行行为级仿真、添加设计约束文件、执行设计实现、实现结果分析、执行时序仿真、设计下载。

代码清单 4-4   rs_latch.v 文件

```
module rs_latch(          // module 关键字定义模块 rs_latch
    input r,              // input 关键字,定义输入端口 r
    input s,              // input 关键字,定义输入端口 s
    output q,             // output 关键字,定义输出端口 q
    output not_q          // output 关键字,定义输出端口 not_q, q 和 not_q 互补
    );
LUT2 #(                   // 结构化描述,调用高云 FPGA 底层原语 LUT2
    .INIT(4'h7)           // 被调用原语 LUT2 的属性,设置 LUT2 内的逻辑关系为逻辑"与非"
) LUT2_inst1 (            // 将被调用模块 LUT2 例化为 LUT2_inst1
    .O(not_q),            // 被调用模块 LUT2 的端口 O 连接到调用模块的端口 not_q
```

```
    .IO(r),              // 被调用模块 LUT2 的端口 IO 连接到调用模块的端口 r
    .I1(q)               // 被调用模块 LUT2 的端口 I11 连接到调用模块的端口 q
);

LUT2 #(                  // 结构化描述,调用高云 FPGA 底层原语 LUT2
    .INIT(4'h7)          // 被调用原语 LUT2 的属性,设置 LUT2 内的逻辑关系为逻辑"与非"
) LUT2_inst2 (           // 将被调用模块 LUT2 例化为 LUT2_inst2
    .O(q),               // 被调用模块 LUT2 的端口 O 连接到调用模块的端口 q
    .IO(s),              // 被调用模块 LUT2 的端口 IO 连接到调用模块的端口 s
    .I1(not_q)           // 被调用模块 LUT2 的端口 I1 连接到调用模块的端口 not_q
);
endmodule                // 关键字 endmodule 表示模块 rs_latch 的结束
```

代码清单 4-5   test.v 文件

```
`timescale 1ns / 1ps     // 符号"`"表示预编译命令,关键字 timescale 定义时间标度精度/分辨率
module test;             // module 关键字定义模块 test
reg r,s;                 // reg 关键字定义 reg 类型变量 r 和 s
wire q,not_q;            // wire 关键字定义网络 q 和 not_q
rs_latch uut(            // verilog 元件例化语句,将调用模块 rs_latch,将该模块实例化为 uut
    .r(r),               // 被调用模块 rs_latch 的端口 r 连接到调用模块的 reg 类型变量 r
    .s(s),               // 被调用模块 rs_latch 的端口 s 连接到调用模块的 reg 类型变量 s
    .q(q),               // 被调用模块 rs_latch 的端口 q 连接到调用模块的网络类型 q
    .not_q(not_q)        // 被调用模块 rs_latch 的端口 not_q 连接到调用模块的网络类型 not_q
    );
initial                  // initial 关键字声明初始化部分
begin                    // begin 关键字标识初始化部分的开始,类似 C 语言的{
 while(1)                // while 关键字标识无限循环
 begin                   // begin 关键字标识无限循环的开始,类似 C 语言的符号"{"
   r = $random();        // 符号"$"标识 Verilog 系统函数,random()生成的随机数给变量 r
   s = $random();        // 符号"$"标识 Verilog 系统函数,random()生成的随机数给变量 s
   #100;                 // 符号"#"标识延迟,#100 表示持续 100ns,ns 由 timescale 定义
 end                     // end 关键字表示无限循环的结束,类似 C 语言的符号"}"
end                      // end 关键字表示初始化部分的结束,类似 C 语言的符号"}"
endmodule                // endmodule 关键字表示模块的结束
```

代码清单 4-6   rs_latch.cst 文件

```
IO_LOC "not_q" 62;
IO_PORT "not_q" IO_TYPE = LVCMOS33 PULL_MODE = NONE DRIVE = 8 BANK_VCCIO = 3.3;
IO_LOC "q" 63;
IO_PORT "q" IO_TYPE = LVCMOS33 PULL_MODE = NONE DRIVE = 8 BANK_VCCIO = 3.3;
IO_LOC "s" 48;
IO_PORT "s" IO_TYPE = LVCMOS33 PULL_MODE = NONE BANK_VCCIO = 3.3;
IO_LOC "r" 50;
IO_PORT "r" IO_TYPE = LVCMOS33 PULL_MODE = NONE BANK_VCCIO = 3.3;
```

注:(1) 在配套资源\eda_verilog\example_4_5 目录下,用高云云源软件 1.9.8.10 打开工程文件 example_4_5.gprj。

(2) 在配套资源\eda_verilog\example_4_6 目录下,用 ModelSim SE-64 10.4c 打开工程文件 rtl_sim.mpf,该工程中保存着 RTL 仿真相关的文件。

(3) 在配套资源\eda_verilog\example_4_7 目录下,用 ModelSim SE-64 10.4c 打开工程文件 postsynth_sim.mpf,该工程中保存着综合后仿真相关的文件。

(4) 在配套资源\eda_verilog\example_4_8 目录下,用 ModelSim SE-64 10.4c 打开工程文件 postpnr_sim.mpf,该工程中保存着布局和布线后仿真相关的文件。

## 第 5 章

Verilog HDL 基础内容

本章介绍 IEEE Std 1364—2005 版本的 Verilog HDL 基础内容,其中包括 Verilog HDL 的程序结构、Verilog HDL 要素、Verilog HDL 数据类型、Verilog HDL 表达式、Verilog HDL 分配、Verilog HDL 门级和开关级描述、Verilog HDL 行为描述语句、Verilog HDL 任务和函数、Verilog HDL 层次化结构、Verilog HDL 系统任务和函数,以及 Verilog HDL 编译指示语句。

5.1 Verilog HDL 程序结构

描述复杂的硬件电路,设计人员总是将复杂的功能划分为简单的功能,模块是提供每个简单功能的基本结构。设计人员可以采取"自顶向下"的思路,将复杂的功能模块划分为低层次的模块。这一步通常由系统级的总设计师完成,而低层次的模块则由下一级的设计人员完成。自顶向下的设计方式有利于系统级的层次划分和管理,提高了效率,降低了成本。

使用 Verilog HDL 描述硬件的基本设计单元是模块 (module)。复杂的电子电路的构建,主要是通过模块间的相互连接调用来实现的。Verilog HDL 中的模块类似 C 语言中的函数,它能够提供输入、输出端口,可以通过例化调用其他模块,也可以被其他模块例化调用。模块中可以包括组合逻辑和时序逻辑。

模块是并行运行的,通常需要一个高层模块通过调用其他模块的实例来定义一个封闭的系统,包括测试数据和硬件描述。一个模块通过它的端口(输入/输出端口)为更高层的设计模块提供必要的连通性,但是又隐藏了其内部的具体实现。这样,在修改其模块的内部结构时不会对整个设计的其他部分造成影响。

图 5.1 给出了 Verilog 模块的程序结构。Verilog 模块由 module 和 endmodule 之间的语句定义,每个 Verilog 模块包括端口定义、数据类型说明和逻辑功能定义。其中,模块名是模块唯一的标识符,端口列表由模块各个输入、输出和双向端口组成。通过这些端口该模块可以与其他模块连接;数据类型说明用来指定模块内用到的数据对象是网络还是变量;逻辑功能定义是通过使用逻辑功能语句实现具体的逻辑功能。

图 5.1 Verilog 模块的
程序结构

Verilog HDL 具有下面的特征。

(1) 每个 Verilog HDL 源文件都以 .v 作为文件扩展名。

（2）Verilog HDL区分大小写，也就是说，大小写不同的标识符是不同的。

（3）Verilog HDL程序的书写与C语言类似，一行可以写多条语句，也可以一条语句分成多行书写。

（4）每条语句以分号结束，endmodule语句后不加分号。

（5）空白（新行、制表符和空格）没有特殊意义。

视频讲解

5.1.1　模块声明

模块声明包括模块名字、模块的输入和输出端口列表。模块定义的语法格式如下：

```
module < module_name >(port_name1, …,port_namen);
…
…
…
endmodule
```

其中，module_name为模块名，是该模块的唯一标识；port_name * 为端口名，这些端口名之间使用","分隔。

5.1.2　模块端口定义

端口是模块与外部其他模块进行信号传递的通道（信号线），模块端口分为输入、输出或双向端口。

（1）输入端口定义的语法格式如下：

```
input < input_port_name >, …,< other_inputs >… ;
```

其中，input为关键字，用于声明后面的端口为输入端口；input_port_name为输入端口的名字；other_inputs为用逗号分隔的其他输入端口的名字。

（2）输出端口定义的语法格式如下：

```
output < output_port_name >, …,< other_outputs >… ;
```

其中，output为关键字，用于声明后面的端口为输出端口；output_port_name为输出端口的名字；other_outputs为用逗号分隔的其他输出端口的名字。

（3）输入输出端口（双向端口）的定义格式如下：

```
inout < inout_port_name >, …,< other_inouts >… ;
```

其中，inout为关键字，用于声明后面的端口为输入输出类型的端口；inout_port_name为输入输出端口的名字；other_inouts为用逗号分隔的其他输入/输出端口的名字。

在声明端口的时候，除了声明其输入/输出类型外，还需要注意以下几点。

（1）在声明输入端口、输出端口或者输入/输出端口时，还要声明其数据类型。对于端口来说，可用的数据类型是网络类型或者reg类型。当没有明确指定端口类型时，端口默认为网络类型。

（2）可以将输出端口重新声明为reg类型。无论是在网络类型说明还是reg类型说明中，网络类型或reg类型必须与端口说明中指定的宽度相同。

（3）不能将输入端口和双向端口指定为reg类型。

【例5.1】　端口声明实例如代码清单5-1所示。

代码清单5-1　端口声明的 Verilog HDL 描述

```
module test(a,b,c,d,e,f,g,h);
input[7:0] a;                    //没有明确的说明——网络是无符号的
```

```
input[7:0] b;
input signed[7:0] c;              //明确的网络说明——网络是有符号的
input signed[7:0] d;
output[7:0] e;                    //没有明确的网络说明——网络是无符号的
output[7:0] f;
output signed[7:0] g;             //明确的网络说明——网络是有符号的
output signed[7:0] h;
wire signed[7:0] b;               //从网络声明中,端口 b 继承了有符号的属性
wire[7:0] c;                      //网络 c 继承了来自端口的有符号的属性
reg signed[7:0] f;                //从 reg 声明中,端口 f 继承了有符号的属性
reg[7:0] g;                       //reg 类型端口 g 继承了有符号的属性
endmodule
```

注意,在 Verilog HDL 中,也可以使用 ANSI C 风格进行端口声明。这种风格声明的优点是避免了在端口列表和端口声明语句中重复端口名。如果声明中未指明端口的数据类型,那么默认端口为 wire 数据类型。下面给出上述模块的另一种声明方法。

【例 5.2】 ANSI C 风格的端口说明实例如代码清单 5-2 所示。

代码清单 5-2　ANSI C 风格端口的 Verilog HDL 描述

```
module test (
input[7:0] a,
input signed[7:0] b, c, d,        //多个共享相同属性的端口,可以一起声明
output[7:0] e,                    //必须在每个端口声明中,单独声明每个端口的属性
output reg signed[7:0] f, g,      //在模块的其他地方重新声明端口都是非法的
output signed[7:0] h) ;
endmodule
```

5.1.3　逻辑功能定义

逻辑功能定义是 Verilog HDL 程序结构中最重要的部分,逻辑功能定义用于实现模块中的具体功能。在逻辑功能定义部分,可以使用多种方法实现逻辑功能,主要包含以下 4 种。

视频讲解

1. 分配语句实现逻辑定义

分配语句是最简单的逻辑功能描述,由 assign 语句定义逻辑功能。

【例 5.3】 分配语句用于逻辑功能定义的例子。

视频讲解

```
assign F = ~((A&B)|(~(C&D)));
```

2. 模块调用

所谓模块调用,是指从模块模板生成实际的电路结构对设计中其他对象的操作,这样的电路结构对象称为模块实例,模块调用也称为实例化(例化)。每个实例都有它自己的名字、变量、参数和 I/O 接口。一个 Verilog 模块可以由任意多个其他模块调用。

在 Verilog HDL 中,不能嵌套定义模块,即在一个模块的定义内不能包含另一模块的定义;但是可以包含对其他模块的复制,即调用其他模块的例化。模块的定义和模块的例化是两个不同的概念。在一个设计中,只有通过模块调用(例化)才能使用一个模块。

【例 5.4】 顶层模块调用底层模块的例子如代码清单 5-3 所示。

代码清单 5-3　顶层模块调用底层模块的 Verilog HDL 描述

```
module top;                       // module 关键字定义模块 top
reg clk;                          // reg 关键字定义 reg 类型变量 clk
reg [0:4] in1;                    // reg 关键字定义 reg 类型变量 in1,宽度为 5 位
reg [0:4] in2;                    // reg 关键字定义 reg 类型变量 in2,宽度为 5 位
wire [0:4] o1;                    // wire 关键字定义网路 o1,宽度为 5 位
wire [0:4] o2;                    // wire 关键字定义网路 o2,宽度为 5 位
vdff m1(o1, in1, clk);            // 调用/例化模块 vdff,将其例化为 m1
```

```
vdff m2(o2, in2, clk);              // 调用/例化模块 vdff,将其例化为 m2
endmodule                           // endmodule 标识模块 top 的结束
```

3. 在 always 过程赋值

always 块经常用于描述时序逻辑电路,也可描述组合逻辑电路。下面先给出一个使用 always 过程实现计数器的例子,在后续章节会详细地说明 always 过程。

【例 5.5】 always 过程实现计数器的例子如代码清单 5-4 所示。

代码清单 5-4 always 过程实现计数器的 Verilog HDL 描述

```
always @(posedge clk)        // always 关键字定义过程语句,括号内为敏感信号 clk
begin                        // begin 关键字标识过程语句的开始,类似 C 语言的"{"
  if(reset)                  // if 关键字标识条件语句,条件为 reset 信号为逻辑"1"
     out <= 0;               // out 复位为 0
  else                       // else 关键字标识条件语句 if…else,条件为 clk 上升沿
     out <= out + 1;         // out 加 1,结果分配给 out
end                          // end 关键字标识过程语句的结束
```

4. 模块和函数调用

模块调用和函数调用非常相似,但是在本质上又有很大差别。

(1) 一个模块代表拥有特定功能的一个电路块,每当在其他模块内调用一次该模块时,就会在其他模块内复制一次该模块所表示的电路结构(即生成被调用模块的一个实例)。

(2) 模块调用不能像函数调用一样具有"退出调用"的操作,因为硬件电路结构不会随着时间而发生变化,被复制的电路块将一直存在。

后续章节会详细介绍函数和任务的声明和调用方法。下面给出一个函数调用的例子,用于帮助读者了解函数调用方法。

【例 5.6】 函数调用的例子如代码清单 5-5 所示。

代码清单 5-5 函数调用的 Verilog HDL 描述

```
module tryfact;
//定义函数
function automatic integer factorial;
input[31:0] operand;
integer i;
if(operand >= 2)
    factorial = factorial (operand - 1) * operand;
else
    factorial = 1;
endfunction
//测试函数
integer result;
integer n;
initial
 begin
    for(n = 0; n <= 7; n = n+1)
    begin
       result = factorial(n);
       $display(" %0d factorial = %0d", n, result);
    end
  end
endmodule
```

注:在 Verilog HDL 中,begin 和 end 关键字的功能类似于 C 语言中的{ },在 begin 和 end 的中间是一系列逻辑行为描述语句。

5.1.4 设计实例一:Verilog HDL 结构框架的设计与实现

本节将通过一个简单的设计实例说明 Verilog 模块的完整框架结构,以帮助读者理解一

个完整 Verilog 模块的构成形式。在该例子中,包含设计文件 top.v 和仿真文件 test.v,如代码清单 5-6 和代码清单 5-7 所示。

代码清单 5-6 top.v 文件

```
module top(                         // module 关键字定义模块 top
input clk,                          // input 关键字定义输入端口 clk,类型默认为 wire
input rst,                          // input 关键字定义输入端口 rst,类型默认为 rst
input [3:0] a,                      // input 关键字定义输入端口 a,宽度为 4 位,类型默认为 wire
input [3:0] b,                      // input 关键字定义输入端口 b,宽度为 4 位,类型默认为 wire
output z                            // output 关键字定义输出端口 z,宽度为 1 位,类型默认为 wire
    );
assign z = compare(a_buf,b_buf);    // assign 关键字定义分配语句,将函数比较结果分配给输出 z

reg [3:0] a_buf,b_buf;              // reg 关键字定义 reg 类型变量 a_buf, b_buf

function [0:0] compare;            // function 关键字定义函数 compare
input [3:0] m,n;                    // 函数的输入为 m 和 n,默认类型为 wire 网络,宽度为 4 位
begin                               // begin 关键字表示函数体的开始,类似 C 语言的"{"
  if(m >= n)                        // if 关键字定义条件语句,如果 m 大于或等于 n
    compare = 1'b1;                 // 将比较结果 1'b1 赋值给函数的返回值 compare,同函数名
  else                              // else 关键字构成 if…else,如果 m 小于 n
    compare = 1'b0;                 // 将比较结果 1'b0 赋值给函数的返回值 compare
end                                 // end 关键字表示函数体的结束,类似 C 语言的"}"
endfunction                         // endfunction 关键字定义函数的结束

always @(posedge clk or posedge rst) // always 关键字定义过程语句,()内为敏感信号 clk 和 rst 变化
begin                               // begin 标识过程语句的开始,类似 C 语言的"{"
if(rst)                             // if 关键字定义条件语句,如果 rst 输入为逻辑"1"(高电平)
begin                               // begin 标识过程语句的开始,类似 C 语言的"{"
    a_buf <= 4'b0000;               // reg 类型变量 a_buf 初始化为"0000",符号"<="表示非阻塞赋值
    b_buf <= 4'b0000;               // reg 类型变量 b_buf 初始化为"0000",符号"<="表示非阻塞赋值
end                                 // end 关键字表示 if(rst)条件的结束,类似 C 语言的"}"
else                                // else 关键字定义条件语句
begin                               // begin 标识 else 条件的开始,类似 C 语言的"{"
    a_buf <= a;                     // 非阻塞赋值/分配语句,将 a 保存到 a_buf, 实际就是触发器
    b_buf <= b;                     // 非阻塞赋值/分配语句,将 b 保存到 b_buf,实际就是触发器
end                                 // end 关键字表示 else 条件的结束,类似 C 语言的"}"
end                                 // end 关键字表示 always 语句的结束
endmodule                           // endmodule 关键字表示模块 top 的结束
```

注:在配套资源\eda_verilog\example_5_1 目录下,用高云云源软件打开 example_5_1.gprj。

思考与练习 5-1 对该设计执行详细描述的过程,并打开 RTL 级原理图,查看该设计实现的电路结构。

思考与练习 5-2 对该设计执行综合的过程,并打开综合后的原理图,查看该设计实现的电路结构。

代码清单 5-7 test.v 文件

```
`timescale 1ns/1ps                  // "`"表示预编译指令,timescale 声明时间标度为 1ns/1ps
module test;                        // module 关键字声明模块 test
reg clk;                            // 声明 reg 类型变量 clk
reg rst;                            // 声明 reg 类型变量 rst
reg [3:0] d0;                       // 声明 reg 类型变量 d0,宽度为 4 位,范围为[3:0]
reg [3:0] d1;                       // 声明 reg 类型变量 d1,宽度为 4 位,范围为[3:0]
wire res;                           // 声明 wire 型数据 res,宽度为 1 位
top Inst_top(                       // Verilog 元件例化语句,调用 top 模块并将其例化为 Inst_top
  .clk(clk),                        // 将 top 模块的引脚 clk 连接到 test 模块的变量 clk
  .rst(rst),                        // 将 top 模块的引脚 rst 连接到 test 模块的变量 rst
  .a(d0),                           // 将 top 模块的引脚 a 连接到 test 模块的变量 d0
  .b(d1),                           // 将 top 模块的引脚 b 连接到 test 模块的变量 d1
```

```
   .z(res)                   // 将 top 模块的引脚 z 连接到 test 模块的网络 res
);
initial                      // initial 关键字声明初始化部分
begin                        // begin 关键字表示初始化部分的开始,类似 C 语言的"{"
 rst = 1'b1;                 // 变量 rst 初值设置为逻辑"1"(高电平),复位 top 模块
 ♯20;                        // 符号♯表示延迟,逻辑"1"状态持续 20ns,ns 由 timescale 定义
 rst = 1'b0;                 // 变量 rst 初值设置为逻辑"0"(低电平),释放复位,复位无效
end                          // end 关键字表示 initial 的结束,类似 C 语言的"}"

initial                      // initial 关键字声明初始化部分
begin                        // begin 关键字表示初始化部分的开始,类似 C 语言的"{"
 d0 = 6;                     // 给 d0 赋值/分配十进制数 6
 d1 = 4;                     // 给 d1 赋值/分配十进制数 4
 ♯105;                       // 符号"♯"表示延迟,该赋值状态保持 105ns,ns 由 timescale 定义
 $display(" % d compare with % d, result is % b",d0,d1,res);   //调用 Verilog 系统任务 display,
                                                               //打印信息
 d0 = 10;                    // 给 d0 赋值/分配十进制数 10
 d1 = 15;                    // 给 d1 赋值/分配十进制数 15
 ♯105;                       // 符号"♯"表示延迟,该赋值状态保持 105ns,ns 由 timescale 定义
 $display(" % d compare with % d, result is % b",d0,d1,res);   //调用 Verilog 系统任务 display,
                                                               //打印信息
 d0 = 13;                    // 给 d0 赋值/分配十进制数 13
 d1 = 13;                    // 给 d1 赋值/分配十进制数 13
 ♯105;                       // 符号"♯"表示延迟,该赋值状态保持 105ns,ns 由 timescale 定义
 $display(" % d compare with % d, result is % b",d0,d1,res);   //调用 Verilog 系统任务 display,
                                                               //打印信息
end                          // end 关键字表示 initial 的结束,类似 C 语言的"}"

always                       // always 关键字定义过程语句
begin                        // begin 关键字表示过程语句的开始,类似 C 语言的"{"
  clk = 1'b0;                // 给 clk 赋值逻辑"0"(低电平)
  ♯10;                       // 符号"♯"表示延迟,该赋值状态保持 10ns,ns 由 timescale 定义
  clk = 1'b1;                // 给 clk 赋值逻辑"1"(高电平)
  ♯10;                       // 符号"♯"表示延迟,该赋值状态保持 10ns,ns 由 timescale 定义
end                          // end 关键字表示 always 过程语句的结束

endmodule                    // endmodule 关键字表示模块 test 的结束
```

注：在配套资源\eda_verilog\example_5_2 目录下,用 ModelSim 软件打开 postsynth_sim. mpf。

思考与练习 5-3　在 ModelSim 软件中对该设计执行综合后仿真,并观察波形窗口的波形,以及 Transcript 窗口中打印的信息。

读者通过上面的分析和观察过程,应该进一步地理解下面的一些本质问题。

(1) 为什么区分设计文件和仿真文件？ 显然,设计文件中的模块最终是要转换为数字逻辑电路中的组合逻辑和时序逻辑,并用高云 FPGA 内的逻辑资源来实现对应的逻辑功能,而仿真文件中的模块,显然是要生成测试向量对设计文件中实现的电路功能进行测试。

在仿真文件中,通过 Verilog 元件例化调用了设计文件中设计的模块,并在仿真文件中生成了测试向量对设计的模块进行测试。这些测试向量包括复位信号 rst、时钟信号 clk,以及输入的数据 d0 和 d1,并通过 Wave 窗口和 Transcript 窗口以两种不同的方式显示所设计模块的输出。

(2) Verilog HDL 的作用是什么？ Verilog HDL 既可以用于设计文件中描述电路的模型,又可以在仿真文件中生成用于测试电路功能的测试向量。为了使读者更好地理解 Verilog HDL,将设计文件中用于描述电路模型的 Verilog HDL 称为数据流/RTL 级描述,简单理解就是所描述的电路结构模型将通过高云云源软件的综合工具转换为具体的组合逻辑和时序逻辑单元中的电路实现,并通过高云云源软件中的实现工具转换为高云 FPGA 中的布局和布线;将仿真文件中用于生成测试向量的 Verilog HDL 称为行为级描述。Verilog HDL 行为级描述很像我们

使用 C 语言编程一样。我们知道,C 语言程序是运行在中央处理单元(central processing unit,CPU)上的,从另一个角度,就是用 C 语言编写测试程序测试 CPU 的功能正确与否。显然,用于生成测试向量的 Verilog HDL 描述不能生成硬件电路结构。

(3) 在整个设计中,仿真的作用又是什么呢? 在整个设计过程中,需要仿真吗? 这应该从两方面来说明。

① 既然在高云云源软件中已经通过设计文件对电路模型进行了描述,又通过设计综合和设计实现将其转换为电路结构,但是没有任何人有 100% 的把握一次就能把电路模型描述得完美无缺。那么,怎么办呢? 就是在把设计下载到 FPGA 芯片之前,通过软件提供的仿真/模拟工具进行模拟,看看所有输入的组合和实际的输出结果是不是满足设计要求,这样就可以在把设计下载到 FPGA 芯片之前尽可能早地发现设计错误,并修正设计中出现的错误。

② 当设计下载到 FPGA 之后,如果发现设计功能不能满足设计要求,该如何处理呢? 很多读者在没有接触在线逻辑分析仪工具之前,自然会想到,能不能通过软件提供的仿真/模拟功能把 FPGA 出现不正常输出所对应的输入组合在软件上复现出来,从而修正原始设计中出现的设计错误。

(4) 为什么将 Verilog 称为硬件描述语言(hardware description language,HDL),很多读者都说 Verilog HDL 和 C 语言很像,这点从表面上看似乎是对的,但是两者有着本质的区别。前面提到,C 语言和 Verilog HDL 的行为级描述非常相似,但是 C 语言和 Verilog HDL 的 RTL/数据流描述就不是一回事了。因为 C 语言本质上是软件,运行在 CPU 上,而 Verilog HDL 本质上是用来对组合逻辑和时序逻辑进行建模,最终是要转换为逻辑电路的基本元件,包括逻辑门、进位逻辑、多路复用器、触发器和锁存器等。

准确理解上面这些问题,将为读者后续高效率地学习 Verilog HDL 提供很大的帮助。

5.2　Verilog HDL 要素

Verilog HDL 要素主要包括注释、间隔符、标识符、关键字、系统任务和函数、编译器命令、运算符、数字、字符串和属性。

5.2.1　注释

Verilog HDL 有两种形式的注释,该语法规定和 C 语言一致。

1) 单行注释

起始于双斜线"//",表示该行结束以及新的一行开始。单行注释符号"//"在块注释语句内并无特定含义。

2) 多行注释(块注释)

以符号单斜线星号"/ *"作为开始标志,以星号单斜线" * /"作为结束标志。块注释不能嵌套。

5.2.2　间隔符

间隔符包括空格字符(\b)、制表符(\t)、换行符(\n)及换页符,这些字符起到与其他词法标识符相分隔的作用。

间隔符除起到分隔的作用外,在必要的地方插入相应的空格或换行符,可以使程序文本易于用户阅读与修改。

在字符串中,将空格和制表符认为是有意义的字符。

5.2.3 标识符

Verilog HDL 中的标识符可以是任意一组字母、数字、$符号和_(下画线)符号的组合,是一个对象唯一的名字。对于标识符来说:

(1) 标识符的第一个字符必须是字母或者下画线;

(2) 标识符区分大小写。

在 Verilog HDL 中,标识符分为简单标识符和转义标识符。

1. 简单标识符

简单标识符是由字母、数字、货币符号($)和下画线构成的任意序列。简单标识符的第一个符号不能使用数字或$符号,且简单标识符对大小写敏感。

【例 5.7】 简单标识符定义的例子。

```
shiftreg_a
busa_index
error_condition
merge_ab
_bus3
n$657
```

2. 转义标识符

转义标识符可以在一条标识符中包含任何可打印字符。转义标识符以\(反斜线)符号开头,以空白结尾。

空白可以是一个空格、一个制表符或换行符。

【例 5.8】 转义标识符的例子。

```
\busa + index
\ - clock
\ *** error - condition ***
\net1/\net2
\{a,b}
\a * (b + c)
```

5.2.4 关键字

Verilog HDL 内部所使用的词称为关键字或保留字,不能随便使用这些保留字。所有的关键字都使用小写字母。

Verilog HDL(IEEE 1364—2005)关键字列表如下。

always	for	output	supply0
and	force	parameter	supply1
assign	forever	pmos	table
begin	fork	posedge	task
buf	function	primitive	time
bufif0	highz0	pull0	tran
bufif1	highz1	pull1	tranif0
case	if	pullup	tranif1
casex	ifnone	pulldown	tri
casez	initial	rcmos	tri0
cmos	inout	real	tri1
deassign	input	realtime	triand

default	integer	reg	trior
defparam	join	release	trireg
disable	large	repeat	vectored
edge	macromodule	rnmos	wait
else	medium	rpmos	wand
end	module	rtran	weak0
endcase	nand	rtranif0	weak1
endmodule	negedge	rtranif1	while
endfunction	nmos	scalared	wire
endprimitive	nor	small	wor
endspecify	not	specify	xnor
endtable	notif0	specparam	xor
endtask	notif1	strong0	
event	or	strong1	

注：如果关键字前面带有转义符,则不再作为关键字使用。

5.2.5　系统任务和函数

为了便于设计者对仿真过程进行控制,以及对仿真结果进行分析,Verilog HDL 提供了大量的系统功能调用,大致可以分为两类。

（1）任务型功能调用,称为系统任务。

（2）函数型功能调用,称为系统函数。

Verilog HDL 中以 $ 字符开始的标识符表示系统任务或系统函数,它们的区别主要包含以下几方面。

（1）系统任务可以返回 0 个或多个值。

（2）系统函数只有一个返回值。

（3）系统函数在 0 时刻执行,即不允许延迟;而系统任务可以包含延迟。

【**例 5.9**】　系统任务的 Verilog HDL 描述例子。

```
$display("display a message");
$finish;
```

5.2.6　编译器命令

同 C 语言中的编译预处理命令一样,Verilog HDL 也提供了大量编译命令。通过这些编译命令,使得 EDA 工具厂商用它们的工具解释 Verilog HDL 模型变得相当容易。以 `(重音符号)开始的某些标识符是编译器命令。在编译 Verilog HDL 程序时,特定的编译器命令均有效,即编译过程可跨越多个文件,直到遇到其他的不同编译命令为止。

【**例 5.10**】　编译器命令的 Verilog HDL 描述例子。

```
`define wordsize 8
```

5.2.7　运算符

Verilog HDL 提供了丰富的运算符,关于运算符的内容将在后面详细介绍。

5.2.8　数字

本节主要介绍整数型常量和实数型常量。

视频讲解

1. 整数型常量

整数型常量可以按如下方式表示。

1) 简单的十进制格式

这种形式的整数定义为带有一个可选的"+"(一元)或"−"(一元)操作符的数字序列。

2) 基数表示法

这种形式的整数格式为

$$<size><'base\_format><number>$$

其中：

(1) < size >,定义将数字 number 转换为二进制数后,计算得到的位宽。该参数是一个非零的无符号十进制常量。

(2) <'base_format >,撇号是指定位宽格式表示法的固有字符,不能省略。base_format 是用于指定数的基数格式(进制)的一个字母,对大小写不敏感。在撇号后可以添加下面的基数标识：①字母 s/S,表示该数为有符号数；②字母 o/O,表示八进制；③字母 b/B,表示二进制；④字母 d/D,表示十进制；⑤字母 h/H,表示十六进制。

注：撇号和 base_format 之间不能有空格。

(3) < number >是基于基数值的无符号数字序列,由基数格式所对应的数字串组成。数值 x 和 z 以及十六进制中的 a 到 f 不区分大小写。每个数字之间,可以通过'_'符号连接。

对于没有位宽和基数的十进制数,将其作为有符号数。然而,如果带有基数的十进制数包含了 s/S,则认为是有符号数；如果只带有基数,则认为是无符号数。s/S 指示符,不影响指定的位符号,只是对它的理解问题。

在位宽常数前的+或者−号,是一个一元的加或者减操作符。

注：负数应该用二进制的补码表示。

对于非对齐宽度整数的处理,遵循下面的规则。

(1) 当位宽小于无符号数的实际位数时,截断相应的高位部分。

(2) 当位宽大于无符号数的实际位数,且数值的最高位是"0"或"1"时,相应的高位部分补"0"或"1"。

(3) 当位宽大于无符号数的实际位数,且数值的最高位是"x"或"z"时,相应的高位部分补"x"或"z"。

(4) 如果未指定无符号数的位宽,那么默认的位宽至少为 32 位。

【例 5.11】 未指定位宽常数的例子。

```
659              //十进制数
'h 837FF         //十六进制数
'o7460           //八进制数
```

【例 5.12】 指定位宽常数的例子。

```
4'b1001          //4 位二进制数
5'D3             //5 位十进制数
3'b01x           //3 位数,其最低有效位未知("x"表示不确定)
12'hx            //12 位数,其值不确定
16'hz            //16 位数,其值为高阻("z"表示高阻状态)
```

【例 5.13】 带符号常数的例子。

```
8'd−6            //非法声明
−8'd 6           //定义了 6 的二进制补码,共 8 位,等效于−(8'd6)
4'shf            //定义了 4 位数,将其理解为−1 的二进制补码,等效于−4'h 1
```

```
- 4'sd15              //等效于 - ( - 4'd 1),或者 '0001'
16'sd?               //和 16'sbz 相同
```

注：符号"?"用于替换"z",对于十六进制,设置为 4 位;对于八进制,设置为 3 位;对于二进制,设置为 1 位。

【例 5.14】 自动左对齐常数的例子。

```
reg[11:0] a, b, c, d;
initial begin
    a = 'h x;          //生成 xxx
    b = 'h 3x;         //生成 03x
    c = 'h z3;         //生成 zz3
    d = 'h 0z3;        //生成 0z3
end
reg[84:0] e, f, g;
    e = 'h5;           //生成{82{1'b0},3'b101}
    f = 'hx;           //生成{85{1'hx}}
    g = 'hz;           //生成{85{1'hz}}
```

【例 5.15】 带下画线常数的例子。

```
27_195_000
16'b0011_0101_0001_1111
32 'h 12ab_f001
```

注：当分配 reg 数据类型时,带宽度限制的负常数和带宽度限制的有符号数都是符号扩展,而不考虑 reg 本身是否是有符号的。

2. 实数型常量

在 IEEE Std 754—1985 中,对实数的表示进行了说明,该标准用于双精度浮点数。实数可以用十进制记数法或者科学记数法表示。

注：十进制小数点两边,至少要有一个数字。

【例 5.16】 有效实数常量表示的例子。

```
1.2
0.1
2394.26331
1.2E12              //指数符号为 e 或者 E
1.30e - 2
0.1e - 0
23E10
29E - 2
236.123_763_e - 12    //忽略下画线
```

【例 5.17】 无效实数常量表示的例子。

```
.12
9.
4.E3
.2e - 7
```

3. 实数到整数的转换

Verilog HDL 规定,通过四舍五入的方法将实数转换为最近的整数,而不是截断它。

【例 5.18】 对实数转换为整数的表示。

```
42.446 和 42.45 转换为整数 42
92.5 和 92.699 转换为整数 93
- 15.62 转换为整数 - 16
- 26.22 转换为整数 - 26
```

视频讲解

5.2.9　字符串

字符串是双引号内的字符序列,用一串 8 位二进制 ASCII 码的形式表示,每个 8 位二进制 ASCII 码代表一个字符。例如,字符串"ab"等价于 16'h5758。如果字符串用作 Verilog HDL 表达式或赋值语句的操作数,则将字符串看作无符号整数序列。

1. 字符串变量声明

字符串变量是寄存器 reg 类型变量,它的位宽等于字符串的字符个数乘以 8。

【例 5.19】 字符串变量的声明如代码清单 5-8 所示。

存储 12 个字符的字符串"Hello China!"需要 8×12(即 96)位宽的寄存器。

代码清单 5-8　字符串变量的 Verilog HDL 描述

```
reg[8 * 12:1] str;
  initial
    begin
      str = "Hello China!";
    end
```

2. 字符串操作

可以使用 Verilog HDL 的操作符对字符串进行处理,由操作符处理的数据是 8 位 ASCII 码的序列。对于宽度非对齐的情况,采用下面的方式进行处理。

(1) 在操作过程中,如果声明的字符串变量位数大于字符串实际长度,则在赋值操作后,字符串变量左端(即高位)的所有位补"0"。这一点与非字符串值的赋值操作是一致的。

(2) 如果声明的字符串变量位数小于字符串实际长度,那么截断字符串的左端,这样就丢失了高位字符。

【例 5.20】 字符串操作的例子如代码清单 5-9 所示。

代码清单 5-9　字符串操作的 Verilog HDL 描述

```
module string_test;
     reg[8 * 14:1] stringvar;
initial
begin
    stringvar = "Hello China";
    $display("%s is stored as %h",stringvar,stringvar);
    stringvar = {stringvar."!!!"};
    $display("%s is stored as %h",stringvar,stringvar);
end
endmodule
```

输出结果为

```
Hello China is stored as 00000048656c6c6f20776f726c64
Hello China!!! is stored as 48656c6c6f20776f726c64212121
```

3. 特殊字符

在某些字符之前可以加上一个引导性的字符(转义字符),这些字符只能用于字符串中。表 5.1 列出了这些特殊字符的表示和意义。

表 5.1　特殊字符的表示和意义

特殊字符的表示	意　义
\n	换行符
\t	Tab 键
\\	符号\
\"	符号"
\ddd	3 位八进制数表示的 ASCII 码值(0≤d≤7)

5.2.10 属性

随着工具的扩展,除了仿真器使用 Verilog HDL 作为其输入源外,还包含另外一个机制,即在 Verilog HDL 源文件中指定对象、描述和描述组的属性。这些属性可以用于各种工具,包括仿真器和控制工具的操作行为。

指定属性的格式为

(* attribute_name = constant_expression *)

或者

(* attribute_name *)

【例 5.21】 将属性添加到 case 描述的 Verilog HDL 例子。

```
( * full_case, parallel_case * )
case(foo)
          < rest_of_case_statement >
( * full_case = 1 * )
( * parallel_case = 1 * )                //多个属性
case(foo)
  < rest_of_case_statement >
```

或者

```
( * full_case,                          //没有分配值
    parallel_case = 1 * )
case(foo)
      < rest_of_case_statement >
```

【例 5.22】 添加 full_case 属性,但是没有 parallel_case 属性的 Verilog HDL 例子。

```
( * full_case * )                       //没有指定 parallel_case
case(foo)
     < rest_of_case_statement >
```

或者

```
( * full_case = 1, parallel_case = 0 * )
case(foo)
     < rest_of_case_statement >
```

【例 5.23】 将属性添加到模块定义的 Verilog HDL 例子。

```
( * optimize_power * )
module mod1 (< port_list >);
```

或者

```
( * optimize_power = 1 * )
module mod1 (< port_list >);
```

【例 5.24】 将属性添加到模块例化的 Verilog HDL 例子。

```
( * optimize_power = 0 * )
mod1 synth1 (< port_list >);
```

【例 5.25】 将属性添加到 reg 声明的 Verilog HDL 例子。

```
( * fsm_state * )reg [7:0] state1;
( * fsm_state = 1 * )reg [3:0] state2, state3;
reg[3:0] reg1;                          //这个 reg 没有设置 fsm_state
( * fsm_state = 0 * )reg [3:0] reg2;    //这个也没有
```

【例 5.26】 将属性添加到操作符的 Verilog HDL 例子。

```
a = b + ( * mode = "cla" * ) c;         //将属性模式的值设置为字符串 cla
```

【例 5.27】 将属性添加到一个 Verilog 函数调用 Verilog HDL 例子。

a = add (* mode = "cla" *) (b, c);

【例 5.28】 将属性添加到一个有条件操作符的 Verilog HDL 例子。

a = b ? (* no_glitch *) c : d;

注：高云综合工具所支持的属性的格式为

/ * synthesis attribute_name = constant_expression * /

这与 Verilog HDL 所支持的属性的声明格式有所不同。

5.2.11 设计实例二：有符号加法器的设计与验证

本节将设计一个有符号的加法器，并对设计的加法器进行验证。通过该设计实例，对 5.2 节的内容进行系统地理解和掌握。

读者可以在高云云源软件和 ModelSim 软件中使用代码清单 5-10 和代码清单 5-11 给出的设计代码和仿真代码，执行详细描述、设计综合、行为仿真、设计约束、设计实现、时序仿真和设计下载等。

代码清单 5-10 adder. v 文件

```
/* 属性 syn_dspstyle 的值为"dsp"，告诉高云综合工具使用 FPGA 内的 DSP 模块实现加法器 */
/* 而不使用分布式的逻辑资源实现加法器 */
module adder(                          // module 关键字定义模块 adder
    input signed [7:0] a,              // input 和 signed 关键字声明端口 a 是输入且有符号
    input signed [7:0] b,              // input 和 signed 关键字声明端口 b 是输入且有符号
    output signed [7:0] y              // input 和 signed 关键字声明端口 c 是输入且有符号
    ); /* synthesis syn_dspstyle = "dsp" */;   // 高云的属性设置，属性 syn_dspstyle 取值为 dsp
assign y = a + b;                      // 端口 a 和端口 b 的输入，执行有符号加法，结果给 y
endmodule                              // endmodule 关键字表示模块 adder 的结束
```

在高云云源软件中，显示的 RTL 级网表如图 5.2 所示。

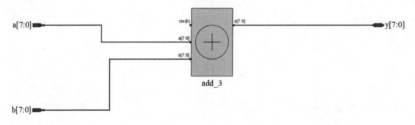

图 5.2   有符号加法器的 RTL 结构

注：在配套资源\eda_verilog\example_5_3 目录下，用高云云源软件打开 example_5_3. gprj。

代码清单 5-11   test. v 文件

```
module test;                          // 关键字 module 定义模块
reg signed [7:0] a,b;                 // 关键字 reg 和 signed 定义 reg 类型变量 a 和 b 是有符号的
wire signed [7:0] y;                  // 关键字 wire 和 signed 定义网络 y 是有符号的

adder Inst_adder(                     // Verilog 元件例化语句，将模块 adder 例化为 Inst_adder
    .a(a),                            // 被调用模块 adder 的端口 a 连接到调用模块的变量 a
    .b(b),                            // 被调用模块 adder 的端口 b 连接到调用模块的变量 b
    .y(y)                             // 被调用模块 adder 的端口 y 连接到调用模块的变量 y
    );

initial                               // 关键字 initial 定义初始化部分
begin                                 // 关键字 begin 表示初始化的开始，类似 C 语言的"{"
```

```
        a = 8'sd210;              // 210 对应有符号数 - 46,即 a = - 46
        b = 8'd67;                // b = 67
        #100;                     // 符号"#"定义延迟,#100 表示持续 100ns
        $display("%d + %d = %d",a,b,y);  // 符号"$"表示 Verilog 的系统任务,display 打印信息
        a = - 8'sd200;            // 200 对应有符号数 - 56, - 8'sd200 = 56,a = 56
        b = - 8'd27;              // - 8'd27 = - 27,b = - 27
        #100;                     // 符号"#"定义延迟,#100 表示持续 100ns
        $display("%d + %d = %d",a,b,y);  // 符号"$"表示 Verilog 的系统任务,display 打印信息
        a = - 8'd56;              // - 8'd56 = - 56, a = - 56
        b = - 8'd45;              // - 8'd45 = - 45, b = - 45
        #100;                     // 符号"#"定义延迟,#100 表示持续 100ns
        $display("%d + %d = %d",a,b,y);  // 符号"$"表示 Verilog 的系统任务,display 打印信息
        a = 8'b10100101;          // 二进制数"10100101",对应有符号数 - 91
        b = 8'b01010111;          // 二进制数"01010111",对应有符号数 87
        #100;                     // 符号"#"定义延迟,#100 表示持续 100ns
        $display("%d + %d = %d",a,b,y);  // 符号"$"表示 Verilog 的系统任务,display 打印信息
        a = 8'h9d;                // 十六进制数 9d,对应有符号数 - 99,a = - 99
        b = 8'h1f;                // 十六进制数 1f,对应有符号数 31,b = 31
        #100;                     // 符号"#"定义延迟,#100 表示持续 100ns
        $display("%d + %d = %d",a,b,y);  // 符号"$"表示 Verilog 的系统任务,display 打印信息
    end
endmodule
```

注:在配套资源\eda_verilog\example_5_4 目录下,用 ModelSim SE-64 10.4c 打开 postsynth_sim.mpf。

当使用 ModelSim 执行综合后仿真时,在 Transcript 窗口中打印的信息如图 5.3 所示。

```
Transcript
VSIM 6> run 1000ns
#  -46+  67=  21
#   56+ -27=  29
#  -56+ -45=-101
#  -91+  87=  -4
#  -99+  31= -68
VSIM 7>
```

图 5.3 在 Transcript 窗口打印的信息

思考与练习 5-4 将代码清单 5-10 中的属性设置代码去掉,重新综合,查看综合后的原理图,并对该结果进行分析,说明属性的作用。

思考与练习 5-5 修改代码清单 5-10 中代码,将端口的有符号标识关键字 signed 去掉,即把有符号加法改成无符号加法,并修改代码清单 5-11 中的测试向量,将测试向量均改为无符号数,对设计重新执行综合后仿真,以验证设计的正确性。

思考与练习 5-6 修改代码清单 5-10 中的代码,将加法改成减法操作,并修改代码清单 5-11 中的测试向量,对设计重新执行综合后仿真,以验证设计的正确性。

视频讲解

5.3 Verilog HDL 数据类型

Verilog HDL 数据类型包括值的集合、网络和变量、向量、强度、隐含声明、网络类型、reg 类型、整数/实数/时间、数组、参数和 Verilog 命名空间。

5.3.1 值的集合

Verilog HDL 有 4 种基本的值:"0",逻辑"0"或"假"状态;"1",逻辑"1"或"真"状态;"x"(X),未知状态,对大小写不敏感;"z"(Z),高阻状态,对大小写不敏感。

注:

(1) 对这 4 种值的解释都内置于 Verilog HDL 中,如一个为"z"的值总是意味着高阻抗,一个为"0"的值通常是指逻辑"0"。

(2) 通常地,将门的输入或一个表达式中的"z"值解释成"x",在 MOS 原语中例外。

5.3.2　网络和变量

在 Verilog HDL 中,根据赋值和保持值方式的不同,可将数据类型分为两大类:网络类型和变量类型,它们代表了不同的硬件结构。

1. 网络声明

网络表示结构化实体之间的物理连接,例如门。网络类型不保存值(除 trireg 以外),其输出始终随着输入的变化而变化。如果无驱动器连接到网络,网络的值为"z"(高阻),除非网络是 trireg。

对于没有声明的网络,默认类型为一位(标量)wire 类型; Verilog HDL 禁止再次声明已经声明过的网络、变量或参数。下面给出声明网络类型的语法格式:

```
< net_type > [range] [delay] < net_name >[,net_name];
```

其中:

(1) net_type 表示网络类型数据。

(2) range 用于指定数据为标量或向量。若没有声明范围,则表示数据类型为 1 位的标量。否则,由该项指定数据的向量形式。

(3) delay 指定仿真延迟时间。

(4) net_name 为网络名字。可以一次定义多个相同属性的网络,多个网络之间用逗号分隔。

2. 变量声明

变量是对数据存储元件的抽象。从当前赋值到下一次赋值之前,变量应当保持当前的值不变。过程中的赋值语句可看作触发器,它将引起数据存储元件中值的改变。

(1) 对于 reg、time 和 integer 这些变量类型数据,它们的初始值应当是未知(x)。

(2) 对于 real 和 realtime 变量类型数据,默认的初始值是 0.0。

(3) 如果使用变量声明赋值语句,那么变量将声明赋值语句所赋的值作为初值,这与 initial 结构中对变量的阻塞赋值等效。

5.3.3　向量

在一个网络或 reg 类型声明中,如果没有指定其范围,默认将其当作 1 比特位宽,也就是通常所说的标量。通过指定范围,声明多位的网络类型或 reg 类型数据,则称为向量(也叫作矢量)。

1. 向量声明

向量范围由常量表达式来说明。msb_constant_expression(最高有效位常量表达式)代表范围的左侧值,lsb_constant_expression(最低有效位常量表达式)代表范围的右侧值,右侧表达式的值可以大于、等于或小于左侧表达式的值。

网络类型和 reg 类型向量遵循以 2 为模(2^n)的乘幂算术运算法则,此处的 n 值是向量的位宽。如果没有将网络类型和 reg 类型向量声明为有符号量或者将其连接到一个已声明为有符号的数据端口,则该向量当作无符号的向量。

【例 5.29】 向量声明的 Verilog HDL 例子。

```
wand w;                      //wand 类型的标量
tri[15:0] busa;              //一个三态 16 位总线
trireg(small) storeit;       //低强度的一个充电保存点
reg a;                       //reg 类型的标量
reg[3:0] v;                  //4 位的 reg 类型的向量,由 v[3]、v[2]、v[1]和 v[0]构成
```

```
reg signed[3:0] signed_reg;          //一个4位的向量,其范围为-8到7
reg[-1:4] b;                         //一个6位 reg 类型的向量
wire w1, w2;                          //声明两个线网络
reg[4:0] x, y, z;                    //声明三个5位的 reg 类型变量
```

2. 向量网络类型数据的可访问性

vectored 和 scalared 是向量网络类型或向量寄存器类型数据声明中的可选关键字。如果使用这些关键字,那么向量的某些操作就会受约束。

(1)如果使用关键字 vectored,则禁止向量的位选择或部分位选择以及指定强度,而 PLI 就会认为未展开数据对象。

(2)如果使用关键字 scalared,则允许向量的位选择或部分位选择,PLI 认为展开数据对象。

【例 5.30】　关键字 vectored 和 scalared 的 Verilog HDL 例子。

```
tri scalared[63:0] bus64;            //一个将被展开的总线
tri vectored[31:0] data;             //一个未被展开的总线
```

5.3.4　强度

在一个网络类型数据类型声明中,可以指定两类强度。

1) 电荷量强度

只有在 trireg 网络类型的声明中,才可以使用该强度。一个 trireg 网络类型数据用于模拟一个电荷存储节点,该节点的电荷量将随时间而逐渐衰减。在仿真时,对于一个 trireg 网络类型数据,其电荷衰减时间应当指定为延迟时间。电荷量强度可由下面的关键字来指定电容量的相对大小:①small;②medium;③large。默认的电荷强度为 medium。

2) 驱动强度

在一个网络类型数据的声明语句中,如果对数据对象进行了连续赋值,就可以为声明的数据对象指定驱动强度。门级元件的声明只能指定驱动强度。根据驱动源的强度,其驱动强度可以是 supply、strong、pull 或 weak。

注:在高云云源软件综合工具中,将忽略网络中的强度定义。

【例 5.31】　强度 Verilog HDL 描述的例子。

```
trireg a;                            //trireg 网络,其电荷量强度为 medium
trireg(large) #(0,0,50) cap1;        //trireg 网络,其电荷量强度为 large,电荷衰减时间为50个
                                     //时间单位
trireg(small)signed [3:0] cap2;      //有符号的4位 trireg 向量,其电荷强度为 small
```

5.3.5　隐含声明

如果没有显式声明网络或者变量,则在下面的情况中,默认将其指定为网络类型:

(1)在一个端口表达式的声明中,如果没有对端口的数据类型进行显式说明,则默认的端口数据类型就为网络类型;并且,默认的网络类型向量的位宽与向量型端口声明的位宽相同。

(2)在原语或模块例化的端口列表中,如果事先没有对端口的数据类型进行显式说明,那么默认的端口数据类型为网络类型标量。

(3)如果一个标识符出现在连续赋值语句的左侧,而事先未声明该标识符,那么该标识符的数据类型隐式声明为网络类型标量。

5.3.6　网络类型

在 Verilog HDL 中提供了下面的网络类型,如表5.2所示。

表 5.2　网络类型

序号	网络类型	序号	网络类型	序号	网络类型
1	wire	5	triand	9	trireg
2	wand	6	trior	10	supply0
3	wor	7	tri0	11	supply1
4	tri	8	tri1	12	uwire

1. wire 和 tri 网络类型

wire 和 tri 网络连接元件。网络类型 wire 和 tri 的语法和功能应该相同,提供了两个名字,以便网络的名字可以只是网络在该模型中的用途。wire 网络可以用于由单个门或连续分配驱动的网络,tri 网络可以用于多个驱动器驱动一个网络的情况。

来自一个 wire 或 tri 网络上的相同强度的多个源的逻辑冲突将导致"x"(不确定)值。表 5.3 是多个驱动器驱动 wire 和 tri 网络的真值表。

表 5.3　多个驱动器驱动 wire 和 tri 网络的真值表

wire/tri	0	1	x	z
0	0	x	x	0
1	x	1	x	1
x	x	x	x	x
Z	0	1	x	z

2. 连线网络

连线网络类型有 wor、wand、trior 和 triand,用于建模连线逻辑配置。连线网络使用不同的真值表来解决多个驱动器驱动相同网络时产生的冲突。wor 和 trior 网络将创建连线或配置,以便当任何驱动器为"1"时,网络最终的值为"1"。wand 和 triand 网络将创建连线或配置,如果任何驱动器为"0",则网络值为"0"。

网络类型 wor 和 trior 的语法和功能应相同。网络类型 wand 和 triand 的语法和功能应相同。表 5.4 和表 5.5 给出了连线网络的真值表,假设两个驱动器的强度相等。

表 5.4　wand 和 triand 网络的真值表

wand/triand	0	1	x	z
0	0	0	0	0
1	0	1	x	1
x	0	x	x	x
z	0	1	x	z

表 5.5　wor 和 trior 网络的真值表

wor/trior	0	1	x	Z
0	0	1	x	0
1	1	1	1	1
x	x	1	x	x
z	0	1	x	z

【例 5.32】　连线网络 Verilog HDL 描述的例子如代码清单 5-12 所示。

代码清单 5-12　连线网络的 Verilog HDL 描述

```
module wired_net(          // module 关键字定义模块 wired_net
input a,                   // input 关键字定义 wire 类型端口 a
input b,                   // input 关键字定义 wire 类型端口 b
input c,                   // input 关键字定义 wire 类型端口 c
output wand d,             // output 关键字定义 wand 类型端口 d
```

```
output wor e                         // output 关键字定义 wor 类型端口 e
);
assign d = a;                        // assign 语句将 a 连接到 d
assign d = b;                        // assign 语句将 b 连接到 d
assign d = c;                        // assign 语句将 c 连接到 d

assign e = a;                        // assign 语句将 a 连接到 e
assign e = b;                        // assign 语句将 b 连接到 e
assign e = c;                        // assign 语句将 c 连接到 e

endmodule                            // endmodule 标识模块 wired_net 的结束
```

对该设计执行综合后的电路结构如图 5.4 所示。

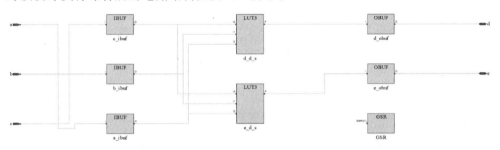

图 5.4　执行综合后的电路结构

注：在配套资源\eda_verilog\example_5_5 目录下，用高云云源软件打开 example_5_5.gprj。

使用 Verilog HDL 编写仿真文件，如代码清单 5-13 所示。

代码清单 5-13　测试向量的 Verilog HDL 描述

```
`timescale 1ns / 1ps                 // 预编译指令,timescale 定义时间标度 1ns/1ps
module test;                         // module 关键字定义模块 test
reg a,b,c;                           // reg 关键字定义 reg 类型变量 a、b 和 c
wand d;                              // wand 关键字定义"线与"网络 d
wor e;                               // wor 关键字定义"线或"网络 e
wired_net Inst_wire_net(             // 元件调用/例化语句,将 wired_net 例化为 Inst_wire_net
  .a(a),                             // 模块 wired_net 端口 a 连接到模块 test 的 reg 类型变量 a
  .b(b),                             // 模块 wired_net 端口 b 连接到模块 test 的 reg 类型变量 b
  .c(c),                             // 模块 wired_net 端口 c 连接到模块 test 的 reg 类型变量 c
  .d(d),                             // 模块 wired_net 端口 d 连接到模块 test 的 wand 类型网络 d
  .e(e)                              // 模块 wired_net 端口 e 连接到模块 test 的 wor 类型网络 e
);
initial                              // initial 关键字定义初始化部分
begin                                // begin 关键字标识初始化部分的开始,类似 C 语言的"{"
a = 1'b0;                            // 变量 a 分配/赋值"0"
b = 1'b0;                            // 变量 b 分配/赋值"0"
c = 1'b0;                            // 变量 c 分配/赋值"0"
#100;                                // 符号"#"标识延迟,#100 表示持续 100ns
$display("%b wand %b wand %b = %b", a,b,c,d);   // 调用系统任务 display,打印信息
$display("%b wor %b wor %b = %b", a,b,c,e);     // 调用系统任务 display,打印信息

a = 1'bx;                            // 变量 a 分配/赋值"x"
b = 1'b1;                            // 变量 b 分配/赋值"1"
c = 1'b1;                            // 变量 c 分配/赋值"1"
#100;                                // 符号"#"标识延迟,#100 表示持续 100ns
$display("%b wand %b wand %b = %b", a,b,c,d);   // 调用系统任务 display,打印信息
$display("%b wor %b wor %b = %b", a,b,c,e);     // 调用系统任务 display,打印信息

a = 1'bz;                            // 变量 a 分配/赋值"z"
b = 1'b1;                            // 变量 b 分配/赋值"1"
c = 1'b1;                            // 变量 c 分配/赋值"1"
```

```
#100;                              // 符号"#"标识延迟,#100 表示持续 100ns
$display("%b wand %b wand %b = %b", a,b,c,d);   // 调用系统任务 display,打印信息
$display("%b wor %b wor %b = %b", a,b,c,e);      // 调用系统任务 display,打印信息
end                                 // end 标识 initial 部分的结束,类似 C 语言的"}"
endmodule                           // endmodule 标识模块 test 的结束
```

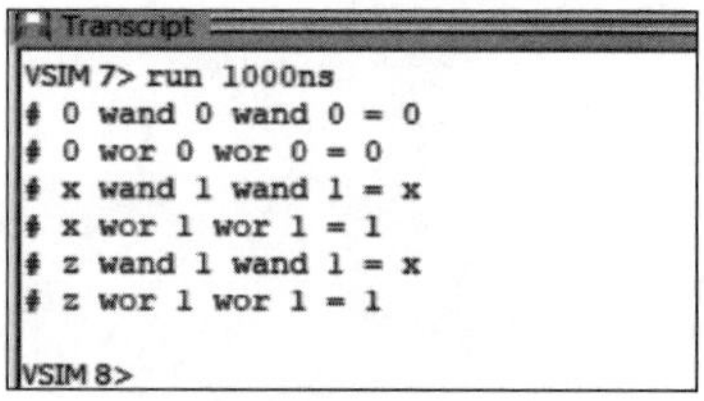

```
Transcript
VSIM 7> run 1000ns
# 0 wand 0 wand 0 = 0
# 0 wor 0 wor 0 = 0
# x wand 1 wand 1 = x
# x wor 1 wor 1 = 1
# z wand 1 wand 1 = x
# z wor 1 wor 1 = 1
VSIM 8>
```

图 5.5　行为级仿真后在 Transcript
窗口显示的信息

对该设计执行综合后仿真后,在 Transcript 窗口中显示的信息如图 5.5 所示。

注:在配套资源\eda_verilog\example_5_6 目录下,用 ModelSim SE-64 10.4c 打开 example_5_6.mpf。

3. Supply 网络

supply0 和 supply1 网络可用于对电路中的电源进行建模,这些网络有供电强度。

4. uwire 网络

uwire 网络是一种未解析或单驱动的网络,用于建模时仅允许单个驱动的网络。uwire 类型可用于强化这种限制。将 uwire 网络的任何一位连接到多个驱动源是错误的。将 uwire 网络连接到双向传输开关的双向端子是错误的。后面介绍的端口连接规则将确保在网络层次结构中强制执行该限制,否则将提示警告信息。

注:高云云源软件综合工具不支持 tri0、tri1 和 trireg 网络类型,因此本节不对这些网络类型进行任何说明。

5.3.7　reg 类型

通过过程分配/赋值语句给 reg 类型变量赋值。由于在分配的过程中间,reg 类型变量保持值不变,所以它用于对硬件寄存器进行建模,可以对边沿敏感(如触发器)和电平敏感(如置位/复位和锁存器)的保存元素进行建模。

注:一个 reg 类型变量不一定代表一个硬件存储元素,这是因为它也能用于表示一个组合逻辑。

reg 类型变量与网络类型的区别主要在于:

(1) reg 类型变量保持最后一次的赋值。只能在 initial 或 always 内部对 reg 类型变量进行赋值操作。

(2) 网络类型数据需要有连续的驱动源。

reg 类型变量声明的格式如下:

< reg_type > [range] < reg_name >[, reg_name];

其中:

(1) range 为向量范围,[MSB:LSB]格式只对 reg 类型有效;

(2) reg_name 为 reg 类型变量的名字,一次可定义多个相同属性的 reg 类型变量,使用逗号分隔。

5.3.8　整数、实数、时间和实时时间

在 Verilog HDL 中,整数用关键字 integer 声明,实数用关键字 real 声明,时间用关键字 time 声明,实时时间用关键字 realtime 声明。

除了 reg 类型对硬件建模外,HDL 模型中的变量还有其他用途。尽管 reg 类型变量可用于一般的用途,例如计算一个特殊网络变化值的次数,但是提供整数和时间变量数据类型是为

视频讲解

了方便,使得能够对自己的描述进行标记。

整数 integer 是一个通用变量,用于处理不被看作硬件寄存器的数量。

时间变量用于在仿真中保存和操作仿真时间长度,这里需要时序检查以及用于诊断和调试的目的。这种数据类型通常与 $time 系统函数一起使用。

integer 和 time 变量的赋值方式与 reg 相同。过程赋值用于触发它们值的变化。

时间变量的行为至少与 64 位的 reg 相同,最低有效位为第 0 位。它们应为无符号量,并对其进行无符号运算。相反,整数变量应该看作有符号的 reg,最低有效位为第 0 位。对整数变量执行算术运算应产生二进制补码结果。

允许 reg、integer 和 time 变量的位选择和部分选择。实现可能会限制整数变量的最大长度,但至少应该为 32 位。

Verilog HDL 支持实数常量和实数变量数据类型,以及整数和时间变量数据类型。除了下面的限制外,声明为 real 的变量可以在使用整数和时间变量的相同位置使用。

(1)并非所有的 Verilog HDL 运算符都可以与实数值一起使用,后面将给出实数和实数变量的有效和无效运算符列表。

(2)实数变量在声明中不能使用范围。

(3)实数变量应默认初始值为零。

realtime 的声明应与 real 声明同义,并且可以互换使用。

1. 运算符和实数

对实数和实数变量使用逻辑或关系运算符的结果是一位标量值。并非所有 Verilog HDL 运算符都可以与涉及实数和实数变量的表达式一起使用。在下面的情况下,禁止使用实数常量和实数变量。

(1)应用于实数变量的边沿描述符(posedge、negedge)。

(2)声明为 real 的变量的位选择或部分选择引用。

(3)向量的位选择或部分选择引用的实数索引表达式。

2. 转换

当表达式分配/赋值给实数时,发生隐式转换。在转换时,网络或变量中的"x"或"z"应看作 0。

【例 5-33】 实数与整数转换和运算的 Verilog HDL 描述的例子如代码清单 5-14 所示。

代码清单 5-14 实数与整数转换和运算的 Verilog HDL 描述

```
module top(                // 关键字 module 定义模块 top
  input [7:0] a,           // 关键字 input 定义输入端口 a,宽度为 8 位,索引为 a[7]~a[0]
  output [7:0] x           // 关键字 output 定义输出端口 b,宽度为 8 位,索引为 x[7]~x[0]
  );
assign x = m[7:0] + a;     // 关键字 assign,整数 m[7:0]与输入端口 a 的结果赋值到输出端口 x
integer m;                 // 关键字 integer 定义整数 m
real n, i;                 // 关键字 real 定义实数 n 和 i
initial                    // 关键字 initial 表示初始化部分
begin                      // begin 标识初始化部分的开始,类似 C 语言的"{"
  n = 45.0;                // 实数 n 赋值为 45.0
  i = 46.1;                // 实数 i 赋值为 46.1
  m = $rtoi(n + i);        // 符号"$"标识 Verilog HDL 系统任务,rtoi 将 n + i 的结果转换为整数
end                        // end 标识初始化部分的结束,类似 C 语言的"}"
endmodule                  // endmodule 标识模块的结束
```

注:在配套资源\eda_verilog\example_5_7 目录下,用高云云源软件打开 example_5_7.xpr。

5.3.9 数组

用于网络或变量的数组声明,声明了标量或向量的元素类型,如表 5.6 所示。

视频讲解

表 5.6　声明与元素类型之间的关系

声　　明	元 素 类 型
reg x[11:0]	标量 reg
wire [0:7] y[5:0]	8 位宽度的网络线,索引为从 0 到 7
reg [31:0] x[127:0]	32 位宽 reg

注：数组宽度不影响元素宽度。

数组可用于将声明的元素类型分组为多维对象。数组应通过在声明的标识符后面指定元素的地址范围来声明。每个维度都应该以地址范围表示。指定数组索引的表达式应该是常量整数表达式。常量整数表达式的值可以是正整数、负整数或零。

一个声明语句可用于声明所声明数据类型的数组和元素。这种能力使得在同一声明语句中声明与元素向量宽度匹配的数组和元素变得更加方便。

在一次赋值中,可以给一个元素分配一个值,但不能使用完整或部分数组维度为表达式分配值,也不能使用完整或部分数组维度为表达式提供值。要为数组元素分配值,应只是每个维度的索引。索引可以是表达式。该选项提供了一种机制,根据电路中其他变量和网络的值来引用不同数组元素。例如,程序计数器 reg 可用于索引到 RAM。

实现限制了数组的最大容量,但至少允许它们有 16 777 216（2^{24}）个元素。

1. 网络数组

网络数组的元素可以用与一个标量或向量网络相同的方式使用,它们对于连接到循环生成结构内的模块实例的端口非常有用。

2. reg 和变量数组

所有变量类型（reg、integer、time、real、realtime）的数组都是可能的。

3. 存储器

具有 reg 类型元素的一维数组也称为一个存储器,这些存储器能用于为 ROM、RAM 和寄存器文件建模。数组中的每个 reg 称为一个元素或字,它们通过单个数组索引进行寻址。

在一次分配/赋值中,可以给一个 n 维 reg 分配一个值,但是不能给完整的存储器分配值。为了给存储器字分配一个值,必须要指定一个索引。索引可以是表达式。这个选项提供一个机制,用于引用不同的存储器字,这取决于电路中其他变量或网络的值。例如,程序计数器 reg 就能用于索引 RAM。

【例 5.34】 声明数组的 Verilog HDL 描述的例子如代码清单 5-15 所示。

代码清单 5-15　声明数组的 Verilog HDL 描述

```
reg[7:0] mema[0:255];            //声明一个数组 mema 为 256×8 比特 reg 类型变量,
                                 //其索引为 0~255,宽度为 8 位
reg arrayb[7:0][0:255];          //声明一个二维数组,其数据为 1 位 reg 类型变量
wire w_array[7:0][5:0];          //声明线类型网络数组
integer inta[1:64];              //64 个整数值的数组
time chng_hist[1:1000]           //有 1000 个时间值的数组
integer t_index;
```

【例 5.35】 分配数组元素的 Verilog HDL 描述的例子如代码清单 5-16 所示。

代码清单 5-16　分配数组元素的 Verilog HDL 描述

```
mema = 0;                //非法的描述,尝试给整个数组写 0
arrayb[1] = 0;           //非法的描述,尝试写元素[1][0]…[1][255]
arrayb[1][12:31] = 0;    //非法的描述,尝试写元素[1][12]…[1][31]
mema[1] = 0;             //给 mema 的第二个元素分配 0
arrayb[1][0] = 0;        //给索引[1][0]指向的元素分配 0
```

```
inta[4] = 33559;                    //给数组的某个元素分配整数值 33559
chng_hist[t_index] = $time;         //给当前索引指向的元素分配仿真时间
```

【**例 5.36**】 不同存储器 Verilog HDL 描述的例子。

```
reg [1:n] rega;                     //一个 n 位的深度为 1 的 reg 类型变量(存储器)
reg mema [1:n];                     //一个 1 位的深度为 n 的 reg 类型变量(存储器)
```

5.3.10 参数

Verilog HDL 中的参数既不属于变量类型也不属于网络类型范畴。参数不是变量,而是常量。Verilog HDL 提供了两种类型的参数:

(1) 模块参数;

(2) 指定参数。

所有这些参数都可以指定范围。默认地,parameter 和 specparams 保持必要的宽度,用于保存常数的值。当指定范围时,按照指定的范围确定。

1. 模块参数

模块参数定义的格式为

parameter par_name1 = expression1,…,par_namen = expressionn;

其中:

(1) par_name1,…,par_namen 为参数的名字;

(2) expression1,…,expressionn 为表达式;

可一次定义多个参数,用逗号隔开。参数的定义是局部的,只在当前模块中有效。

使用 parameter 定义的参数表示常数,因此,不能在运行时修改它们。但是,可以在编译时修改模块的参数,使其值与声明分配中指定的值不同。这允许自定义模块实例,可以使用 defparam 语句或在模块例化语句中修改参数。参数典型的用途是指定变量的延迟和宽度。

一个模块参数可以指定类型和范围,规则如下。

(1) 没有指定类型和范围的参数,将根据分配给参数最终的值来确定类型和范围。

(2) 一个指定范围,但没有指定类型的参数,将是参数声明的范围,并且是无符号的。符号和范围将不受到后面所分配值的影响。

(3) 一个指定类型,但没有指定范围的参数,将是参数指定的类型。一个有符号的参数,默认为分配给参数最后值的范围。

(4) 一个指定有符号类型和范围的参数,将是有符号的,并且是参数指定的范围,其符号和范围将不受到后面分配值的影响。

(5) 一个没有指定范围,但是有指定符号类型或者没有指定类型的参数,有一个隐含的范围,其 lsb 为 0,msb 等于或者小于分配给参数最后的值。

(6) 一个没有指定范围,但是有指定符号类型或者没有指定类型的参数,并且为其分配的最终值未指定宽度,其隐含范围的 lsb 为 0,msb 应等于依赖于实现的值,至少为 31。

允许不是 real 类型的所有其他类型参数的位选择和部分选择。

【**例 5.37**】 参数的 Verilog HDL 描述的例子如代码清单 5-17 所示。

代码清单 5-17 参数的 Verilog HDL 描述

```
parameter msb = 7;                          //定义 msb 为常数值 7
parameter e = 25, f = 9;                    //定义两个常数
parameter r = 5.7;                          //定义 r 为实数参数
parameter byte_size = 8,byte_mask = byte_size - 1;
parameter average_delay = (r + f) / 2;
parameter signed [3:0] mux_selector = 0;
```

```
parameter real r1 = 3.5e17;
parameter p1 = 13'h7e;
parameter [31:0] dec_const = 1'b1;    //值转换到 32 位
parameter newconst = 3'h4;            //暗示其范围为[2:0]
parameter newconst = 4;               //暗示其范围为[31:0]
```

2. 本地参数

除了不能直接被 defparam 语句修改,或者被模块例化参数分配以外,本地参数和参数是一致的。本地参数可以分配包含参数的常数表达式,这些参数可以通过 defparam 语句或者模块例化参数值分配进行修改。

3. 指定参数

关键字 specparam 声明了一个特殊类型的参数,这个参数专用于提供时序和延迟值,但是可以出现在任何没有分配参数的表达式内,它不是一个声明范围描述的一部分。在 specify 块内或主模块内,允许指定参数。高云云源软件综合工具忽略指定参数。

当声明了一个指定的参数在一个指定块的外部时,在引用之前必须声明。分配给指定参数的值可以是任何常数表达式。不像模块参数那样,不能在语言内修改一个指定的参数。但是,可以通过 SDF 注解修改。

指定参数和模块参数是不能交换的。此外,模块参数不能分配一个包含指定参数的常数表达式。表 5.7 给出了 specparam 和 parameter 的不同之处。

表 5.7　specparam 和 parameter 的不同之处

specparam(指定参数)	parameter(模块参数)
使用关键字 specparam	使用关键字 parameter
在一个模块内或者指定块内声明	在指定的块外声明
只能在一个模块内或者指定块内使用	不能在指定块内使用
可以被分配指定参数和参数	不能分配指定参数
使用 SDF 注解覆盖值	使用 defparam 或者例化声明参数值传递来覆盖值

【例 5.38】　声明和使用指定参数的 Verilog HDL 描述的例子如代码清单 5-18 所示。

代码清单 5-18　声明和使用指定参数的 Verilog HDL 描述

```
module test;                          // module 关键字定义模块 test
specify                               // specify 关键字用于声明指定块
specparam delay = 10.0;               // specparam 关键字用于指定参数
endspecify                            // endspecify 关键字标识指定块的结束
reg a,b;                              // reg 关键字定义 reg 类型变量 a 和 b
wire c;                               // wire 关键字定义 wire 类型网络 c
and #delay Inst_and(c,a,b);           // 调用 Verilog HDL 内建的逻辑与门 and

initial                               // initial 关键字定义初始化部分
begin                                 // begin 关键字表示初始化部分的开始,类似 C 语言的"{"
  a = 1'b0;                           // 变量 a 分配/赋值"0"
  b = 1'b0;                           // 变量 b 分配/赋值"0"
  #delay;                             // 持续指定参数 delay 指定的时间
  a = 1'b1;                           // 变量 a 分配/赋值"1"
  b = 1'b1;                           // 变量 b 分配/赋值"1"
  #delay;                             // 持续指定参数 delay 指定的时间
  a = 1'b0;                           // 变量 a 分配/赋值"0"
  b = 1'b1;                           // 变量 b 分配/赋值"1"
  #delay;                             // 持续指定参数 delay 指定的时间
end                                   // end 关键字表示初始化部分的结束
endmodule                             // endmodule 关键字表示模块 test 的结束
```

思考与练习 5-7　在 ModelSim SE-64 10.4c 中建立新的设计工程,创建名为 test.v 的仿真文件,并执行 RTL/综合后仿真,在波形窗口中观察波形,说明指定参数的用法。

5.3.11　Verilog HDL 名字空间

在 Verilog HDL 中有几类名字空间：其中两类为全局名字空间，其余为局部名字空间。全局名字空间是定义和文本宏。定义名字空间统一了所有 module(模块)和 primitive(原语)的定义。一旦某个名字用于定义一个模块和原语，那么它将不能再用于声明其他模块或原语。

文本宏名字空间是全局的。由于文本宏字由重音符"`"引导，所以它与其他名字空间区分明确。文本宏名的定义逐行出现在设计单元源程序中，可以重复定义它，即同一宏名后面的定义将覆盖其前面的定义。

本地名字空间包括块、模块、生成块、端口、指定块和属性。一旦在块、模块、端口、生成块或指定块名字空间中定义了名字，则不能在该空间内再次定义该名字(使用相同或不同类型)。在属性名字空间内重新定义名字是合法的。

块名字空间由命名块、函数和任务构造引入。它统一了命名块、函数、任务、参数、命名事件和变量类型声明的定义。变量类型声明包括 reg、integer、time、real 和 realtime 声明。

模块名字空间由模块和原语构造引入。它统一了函数、任务、命名块、模块实例、生成块、参数、命名事件、生成变量(genvars)、网络类型声明和变量类型声明的定义。声明的网络类型包括 wire、wor、wand、tri、trior、triand、tri0、tri1、trireg、uwire、supply0 和 supply1。

生成块名字空间由生成构造引入。它统一了函数、任务、命名块、模块实例、生成块、本地参数、命名事件、生成变量(genvars)、网络类型声明和变量类型声明的定义。

端口名字空间由模块、原语、函数和任务构造引入。它提供了一种在结构定义上位于两个不同名字空间中的两个对象之间的连接的方法。连接可以是单向的(input 或 output)或者双向的(inout)。端口名字空间与模块和块名字空间重叠。本质上，端口名字空间指定不同名字空间中名字之间的连接类型。声明的端口类型包括 input、output 和 inout。端口名字空间引入的端口名字可以通过声明与端口名相同名字的变量或连线重新引入模块名字空间。

指定块名字空间由指定构造引入。

属性名字空间由符号"(* "和" *)"构造包围，只能在属性名字空间中定义和使用属性名字，不能在该名字空间内定义任何其他类型的名字。

5.3.12　设计实例三：可变宽度乘法器的设计和实现

本节将在仿真文件中通过元件例化和 defparam 语句两种方式修改设计文件中乘法器的位宽，以满足不同位宽乘法运算的要求，并通过仿真文件中的测试向量对不同位宽乘法器的功能进行验证。

读者可以在高云云源软件和 ModelSim 软件中通过创建工程来添加代码清单 5-19 给出的设计文件和代码清单 5-20 给出的仿真文件，并对该设计进行设计综合和综合后仿真，以验证设计结果的正确性。

代码清单 5-19　top. v 文件

```
module top                              // module 关键字定义模块 top
#(parameter width = 4)                  // parameter 关键字定义参数 width
(
    input [width-1:0] a,                // input 关键字定义端口 a,参数 width 决定端口宽度
    input [width-1:0] b,                // input 关键字定义端口 b,参数 width 决定端口宽度
    output [2*width-1:0] x              // output 关键字定义端口 x,参数 width 决定端口宽度
)/* synthesis syn_dspstyle = "dsp" */; // 高云属性 syn_dspstyle 取值 dsp,使用 DSP 块实现
assign x = a * b;                       // assign 关键字将端口 a 和端口 b 输入相乘结果给端口 x
endmodule                               // 关键字 endmodule 指示模块 top 的结束
```

注：在配套资源\eda_verilog\example_5_8\目录下，用高云云源软件打开 example_5_8.gprj。

代码清单 5-20　test.v 文件

```
`timescale 1ns / 1ps          // `timescale 预编译命令,定义时间精度/分辨率对应于1ns/1ps
module test;                  // module 关键字定义模块 test
reg [7:0] in1,in2;            // reg 关键字定义 8 位 reg 类型变量 in1, in2
reg [15:0] in3,in4;           // reg 关键字定义 16 位 reg 类型变量 in3, in4
wire [15:0] out1;             // wire 关键字定义 16 位网络类型数据 out1
wire [31:0] out2;             // wire 关键字定义 32 位网络类型数据 out2

/* Verilog 元件例化,将模块 top 例化为 Inst_top_1 */
top #(8) Inst_top_1(          // #(8)修改参数,8 对应 top 模块中的参数 width,
                              // 其值修改为 8
   .a(in1),                   // top 模块的端口 a 映射到 test 模块的 reg 类型变量 in1
   .b(in2),                   // top 模块的端口 b 映射到 test 模块的 reg 类型变量 in2
   .x(out1)                   // top 模块的端口 x 映射到 test 模块的线网络类型数据 out1
);
defparam Inst_top_2.width = 16;// defparam 语句将例化模块 Inst_top_2 中参数 width 值改为 16

/* Verilog 元件例化,将模块 top 例化为 Inst_top_2 */
top Inst_top_2(
   .a(in3),                   // top 模块的端口 a 映射到 test 模块的 reg 类型变量 in3
   .b(in4),                   // top 模块的端口 b 映射到 test 模块的 reg 类型变量 in4
   .x(out2)                   // top 模块的端口 x 映射到 test 模块的线网络类型数据 out2
);

initial                       // initial 关键字声明初始化的区域
begin                         // begin 关键字标识初始化区域的开始,类似 C 语言的"{"
  in1 = 58;                   // 通过 reg 类型变量 in1 给例化元件 Inst_top_1 的端口 a 赋值 58
  in2 = 79;                   // 通过 reg 类型变量 in2 给例化元件 Inst_top_2 的端口 b 赋值 79
  #100;                       // "#"标记时间长度 100,持续 100ns,单位由 timescale 确定
  $display("%d * %d = %d",in1,in2,out1);  // 调用 Verilog 系统任务 display 打印 in1 + in2 的
                                          // 结果 out1
end                           // 关键字 end 标识初始化区域的结束,类似 C 语言的"}"

initial                       // initial 关键字声明初始化的区域
begin                         // begin 关键字标识初始化区域的开始,类似 C 语言的"{"
  in3 <= 1343;                // 通过 reg 类型变量 in3 给例化元件 Inst_top_2 端口 a 赋值 1343
  in4 <= 2561;                // 通过 reg 类型变量 in4 给例化元件 Inst_top_2 端口 b 赋值 2561
  #100;                       // "#"标记时间长度 100,持续 100ns,单位由 timescale 确定
  $display("%d * %d = %d",in3,in4,out2);  // 调用 Verilog 系统任务 display 打印 in3 + in4 的
                                          // 结果 out2
end                           // end 关键字标识初始化区域的结束,类似 C 语言的"}"
endmodule                     // endmodule 关键字标识模块 test 的结束
```

注：在配套资源\eda_verilog\example_5_9\目录下，用 ModelSim SE-64 10.4c 打开 postsynth-sim.mpf。

对该设计执行综合后仿真，在 Transcript 窗口打印的信息如图 5.6 所示。在 Wave 窗口显示的结果如图 5.7 所示。

```
Transcript
Refreshing F:/eda_verilog/example_5_9/work.test
Loading work.test
Refreshing F:/eda_verilog/example_5_9/work.top
Loading work.top
SIM 26> run 1000ns
   58 * 79 = 4582
   1343 * 2561 =   3439423

SIM 27>
```

图 5.6　在 Transcript 窗口打印的信息

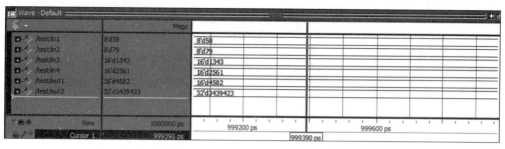

图 5.7　在 Wave 窗口显示的结果

5.4　Verilog HDL 表达式

表达式是将操作数和操作符组合在一起产生结果的一种结构,它可以出现在有任何数值运算的地方。

5.4.1　操作符

Verilog HDL 中的操作符按功能可以分为以下类型,包括算术操作符、关系操作符、相等操作符、逻辑操作符、按位操作符、归约操作符、移位操作符、条件操作符,以及连接和复制操作符。

按运算符所包含操作数的个数可分为三类,包括单个操作符、双操作符和三操作符。

1. Verilog HDL 支持的操作符

表 5.8 给出了 Verilog HDL 支持的操作符。

视频讲解

视频讲解

表 5.8　Verilog HDL 支持的操作符

操作符类型	功　能	操作符类型	功　能
{}　{{}}	并置和复制操作符	|	按位或操作符
一元＋　一元－	一元操作符	^	按位异或操作符
＋　－　＊　/　＊＊	算术运算符	^~或~^	按位异或非操作符
%	取模运算符	&.	归约与操作符
＞　＞＝　＜　＜＝	关系操作符	~&.	归约与非操作符
!	逻辑非操作符	|	归约或操作符
&.&.	逻辑与操作符	~|	归约或非操作符
||	逻辑或操作符	^	归约异或操作符
＝＝	逻辑相等操作符	^~或~^	归约异或非操作符
!＝	逻辑不相等操作符	＜＜	逻辑左移操作符
＝＝＝	条件(case)相等操作符	＞＞	逻辑右移操作符
!＝＝	条件(case)不相等操作符	＜＜＜	算术左移操作符
~	按位取反操作符	＞＞＞	算术右移操作符
&.	按位与操作符	?:	条件操作符

2. 实数支持的操作符

表 5.9 给出了用于实数表达式有效操作符列表。

表 5.9　Verilog HDL 实数支持的操作符

操作符类型	功　能	操作符类型	功　能
一元＋　一元－	一元操作符	!　&.&.　||	逻辑操作符
＋　－　＊　/　＊＊	算术运算符	＝＝　!＝	逻辑相等操作符
＞　＞＝　＜　＜＝	关系操作符	?＝	条件操作符

3. 操作符的优先级

表 5.10 给出了所有操作符的优先级。同一行内的操作符具有相同的优先级。表中优先级从高到低进行排列。

(1) 除条件操作符从右向左关联外,其余所有操作符自左向右关联。

(2) 当表达式中有不同优先级的操作符时,先执行高优先级的操作符。

(3) 圆括号可用于改变优先级的顺序。

表 5.10　操作符的优先级

操作符类型	优先级顺序
＋ － ! ～ & ～& | ～| ^～^^～（一元）	最高优先级
**	
* / %	
＋ －（二元）	
<< >> <<< >>>	
< <= > >=	
== != === !==	
&（二元）	
^ ^～ ～^（二元）	
|（二元）	
&&	
||	
?:（条件操作符）	
{} {{}}	最低优先级

4. 表达式中使用整数

在表达式中,可以使用整数作为操作数,一个整数可以表示为如下几种。

(1) 没有宽度、没有基数的整数,如 12。

(2) 没有宽度、有基数的整数,如'd12、'sd12。

(3) 有宽度、也有基数的整数,如 16'd12、16'sd12。

一个没有基数标识整数的负数值不同于一个带有基数标识的整数。对于没有基数标识的整数,将其理解为以二进制补码存在的负数。带有无符号基数标识的一个整数,将其理解为一个无符号数。

【例 5.39】 整数表达式中使用整数 Verilog HDL 描述的例子。

```
integer IntA;
IntA = - 12 / 3;        //结果是 - 4
IntA = - 'd 12 / 3;     //结果是 1431655761, - 12 的 32 位补码是 FFFFFFF4,FFFFFFF4/3 = 1431655761
IntA = - 'sd 12 / 3;    //结果是 - 4
IntA = - 4'sd 12 / 3;   // - 4'sd12 是 4 位的负数 1100,等效于 - 4。 - ( - 4) = 4。4/3 = 1
```

5. 算术操作符

表 5.11 给出了二元算术操作符的定义。

表 5.11　二元算术操作符的定义

操作类型	功　能	操作类型	功　能
a＋b	a 加 b	a/b	a 除 b
a－b	a 减 b	a%b	a 模 b
a * b	a 乘 b	a ** b	a 的 b 次幂乘

（1）整数除法截断任何小数部分,如 7/4 的结果为 1。

（2）对于除法和取模运算,如果第二个操作数为 0,则整个结果的值为 x。

（3）当第一个操作数除以第二个操作数时,模运算符(例如 y％z)给出余数。模运算的结果应取第一个操作数的符号。

（4）对于幂乘运算,当其中的任何一个数是实数时,结果的类型也为实数。如果幂乘的第一个操作数为 0,并且第二个操作数不是正数;或者第一个操作数是负数,第二个操作数不是整数,则没有指定其结果。

表 5.12 给出了幂乘操作符规则。

表 5.12　幂乘操作符规则

op2	op1				
	负数<−1	−1	0	1	正数>1
正数	op1 * op2	op2 是奇数→−1 op2 是偶数→1	0	1	op1 * op2
0	1	1	1	1	1
负数	0	op2 是奇数→−1 op2 是偶数→1	x	1	0

（5）对于一元操作,其优先级大于二元操作。表 5.13 给出了一元操作符。

表 5.13　一元操作符

一元操作符	功　能
＋m	一元加 m(和 m 一样)
−m	一元减 m

（6）在算术操作符中,如果任意操作数的位值是"x"或"z",那么整个结果为 x。

【例 5.40】 算术操作 Verilog HDL 描述的例子。

```
10 % 3 = 1              // 10 % 3 产生余数为 1
11 % 3 = 2              // 11 % 3 产生余数为 2
12 % 3 = 0              // 12 % 3 不产生余数
−10 % 3 = −1           // 结果的符号与第一个操作数的符号相同
11 % −3 = 2            // 结果的符号与第一个操作数的符号相同
−4'd12 % 3 = 1         // −4'd12 看成一个大的正数,当除以 3 时,余数为 1
3 ** 2 = 9             // 3 乘以 3
2 ** 3 = 8             // 2 乘以 2 乘以 2
2 ** 0 = 1             // 任何数的零指数运算,结果为 1
0 ** 0 = 1             // 零的零指数,结果也为 1
2.0 ** −3'sb1 = 0.5    // 2.0 是实数,给出了实数的倒数
2 ** −3'sb1 = 0        // 2 ** −1 = 1/2,整数除法截断到 0
0 ** −1 = 'bx          // 0 ** −1 = 1/0,整数除零是 'bx
9 ** 0.5 = 3.0         // 实数开平方
9.0 ** (1/2) = 1.0     // 整数除法截断指数为 0
−3.0 ** 2.0 = 9.0      // 有定义,因为实数 2.0 仍然是整数值
```

6. 包含 reg 和 integer 的算术表达式

分配给 reg 类型变量或网络的值看作无符号值,除非已经将 reg 类型变量或网络声明为有符号值。分配给 integer、real 或 realtime 变量的值应该看作有符号值。分配给 time 变量的值应该看作无符号值。有符号的值(除了分配给 real 和 realtime 变量之外)应使用二进制补码表示。分配给 real 和 realtime 变量的值应该使用浮点表示。在有符号和无符号之间的转换应保持相同的位,只是对位的解释不同而已。

表 5.14 给出了算术操作数对数据类型的理解。

表 5.14　算术操作数对数据类型的理解

数 据 类 型	理　解	数 据 类 型	理　解
无符号网络	无符号	整数	有符号,二进制补码
有符号网络	有符号,二进制补码	时间	无符号
无符号 reg	无符号	实数、实时时间	有符号,浮点
有符号 reg	有符号,二进制补码		

【例 5.41】　在表达式中使用 integer 和 reg 数据类型 Verilog HDL 描述的例子。

```
integer intA;
reg [15:0] regA;
reg signed [15:0] regS;
intA = - 4'd12;
regA = intA / 3;        //表达式是 - 4, intA 是 integer 数据类型,regA 的值是 65532
regA = - 4'd12;         //regA 的值是 65524
intA = regA / 3;        //表达式的值为 21841,regA 是 reg 类型的数据
intA = - 4'd12 / 3;     //表达式的结果为 1431655761,是一个 32 位的寄存器数据
regA = - 12 / 3;        //表达式结果为 - 4,一个整数类型,regA 的值是 65532
regS = - 12 / 3;        //表达式结果为 - 4。regS 是有符号 reg 类型变量
regS = - 4'sd12 / 3;    //表达式结果为 1。- 4'sd12 为 4
```

7. 关系操作符

表 5.15 给出了关系操作符列表。

表 5.15　关系操作符列表

关系操作符类型	功　能	关系操作符类型	功　能
a<b	a 小于 b	a<=b	a 小于或等于 b
a>b	a 大于 b	a>=b	a 大于或等于 b

关系操作符有如下特点。

(1) 关系操作符的结果为真("1")或假("0")。

(2) 如果操作数中有一位为"X"或"Z",那么结果为一位的"X"。

(3) 如果关系运算存在无符号数,则将表达式看作无符号数。当操作数位宽不同时,则位宽较小的操作数将零扩展到位宽较大操作数宽度范围。

(4) 如果关系运算都是有符号数,则将表达式看作有符号的。当操作数位宽不同时,则位宽较短的操作数将符号扩展到位宽较大操作数的宽度范围。

(5) 所有关系运算符的优先级相同,但是比算术运算符的优先级要低。

(6) 如果操作数中有实数,则将所有操作数都转换为实数,然后再进行关系运算。

【例 5.42】　关系操作符 Verilog HDL 描述的例子。

```
a < foo - 1           //等价于 a < (foo - 1)
foo - (1 < a)         //不等价于 foo - 1 < a
```

8. 相等操作符

表 5.16 列出了相等操作符。

表 5.16　相等操作符列表

相等操作符类型	功　能
a===b	a 等于 b,包含 x 和 z
a!==b	a 不等于 b,包含 x 和 z
a==b	a 等于 b,结果可能未知(比较不包含 x 和 z)
a!=b	a 不等于 b,结果可能未知(比较不包含 x 和 z)

相等操作符有如下特点。

(1) 相等操作符有相同的优先级。

（2）如果相等操作中存在无符号数，则将表达式看作无符号数。当操作数位宽不同时，则位宽较小的操作数将 0 扩展到位宽较大操作数的宽度范围。

（3）如果相等操作都是有符号数，则将表达式看作有符号数。当操作数位宽不同时，则位宽较小的操作数将符号扩展到位宽较大操作数的宽度范围。

（4）如果操作数中有实数，则将所有操作数都转换为实数，然后再比较两个实数。

（5）对于逻辑相等和逻辑不相等的操作符（"＝＝"和"！＝"），如果由于操作数中的不确定（"x"）和高阻（"z"）位，关系是不明确的，则结果应该是一位未知的值（"x"）。

（6）对于 case 中的相等和不相等操作符（"＝＝＝"和"！＝＝"），应按照过程 case 语句中的方式进行比较。比较中应包含"x"或"z"位，结果的匹配应看作相等。这些运算符的结果始终为确定的值，或者是"0"或者是"1"。

9. 逻辑操作符

符号 &&（逻辑与）和符号 ||（逻辑或）用于逻辑的连接。逻辑比较的结果为"1"（真）或者"0"（假）。当结果模糊的时候，为"x"。&&（逻辑与）的优先级大于||（逻辑或）。逻辑操作的优先级低于关系和相等操作。

符号！（逻辑非）是一元操作符。该操作符将非零或真操作数转换为 0，将零或假操作数转换为 1，模糊的真值保持为 x。

【例 5.43】 逻辑操作 Verilog HDL 描述的例子 1。

假设 alpha＝127，beta＝0。

```
regA = alpha && beta;  //regA 设置为 0
regB = alpha || beta;  //regB 设置为 1
```

【例 5.44】 逻辑操作 Verilog HDL 描述的例子 2。

```
a < size - 1 && b != c && index != lastone
```

为了便于理解和查看设计，推荐使用下面的方法描述上面的逻辑操作：

```
(a < size - 1) && (b != c) && (index != lastone)
```

【例 5.45】 逻辑操作 Verilog HDL 描述的例子 3。

```
if (!inword)
```

也可以表示为

```
if (inword == 0)
```

10. 按位操作符

表 5.17 给出了对于不同操作符按位操作的结果。

表 5.17 不同操作符按位操作的结果

&（二元按位与）	0	1	x	z	|（二元按位或）	0	1	x	z
0	0	0	0	0	0	0	1	x	x
1	0	1	x	x	1	1	1	1	1
x	0	x	x	x	x	x	1	x	x
z	0	x	x	x	z	x	1	x	x
^（二元按位异或）	0	1	x	z	^～（二元按位异或非）	0	1	x	z
0	0	1	x	x	0	1	0	x	x
1	1	0	x	x	1	0	1	x	x
x	x	x	x	x	x	x	x	x	x
z	x	x	x	x	z	x	x	x	x
～（一元非）	1	0	x	x					

如果操作数位宽不相等,位宽较小的操作数在最左侧添 0 补位。

11. 归约操作符

归约操作符在单个操作数的所有位上操作,并产生一位结果。归约操作符如下。

1) &(归约与)

(1) 如果存在位值为"0",那么结果为"0"。

(2) 如果存在位值为"x"或"z",结果为"x"。

(3) 其他情况结果为"1"。

2) ~&(归约与非)

与归约操作符 & 相反。

3) |(归约或)

(1) 如果存在位值为"1",那么结果为"1"。

(2) 如果存在位"x"或"z",结果为"x"。

(3) 其他情况结果为"0"。

4) ~|(归约或非)

与归约操作符|相反。

5) ^(归约异或)

(1) 如果存在位值为"x"或"z",那么结果为"x"。

(2) 如果操作数中有偶数个"1",结果为"0"。

(3) 其他情况结果为"1"。

6) ~^(归约异或非)

与归约操作符^相反。

归约异或操作符用于决定向量中是否有位为"x"。

表 5.18 给出了一元归约操作结果。

表 5.18   一元归约操作结果的列表

操作数	&	~&	|	~|	^	~^
4'b0000	0	1	0	1	0	1
4'b1111	1	0	1	0	0	1
4'b0110	0	1	1	0	0	1
4'b1000	0	1	1	0	1	0

12. 移位操作符

移位操作符有两种类型:逻辑移位操作符("<<"和">>")及算术移位操作符("<<<"和">>>")。

左移操作符("<<"和"<<<")应将其左侧操作数向左移动由右侧操作数所指定的位数。对于左移操作符,当向左移动时,空出的位数由"0"填充。

右移操作符(">>"和">>>")应将其左侧操作数向右移动由右侧操作数所指定的位数。对于逻辑右移,应使用"0"填充空出位的位置。对于算术右移,分为两种情况。

(1) 如果结果类型是无符号的,算术右移将用"0"填充空出位。

(2) 如果结果类型是有符号的,则使用左操作数的最高有效位(即符号位)的值来填充空出位。

如果右操作数具有"x"或"z"值,则结果不确定。右操作数总是看作无符号数,对结果的有符号性没有影响。结果有符号性由左侧操作数和表达式的剩余部分决定。

【例5.46】　移位操作符 Verilog HDL 描述的例子1如代码清单5-21所示。

代码清单5-21　移位操作的 Verilog HDL 描述(1)

```
module shift;
reg[3:0] start, result;
initial begin
  start = 1;
  result = (start << 2);        //假设 start 的值为"0001",移位结果是"0100"
end
endmodule
```

【例5.47】　移位操作符 Verilog HDL 描述的例子2如代码清单5-22所示。

代码清单5-22　移位操作的 Verilog HDL 描述(2)

```
module ashift;
reg signed [3:0] start, result;
initial begin
  start = 4'b1000;
  result = (start >>> 2);       //假设 start 的值为"1000",移位结果是"1110"
end
endmodule
```

13. 条件操作符

条件操作符,也称为三目操作符,应为右关联运算符。该操作符根据条件表达式的值选择表达式,形式如下:

cond_expr ? expr1:expr2

(1) 如果 cond_expr 为真(值为"1"),选择 expr1。

(2) 如果 cond_expr 为假(值为"0"),选择 expr2。

(3) 如果 cond_expr 为"x"或"z",结果是按以下逻辑将 expr1 和 expr2 按位操作的值:"0"与"0"得"0";"1"与"1"得"1";其余情况为"x"。

【例5.48】　条件操作符 Verilog HDL 描述的例子。

wire [15:0] busa = drive_busa ? data : 16'bz;

当 drive_busa 为"1"时,data 驱动总线 busa;如果 drive_busa 为"x",则一个不确定值"x"驱动总线 busa;否则,未驱动 busa。

14. 连接和复制操作符

连接(也称为并置)操作是将位宽较小的表达式合并形成位宽较大的表达式的一种操作,其描述格式如下:

{expr1,expr2,...,exprN}

由于非定长常数的长度未知,因此不允许连接非定长常数。

一个只能用于连接的操作符是复制,复制就是将一个表达式复制多次的操作,其描述格式如下:

{ replication_constant {expr}}

其中,replication_constant 为非负数,它是非"z"和非"x"的常数,用于表示复制的次数;expr 为需要复制的表达式。

注:包含有复制的连接表达式,不能出现在分配的左侧操作数,也不能连接到 output 或者 input 端口上。

【例5.49】　连接操作 Verilog HDL 描述的例子。

{a, b[3:0], w, 3'b101}

等效于

```
{a, b[3], b[2], b[1], b[0], w, 1'b1, 1'b0, 1'b1}
```

【例 5.50】 复制操作 Verilog HDL 描述的例子。

```
{4{w}}
```

等效于

```
{w, w, w, w}
```

【例 5.51】 复制和连接操作 Verilog HDL 描述的例子。

```
{b, {3{a, b}}}
```

等效于

```
{b, a, b, a, b, a, b}
```

复制操作可以复制值为 0 的常数,在参数化代码时非常有用。带有 0 复制常数的复制,被认为是大小为 0,并且被忽略。这样一个复制,只能出现在至少有一个连接操作数是正数的连接中。

【例 5.52】 复制和连接操作分配限制 Verilog HDL 描述的例子。

```
parameter P = 32;
//下面对于 1 到 32 是有效的
assign b[31:0] = { {32-P{1'b1}}, a[P-1:0] } ;
//对于 P = 32 来说,下面是非法的,因为 0 复制单独出现在一个连接中
assign c[31:0] = { {{32-P{1'b1}}}, a[P-1:0] }
//对 P = 32 来说,下面是非法的
initial
    $displayb({32-P{1'b1}}, a[P-1:0]);
```

【例 5.53】 复制操作 Verilog HDL 描述的例子。

```
result = {4{func(w)}} ;
```

等效于

```
y = func(w) ;
result = {y, y, y, y} ;
```

5.4.2 操作数

视频讲解

可以在表达式中指定几种类型的操作数。最简单的类型是对完整形式的网络、变量或参数的引用。也就是说,只给出网络、变量或参数的名字,在这种情况下,组成网络、变量或参数值的所有位都用作操作数。

如果需要求一个向量网络、向量 reg、integer、time 变量或参数的单个位,则要使用位选择操作数。如果需要求一个向量网络、向量 reg、integer、time 变量或参数的某些相邻的位,则要使用部分选择操作数。

数组元素或数组元素的位选择或部分选择可以被引用为操作数。可以将其他操作数的并置/连接(包括嵌套并置/连接)指定为操作数。函数调用是操作数。

1. 向量位选择和部分选择寻址

位选择从向量网络、向量 reg、integer、time 变量或参数中提取特定的位,该位可以使用表达式进行寻址。如果位选择/部分选择超出地址范围,或者位选择为"x"或"z",则返回的结果为"x"。向量网络、向量 reg、integer、time 变量或参数中的几个连续位可以寻址,称为部分选择。

对于部分选择,有以下两种类型。

（1）向量寄存器或者网络的常数部分选择，表示为

```
vect[msb_expr:lsb_expr]
```

其中，msb_expr 和 lsb_expr 为常数的整数表达式。

（2）向量网络、向量寄存器、时间变量或者参数的索引部分选择，表示为

```
reg[15:0] big_vect;
reg[0:15] little_vect;
big_vect[lsb_base_expr + : width_expr]
little_vect[msb_base_expr + : width_expr]
big_vect[msb_base_expr - : width_expr]
little_vect[lsb_base_expr - : width_expr]
```

其中，msb_base_expr 和 lsb_base_expr 为常数的整数表达式，可以在运行时改变值；width_expr 为正的宽度表达式。

对于下面这两个方式选择从 base_expr 开始并按位升序排列的位，所选择的位数等于宽度表达式。

```
big_vect[lsb_base_expr + : width_expr]
little_vect[msb_base_expr + : width_expr]
```

对于下面这两个方式选择从 base_expr 开始并按位降序排列的位，所选择的位数等于宽度表达式。

```
big_vect[msb_base_expr - : width_expr]
little_vect[lsb_base_expr - : width_expr]
```

【例 5.54】　数组部分选择 Verilog HDL 描述的例子。

```
reg[31: 0] big_vect;
reg[0 :31] little_vect;
reg[63:0] dword;
integer sel;
big_vect[ 0 + : 8]    // == big_vect[ 7 : 0]
big_vect[15 - : 8]    // == big_vect[15 : 8]
little_vect[ 0 + : 8]  // == little_vect[0 : 7]
little_vect[15 - : 8]  // == little_vect[8 :15]
dword[8 * sel + : 8]   //带有固定宽度的变量部分选择
```

【例 5.55】　数组初始化、位选择和部分选择 Verilog HDL 描述的例子。

```
reg[7:0] vect;
vect = 4;              //用"00000100"填充,msb 是 7,lsb 是 0
```

（1）如果 adder 值为 2，则 vect[addr]返回"1"；

（2）如果 addr 超过范围，则 vect[addr]返回"x"；

（3）如果 addr 为 0、1、3～7，则 vect[addr]返回"0"；

（4）vect[3:0]返回"0100"；

（5）vect[5:1]返回"00010"；

（6）vect[返回 x 的表达式]返回"x"；

（7）vect[返回 z 的表达式]返回"x"；

（8）如果 addr 的任何一位是"x"或者"z"，则 addr 的值为"x"。

2. 数组和存储器寻址

对于下面的存储器声明，表示为 8 位宽度、1024 个深度：

```
reg[7:0] mem_name[0:1023];
```

存储器地址的语法应包含存储器名字 mem_name 和地址表达式 addr_expr：

```
mem_name[addr_expr]
```

其中,addr_expr 为任意整数表达式。例如:

```
mem_name[mem_name[3]]
```

表示存储器的间接寻址。

【例 5.56】 存储器寻址 Verilog HDL 描述的例子。

```
reg[7:0] twod_array[0:255][0:255];            //声明 256×256 的 8 位的数组
wire threed_array[0:255][0:255][0:7];         //声明 256×256×8 的 1 位的数组
twod_array[14][1][3:0];                       //访问字的低 4 位
twod_array[1][3][6];                          //访问字的第 6 位
twod_array[1][3][sel];                        //使用可变的位选择
threed_array[14][1][3:0];                     //非法
```

3. 字符串

字符串是双引号内的字符序列,用一串 8 位二进制 ASCII 码的形式表示,每个 8 位二进制 ASCII 码代表一个字符。任何 Verilog HDL 的操作符均可操作字符串。当给字符串所分配的值小于所声明字符串的宽度时,用 0 补齐左侧。

Verilog HDL 操作符支持的字符串操作包括复制、连接和比较:①通过分配实现复制;②通过连接操作符实现连接;③通过相等操作符实现比较。

当操作向量 reg 内的字符串的值时,reg 应该至少为 8×n 位(n 是 ASCII 字符的个数),用于保存 n 个 8 位的 ASCII 码。

【例 5.57】 字符串连接的 Verilog HDL 描述。

```
reg[8 * 10:1]s1,s2;
initial begin
s1 = "Hello";
s2 = " world!";
if ({s1,s2} == "Hello world!")
$display("strings are equal");
end
```

该例子中的比较(if 语句)失败,这是因为在给字符串变量分配值的时候按下面进行填充:

```
        s1 = 000000000048656c6c6f
        s2 = 00000020776f726c6421
{s1,s2} = 000000000048656c6c6f00000020776f726c6421
```

注:对于空字符串""来说,将其看作 ASCII 中的 NUL("\0"),其值为 0,而不是字符串"0"。

视频讲解

5.4.3 延迟表达式

Verilog HDL 中,延迟表达式的格式为用圆括号括起来的三个表达式,这三个表达式之间用冒号分隔开。三个表达式依次代表最小、典型和最大延迟时间值。

【例 5.58】 延迟表达式 Verilog HDL 描述的例子。

```
(a:b:c) + (d:e:f)
```

表示:

(1) 最小延迟值为 a+d 的和;

(2) 典型延迟值为 b+e 的和;

(3) 最大延迟值为 c+f 的和。

【例 5.59】 分配 min:typ:max 格式值 Verilog HDL 描述的例子。

```
val - (32'd 50: 32'd 75: 32'd 100)
```

5.4.4　表达式的位宽

为了使表达式求值得到一致性的结果,控制表达式的位宽非常重要。某些情况下可采取最简单的解决方法,例如,如果指定了两个16位的reg类型向量的按位与操作,那么结果就是一个16位的值。然而,在某些情况下,究竟有多少位参与表达式求值或者结果有多少位,并不容易看出来。例如,两个16位操作数之间的算术加法,是应该使用16位求值还是该使用17位(允许进位位溢出)求值?答案取决于建模器件的类型以及该器件是否处理进位位溢出。Verilog HDL利用操作数的位宽决定参与表达式求值的位数。

控制表达式位宽的规则已经制定好,因此大多数实际情况下都有一个简单的解决方法。

(1)表达式位宽由包含在表达式内的操作数和表达式的上下文决定。

(2)自主表达式的位宽由它自身单独决定,如延迟表达式。

(3)上下文决定型表达式的位宽由该表达式自己的位宽以及它是另一个表达式的一部分这一事实来确定。例如,一个分配操作中右侧表达式的位宽由它自己的位宽和分配符左侧的位宽来决定。

表5.19说明了表达式的形式如何决定表达式结果的位宽,表中 i、j 和 k 表示操作数的表达式,L(i)表示表达式 i 的位宽,op 表示操作符。

表 5.19　表达式位宽规则

表　达　式	结果值的位宽	说　　明
不定长常数	与整数相同	
定长常数	与给定的位宽相同	
i op j,操作符 op 为:＋、－、＊、/、%、&、|、^、^~或~^	max(L(i),L(j))	
op i,操作符 op 为:＋、－、~	L(i)	
i op j,操作符 op 为:===、!==、==、!=、&&、||、>、>=、<或<=	1 位	在求表达式的值时,每个操作数的位宽都先变为 max(L(i),L(j))
i op i,操作符 op 为:&、~&、|、~|、^、^~或~^	1 位	所有操作数都是自主表达式
i op j,操作符 op 为:>>、<<、＊＊、>>>或<<<	L(i)	j 是自主表达式
i? j:k	max(L(j),L(k))	i 是自主表达式
{i,…,j}	L(i)＋…＋L(j)	所有操作数都是自主表达式
{i{j,…,k}}	I＊(L(i)＋…＋L(j))	所有操作数都是自主表达式

在表达式求值过程中,中间结果应当采用最大操作数的位宽(如果是在赋值语句中,也包括赋值符左侧),在表达式求值过程中要注意避免数据的丢失。

【例 5.60】　位长度问题 Verilog HDL 描述的例子。

```
reg [15:0] a, b, answer;          // 16 位 reg 类型
answer = (a + b)>>1;              // 不能正常操作
```

其中,a 和 b 相加可能导致溢出,然后右移1位以保留16位答案中的进位。然而出现了一个问题,因为表达式中的所有操作都是16位宽度,所以,表达式(a+b)产生16位宽的中间结果,从而在评估执行1位右移操作之前丢失了进位。

解决方法是强制表达式(a+b)使用至少17位进行求值。例如,将整数值0添加到表达式将使用整数的位执行计算。下面的例子将产生预期的结果:

```
answer = (a + b + 0)>>1;          // 将正常操作
```

【例5.61】 自主表达式 Verilog HDL 描述的例子如代码清单 5-23 所示。

代码清单 5-23 自主表达式的 Verilog HDL 描述

```
reg[3:0] a;
reg[5:0] b;
reg[15:0] c;
initial begin
    a = 4'hF;
    b = 6'hA;
    $display("a * b = % h", a * b);        //表达式的宽度由自己确定
    c = {a ** b};                           //由于使用连接符,表达式的宽度由 a ** b 确定
    $display("a ** b = % h", c);
    c = a ** b;                             //表达式的宽度由 c 确定
    $display("c = % h", c);
end
```

仿真器的输出结果如下：

```
a * b = 16                                  //由于位宽为 6 位,所以'h96 被截断到'h16
a ** b = 1                                  //表达式的位宽为 4 位(a 的位宽)
c = ac61                                    //表达式的位宽为 16 位(c 的位宽)
```

5.4.5 有符号表达式

为了得到一致性的结果,控制表达式的符号非常重要。可以使用两个系统函数来处理类型的表示。

(1) $signed()返回相同位宽的有符号值。

(2) $unsigned()返回相同位宽的无符号值。

【例5.62】 调用系统函数进行符号转换 Verilog HDL 描述的例子。

```
reg[7:0] regA, regB;
reg signed [7:0] regS;
regA = $unsigned( - 4);                     //regA = 8'b11111100
regB = $unsigned( - 4'sd4);                 //regB = 8'b00001100
regS = $signed (4'b1100);                   //regS = - 4
```

下面是表达式符号类型规则。

(1) 表达式的符号类型仅仅取决于操作数,与左侧值无关。

(2) 十进制数是有符号数。

(3) 基数格式数值是无符号数,除非符号(s)用于基数说明。

(4) 无论操作数是何类型,其位选择结果为无符号型。

(5) 无论操作数是何类型,其部分位选择结果为无符号型,即使部分位选择指定了一个完整的向量。

(6) 无论操作数是何类型,连接(或复制)操作的结果为无符号型。

(7) 无论操作数是何类型,比较操作的结果("1"或"0")为无符号型。

(8) 通过强制类型转换为整型的实数为有符号型。

(9) 任何自主操作数的符号和位宽由操作数自己决定,不取决于表达式的其余部分。

(10) 对于非自主操作数遵循下面的规则: ①如果任何操作数为实数,则结果为实数; ②如果任何操作数为无符号,则结果为无符号,且与操作符无关; ③如果所有操作数都有符号,则结果都有符号,除非另有指定。

5.4.6 分配和截断

如果右操作数的位宽大于左操作数的位宽,则右操作数的最高有效位会丢失,以进行位宽匹配。当出现位宽不匹配时,并不要求实现过程警告或者报告与分配位宽不匹配的任何错误。

截断符号表达式的符号位,可能会改变结果的符号。

【例 5.63】 位宽不匹配分配 Verilog HDL 描述的例子1。

```
reg[5:0] a;
reg signed[4:0] b;
initial begin
    a = 8'hff;                          //分配完后,a = 6'h3f
    b = 8'hff;                          //分配完后,b = 5'h1f
end
```

【例 5.64】 位宽不匹配分配 Verilog HDL 描述的例子2。

```
reg[0:5] a;
reg signed [0:4] b, c;
initial begin
    a = 8'sh8f;                         //分配完后,a = 6'h0f
    b = 8'sh8f;                         //分配完后,b = 5'h0f
    c = -113;                           //分配完后,c = 15
end
```

【例 5.65】 位宽不匹配分配 Verilog HDL 描述的例子3。

```
reg[7:0] a;
reg signed [7:0] b;
reg signed [5:0] c, d;
initial begin
    a = 8'hff;
    c = a;                              //分配完后,c = 6'h3f
    b = -113;
    d = b;                              //分配完后,d = 6'h0f
end
```

5.5 Verilog HDL 分配

分配(也称为赋值)是最简单的机制,用于给网络和变量设置相应的值。Verilog HDL 提供了两种基本形式的分配。

(1) 连续分配,用于给网络分配值。

(2) 过程分配,用于给变量分配值。

Verilog HDL 还额外提供了两种分配形式:assign/deassign 和 force/release,称为过程连续分配。

一个分配由两部分构成,包括左侧和右侧,它们通过"="分隔,或者在非阻塞过程赋值中,使用"<="分隔。右侧可以是任意表达式。左侧表示要分配右侧值的变量。左侧可以采用表 5.20 给出的形式之一,这取决于分配是连续分配还是过程分配。

表 5.20 分配描述中的有效的左侧格式

描 述 类 型	左 侧
连续分配	1. 网络(标量或向量) 2. 向量网络的常数位选择 3. 向量网络的常数部分选择 4. 向量网络的常数索引的部分选择 5. 以上任何左侧的连接或者嵌套的连接

续表

描 述 类 型	左 侧
过程分配	1. 变量(标量或向量) 2. 向量 reg、整数或者时间变量的比特选择 3. 向量 reg、整数或者时间变量的部分选择 4. 向量 reg、整数或时间变量索引的部分选择 5. 存储器字 6. 以上任何左侧的连接或者嵌套的连接

视频讲解

5.5.1 连续分配

连续分配/赋值将值驱动到网络上,包括向量和标量。每当右侧的值发生变化时,应进行分配。连续分配提供了一种在不指定门互连的情况下建模组合逻辑的方法。相反,该模型指定驱动网络的逻辑表达式。

1. 网络声明分配

前面讨论了声明网络的两种方法,这里给出第三种方法,即网络声明分配。在声明网络的相同描述中,允许在网络上使用连续分配。

【例 5.66】 连续分配的网络声明格式 Verilog HDL 描述的例子。

```
wire mynet = enable ;
```

注:由于一个网络只能声明一次,所以对于一个特定的网络来说,只能有一个网络声明分配。这与连续分配描述是不一样的。在连续分配描述中,一个网络可以接受连续分配形式的多个分配。

2. 连续分配语句

连续分配将为一个网络数据类型设置一个值。网络可能明确的声明,或者根据隐含声明规则继承一个隐含声明。

给一个网络进行分配是连续的和自动的。换句话说,任何时候,只要右侧的一个操作表达式的操作数发生变化,则将改变整个右侧表达式。如果右侧表达式新的值和以前的值不同,则将给左侧分配新的值。

连续分配描述格式为

```
assign   variable = expression;
```

其中,variable 为网络类型信号;expression 为赋值表达式。

【例 5.67】 使用连续分配实现带进位的 4 位加法器 Verilog HDL 描述的例子如代码清单 5-24 所示。

代码清单 5-24 包含进位的 4 位加法器的 Verilog HDL 描述

```
module adder (sum_out, carry_out, carry_in, ina, inb);
output [3:0] sum_out;
output carry_out;
input [3:0] ina, inb;
input carry_in;
wire carry_out, carry_in;
wire [3:0] sum_out, ina, inb;
assign {carry_out, sum_out} = ina + inb + carry_in;
endmodule
```

【例 5.68】 使用连续分配实现 4∶1 的 16 位总线多路复用器的 Verilog HDL 描述的例子,如代码清单 5-25 所示。

代码清单 5-25 4∶1 的 16 位总线多路复用器的 Verilog HDL 描述

```
module select_bus(busout, bus0, bus1, bus2, bus3, enable, s);
parameter n = 16;
parameter Zee = 16'bz;
output [1:n] busout;
input [1:n] bus0, bus1, bus2, bus3;
input enable;
input [1:2] s;
tri [1:n] data;                               //声明网络
tri [1:n] busout = enable ? data : Zee;       //包含连续分配的网络声明
//包含四个连续分配的分配描述
assign
data = (s == 0) ? bus0 : Zee,
data = (s == 1) ? bus1 : Zee,
data = (s == 2) ? bus2 : Zee,
data = (s == 3) ? bus3 : Zee;
```

3. 延迟

在连续分配中,延迟确定将右侧操作数的变化分配到左侧的时间间隔。如果左侧是一个标量网络,这种分配的效果和门延迟是一样的,即可以为输出上升、下降和改变为高阻指定不同的延迟。

如果左边是一个向量网络,则可以应用最多三个延迟。下面的规则用于确定哪个延迟用于控制分配。

(1) 如果右边从非零变化到零,则应该使用下降延迟。

(2) 如果右边变化到高阻,则应该使用关闭延迟。

(3) 对于其他情况,应该使用上升延迟。

注:在连续分配中指定延迟,是网络声明的一部分,它用于指定一个网络延迟。这与指定一个延迟再为网络进行连续分配是不同的。在一个网络声明中,可以将一个延迟值应用于一个网络中。

【例 5.69】 一个延迟值应用到一个网络 Verilog HDL 描述的例子。

```
wire #10 wireA;
```

这描述了任何改变的值,需要延迟 10 个时间单位后,才能应用到 wireA 网络。

注:对于一个向量网络的分配,当在声明中包含分配时,不能将上升延迟和下降延迟应用到单个的位。

4. 强度

用户可以在一个连续分配中指定驱动强度。高云云源软件综合工具将忽略强度的定义。这只应用于为下面类型的标量网络进行分配的情况:

wire	tri	trireg
wand	triand	tri0
wor	trior	tri1

在网络声明或通过使用 assign 关键字在一个单独的分配中指定连续分配驱动强度。

如果提供了强度说明,应该紧跟关键字(用户网络类型的关键字或者 assign),并且在任何指定的延迟前面。当连续分配驱动网络时,应该按照指定的值进行仿真。

一个驱动强度说明应该包含一个强度值,当给网络分配的值是"1"时使用第一个强度值;当分配的值是"0"时使用第二个强度值。下面的关键字,用于为分配"1"指定强度值:

supply1 strong1 pull1 weak1 highz1

下面的关键字,用于为分配"0"指定强度值:

$$supply0 \quad strong0 \quad pull0 \quad weak0 \quad highz0$$

两个强度说明的顺序是任意的。下面两个规则将约束强度说明。

(1) 强度说明(highz1,highz0)和(highz0,highz1)认为是非法的结构。

(2) 如果没有指定驱动强度,它将默认为(strong1,strong0)。

5.5.2 过程分配

连续分配驱动网络的行为类似于逻辑门驱动网络,右侧的分配表达式可以认为是连续驱动网络的组合逻辑电路。与之不同的是,过程分配为变量赋值。过程分配没有持续性,变量一直保存着上一次分配的值,直到下一次为变量进行了新的过程分配为止。

过程分配发生在下面的过程中,如 always、initial、task 和 function 中,可以认为是触发式的分配。当仿真中的执行流到达过程中的赋值时,发生触发。事件控制、延迟控制、if 语句、case 语句和循环语句都可以控制是否评估赋值。

变量声明分配是过程分配的一个特殊情况,用于给变量分配一个值。它允许在用于声明变量的相同语句中,给变量分配一个初值。过程分配应该是一个常数表达式,该分配没有连续型,取而代之的是,变量一直保持该分配值,直到下一个新的分配到来。不能对一个数组使用变量声明分配,变量声明分配只能用于模块级,如果在 initial 模块和变量声明分配中,为相同的变量分配了不同的值,没有定义评估的顺序。

【例 5.70】 定义一个 4 位变量并且分配初值 Verilog HDL 描述的例子。

```
reg[3:0] a = 4'h4;
```

等价于

```
reg[3:0] a;
initial a = 4'h4;
```

【例 5.71】 为数组分配初值非法 Verilog HDL 描述的例子。

```
reg[3:0] array [3:0] = 0;
```

【例 5.72】 声明两个整数,第一个分配值为 0 的 Verilog HDL 描述的例子。

```
integer i = 0, j;
```

【例 5.73】 声明两个实数变量,为其分配值为 2.5 和 300000 的 Verilog HDL 描述的例子。

```
real r1 = 2.5, n300k = 3E6;
```

【例 5.74】 声明一个时间变量和一个实时时间变量,并分配初值 Verilog HDL 描述的例子。

```
time t1 = 25;
realtime rt1 = 2.5;
```

5.6 Verilog HDL 门级描述

本节介绍 Verilog HDL 提供的内置门级建模原语以及在一个设计中使用这些原语的方法。高云云源软件综合工具不支持开关级电路和 pull 门。

Verilog HDL 预定义了 14 个逻辑门原语,用于提供门级电路建模工具。使用门级建模的优势包括:

(1) 在真实门电路和模型之间,门提供了接近于一对一的映射;

(2) 不存在等效于双向传输门的连续分配。

视频讲解

5.6.1 门声明

对一个门的例化声明应该包含下面的说明。

（1）用于命名门原语类型的关键字。

（2）驱动强度（可选）。

（3）传输延迟（可选）。

（4）命名门实例的标识符（可选）。

（5）实例数组的范围（可选）。

（6）终端连接列表。

1. 门类型说明

表 5.21 列出了 Verilog HDL 提供的内建门列表。

表 5.21　Verilog HDL 提供的内建门列表

n 输入门	n 输出门	三 态 门	pull 门
and	buf	bufif0	pulldown
nand	not	bufif1	pullup
nor		notif0	
or		notif1	
xnor			
xor			

2. 驱动强度说明

驱动强度指定了门例化输出终端逻辑值的强度,高云云源软件综合工具忽略驱动强度说明。表 5.22 给出了可以使用驱动强度说明的门类型。

表 5.22　可以使用驱动强度说明的门类型

and	nand	buf	not	pulldown
or	nor	bufif0	notif0	pullup
xor	xnor	bufif1	notif1	

用于一个门例化的驱动强度说明,除了 pullup 和 pulldown 以外,应该有 strength1 说明和 strength0 说明。strength1 说明指定了逻辑 1 的信号强度；strength0 说明指定了逻辑 0 的信号强度。驱动强度在门类型关键字后,在延迟说明的前面。strength0 说明可以在 strength1 之后,也可以在其之前。在圆括号内,通过逗号,将 strength0 说明和 strength1 说明分隔。

（1）pullup 门只有 strength1 说明,strength0 说明是可选的。

（2）pulldown 门只有 strength0 说明,strength1 说明是可选的。

注：

（1）strength1 包含下面的关键字：

supply1　　strong1　　pull1　　　weak1

（2）strength0 包含下面的关键字：

supply0　　strong0　　pull0　　　weak0

（3）将 strength1 指定为 highz1,将引起门或者开关输出一个逻辑值 z,而不是 1；将 strength0 指定为 highz0,将引起门或者开关输出一个逻辑值 z,而不是 0。强度说明（highz0, highz1）和（highz1，highz0）是无效的。

【例 5.75】　下面给出了一个集电极开路 nor 门 Verilog HDL 描述的例子。

```
nor (highz1,strong0) n1(out1,in1,in2);
```

在这个例子中,nor 逻辑门输出 z,而不是 1。

3. 延迟说明

在一个声明中,可选的延迟说明指定了贯穿门和开关的传播延迟。高云云源软件工具将忽略延迟说明。可用于行为级仿真,如果在声明中没有指定门和开关延迟说明,则没有传播延迟。根据门的类型,一个延迟说明最多包含三个延迟值。pullup 和 pulldown 例化声明将不包含延迟描述。

4. 原语例化标识符

可以为门实例指定一个可选的名字。如果以数组的形式声明了多个例化,则需要使用一个标识符来命名例化。

5. 范围说明

当要求重复例化的时候,这些例化之间是不同的。通过向量索引的连接来区分它们。

为了指定一个例化数组,例化的名字后面应该跟着范围,使用两个常数表达式指定范围、左侧索引(lhi)和右侧索引(rhi);它们通过"[ ]"中的":"分隔;范围[lhi : rhi],表示 abs(lhi-rhi)+1 例化数组。

注:一个例化数组的范围应该是连续的。一个例化标识符只关联一个范围,用于声明例化数组。

6. 原语例化连接列表

终端列表描述了门或开关连接模型剩余部分的方法。门和开关的类型限定了表达式。连接列表通过"()"括起来,"()"号内的端口通过","分隔。输出或者双向终端总是出现在连接列表的开始,后面跟着输入。

对于

```
nand #2 nand_array[1:4]( ... );
```

声明了四个实例,作为 nand_array[1]、nand_array[2]、nand_array[3]和 nand_array[4]标识符进行引用。

【例 5.76】 两个等效门例化 Verilog HDL 描述的例子 1 如代码清单 5-26 所示。

代码清单 5-26　两个等效门例化的 Verilog HDL 描述(1)

```
module driver (in, out, en);
input [3:0] in;
output [3:0] out;
input en;
bufif0 ar[3:0] (out, in, en);          //三态缓冲区数组
endmodule

module driver_equiv (in, out, en);
input [3:0] in;
output [3:0] out;
input en;
bufif0 ar3 (out[3], in[3], en);        //每个单独的声明
bufif0 ar2 (out[2], in[2], en);
bufif0 ar1 (out[1], in[1], en);
bufif0 ar0 (out[0], in[0], en);
endmodule
```

【例 5.77】 两个等效门例化 Verilog HDL 描述的例子 2 如代码清单 5-27 所示。

代码清单 5-27　两个等效门例化的 Verilog HDL 描述(2)

```
module busdriver (busin, bushigh, buslow, enh, enl);
input [15:0] busin;
```

```
output [7:0] bushigh, buslow;
input enh, enl;
driver busar3 (busin[15:12], bushigh[7:4], enh);
driver busar2 (busin[11:8], bushigh[3:0], enh);
driver busar1 (busin[7:4], buslow[7:4], enl);
driver busar0 (busin[3:0], buslow[3:0], enl);
endmodule

module busdriver_equiv (busin, bushigh, buslow, enh, enl);
input [15:0] busin;
output [7:0] bushigh, buslow;
input enh, enl;
driver busar[3:0] (.out({bushigh, buslow}), .in(busin),.en({enh, enh, enl, enl}));
endmodule
```

5.6.2　逻辑门

逻辑门的关键字包括如下几个：

and　　nand　　nor　　or　　xor　　xnor

表5.23给出了多个逻辑输入门的真值表。

表 5.23　多个逻辑输入门的真值表

and	0	1	x	z	or	0	1	x	z
0	0	0	0	0	0	0	1	x	x
1	0	1	x	x	1	1	1	1	1
x	0	x	x	x	x	x	1	x	x
z	0	x	x	x	z	x	1	x	x
nand	0	1	x	z	nor	0	1	x	z
0	1	1	1	1	0	1	0	x	x
1	1	0	x	x	1	0	0	0	0
x	1	x	x	x	x	x	0	x	x
z	1	x	x	x	z	x	0	x	x
xor	0	1	x	z	xnor	0	1	x	z
0	0	1	x	x	0	1	0	x	x
1	1	0	x	x	1	0	1	x	x
x	x	x	x	x	x	x	x	x	x
z	x	x	x	x	z	x	x	x	x

门级逻辑设计描述中可使用具体的门例化语句。简单的门实例语句的格式如下：

gate_type [instance_name](term1, term2, …,termN);

其中，gate_type为前面所列出门的关键字；instance_name为例化标识符；term1，term2，…，termN用于表示与门的输入/输出端口相连的网络是可选的。

延迟说明应该是0个、1个或者2个延迟，如果描述中包含两个延迟，则第一个延迟确定输出上升延迟；第二个延迟确定输出下降延迟。两个延迟中较小的一个应用于输出跳变到x的延迟。如果只有一个延迟，将应用于上升和下降延迟。如果没有指定则没有传播延迟。

注：这六种类型的逻辑门，有多个输入，但只有一个输出。终端列表的第一个终端将连接到门的输出；其他终端将连接到输入。

【例5.78】　带有延迟和强度声明逻辑门的 Verilog HDL 描述的例子。

```
specify                          // specify 关键字定义指定块
  specparam r_delay = 6;         // specparam 关键字指定参数 r_delay 为6
  specparam f_delay = 7;         // specparam 关键字指定参数 f_delay 为7
```

```
endspecify                              // endspecify 关键字标识指定块的结束
reg a,b;                                // reg 关键字定义 reg 类型变量 a 和 b
wire c;                                 // wire 关键字定义 wire 型网络 c
and (strong0,strong1) #(r_delay,f_delay) Inst_and(c,a,b);   // 调用内建 and 门,包含强度和
                                                            // 延迟声明
```

注：逻辑门中的强度声明和延迟声明仅用于行为级仿真中,不能用于 RTL/数据流描述。

思考与练习 5-8 说明两个延迟 r_delay 和 f_delay 对逻辑门上升和下降沿的影响。

5.6.3 输出门

多输出逻辑门的例化,使用下面的关键字：

buf   not

其延迟特性同逻辑门的延迟说明。表 5.24 给出了输出门的真值表。

表 5.24 输出门的真值表

buf		not	
输入	输出	输入	输出
0	0	0	1
1	1	1	0
x	x	x	x
z	x	z	x

这些门都只有一个输入、一个/多个输出。输出门实例语句的基本语法如下：

multiple_output_gate_type [instance_name] (out1,out2,…,outn,inputA);

其中,multiple_output_gate_type 为输出门的关键字；instance_name 为可选的例化标识符；out1,out2,…,outN,inputA 为输出/输入端口。只有最后的端口 inputA 是输入端口,其余的所有端口为输出端口。延迟说明同逻辑门的延迟说明。

【例 5.79】 多输出门 Verilog HDL 描述的例子。

buf   b1(out1,out2,in);

在该门实例语句中,in 是缓冲的输入,out1 和 out2 是输出；b1 是例化标识符。

5.6.4 三态门

三态逻辑门的例化,使用下面的关键字：

bufif0   bufif1   notif1   notif0

这些门用于对三态驱动器建模,这些门有一个输出、一个数据输入和一个控制输入。表 5.25 给出了三态逻辑门的真值表。

表 5.25 三态逻辑门的真值表

bufif0		CONTROL			bufif1		CONTROL		
		0	1	x	z			0	1	x	z
数据	0	0	z	L	L	数据	0	z	0	L	L
	1	1	z	H	H		1	z	1	H	H
	x	x	z	x	x		x	z	x	x	x
	z	x	z	x	x		z	z	x	x	x

续表

notif0		CONTROL				notif1		CONTROL			
		0	1	x	z			0	1	x	z
数据	0	1	z	H	H	数据	0	z	1	H	H
	1	0	z	L	L		1	z	0	L	L
	x	x	z	x	x		x	z	x	x	x
	z	x	z	x	x		z	z	x	x	x

注：

（1）符号 L，表示结果为"0"或"z"；符号 H，表示结果为"1"或"z"。

（2）跳变到 H 或者 L 的延迟和跳变到 x 的延迟是一样的。

三态门例化语句的基本语法如下：

```
tristate_gate [instance_name](outputA, inputB, control);
```

其中，tristate_gate 为三态门的关键字；instance_name 为可选的例化标识符；outputA 是输出端口；inputB 是数据输入端口；control 是控制输入端口。根据控制输入的值，可以将输出驱动到高阻状态，即值 z。

三态门的延迟说明应该是 0 个、1 个、2 个或者 3 个延迟。

（1）如果说明中包含 3 个延迟，则第一个延迟确定输出上升延迟，第二个延迟确定输出下降延迟，第三个延迟确定跳变到 x 的延迟。

（2）如果说明中包含 2 个延迟，则第一个延迟确定输出上升延迟，第二个延迟确定输出下降延迟，两个延迟中较小的一个延迟用于确定跳变到 x 和 z 的延迟。

（3）如果只有 1 个延迟，将应用到所有的输出跳变延迟。

（4）如果没有指定延迟，则门没有传播延迟。

【例 5.80】　带有延迟和强度声明三态门的 Verilog HDL 描述的例子。

```
specify                                    // specify 关键字定义指定块
  specparam r_delay = 6;                   // specparam 关键字指定参数 r_delay 为 6
  specparam f_delay = 7;                   // specparam 关键字指定参数 f_delay 为 7
  specparam x_delay = 8;                   // specparam 关键字指定参数 f_delay 为 7
 endspecify                                // endspecify 关键字标识指定块的结束
reg in, control;                           // reg 关键字定义 reg 类型变量 in 和 control
wire out;                                  // wire 关键字定义 wire 类型网络 out
bufif0 #(r_delay, f_delay, x_delay) Inst_bufif0(out, in, control); // 调用/例化内建三态逻辑门 buifo
```

注：逻辑门中的延迟声明仅用于行为级仿真中，不能用于 RTL/数据流描述。

思考与练习 5-9　说明三个延迟 r_delay、f_delay 和 x_delay 对三态逻辑门上升和下降沿的影响。

5.6.5　上拉和下拉源

例化上拉和下拉源使用下面关键字：

pullup　　　　　　　pulldown

上拉源 pullup 将终端列表中的网络置为 1，下拉源 pulldown 将终端列表中的网络置为 0。在没有强度说明的情况下，放置在网络上的这些信号源将为 pull 强度。如果在 pullup 上有 strength1 说明或者在 pulldown 上有 strength0 说明，信号应该有强度说明，将忽略在 pullup 上的 strength0 说明或者在 pulldown 上的 strength1 说明。

这些源没有延迟说明。

pull 门没有输入只有输出,门实例的端口表只包含 1 个输出。

【例 5.81】 pullup 门 Verilog HDL 描述的例子。

pullup (strong1) p1 (neta), p2 (netb);

在该例化语句中,p1 例化驱动 neta,p2 例化驱动 netb,并且为 strong1 强度。

5.7 Verilog HDL 行为建模语句

截止到本书目前所介绍的内容,引入的语言结构允许在相对详细的层次上描述硬件。用逻辑门和连续分配/赋值对电路建模,可以很好地反映所建模电路的逻辑结构;然而,这些结构没有提供描述系统的复杂高级方面所必需的抽象能力。本节介绍的程序结构更适合解决类似微处理器或实现复杂的时序检查等问题。

5.7.1 行为模型概述

视频讲解

Verilog 行为模型包含控制仿真和操作之前描述数据类型变量的过程语句。这些语句包含在过程中。每个过程都有与其相关的活动流程。

活动开始于控制结构 initial 和 always。每个 initial 结构和每个 always 结构启动一个单独的活动流。所有活动流是并发的,以建模硬件固有的并发性。

一个完整的 Verilog 行为模型如代码清单 5-28 所示。

代码清单 5-28 一个完整行为模型的 Verilog HDL 描述

```
module behave;             // module 关键字定义模块 behave
reg [1:0] a, b;            // reg 关键字定义 reg 类型变量 a 和 b,宽度为 2 位,范围为[1:0]
initial                    // initial 关键字定义初始化部分
begin                      // begin 关键字标识初始化部分的开始,类似 C 语言的"{"
  a = 'b1;                 // 给变量 a 赋值/分配"1"
  b = 'b0;                 // 给变量 b 赋值/分配"0"
end                        // end 关键字标识初始化部分的结束,类似 C 语言的"}"
always                     // always 关键字标识过程语句
begin                      // begin 关键字标识过程语句的开始,类似 C 语言的"{"
  #50 a = ~a;              // 延迟 50ns 后,对变量 a 取反后,赋值/分配值给 a
end                        // end 关键字标识过程语句的结束,类似 C 语言的"}"
always                     // always 关键字标识过程语句
begin                      // begin 关键字标识过程语句的开始,类似 C 语言的"{"
  #100 b = ~b;             // 延迟 100ns 后,对变量 b 取反后,赋值/分配值给 b
end                        // end 关键字标识过程语句的结束,类似 C 语言的"}"
endmodule                  // endmodule 关键字标识模块 behave 的结束
```

在对该行为级模型仿真时,由 initial 和 always 结构所定义的所有流的仿真时间为零时刻一起开始。Initial 结构执行一次,而 always 结构重复执行。

在该模型中,reg 变量 a 和 b 在仿真时间为零时刻分别初始化为"1"和"0"。然后,initial 结构完成,在仿真运行期间不会再次执行。该 initial 结构包含了 begin-end 块(也称为顺序块)。在这个 begin-end 块中,首先初始化 a,紧跟着初始化 b。

always 结构也是从零时刻开始,但变量的值不发生变化,直到到达由延迟控制(由"#"标识)指定的时间为止。因此,reg 类型变量 a 的值在 50 个时间单位后翻转,reg 类型变量 b 的值在 100 个时间单位后翻转。因为 always 结构重复,该模型将产生两个方波信号。reg 类型变量 a 以 100 个时间单位的周期切换,reg 类型变量 b 以 200 个时间单位的周期切换。在整个仿真运行过程中,这两个 always 结构始终在同时进行。

5.7.2　过程语句

过程分配用于更新 reg、integer、time、real、realtime 和存储器数据类型。对于过程分配和连续分配来说,有以下不同之处。

1) 连续分配

连续分配驱动网络。只要一个输入操作数的值发生变化,则更新和求取所驱动网络的值。

2) 过程分配

在过程流结构的控制下,过程分配更新流结构内变量的值。

过程分配的右边可以是任何求取值的表达式,左侧应该是一个变量,它用于接收右侧表达式所引用分配的值。过程分配的左侧可以是下面的一种格式:

(1) reg、integer、real、realtime 或者 time 数据类型,表示分配给这些数据类型的名字。

(2) reg、integer、real、realtime 或者 time 数据类型的位选择,表示分配到单个的比特位。

(3) reg、integer、real、realtime 或者 time 数据类型的部分选择,表示一个或者多个连续比特位的部分选择。

(4) 存储器字,表示一个存储器的单个字。

(5) 任何上面四种形式的并置/连接或者嵌套的并置/连接,这些语句对右侧的表达式进行有效的分隔,将分隔的部分按顺序分配到并置或者嵌套并置的不同部分中。

Verilog HDL 包含两种类型的过程分配/赋值语句。

(1) 阻塞过程分配语句。

(2) 非阻塞过程分配语句。

1. 阻塞过程分配

阻塞过程分配语句应在执行顺序块中紧跟随其后的语句之前执行。阻塞过程分配语句不能阻止并行块中跟随其后的语句的执行。

阻塞过程分配/赋值所使用的等号"="赋值运算符也用于过程连续分配和连续分配中。

【例 5.82】　阻塞过程分配 Verilog HDL 描述的例子。

```
rega = 0;
rega[3] = 1;                      //位选择
rega[3:5] = 7;                    //部分选择
mema[address] = 8'hff;           //分配到一个存储器元素
{carry, acc} = rega + regb;      //并置
```

2. 非阻塞过程分配

非阻塞过程分配允许分配调度,但不会阻塞过程内的流程。在相同的时间段内,当有多个变量分配时,使用非阻塞过程分配。该分配不需要考虑顺序或者互相之间的依赖性。

非阻塞赋值操作符与小于或等于关系操作符相同,都使用符号"<="。读者应根据该符号出现的上下文来理解该符号的具体含义。在表达式中使用"<="时,应将其解释为关系操作符;在非阻塞过程分配中使用"<="时,应将其解释为分配/赋值运算符。

【例 5.83】　阻塞和非阻塞过程分配 Verilog HDL 描述的例子 1,如代码清单 5-29 所示。

代码清单 5-29　阻塞和非阻塞分配的 Verilog HDL 描述(1)

```
module evaluates2 (out);
output out;
reg a, b, c;
initial
begin
```

```
    a = 0;                                  在 0 时刻,初始化后 a = 0,b = 1
    b = 1;
    c = 0;
end
always c = #5 ~c;
always @(posedge c)
begin
   a <= b;                                  在 5 个时间单位后,a = 1,b = 0
   b <= a;
end
endmodule
```

在该例子中,通过两步评估非阻塞过程分配。第一步,在 c 的上升沿(posedge c),仿真器评估非阻塞分配/赋值的右侧,并在非阻塞赋值更新事件结束时安排新的赋值;第二步,当仿真工具激活非阻塞分配更新事件时,仿真器更新每个非阻塞分配语句的左侧。

时间步骤的结束意味着非阻塞分配是时间步骤中执行的最后一个赋值,只有一个例外。非阻塞分配事件可以创建阻塞分配事件。这些阻塞分配事件应该在安排的非阻塞事件后面处理。

【例 5.84】 阻塞和非阻塞过程分配 Verilog HDL 描述的例子 2,如代码清单 5-30 所示。

代码清单 5-30 阻塞和非阻塞分配的 Verilog HDL 描述(2)

```
module non_block1;
reg a, b, c, d, e, f;
//阻塞分配
initial begin
    a = #10 1;                        //在第 10 个时间单位时,给 a 分配 1
    b = #2 0;                         //在第 2 个时间单位时,给 b 分配 0
    c = #4 1;                         //在第 4 个时间单位时,给 c 分配 1
end
//非阻塞分配
initial begin
    d <= #10 1;                       //在第 10 个时间单位时,给 d 分配 1
    e <= #2 0;                        //在第 2 个时间单位时,给 e 分配 0
    f <= #4 1;                        //在第 4 个时间单位时,给 f 分配 1
end
endmodule
```

在第 2 个时间单位,调度变化 e=0;在第 4 个时间单位,调度变化 f=1;在第 10 个时间单位,调度变化 d=10。

不像用于阻塞分配/赋值的一个事件或延迟控制,非阻塞分配不会阻塞过程流。非阻塞赋值评估并调度赋值,但是它不会阻止在一个 begin-end 块中后续语句的执行。

【例 5.85】 阻塞和非阻塞过程分配 Verilog HDL 描述的例子 3,如代码清单 5-31 所示。

代码清单 5-31 阻塞和非阻塞分配的 Verilog HDL 描述(3)

```
module non_block1;
reg a, b;
initial begin
    a = 0;                                  a = 1,b = 0
    b = 1;
    a <= b;
    b <= a;
end
initial begin
    $monitor ($time, ,"a = %b b = %b", a, b);
    #100 $finish;
    end
endmodule
```

在该例子中,第一步,仿真器评估非阻塞分配的右侧,并且在当前时间步骤结束时安排分配;第二步,在当前时间步骤结束时,仿真器更新每个非阻塞分配语句的左侧。

正如例子所示,仿真器评估和调度当前时间步骤结束时的分配,并可以使用非阻塞过程分配执行交换操作。

【例5.86】 阻塞和非阻塞过程分配 Verilog HDL 描述的例子4,如代码清单5-32所示。

代码清单5-32 阻塞和非阻塞分配的 Verilog HDL 描述(4)

```
module multiple;
reg a;
initial a = 1;
initial begin
    a <= #4 0;                      //在第 4 个时间单位,调度 a = 0
    a <= #4 1;                      //在第 4 个时间单位,调度 a = 1,结果 a = 1
end
endmodule
```

应保留对给定变量执行不同非阻塞赋值的顺序。换句话说,如果一组非阻塞分配的执行顺序明确,则非阻塞分配目标的结果更新顺序应该与执行顺序相同。

【例5.87】 阻塞和非阻塞过程分配 Verilog HDL 描述的例子5,如代码清单5-33所示。

代码清单5-33 阻塞和非阻塞分配的 Verilog HDL 描述(5)

```
module multiple;
reg a;
initial a = 1;
initial begin
    a <= #4 0;                      //在第 4 个时间单位,调度 a = 0
    a <= #5 1;                      //在第 5 个时间单位,调度 a = 1
end
endmodule
```

【例5.88】 阻塞和非阻塞过程分配 Verilog HDL 描述的例子6,如代码清单5-34所示。

代码清单5-34 阻塞和非阻塞分配的 Verilog HDL 描述(6)

```
module multiple2;
reg a;
initial a = 1;
initial a <= #4 0;                  //在第 4 个时间单位,调度 a = 0
initial a <= #4 1;                  //在第 4 个时间单位,调度 a = 1
//在第 4 个时间单位, a = ?
//寄存器类型数据 a 分配的值是不确定的
endmodule
```

如果仿真器同时执行两个过程块,并且过程块包含对相同变量的非阻塞分配操作符,则变量最终的值是不确定的。

【例5.89】 阻塞和非阻塞过程分配 Verilog HDL 描述的例子7,如代码清单5-35所示。

代码清单5-35 阻塞和非阻塞分配的 Verilog HDL 描述(7)

```
module multiple3;
reg a;
initial #8 a <= #8 1;               //在第 8 个时间单位执行,在第 16 个时刻更新为 1
initial #12 a <= #4 0;              //在第 12 个时间单位执行,在第 16 个时刻更新为 0
endmodule
```

从该例子可知,针对同一变量的两个非阻塞赋值位于不同块中这一事实本身并不足以使对变量的赋值顺序不确定。因为确定将 a 更新为"1"是在更新 a 为"0"之前安排的,所以在时隙 16 时 a 的值为"0"。

【例5.90】 阻塞和非阻塞过程分配 Verilog HDL 描述的例子8,如代码清单5-36所示。

代码清单 5-36　阻塞和非阻塞分配的 Verilog HDL 描述（8）

```
module multiple4;
reg r1;
reg [2:0] i;
initial begin
for (i = 0; i <= 5; i = i+1)
    r1 <= #(i*10) i[0];
end
endmodule
```

该例子说明如何将 i[0]的值分配给 r1,以及如何在每个时间延迟后调度分配。图 5.8 给出了仿真结果的波形图。

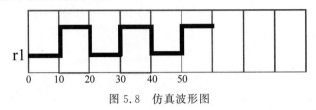

图 5.8　仿真波形图

5.7.3　过程连续分配

使用关键字 assign 和 force 的过程连续分配是过程语句。在变量或者网络上,允许连续驱动表达式。高云云源软件综合工具不支持过程连续分配。

assign 语句中赋值/分配的左侧应该是变量引用或变量并置/连接,它不能是存储器字(数组引用)或变量的比特位选择或者部分选择。

相反,force 语句中赋值/分配的左侧应该是变量引用或网络引用,它也可以是变量或网络的并置,它不允许向量变量的比特位选择或者部分选择。

1. assign 和 deassign 过程语句

assign 过程连续分配语句将覆盖对变量的所有过程分配。deassign 过程分配将终止对一个变量的过程连续分配。变量将保持相同的值,直到通过一个过程分配或者一个过程连续分配语句,给变量分配一个新的值为止。

如果关键字 assign 应用于已存在过程连接赋值的变量,则在新的过程连续分配/赋值之前,新的过程连续分配应该取消分配(deassign)变量。

2. force 和 release 过程语句

force 和 release 过程语句提供了另一种形式的过程连续分配,这些语句的功能和 assign/deassign 类似,但是 force 可以用于网络和变量。左侧的分配可以是变量、网络、向量网络的常数位选择和部分选择、并置,它不能是存储器字(数组引用)或者向量变量的位选择和部分选择。

对一个变量的 force 操作将覆盖对变量的一个过程分配或者一个分配过程的连续分配,直到对该变量使用了 release 过程语句为止。当 release 时,如果当前变量没有一个活动的分配过程连续分配,不会立即改变变量的值,变量将保留当前的值,直到对该变量的下一个过程分配或者过程连续分配为止。release 一个当前有活动分配过程的连续分配的变量时,将立即重新建立那个分配。

对一个网络的 force 过程语句,将覆盖网络所有的驱动器,包括门输出、模块输出和连续分配,直到在该网络上执行一个 release 语句为止。当 release 时,网络将立即分配由网络驱动器所分配的值。

【例 5.91】　过程连续分配 Verilog HDL 描述的例子,如代码清单 5-37 所示。

代码清单 5-37　过程连续分配的 Verilog HDL 描述

```
module test;
reg a, b, c, d;
wire e;
and and1 (e, a, b, c);
initial begin
     $monitor("% d d = % b,e = % b", $stime, d, e);
     assign d = a & b & c;
     a = 1;
     b = 0;
     c = 1;
     #10;
     force d = (a | b | c);
     force e = (a | b | c);
     #10;
     release d;
     release e;
     #10 $finish;
end
endmodule
```

最终的结果如下:

```
0    d = 0,e = 0
10   d = 1,e = 1
20   d = 0,e = 0
```

5.7.4　条件语句

条件语句(或 if-else 语句)用于确定是否执行一条语句。

如果表达式评估为真(即具有非零的已知值),则应执行第一条语句。如果表达式的评估为假(即具有零值或值为"x"或"z"),则不应该执行第一条语句。如果存在 else 语句且表达式为假,则应该执行 else 语句。

因为 if 表达式的数值被测试为零,所以某些快捷方式是可能的。例如,以下两条语句表达了相同的逻辑:

```
if(expression)
if(expression!= 0)
```

因为 if-else 的 else 部分是可选的,所以当嵌套的 if 序列中省略 else 时,可能会产生混淆。如果缺少 else,则总是通过最近的关联 else 来解决该问题。在下面的例子中,else 与内部 if 一起使用,如缩进所示。

```
if (index > 0)
     if (rega > regb)
        result = rega;
     else                        // else 适用于前面的 if
        result = regb;
```

如果不需要这种关联,则应使用 begin-end 块语句强制进行正确的关联,如下所示。

```
if (index > 0) begin
        if (rega > regb)
            result = rega;
end
else result = regb;
```

下面将详细讨论 if-else-if 结构,其完整的语法格式如下:

```
if(expression)
    statement_or_null;
else if(expression)
    statement_or_null;
else
    statement_or_null;
```

其中,expression 为不同的条件表达式,statement_or_null 为该条件表达式下的具体语句,当该条件表达式下有多条语句时,需要将这些语句包含在 begin-end 关键字中间。

这个 if 语句序列(称为 if-else-if 结构)是编写多路决策的最通用方法。表达式应该按顺序进行评估。如果任何表达式为真,则应执行与其关联的语句,这将终止整个链。每条语句要么是单个语句,要么是一组语句。

if-else-if 结构的最后一个 else 部分,处理上述任何一个条件都不满足的情况或默认情况。有时对默认情况没有明确的行为,在这种情况下,可以省略后面的 else 语句,也可以将其用于错误检查以捕获不可能的条件。

【例 5.92】 if-else-if 语句的 Verilog HDL 描述的例子,如代码清单 5-38 所示。

代码清单 5-38　if-else-if 语句的 Verilog HDL 描述

```
//声明寄存器和参数
reg [31:0] instruction, segment_area[255:0];
reg [7:0] index;
reg [5:0] modify_seg1,
          modify_seg2,
          modify_seg3;
parameter
          segment1 = 0, inc_seg1 = 1,
          segment2 = 20, inc_seg2 = 2,
          segment3 = 64, inc_seg3 = 4,
          data = 128;
//测试索引变量
if (index < segment2) begin
    instruction = segment_area [index + modify_seg1];
    index = index + inc_seg1;
end
else if (index < segment3) begin
    instruction = segment_area [index + modify_seg2];
    index = index + inc_seg2;
end
else if (index < data) begin
    instruction = segment_area [index + modify_seg3];
    index = index + inc_seg3;
end
else
    instruction = segment_area [index];
```

在该代码片段中,使用 if-else 语句测试变量索引,以确定是否必须将 reg 类型变量 modify_seg1、modify_seg2 和 modify_seg3 中的一个添加到存储器地址,以及将哪个增量添加到 reg 类型变量 index。在该代码片段中的前 10 行代码声明 reg 类型变量和参数。

5.7.5　case 语句

case 语句是一个多条件分支语句,用于测试一个表达式是否匹配相应的其他表达式和分支。语法如下:

```
case/casez/casex(case - expr)
  case_item_expr_1:  procedural_statement_1;
```

视频讲解

```
    case_item_expr_2:   procedural_statement_2;
            ...
    case_item_expr_n:   procedural_statement_n;
    default:            procedural_statement_n+1;
endcase
```

其中,case_expr 为条件表达式; case_item_expr_1,…,case_item_expr_n 为条件值; procedual_statement_1,…,procedual_statement_n+1 为描述语句。

【例 5.93】 case 语句 Verilog HDL 描述的例子 1,如代码清单 5-39 所示。

代码清单 5-39 case 语句的 Verilog HDL 描述(1)

```
reg[15:0] rega;
reg [9:0] result;
case (rega)
    16'd0: result = 10'b0111111111;
    16'd1: result = 10'b1011111111;
    16'd2: result = 10'b1101111111;
    16'd3: result = 10'b1110111111;
    16'd4: result = 10'b1111011111;
    16'd5: result = 10'b1111101111;
    16'd6: result = 10'b1111110111;
    16'd7: result = 10'b1111111011;
    16'd8: result = 10'b1111111101;
    16'd9: result = 10'b1111111110;
    default: result = 'bx;
endcase
```

括号中给出的 case 表达式应该在任何 case 条目表达式 case_item_expr_n 之前精确计算一次。case 条目表达式应该按照给出的确切顺序进行比较和评估。如果有 default(默认)的 case 条目,则在线性搜索期间忽略它。在线性搜索期间,如果 case 条目表达式中的一个条目匹配括号中给出的 case 表达式,则应执行与该 case 条目相关的语句,并且终止线性搜索。如果所有比较失败,并且给出了 default 条目,则应执行 default 条目语句,如果未给出 default 条目语句,并且所有的比较都失败了,则不应该执行任何 case 条目语句。

除了语法之外,case 语句在两个重要方面与多路 if-else-if 结构不同。

(1) if-else-if 结构中的条件表达式比比较一个表达式更通用。

(2) 当表达式中有"x"和"z"值时,case 语句提供了确定的结果。

在 case 表达式比较中,只有当每位与值"0"、"1"、"x"和"z"完全匹配时,比较才会成功。因此,在 case 语句中指定表达式要谨慎。所有表达式的位长度应该相等,以便执行精确的位匹配。所有 case 条目表达式以及括号中 case 表达式的长度应该等于最长 case 表达式和 case 条目表达式的长度。如果这些表达式中的任何一个是无符号的,则所有这些表达式都应看作无符号的。如果所有这些表达式都是有符号的,则应将它们都看作有符号的。

提供处理"x"和"z"值的 case 表达式比较的原因:它提供了一种检测此类值并减少其存在可能产生的悲观情绪的机制。

【例 5.94】 case 语句 Verilog HDL 描述的例子 2,如代码清单 5-40 所示。

代码清单 5-40 case 语句的 Verilog HDL 描述(2)

```
case(select[1:2])
    2'b00: result = 0;
    2'b01: result = flaga;
    2'b0x,
    2'b0z: result = flaga ? 'bx : 0;
    2'b10: result = flagb;
    2'bx0,
```

```
    2'bz0: result = flagb ? 'bx : 0;
    default: result = 'bx;
endcase
```

该例子中,当 select[1]="0"并且 flaga="0"时,即使 select[2]="x"/"z",结果也是"0"。

【例5.95】 case 语句中"x"和"z"条件 Verilog HDL 描述的例子,如代码清单 5-41 所示。

代码清单 5-41 case 语句中处理"x"和"z"条件的 Verilog HDL 描述(3)

```
case(sig)
  1'bz: $display("signal is floating");
  1'bx: $display("signal is unknown");
  default: $display("signal is %b", sig);
endcase
```

1. 包含无关的 case 语句

提供其他两种类型的 case 语句,以允许在 case 比较中处理无关条件。其中一个将高阻("z")看作无关,另一个则将高阻和不确定("x")看作无关。

这些 case 语句可以用与传统 case 语句相同的方式使用,但它们分别以关键字 casez 和 casex 开头。

在比较期间,case 表达式或 case 条目的任何位中的无关值(casez 的"z"值,casex 的"z"和"x"值)应看作无关值,且不考虑该位的位置。case 表达式中的无关条件可用于动态控制应在任何时候比较哪些位。

字面数字的语法允许在这些 case 语句中使用问号"?"代替"z"。这为 case 语句中的无关位的规范提供了一种方便的格式。

【例5.96】 casez 语句 Verilog HDL 描述的例子,如代码清单 5-42 所示。

代码清单 5-42 casez 语句的 Verilog HDL 描述

```
reg[7:0] ir;
casez (ir)
8'b1???????: instruction1(ir);
8'b01??????: instruction2(ir);
8'b00010???: instruction3(ir);
8'b000001??: instruction4(ir);
endcase
```

该例子给出了 casez 语句的用法。它展示了一个指令译码,其中最高有效位的值选择应该调用哪个任务。如果 ir 的最高位为"1",则调用任务 instruction1,而不考虑 ir 其他位的值。

【例5.97】 casex 语句 Verilog HDL 描述的例子,如代码清单 5-43 所示。

代码清单 5-43 casex 语句的 Verilog HDL 描述

```
reg[7:0] r, mask;
mask = 8'bx0x0x0x0;
casex (r ^ mask)
    8'b001100xx: stat1;
    8'b1100xx00: stat2;
    8'b00xx0011: stat3;
    8'bxx010100: stat4;
endcase
```

在该例子中,给出了 casex 语句的用法。它给出了在仿真过程中如何动态控制无关条件的极端情况。在这种情况下,如果 r=8'b01100110,则调用任务 stat2。

2. case 语句中的常数表达式

常数表达式也可以作为 case 表达式。常数表达式的值将要和 case 条目中的表达式进行比较,以寻找匹配的条件。

【例5.98】 case中常数表达式 Verilog HDL 描述的例子,如代码清单 5-44 所示。

代码清单 5-44   case 中常数表达式的 Verilog HDL 描述

```
reg[2:0] encode ;
case (1)
    encode[2] : $display("Select Line 2") ;
    encode[1] : $display("Select Line 1") ;
    encode[0] : $display("Select Line 0") ;
    default:   $display("Error: One of the bits expected ON");
endcase
```

在该例子中,case 表达式是常数表达式(1)。case 条目是表达式(位选择),并与常数表达式进行比较以进行匹配。

5.7.6 循环语句

有 4 种类型的循环语句,这些语句提供了一种控制语句执行 0 次、一次或多次的方法。

(1) forever。连续执行语句。高云云源软件综合工具不支持该循环。

(2) repeat。将语句执行固定的次数。如果表达式评估为未知或高阻,则应将其看作 0,不应执行任何语句。

(3) while。执行语句,直到表达式变为 false(假)。如果表达式以 false(假)开始,则语句根本不会执行。

(4) for。通过三步流程控制相关语句的执行。

① 执行分配,通常用于初始化控制执行循环次数的变量。

② 评估表达式。如果结果为 0,for 循环将退出。如果不为 0,for 循环应执行其相关的语句,然后执行步骤③。如果表达式评估为不确定或高阻值,则应将其看作 0;

③ 执行分配,通常用于修改循环控制变量的值,然后重复步骤②。

【例5.99】 repeat 循环 Verilog HDL 描述的例子,如代码清单 5-45 所示。

代码清单 5-45   repeat 循环的 Verilog HDL 描述

```
parameter size = 8, longsize = 16;
reg [size:1] opa, opb;
reg [longsize:1] result;
begin : mult
    reg [longsize:1] shift_opa, shift_opb;
    shift_opa = opa;
    shift_opb = opb;
    result = 0;
    repeat (size) begin
        if (shift_opb[1])
            result = result + shift_opa;
        shift_opa = shift_opa << 1;
        shift_opb = shift_opb >> 1;
    end
end
```

在该例子中,repeat 循环通过加法和移位操作符实现乘法器。

【例5.100】 while 循环 Verilog HDL 描述的例子,如代码清单 5-46 所示。

代码清单 5-46   while 循环的 Verilog HDL 描述

```
begin : count1s
  reg [7:0] tempreg;
  count = 0;
  tempreg = rega;
while (tempreg) begin
```

```
    if (tempreg[0])
      count = count + 1;
    tempreg = tempreg ≫ 1;
    end
end
```

在该例子中,计算 rega 中逻辑"1"的个数。

【例 5.101】 while 循环和 for 循环等效的 Verilog HDL 描述的例子。

```
begin
    initial_assignment;              // 初始化分配/赋值语句
while (condition) begin
    statement                        // 语句
    step_assignment;                 // 步长赋值和分配
    end
end
```

for 循环只使用两行代码实现上面的逻辑,伪代码如下所示。

```
for(initial_assignment; condition; step_assignment)
            statement
```

5.7.7 过程时序控制

Verilog HDL 有两种类型的显式时序控制,用于控制过程语句何时发生。第一种类型是延迟控制,其中表达式指定从最初遇到语句到实际执行语句之间的时间间隔。延迟表达式可以是电路状态的动态函数,但它可以是一个简单的数字,可以在时间上分隔语句的执行。延迟控制是指定激励波形描述时的一个重要特征。

第二种类型的时序控制是事件表达式,它允许延迟语句的执行,直到在与此过程同时执行的过程中发生某些仿真事件。仿真事件可以是网络或变量值的变化(隐含事件),也可以是由其他过程触发的显式命名事件的发生(显式事件)。最常见的情况,事件控制是时钟信号的上升沿(posedge)或下降沿(negedge)。

到目前为止遇到的过程语句,都是在未使仿真时间前进的情况下执行。仿真时间可以通过以下 3 种方法前进。

(1) 延迟控制,由符号"♯"引入。

(2) 事件控制,由符号"@"引入。

(3) wait 语句,其操作方式类似事件控制和 while 循环的组合。

1. 延迟控制

跟随延迟控制的过程语句应该在执行延迟,延迟时间为相对于过程语句之前的延迟控制指定的延迟。如果延迟表达式评估为不确定或高阻值,则应该理解为零延迟。如果延迟表达式评估为负值,则应将其理解为与时间变量位宽相同的二进制补码的无符号整数。延迟表达式允许指定参数,它们可以被 SDF 注解覆盖,在这种情况下,重新评估表达式。

【例 5.102】 延迟控制 Verilog HDL 描述例子 1。

```
♯10 rega = regb;
```

该例子中,延迟分配/赋值 10 个时间单位。

【例 5.103】 延迟控制 Verilog HDL 描述例子 2。

```
♯d rega = regb;                              //d 定义为一个参数
♯((d + e)/2) rega = regb;                    //延迟是 d 和 e 的平均值
♯regr regr = regr + 1;                       //延迟在 regr 寄存器中
```

在该例子中的 3 个分配提供了符号"♯"后面的表达式。分配/赋值的执行延迟了表达式指定的仿真时间量。

2. 事件控制

通过一个网络、变量或者一个声明事件的发生,来同步一个过程语句的执行。网络和变量值的变化可以作为一个事件,用于触发语句的执行,这就称为检测一个隐含事件。事件基于变化的方向,即朝着值"1"(posedge)或者朝着值"0"(negedge):

(1) negedge:①检测到从"1"跳变到"x"、"z"或"0";②检测到从"x"或"z"跳变到"0"。

(2) posedge:①检测到从"0"跳变到"x"、"z"或"1";②检测到从"x"或"z"跳变到"1"。

【例 5.104】 边沿控制语句 Verilog HDL 描述的例子。

```
@r rega = regb;                          //由寄存器 r 内值的变化控制
@(posedge clock) rega = regb;            //时钟上升沿控制
forever @(negedge clock) rega = regb;    //时钟下降沿控制
```

3. 命名事件

除了网络和变量外,可以声明一种新的数据类型——事件。一个用于声明事件数据类型的标识符称为一个命名的事件。它可以用在事件表达式内,用于控制过程语句的执行。命名的事件可以来自一个过程。这样,运行控制其他过程中的多个行为。

事件不应包含任何数据,命名事件的特征:它可以在任何特定的时间发生;它没有持续时间;它的出现可以通过使用前面描述的事件控制语法来识别。

通过激活具有规则给出的语法的事件触发语句,使声明的事件发生。更改事件控制表达式中事件数组的索引不会使事件发生。事件控制语句(例如,@trig rega=regb;)应使其包含过程的仿真等待,直到其他过程执行适当的事件触发语句(例如,->trig)。命名事件和事件控制提供了一种强大而高效的方法来描述两个或多个并发活动进程之间的通信和同步。如一个小波形时钟发生器,它通过在电路等待事件发生时周期性地发信号通知显式事件的发生来同步同步电路的控制。

4. 事件或者操作符

可以表示任何数目事件的逻辑"或",这样任何一个事件的发生将触发跟随在该事件后的过程语句。关键字 or 或字符",",用于事件逻辑"或"操作符,它们的组合可以用于事件表达式中。逗号分隔的敏感列表和 or 分隔的敏感列表是同步的。

【例 5.105】 两个或三个事件逻辑或关系 Verilog HDL 描述的例子。

```
@(trig or enable) rega = regb;                //由 trig 或者 enable 控制
@(posedge clk_a or posedge clk_b or trig) rega = regb;
```

【例 5.106】 使用逗号作为事件逻辑"或"操作符 Verilog HDL 描述的例子。

```
always @(a, b, c, d, e)
always @(posedge clk, negedge rstn)
always @(a or b, c, d or e)
```

5. 隐含的表达式列表

在 RTL 级仿真中,一个事件控制的事件表达式列表是一个公共的漏洞。在时序控制描述中,设计者经常忘记添加需要读取的一些网络或者变量。当比较 RTL 和门级版本的设计时,经常可以发现这个问题。隐含的表达式@ * 是一个简单的方法,用于解决忘记添加网络或者变量的问题。

语句中出现的所有网络和变量标识符将自动添加到事件表达式中,但下面例外。

(1) 仅出现在 wait 或事件表达式中的标识符。

（2）仅在分配/赋值左侧的变量中显示为层次化变量标识符。

在赋值/分配的右侧、函数和任务调用中、在 case 和条件表达式中、在赋值/分配左侧的索引变量或在 case 条目表达式中，作为变量出现的网络和变量均应包含在这些规则中。

【例 5.107】　隐含事件 Verilog HDL 描述的例子 1。

```
always @( * )                              //等效于@(a or b or c or d or f)
    y = (a & b) | (c & d) | myfunction(f);
```

【例 5.108】　隐含事件 Verilog HDL 描述的例子 2。

```
always @ * begin                           //等效于@(a or b or c or d or tmp1 or tmp2)
    tmp1 = a & b;
    tmp2 = c & d;
    y = tmp1 | tmp2;
end
```

【例 5.109】　隐含事件 Verilog HDL 描述的例子 3。

```
always @ * begin                           //等效于@(b)
    @(i) kid = b;                          //i 没有添加到@ *
end
```

【例 5.110】　隐含事件 Verilog HDL 描述的例子 4。

```
always @ * begin                           //等效于@(a or b or c or d)
    x = a ^ b;
    @ *                                    //等效于@(c or d)
        x = c ^ d;
end
```

【例 5.111】　隐含事件 Verilog HDL 描述的例子 5。

```
always @ * begin                           //和 @(a or en)一样
    y = 8'hff;
    y[a] = !en;
end
```

【例 5.112】　隐含事件 Verilog HDL 描述的例子 6。

```
always @ * begin                           //等效于 @(state or go or ws)
    next = 4'b0;
case (1'b1)
    state[IDLE]: if (go) next[READ] = 1'b1;
               else next[IDLE] = 1'b1;
    state[READ]: next[DLY ] = 1'b1;
    state[DLY ]: if (!ws) next[DONE] = 1'b1;
               else next[READ] = 1'b1;
    state[DONE]: next[IDLE] = 1'b1;
endcase
end
```

6. 电平敏感的事件控制

可以延迟一个过程语句的执行，直到一个条件变成真。使用 wait 语句可以实现这个延迟控制，它是一种特殊形式的事件控制语句。wait 语句的本质对电平敏感，这与基本的事件控制对边沿敏感不同。

wait 语句对条件进行评估。当条件为假时，在等待语句后面的过程语句将保持阻塞状态，直到条件变为真为止。

【例 5.113】　等待事件 Verilog HDL 描述的例子。

```
begin
wait (!enable) #10 a = b;
```

```
        #10 c = d;
    end
```

7. 分配内的时序控制

前面介绍的延迟和事件控制结构,是在语句和延迟执行的前面。相比较而言,在一个分配语句中包含分配内延迟和事件控制,以不同的方式修改活动流。

分配内延迟或事件控制应延迟将新值分配到左侧,但应在延迟之前而不是延迟之后评估右侧表达式。

分配内的时序控制可以用于阻塞分配和非阻塞分配。repeat事件控制说明在一个事件发生了指定数目后的内部分配延迟。如果有符号的reg所保存的重复次数小于或等于0,则将产生分配,这就好像不存在重复结构。

表5.26给出了分配内时序控制的等效性比较。

表 5.26 分配内时序控制的等效性比较

带有分配内时序控制结构	没有分配内时序控制结构

a = #5 b;	begin
	temp = b;
	#5 a = temp;
	end

a = @(posedge clk) b;	begin
	temp = b;
	@(posedge clk) a = temp;
	end

a = repeat(3)
@(posedge clk) b;
	begin
	temp = b;
	@(posedge clk);
	@(posedge clk);
	@(posedge clk) a = temp;
	end

下面的三个例子使用fork-join行为结构。在关键字fork和join之间的所有语句同时执行。下面的例子显示了可以通过使用分配内时序控制来防止竞争条件。

【例5.114】 fork-join结构Verilog HDL描述的例子1。

```
fork
    #5 a = b;
    #5 b = a;
join
```

上面的例子在同一仿真时间采样并设置a和b的值,从而创建了竞争条件。

下面的例子中,使用时序控制内部分配形式防止竞争条件。

```
fork                              //数据交换
    a = #5 b;
    b = #5 a;
join
```

分配内时序控制起作用,因为分配/赋值内延迟导致在延迟之前评估a和b的值,并导致在延迟后进行分配/赋值,所以,一些实现分配内时序控制的现有工具在评估右侧的每个表达式时使用临时存储。

分配内等待事件也是有效的。在下面的例子中,每当遇到分配/赋值语句时,会计算右侧的表达式,但赋值会延迟到时钟信号的上升沿。

【例 5.115】 fork-join 结构 Verilog HDL 描述的例子 2。

```
fork                                          //数据移位
    a = @(posedge clk) b;
    b = @(posedge clk) c;
join
```

下面的例子给出非阻塞分配/赋值的分配内延迟的重复事件控制。

【例 5.116】 分配内时序控制 Verilog HDL 描述的例子 1。

```
a <= repeat(5) @(posedge clk) data;
```

图 5.9 给出了在 5 个时钟上升沿(posedge clk)后给 a 分配/赋值。

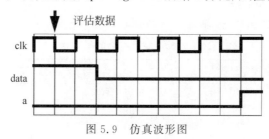

图 5.9　仿真波形图

【例 5.117】 分配内时序控制 Verilog HDL 描述的例子 2。

```
a <= repeat(a + b) @(posedge phi1 or negedge phi2) data;
```

5.7.8　块语句

视频讲解

块语句提供一个方法,将多条语句组合在一起。这样,它们看上去好像一条语句。Verilog HDL 中有以下两类块语句。

(1) 顺序块(begin…end)。顺序块中的过程语句按给定次序顺序执行。

(2) 并行块(fork…join)。并行块中的过程语句并行执行。

1. 顺序块

顺序块中的语句按顺序方式执行。每条语句中的延迟值与其前面语句执行的仿真时间相关。一旦顺序块执行结束,继续执行跟随顺序块过程的下一条语句。

【例 5.118】 顺序块内分配/赋值 Verilog HDL 描述的例子 1。

```
begin
    areg = breg;
    creg = areg;                              // creg 保存 breg 的值
end
```

在该例子中的顺序块使得两个分配/赋值有确定的结果。首先执行第一个分配/赋值,并且在控制传递到第二个分配之前更新 areg。

【例 5.119】 顺序块内分配/赋值 Verilog HDL 描述的例子 2。

```
begin
    areg = breg;
    @(posedge clock) creg = areg;             // 延迟分配/赋值,直到时钟的上升沿
end
```

可以在顺序块中使用延迟控制,以在时间上分离两个分配/赋值。

【例 5.120】 顺序块内分配/赋值 Verilog HDL 描述的例子 3。

```
parameter d = 50;                             // parameter 关键字定义参数 d
reg [7:0] r;                                  // reg 关键字定义 reg 类型变量 r
```

```
begin                                   // 由顺序延迟控制波形
  #d r = 'h35;
  #d r = 'hE2;
  #d r = 'h00;
  #d r = 'hF7;
  #d -> end_wave;                       // 触发称为 end_wave 的事件
end
```

该例子说明使用顺序块和延迟控制的组合来指定时序波形。

2. 并行块

并行块应该具有以下特征。

(1) 语句应该同时执行。

(2) 每条语句的延迟值应相对于进入块的仿真时间进行考虑。

(3) 延迟控制可用于为分配/赋值提供时间排序。

(4) 当执行最后一条按时间排序的语句时,控制将从块中传递出去。

fork-join 块中的时序控制不必按时间顺序排序。

【例 5.121】　并行块内分配的 Verilog HDL 描述的例子 1。

```
fork
    #50 r = 'h35;
    #100 r = 'hE2;
    #150 r = 'h00;
    #200 r = 'hF7;
    #250 -> end_wave;
join
```

该例子中产生的波形与例 5.120 产生的波形完全相同。

3. 块名字

顺序块和并行块都可以通过在关键字 begin 或 fork 后面添加块名字来命名。块的命名有下面几个目的。

(1) 它允许为块声明本地变量、参数和命名事件。

(2) 它允许在诸如 disable 这样的语句中引用块。

所有的变量应该是静态的,也就是说,所有变量都有一个唯一的位置,离开或进入块不会影响保存在它们中的值。

块名字提供了在任何仿真时间唯一标识所有变量的方法。

4. 启动和结束时间

顺序块和并行块都有启动和结束时间的概念。对于顺序块,启动时间是执行第一条语句时,结束时间是执行最后一条语句时。对于并行块,所有语句的启动时间是相同的,结束时间是最后一次执行按时间顺序语句的时间。

顺序块和并行块可以互相嵌入,允许更容易表达复杂的控制结构,并具有更高度的结构。当块彼此嵌入时,块启动和结束的时间很重要。在达到块的结束时间之前,即在块完全完成之前,不得继续执行块后面的语句。

【例 5.122】　并行块内分配的 Verilog HDL 描述的例子 2。

```
fork
    #250 -> end_wave;
    #200 r = 'hF7;
    #150 r = 'h00;
    #100 r = 'hE2;
    #50 r = 'h35;
join
```

与例 5.115 相比较,该例子以相反的顺序书写代码,但仍然产生相同的波形。

【例 5.123】 并行块内分配的 Verilog HDL 描述的例子 3。

```
begin
    fork
        @Aevent;
        @Bevent;
    join
    areg = breg;
end
```

当在两个单独的事件发生后进行赋值时,称为事件的连接,fork-join 块就会有用。两个事件可以以任何顺序发生(甚至可以在同一仿真时间发生),fork-join 块将完成,并进行分配/赋值。相反,如果 fork-join 块是一个 begin-end 块,并且 Bevent 发生在 Aevent 之前,那么该块将等待下一个 Bevent。

【例 5.124】 并行块和顺序块嵌套的 Verilog HDL 描述的例子。

```
fork
    @enable_a
    begin
        #ta wa = 0;
        #ta wa = 1;
        #ta wa = 0;
    end
    @enable_b
    begin
        #tb wb = 1;
        #tb wb = 0;
        #tb wb = 1;
    end
join
```

该例子显示了两个顺序块,每个块将在其控制事件发生时执行。事件控制在 fork-join 块中,因为它们并行执行,所以顺序块也可以并行执行。

5.7.9 结构化的过程

在 Verilog HDL 中,所有的过程由下面 4 种语句指定。

(1) initial 结构。

(2) always 结构。

(3) 任务。

(4) 函数。

initial 和 always 结构在仿真开始的时候使能。initial 结构只能执行一次,其活动在语句完成时结束。相反,always 结构应重复执行,只有在仿真结束时,其活动才会停止。initial 和 always 结构之间不应该有隐含的执行顺序。initial 结构不需要在 always 结构之前进行调度和执行。模块中可定义的 initial 和 always 结构的数量不应该有限制。

任务(task)和函数(function)是从其他过程中的一个或多个位置使能的过程。

1. initial 语句

【例 5.125】 initial 语句 Verilog HDL 描述的例子。

```
initial begin
    areg = 0;                                   //初始化一个 reg
for (index = 0; index < size; index = index + 1)
    memory[index] = 0;                          //初始化存储器字
end
```

在该例子中,使用 initial 结构在仿真开始时初始化变量。

【例 5.126】 包含延迟控制的 initial 语句 Verilog HDL 描述的例子。

```
initial begin
  inputs = 'b000000;                    //在 0 时刻初始化
  #10 inputs = 'b011001;                //第 1 个模式
  #10 inputs = 'b011011;                //第 2 个模式
  #10 inputs = 'b011000;                //第 3 个模式
  #10 inputs = 'b001000;                //第 4 个模式
end
```

initial 结构的另一个典型用法是波形描述语句,执行一次波形描述用于向被测试的电路提供激励源。

2. always 语句

在仿真期间,always 结构连续地重复。always 结构由于其循环本质,当和一些形式的时序控制一起使用时,它是非常有用的。如果一个 always 结构无法控制仿真时间的提前,将引起死锁。

【例 5.127】 带有零延迟控制 always 语句 Verilog HDL 描述的例子。

```
always areg = ~areg;
```

【例 5.128】 带有延迟控制 always 语句 Verilog HDL 描述的例子。

```
always #half_period areg = ~areg;
```

5.7.10 设计实例四:同步和异步复位 D 触发器的设计与实现

在复杂数字系统设计中,同步和异步复位是两个重要的概念,其描述方法也截然不同。简单来说,同步复位就是在时钟边沿采样复位信号的电平。当复位信号电平有效时,复位触发器的输出;异步复位就是只要复位信号有效,就复位触发器的输出。本节将通过一个具体的设计实例来说明两者的区别。在该设计实例中,使用了使能端输入,当使能端有效时,D 触发器才能正常工作,如代码清单 5-47 所示。对该设计进行综合后仿真的文件,如代码清单 5-48 所示。

代码清单 5-47 top.v 文件

```
module top(                        // module 关键字定义模块 top
input rst,                         // input 关键字定义输入端口 rst
input ce,                          // input 关键字定义输入端口 ce
input clk,                         // input 关键字定义输入端口 clk
input d,                           // input 关键字定义输入端口 d
output reg q1,                     // output 和 reg 关键字定义 reg 类型输出端口/变量 q1
output reg q2                      // output 和 reg 关键字定义 reg 类型输出端口/变量 q2
    );
initial                            // initial 关键字定义初始化部分
begin                              // begin 关键字标识初始化部分的开始,类似 C 语言的"{"
    q1 = 1'b0;                     // 阻塞过程分配/赋值,端口 q1 分配初值"0"
    q2 = 1'b0;                     // 阻塞过程分配/赋值,端口 q2 分配初值"0"
end                                // end 关键字标识初始化部分的结束,类似 C 语言的"}"

/ ********************** 异步复位电路 *********************** /
always @(posedge rst, posedge clk) // always 关键字声明过程语句,()里为敏感信号 rst 和 clk
begin                              // begin 关键字标识过程语句的开始,类似 C 语言的"{"
if(rst)                            // if 关键字定义条件语句,如果 rst 为逻辑"1"(高电平)
  q1 <= 1'b0;                      // 非阻塞过程分配/赋值,端口 q1 复位为"0"
else                               // else 关键字定义,当 posedge clk(clk 上升沿)出现
  if(ce == 1'b1)                   // if 关键字定义条件语句,如果 ce 等于逻辑"1"(高电平)
    q1 <= d;                       // 非阻塞过程分配/赋值,端口 q1 赋值/分配 d
```

```
end                                 // end 标识 always 过程语句的结束,类似 C 语言的"}"

/ ************************* 同步复位电路 ************************* /
always @(posedge clk)               // always 关键字声明过程语句,()内为敏感信号 clk
begin                               // begin 关键字标识过程语句的开始,类似 C 语言的"{"
if(rst)                             // 在时钟上升沿到来时,如果 rst 为逻辑"1"(高电平)
  q2 <= 1'b0;                       // 非阻塞过程分配/赋值,端口 q2 复位为"0"
else                                // 在时钟上升沿到来时,如果 rst 为逻辑"0"(低电平)
  if(ce == 1'b1)                    // if 关键字定义条件语句,如果 ce 等于逻辑"1"(高电平)
    q2 <= d;                        // 非阻塞过程分配/赋值,端口 q2 赋值/分配 d
end                                 // end 标识 always 过程语句的结束,类似 C 语言的"}"
endmodule                           // endmodule 标识模块 top 的结束
```

在高云云源软件中,对代码清单 5-47 给出的代码进行综合,得到综合后的电路结构如图 5.10 所示。

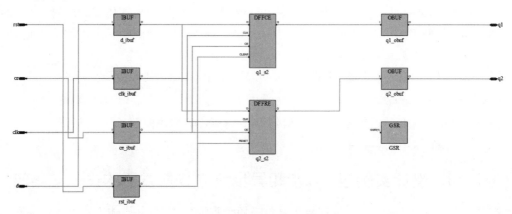

图 5.10　综合后的电路结构

注：在配套资源\eda_verilog\example_5_10\目录下,用高云云源软件打开 example_5_10.gprj。

代码清单 5-48   test.v 文件

```
`timescale 1ns / 1ps                // 预编译指令 timescale 定义,精度和分辨率分别为 1ns 和 1ps
module test;                        // 关键字 module 定义模块 test
reg rst,ce,clk,d;                   // reg 关键字定义 reg 类型变量 rst、ce、clk 和 d
wire q1,q2;                         // wire 关键字定义网络类型 q1 和 q2
integer i;                          // integer 关键字定义整型变量 i
top Inst_top(                       // Verilog 元件例化,将调用 top 模块,将其例化为 Inst_top
  .rst(rst),                        // top 模块的 rst 端口连接到 test 模块的 reg 类型变量 rst
  .ce(ce),                          // top 模块的 ce 端口连接到 test 模块的 reg 类型变量 ce
  .clk(clk),                        // top 模块的 clk 端口连接到 test 模块的 reg 类型变量 clk
  .d(d),                            // top 模块的 d 端口连接到 test 模块的 reg 类型变量 d
  .q1(q1),                          // top 模块的 q1 端口连接到 test 模块的网络类型 q1
  .q2(q2)                           // top 模块的 q2 端口连接到 test 模块的网络类型 q2
    );

initial                             // initial 关键字声明初始化部分
begin                               // begin 关键字标识初始化部分的开始,类似 C 语言的"{"
  rst = 1'b1;                       // 变量 rst 分配/赋值"1"
  #50;                              // "#"标识延迟,#50 表示持续 50ns,由 timescale 定义
  rst = 1'b0;                       // 变量 rst 分配/赋值"0"
  #20;                              // "#"标识延迟,#20 表示持续 20ns,由 timescale 定义
  rst = 1'b1;                       // 变量 rst 分配/赋值"1"
  #50;                              // "#"标识延迟,#50 标识持续 50ns,由 timescale 定义
  rst = 1'b0;                       // 变量 rst 分配/赋值"0"
end                                 // end 标识初始化部分的结束,类似 C 语言的"}"

initial                             // initial 关键字声明初始化部分
```

```
begin                          // begin 关键字标识初始化部分的开始,类似 C 语言的"{"
  clk = 1'b0;                  // 变量 clk 分配/赋值"1"
end                            // end 标识初始化部分的结束,类似 C 语言的"}"

initial                        // initial 关键字声明初始化部分
begin                          // begin 关键字标识初始化部分的开始,类似 C 语言的"{"
  i = 0;                       // 整型变量 i 赋值/分配值 0
  while(1)                     // while 关键字定义无限循环
  begin                        // begin 关键字标识无限循环的开始,类似 C 语言的"{"
    d = ♯23 i[0];             // 延迟 23ns 后,调度分配/赋值,将 i[0]分配/赋值给变量 d
    i = i + 1;                 // 整型变量 i 的值递增后分配/赋值给自己
  end                          // end 标识无限循环 while 的结束,类似 C 语言的"}"
end                            // end 标识初始化部分的结束,类似 C 语言的"}"

initial                        // initial 关键字声明初始化部分
begin                          // begin 关键字标识无限循环的开始,类似 C 语言的"{"
  ce = 1'b1;                   // 变量 ce 分配/赋值"1"
end                            // end 标识初始化部分的结束,类似 C 语言的"}"

always                         // always 关键字声明过程语句
begin                          // begin 关键字标识无限循环的开始,类似 C 语言的"{"
  ♯20 clk = ~clk;            // "♯"标识延迟,♯20 标识持续 20ns,clk 取反后赋值给 clk
end                            // end 标识初始化部分的结束,类似 C 语言的"}"
endmodule                      // endmodule 标识 test 模块的结束
```

在 ModelSim 软件中,对代码清单 5-48 给出的代码进行综合后仿真,综合后仿真结果如图 5.11 所示。

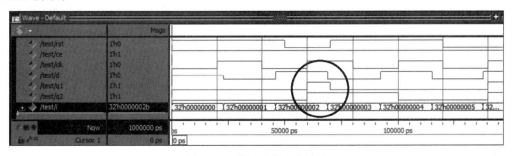

图 5.11　综合后仿真的波形

注：在配套资源\eda_verilog\example_5_11\目录下,用 ModelSim SE-64 10.4c 打开 postsynth_sim. mpf。

从图 5.11 中用大圆圈标记的地方可知,对于异步复位电路,当 rst 信号由逻辑"0"跳变到逻辑"1"后(即由无效变为有效时),q1 的输出立即跳变到逻辑"0"(复位状态);对于同步复位电路,当 rst 信号由逻辑"0"跳变到逻辑"1"后(即由无效变为有效时),q2 的输出并没有立即跳变到逻辑"0"(复位状态),而是在下一个时钟上升沿到来时才跳变到逻辑"0"。

思考与练习 5-10　将代码清单 5-47 中给出的 rst 信号的复位极性由逻辑"1"有效改为逻辑"0"有效,重新执行综合,并查看综合后的电路,说明与图 5.10 的不同(提示：参考高云 FPGA 内触发器的原理和复位的极性),并相应地修改代码清单 5-48 中 rst 的复位向量代码,执行综合后仿真,并查看综合后仿真的波形。

5.7.11　设计实例五：软件算法的硬件实现与验证

本节将下面的软件算法：

$$y(n) = \frac{x(n) + x(n-1) + x(n-2) + x(n-3)}{4}$$

使用硬件实现。通过该算法的硬件实现,说明使用 FPGA 实现算法的本质特点,以及使用硬件实现算法比使用软件实现算法的优势。在该设计中,输入数据 x 的宽度为 8 位,求和后的结果 y 的宽度也为 8 位。

通过观察上面的式子,可知该算法包含:

(1) 延迟运算,即 x(n−1)、x(n−2) 和 x(n−3)。在硬件上,延迟运算可使用 FPGA 内的 D 触发器实现。

(2) 加法运算,x(n)+x(n−1)+x(n−2)+x(n−3)。在硬件上,延迟运算可使用 FPGA 内分立的逻辑资源(LUT、进位逻辑等)或片内专用的 DSP 模块实现。

(3) 除法运算,即加法的和除以 4。为了简化硬件的实现结构,将除以 4 的操作转换为向右移 2 位的操作。

该算法的 Verilog HDL 描述,如代码清单 5-49 所示。对该算法执行综合后仿真的 Verilog HDL 描述,如代码清单 5-50 所示。

代码清单 5-49   top.v 文件

```
module top(                            // module 关键字定义模块 top
input rst,                             // input 关键字定义输入端口 rst
input clk,                             // input 关键字定义输入端口 clk
input signed [7:0] d,                  // input 和 signed 关键字定义有符号输入端口 d,8 位
output signed [7:0] res                // output 和 signed 关键字定义有符号输出端口 res,8 位
);
reg signed [7:0] d1,d2,d3;             // reg 和 signed 关键字定义有符号 reg 类型变量 d1, d2, d3
assign res = (d + d1 + d2 + d3 + 0)>> 2; // d + d1 + d2 + d3 的结果右移两位的结果分配/赋值给 res
always @ (negedge rst or posedge clk)  // always 过程语句,()内为敏感信号 rst 高电平和 clk 上升沿
begin                                  // begin 关键字标识过程语句的开始,类似 C 语言的"{"
if(!rst)                               // if 定义条件语句,(!rst)表示 rst 为逻辑"0", !为逻辑取反
begin                                  // begin 关键字标识 if 语句的开始,类似 C 语言的"{"
  d1 <= 8'b0;                          // 非阻塞赋值,d1 分配/赋值为 0
  d2 <= 8'b0;                          // 非阻塞赋值,d2 分配/赋值为 0
  d3 <= 8'b0;                          // 非阻塞赋值,d3 分配/赋值为 0
end                                    // end 关键字标识 if 语句的结束,类似 C 语言的"}"
else                                   // else 条件为 posedge clk(clk 的上升沿)
begin                                  // begin 关键字表示 else 语句的开始,类似 C 语言的"{"
  d1 <= d;                             // d 非阻塞分配/赋值给 d1
  d2 <= d1;                            // d1 非阻塞分配/赋值给 d2
  d3 <= d2;                            // d2 非阻塞分配/赋值给 d3
end                                    // end 关键字标识 else 语句的结束,类似 C 语言的"}"
end                                    // end 关键字标识 always 语句的结束,类似 C 语言的"}"
endmodule                              // endmodule 标识 top 模块的结束
```

在高云云源软件中,打开代码清单 5-49 所对应的 RTL 级电路结构,如图 5.12 所示。

(1) always 过程语句中的三条非阻塞过程分配/赋值语句"d1<=d; d2<=d1; d3<=d2",生成了三个宽度为 8 位的 D 触发器结构,这三个 D 触发器串联在一起。从前面数字电路的设计实例可知,每个触发器结构充当延迟一个时钟周期的作用,这就是硬件与软件算法的直接映射。

(2) 从每个 8 位宽度触发器的输出连接到 FPGA 内部的加法器,然后右移两位,这与代码中的分配/赋值语句对应。

注:在配套资源\eda_verilog\example_5_12\目录下,用高云云源软件打开 example_5_12.gprj。

代码清单 5-50   test.v 文件

```
`timescale 1ns / 1ps                   // 预编译指令 timescale 定义时间标度精度/分辨率 = 1ns/1ps
module test;                           // module 关键字定义模块 test
reg rst,clk;                           // reg 关键字定义 reg 类型变量 rst 和 clk
reg signed [7:0] d;                    // reg 和 signed 关键字定义有符号 reg 类型变量 d,宽度为 8 位
wire signed [7:0] res;                 // wire 和 signed 关键字定义有符号网络类型变量 res,宽度为 8 位
```

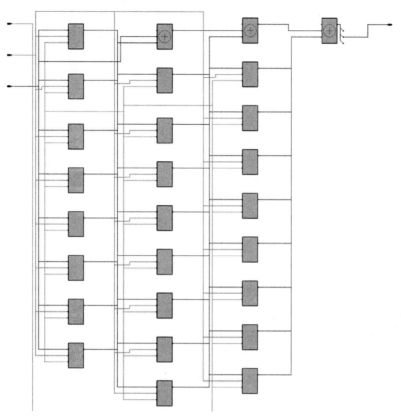

图 5.12 RTL 级的电路结构

```
integer i = 0;                    // integer 关键字定义整型变量 i,初始值为 0
parameter N = 50;                 // parameter 关键字定义参数 N 并分配/赋值 50
top Inst_top(                     // Verilog 元件例化,调用/例化模块 top,将其例化为 Inst_top
  .rst(rst),                      // top 模块端口 rst 连接到 test 模块 reg 类型变量 rst
  .clk(clk),                      // top 模块端口 clk 连接到 test 模块 reg 类型变量 clk
  .d(d),                          // top 模块端口 d 连接到 test 模块 reg 类型变量 d
  .res(res)                       // top 模块端口 res 连接到 test 模块网络 res
);
initial                           // initial 关键字声明初始化部分
begin                             // begin 关键字标识初始化部分的开始,类似 C 语言的"{"
  rst = 1'b1;                     // 给 rst 变量分配/赋值"1"
  #20;                            // "#"标识延迟,#20 表示持续 20ns,单位由 timescale 定义
  rst = 1'b0;                     // 给 rst 变量分配/赋值"0"
end                               // end 标识初始化部分的结束

initial                           // initial 关键字声明初始化部分
begin                             // begin 关键字标识初始化部分的开始,类似 C 语言的"{"
  clk = 1'b0;                     // 给 clk 变量分配/赋值"0"
end                               // end 标识初始化部分的结束

always                            // always 关键字声明过程语句
begin                             // begin 关键字标识过程语句的开始,类似 C 语言的"{"
  #10 clk = ~clk;                 // 每隔 10ns clk 信号取反,产生方波信号,用作 clk 激励
end                               // end 标识过程语句的结束

initial                           // initial 关键字声明初始化部分
begin                             // begin 关键字标识过程语句的开始,类似 C 语言的"{"
  #7;                             // "#"标识延迟,#7 表示延迟 7ns,ns 由 timescale 定义
  while(1)                        // while 关键字声明无限循环
  begin                           // begin 关键字标识无限循环的开始,类似 C 语言的"{"
```

```
    /* 调用系统任务 $sin()产生正弦波,乘128转换为8位数,调用系统任务 $rtoi 转换为整数 */
    d = $rtoi( $sin(2 * 3.1415926 * (i%N)/N) * 128);
    i = i + 1;                                    // 整型变量 i 递增后分配/赋值给自己
    #20;                                          // "#"标识延迟,#20 表示持续 20ns,ns 由 timescale 定义
  end                                             // end 关键字标识无限循环的结束,类似 C 语言的"}"
end                                               // end 关键字标识初始化部分的结束,类似 C 语言的"}"
endmodule                                         // endmodule 关键字标识 test 模块的结束
```

对该电路执行综合后仿真,为了直观地看到以波形显示的 d[7:0]和 res[7:0],分别右击 d[7:0]和 res[7:0],出现浮动菜单,选择 Format→Analog(Automatic)。然后,再分别右击 d[7:0]和 res[7:0],出现浮动菜单,选择 Radix→Decimal。综合后仿真的结果如图 5.13 所示。

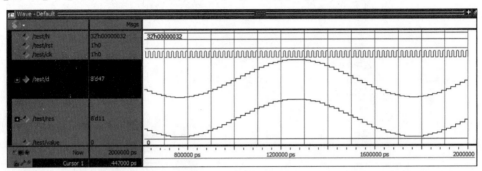

图 5.13　对设计执行综合仿真的结果

注:在配套资源\eda_verilog\example_5_13\目录下,用 ModelSim SE-64 10.4c 打开 postsynth_sim.mpf。

思考与练习 5-11　将代码清单 5-49 中的非阻塞赋值全部改为阻塞赋值,然后重新查看 RTL 级的电路结构有什么不同。通过所生成电路结构的不同,说明非阻塞赋值和阻塞赋值的区别。

5.8　Verilog HDL 任务和函数

任务和函数提供了在一个描述中从不同位置执行公共程序的能力,它们也提供了将一个大的程序分解成较小程序的能力,这样更容易阅读和调试源文件描述。

5.8.1　任务和函数的区别

视频讲解

下面给出了任务和函数的区别规则。

(1) 函数应该在一个仿真时间单位内执行;任务可以包含时间控制语句。

(2) 函数不能使能任务。但是,任务可以使能其他任务和函数。

(3) 函数至少有一个 input 类型的参数,没有 output 或者 inout 类型的参数;一个任务可以有零个或者更多任意类型的参数。

(4) 函数返回一个值,而任务不返回值。

函数的目的是通过返回一个值来响应输入的值。一个任务可以支持多个目标,可以计算多个结果的值。通过一个任务调用,只能返回传递的 output 和 inout 类型的参数结果。使用函数作为表达式内的一个操作数,由函数返回操作数的值。

5.8.2　任务和任务使能

通过定义要传递给任务的参数值和接收结果的变量的语句使能任务。当任务完成后,控制应返回到使能过程。因此,如果任务中有时序控制,则使能任务的时间可能与返回控制的时

间不同。一个任务可以使能其他任务,而这些任务又可以使能其他的任务,而不限制使能任务的数量。无论使能了多少任务,在所有使能的任务完成之前,控制都不会返回。

1. 任务声明

在 Verilog HDL 中,有两种可选的任务声明语法。

第一种语法应该以关键字 task 开头,后面跟可选的关键字 automatic,后面再跟着任务的名字和分号,并以关键字 endtask 结束。关键字 automatic 声明了一个可重入的自动任务,为每个并发任务入口动态分配所有任务声明。任务声明可以指定下面的内容,包括 input 参数、output 参数、inout 参数,以及可以在过程块中声明的所有数据类型。

第二种语法应该以关键字 task 开头,后面跟任务名字和括号括起来的任务端口列表。任务端口列表应该由 0 个或多个逗号分隔的任务端口项组成。右括号后应该有分号。任务体应紧跟其后,然后是关键字 endtask。

没有可选关键字 automatic 的任务是静态任务,所有声明的条目都是静态分配的。这些条目应该在同时执行的任务的所有用途中共享。带有可选关键字 automatic 的任务是自动任务。自动任务中声明的所有条目都在每次调用时动态分配。层次化引用不能访问自动任务条目。自动任务可以通过使用其层次结构名字来调用。

2. 任务使能和参数传递

任务使能语句应以逗号分隔的表达式列表形式传递参数,表达式列表用括号括起来。

如果任务定义没有参数,则任务使能语句中不应提供参数列表;否则,将有一个有序的表达式列表,该列表与任务定义中的参数列表的长度和顺序相匹配。空表达式不能用作任务使能语句中的参数。

如果任务中的一个参数声明为 input,则对应的表达式可以是任何表达式。参数列表中表达式的求值顺序未定义。如果参数声明为 output 或 inout,则表达式应限制为在过程分配/赋值左侧有效的表达式。下面的条目满足这个要求。

(1) reg、integer、real、realtime 和 time 变量。

(2) 存储器引用。

(3) reg、integer 和 time 变量的并置。

(4) 存储器引用的并置。

(5) reg、integer 和 time 变量的位选择和部分选择。

任务使能语句的执行应将使能语句中列出的表达式的输入值传递给任务中指定的参数。执行任务返回时,将该任务 output 和 input 类型的参数的值传递给任务使能语句中的相应变量。任务的所有参数应通过值而不是引用(即指向值的指针)传递。

【例 5.129】 包含 5 个参数的 task 基本结构 Verilog HDL 描述的例子。

```
task my_task;
input a, b;
inout c;
output d, e;
begin
…                          //执行任务的语句
…
c = foo1;                  //初始化结果寄存器的分配
d = foo2;
e = foo3;
end
endtask
```

或者采用下面的描述方式：

```
task my_task (input a, b, inout c, output d, e);
begin
    ...                              //执行任务的语句
    ...
    c = foo1;                        //分配用于初始化结果寄存器
    d = foo2;
    e = foo3;
end
endtask
```

用下面的语句使能任务：

```
my_task (v, w, x, y, z);
```

其中，任务使能参数(v,w,x,y,z)对应于任务所定义的参数(a,b,c,d,e)。

在使能任务期间，input 和 inout 类型的参数(a,b,c)接受传递的值(v,w,x)。这样，执行任务使能调用产生下面的分配：

```
a = v;
b = w;
c = x;
```

作为任务处理的一部分，定义的任务 my_task 将计算结果分配到 c,d,e。当完成任务时，下面的分配将计算得到的值，并返回到被执行的调用过程。

```
x = c;
y = d;
z = d;
```

【例 5.130】 描述交通灯时序 task 语句 Verilog HDL 描述的例子，如代码清单 5-51 所示。

代码清单 5-51 交通灯任务的 Verilog HDL 描述

```
module traffic_lights;
reg clock, red, amber, green;
parameter on = 1, off = 0, red_tics = 350,
         amber_tics = 30, green_tics = 200;
//初始化颜色
initial red = off;
initial amber = off;
initial green = off;
always begin                     //控制灯的时序
    red = on;                    //打开红灯
    light(red, red_tics);        //等待
    green = on;                  //打开绿灯
    light(green, green_tics);    //等待
    amber = on;                  //打开琥珀色灯
    light(amber, amber_tics);    //等待
end
//等待'tics'的任务,上升沿时钟
task light;
output color;
input [31:0] tics;
begin
repeat (tics) @ (posedge clock);
color = off;                     //关闭灯
end
endtask
always begin                     //时钟波形
#100 clock = 0;
#100 clock = 1;
end
endmodule                        //traffic_lights 模块结尾
```

3. 任务存储器使用和并行运行

一个任务可以同时使能多次,将并行调用的每个自动任务的所有变量进行复制,用于保存该调用的状态。静态任务的所有变量是静态的,即在一个模块例化中,每个变量对应于每个声明的本地变量,而不管并行运行的任务个数。然而,在模块不同实例中的静态任务,应有彼此独立的存储。

在静态任务里声明的变量(包含 input、output 和 inout 类型的参数),应在调用之间保留它们的值。

在自动任务里声明的变量(包含 output 类型的变量)应在执行进入其范围时初始化为默认的初始化值。根据任务使能语句中所列出的参数,将 input 和 inout 类型参数初始化为表达式传递的值。

因为在自动任务中声明的变量在任务调用结束时将进行分配解除,因此它们不能用在该点之后引用它们的某些结构中。

(1) 不能使用非阻塞分配或者过程连续分配对其分配值。

(2) 不能通过过程连续分配或者过程 force 语句引用它们。

(3) 不能在非阻塞分配的分配内事件控制中引用它们。

(4) 不能使用系统任务 $monitor 和 $dunpvars 跟踪它们。

5.8.3 禁止命名的块和任务

disable 语句提供了一种能力,用于终止与并行活动过程相关的活动,而保持 Verilog HDL 过程描述的本质。disable 语句提供了用于在执行所有任务语句前,终止一个任务的一个机制。如退出一个循环语句,或跳出语句,用于继续一个循环语句的其他循环。在处理异常条件时,disable 非常有用,如硬件中断和全局复位。

任何形式的 disable 语句应该终止一个任务或命名块的活动,应该继续执行在跟随块或跟随任务使能语句后的语句。命名块或任务内使能的所有活动也应终止。如果任务使能语句是嵌套的(即一个任务使能其他任务,并且一个任务又使能另一个),则禁止链中的任务将禁用链上向下的所有任务。如果多次使能一个任务,则禁止该任务的所有激活。

如果禁止任务,则不会指定由任务启动的以下活动的结果。

(1) output 和 input 参数的结果。

(2) 调度,但不执行,非阻塞赋值。

(3) 过程连续分配(assign 和 force 语句)。

在块和任务中可以使用 disable 语句来禁止包含 disable 语句的特定块或任务。disable 语句可用于禁止函数中命名的块,但不能用于禁止函数。如果函数中的 disable 语句禁止了调用该函数的块或任务,则行为未定义。对于任务的所有并发执行,禁止自动任务或自动任务内的块与常规任务相同。

【例 5.131】 禁止块 Verilog HDL 描述的例子 1。

```
begin : block_name
    rega = regb;
    disable block_name;
    regc = rega;                    //不执行该分配
end
```

【例 5.132】 禁止块 Verilog HDL 描述的例子 2。

```
begin : block_name
...
```

```
if (a == 0)
disable block_name;
...
end                              //结束命名的块
//继续执行命名块后面的代码
    ...
```

【例 5.133】 禁止任务 Verilog HDL 描述的例子。

```
task proc_a;
begin
    ...
    ...
if (a == 0)
    disable proc_a;              //如果真,则返回
    ...
    ...
end
endtask
```

【例 5.134】 禁止块 Verilog HDL 描述的例子 3。

```
begin : break
  for (i = 0; i < n; i = i + 1) begin : continue
    @clk
      if (a == 0)                //"继续"循环
          disable continue;
        statements
        statements
    @clk
      if (a == b)                //从循环中断
          disable break;
        statements
        statements
    end
end
```

在该例中,disable 的功能相当于 C 语言中的 continue 和 break 语句。

【例 5.135】 在 fork-join 块中禁止语句 Verilog HDL 描述的例子。

```
fork
  begin : event_expr
    @ev1;
    repeat (3) @trig;
    #d action (areg, breg);
  end
    @reset disable event_expr;
join
```

【例 5.136】 在 always 块中禁止语句 Verilog HDL 描述的例子。

```
always begin : monostable
    #250 q = 0;
end
always @retrig begin
    disable monostable;
    q = 1;
end
```

5.8.4 函数和函数调用

函数的目的是返回要在表达式中使用的值。本节介绍了定义和使用函数的方法。

1. 函数声明

函数定义应该以关键字 function 开头,后面跟可选的关键字 automatic,再跟函数返回值的可选范围或类型,后面跟着函数的名字,再是分号或者括在括号中的函数端口列表,然后是分号,最后以关键字 endfunction 结束。

函数的范围或类型的使用是可选的。如果没有指定函数的范围或类型,则函数默认的返回值是标量。如果使用,则指定函数的返回值是 real、integer、time、realtime 或具有[n:m]范围的向量(可选有符号的)。

函数应该至少声明一个输入。

关键字 automatic 声明一个可重入的自动函数,所有函数声明都为每个并发函数调用动态分配。不能通过层次引用来访问自动函数项。自动函数可以通过使用其层次结构名字来调用。

使用两种方法中的其中一种来声明函数的输入。第一种方法是函数名字后面应加上分号,分号后面应该跟着一个或多个输入声明(可选的混合块条目声明)。在函数条目声明之后,应该有行为描述语句,然后是 endfunction 关键字。

第二种方法是有函数名字,后面跟着一个左括号以及一个或多个输入声明,用逗号分隔。在所有输入声明之后,应该有一个右括号和一个分号。在分号之后,应该有 0 个或多个块条目声明,后面跟着行为语句,然后是 endfunction 关键字。

【例 5.137】 函数声明 Verilog HDL 描述的例子。

```
function[7:0] getbyte;
input [15:0] address;
begin
  …
  getbyte = result_expression;
end
endfunction
```

也可以用下面的函数格式:

```
function[7:0] getbyte (input [15:0] address);
begin
   …
   getbyte = result_expression;
end
endfunction
```

2. 从函数返回值

函数定义应隐式声明与函数同名的函数内部变量。这个变量默认为一位 reg 或与函数声明中指定的类型相同。函数定义通过将函数结果分配给与函数同名的内部变量来初始化函数的返回值。

在声明函数的作用域中声明与函数同名的另一个对象是非法的。在函数内部,有一个带有函数名字的隐含变量,可以在函数内的表达式中使用。因此,在函数范围内声明与函数同名的另一个对象也是非法的。

3. 函数调用

函数调用是表达式中的操作数。

函数调用参数的求值顺序未定义。

【例 5.138】 函数调用 Verilog HDL 描述的例子。

```
word = control ? {getbyte(msbyte), getbyte(lsbyte)}:0;
```

通过并置/连接,该例子两次调用 getbyte 函数的结果来创建一个字。

4. 函数规则

函数比任务有更多的限制。以下规则管理函数的用法。

(1) 函数定义不应该包含更多时间控制语句,即任何包含 ♯、@ 或 wait 的语句。

(2) 函数不应使能任务。

(3) 函数定义应至少包含一个输入参数。

(4) 函数定义不得将任何参数声明为 output 或 inout。

(5) 函数不应该有任何非阻塞赋值或过程连续赋值。

(6) 函数不应该有任何事件触发器。

【例 5.139】 可重入函数调用 Verilog HDL 描述的例子,如代码清单 5-52 所示。

代码清单 5-52　可重入函数的 Verilog HDL 描述

```
module tryfact;
//定义函数
function automatic integer factorial;
input [31:0] operand;
integer i;
if (operand >= 2)
    factorial = factorial (operand - 1) * operand;
else
    factorial = 1;
endfunction

//测试函数
integer result;
integer n;
initial begin
for (n = 0; n <= 7; n = n + 1) begin
    result = factorial(n);
    $display(" % 0d factorial = % 0d", n, result);
    end
end
endmodule                         //tryfact 结尾
```

该例子定义了一个名为 factorial 的函数,该函数返回一个整数值。递归调用阶乘函数并打印结果。

仿真结果如下:

```
0 factorial = 1
1 factorial = 1
2 factorial = 2
3 factorial = 6
4 factorial = 24
5 factorial = 120
6 factorial = 720
7 factorial = 5040
```

5. 常数函数

常数函数的调用支持在对设计进行详细的描述时,建立复杂计算的值。对于一个常数函数的调用,模块调用函数的参数是一个常数表达式。常数函数是 Verilog HDL 普通函数的子集,应该满足以下的约束。

(1) 它们不应包含层次引用。

(2) 在一个常数函数内的任意函数调用,应该是当前模块的本地函数。

（3）它可以调用任何常数表达式中所允许的系统函数，对其他系统函数的调用是非法的。

（4）忽略在一个常数函数内的所有系统任务。

（5）在使用一个常数函数调用前，应该定义函数内所有的参数值。

（6）所有不是参数和函数的标识符，应该在当前函数内本地声明。

（7）如果使用 defparam 语句直接或者间接影响的任何参数值，则结果是未定义的，这将导致一个错误，或使函数返回一个未确定的值。

（8）它们不应该在一个生成块内声明。

（9）在任何要求一个常数表达式的上下文中，它们本身不能使用常数函数。

常数函数调用在详细描述（elaboration）时求值。它们的执行不会影响仿真时使用的变量的初始值，也不会影响详细描述时函数的多次调用。在每种情况下，变量都会按照正常仿真的方式进行初始化。

下面的例子定义了一个常数函数 clogb2，根据 ram 来确定一个 ram 地址线的宽度。

【例 5.140】　常数函数调用 Verilog HDL 描述的例子，如代码清单 5-53 所示。

代码清单 5-53　常数函数的 Verilog HDL 描述

```
module ram_model (address, write, chip_select, data);
    parameter data_width = 8;
    parameter ram_depth = 256;
    localparam addr_width = clogb2(ram_depth);
    input [addr_width - 1:0] address;
    input write, chip_select;
    inout [data_width - 1:0] data;
//定义 clogb2 函数
    function integer clogb2;
        input [31:0] value;
      begin
        value = value - 1;
        for (clogb2 = 0; value > 0; clogb2 = clogb2 + 1)
            value = value >> 1;
      end
    endfunction
reg [data_width - 1:0] data_store[0:ram_depth - 1];
    //ram_model 剩余部分
```

例化这个 ram_model，包含参数分配：

```
ram_model #(32,421) ram_a0(a_addr,a_wr,a_cs,a_data);
```

5.9　Verilog HDL 层次化结构

Verilog HDL 支持将一个模块嵌入其他模块的层次化描述结构。高层次模块创建低层次模块的例化，并且通过 input、output 和 inout 端口进行通信。这些模块的端口为标量或者向量。

顶层模块是源文本中包含的模块，但不出现在任何模块例化语句中。即使模块例化出现在自身未例化的生成块中，这也适用。模型应包含至少一个顶层模块。

5.9.1　模块例化

例化（Instantiation）允许一个模块将另一个模块的副本合并到自身中。模块定义不嵌套。换句话说，一个模块定义不应在其 module-endmodule 关键字对中包含另一个模块的文本。

视频讲解

模块定义通过例化另一个模块来嵌套它。模块例化语句创建已定义模块的一个或多个命名实例。

更通俗地说,在一个模块中例化另一个模块,也就是在一个模块中调用另一个模块,或者说在一个模块中嵌入另一个模块。模块例化的结果就是产生被调用模块的副本,称为被调用模块的实例。可以在单个模块例化语句中指定一个或多个模块实例(模块的相同副本)。例如,计数器模块可以例化 D 触发器模块以创建触发器的多个实例。

模块例化可以包含范围规范,这允许创建实例数组。为门和原语定义的实例数组的语法和语义也适用于模块。

端口连接列表仅用于定义有端口的模块。然而,括号始终是必需的。当使用有序端口连接方法给出端口连接列表时,列表中的第一个元素应该连接到模块中声明的第一个端口,第二个连接到第二个端口,以此类推。

连接可以是对变量或网络标识符、表达式或空白的简单引用。表达式可以用于向模块输入端口提供值。空白端口连接应表示不连接端口的情况。当通过名字连接端口时,可以通过在端口列表中省略它或在括号中不提供表达式来指示未连接的端口(例如,. port_name())。

视频讲解

5.9.2 覆盖模块参数值

Verilog HDL 提供了两种定义参数的方法,可以在模块参数端口列表中定义,也可以作为模块的条目定义。一个模块声明中可以包含一种或两种类型的参数定义,也可以不包含参数定义。

模块参数可以有类型说明和范围说明。根据下面的规则,确定参数对一个参数类型和范围覆盖的结果。

(1) 没有类型和范围说明的参数声明,默认由最终参数值的类型和范围确定该参数的属性。

(2) 包含范围说明但没有类型说明的参数,其范围是参数声明的范围且类型是无符号的。覆盖值将转换到参数的类型和范围。

(3) 包含类型说明但没有范围说明的参数,其类型是参数声明的类型。覆盖值将转换到参数的类型。有符号的参数将默认到最终覆盖参数值的范围。

(4) 包含有符号类型说明和范围说明的参数,其类型是有符号的,范围是参数声明的范围。覆盖值将最终转换到参数的类型和范围。

【例 5.141】 参数 Verilog HDL 描述的例子,如代码清单 5-54 所示。

代码清单 5-54 参数的 Verilog HDL 描述

```verilog
module generic_fifo
#(parameter MSB = 3, LSB = 0, DEPTH = 4)
//可以覆盖这些参数
(input [MSB:LSB] in,
input clk, read, write, reset,
output [MSB:LSB] out,
output full, empty );
localparam FIFO_MSB = DEPTH * MSB;
localparam FIFO_LSB = LSB;
//这些参数是本地的,不能被覆盖
//通过修改参数影响它们,模块将正常工作
reg [FIFO_MSB:FIFO_LSB] fifo;
    reg [LOG2(DEPTH):0] depth;
always @(posedge clk or reset) begin
  casex ({read,write,reset})
    //实现 fifo
```

```
      endcase
   end
endmodule
```

Verilog HDL 提供了两种方法,用于修改非本地参数的值。

(1) defparam 语句,允许使用层次化的名字,给参数分配值。

(2) 模块例化参数值分配,允许在模块例化行内给参数分配值。通过列表的顺序或者名字,分配模块例化参数的值。

如果 defparam 分配和模块例化参数冲突时,模块内的参数将使用 defparam 指定的值。

【例 5.142】 分配参数值 Verilog HDL 描述的例子,如代码清单 5-55 所示。

代码清单 5-55 分配参数值的 Verilog HDL 描述

```
module foo(a,b);
  real r1,r2;
  parameter [2:0] A = 3'h2;
  parameter B = 3'h2;
  initial begin
    r1 = A;
    r2 = B;
     $display("r1 is % f r2 is % f",r1,r2);
  end
endmodule                    //foo

module bar;
    wire a,b;
    defparam f1.A = 3.1415;
    defparam f1.B = 3.1415;
    foo f1(a,b);
endmodule                    //bar
```

该例中 A 指定了范围,而 B 没有,所以将 f1. A＝3.1415 的浮点数转换为定点数 3。3 的低三位赋值给 A,而 B 由于没有说明范围和类型,所以没有进行转换。

使用 defparam 语句,通过在设计中使用参数的层次化名字,在任何模块例化中,均可修改参数的值。defparam 语句对于一个模块内一组参数值同时覆盖是非常有用的。

1. defparam 语句

使用 defparam 语句,在整个设计过程中,通过参数的层次结构名字修改任意模块实例中的参数值。但是,在生成块实例或实例数组中或其下的层次结构中的 defparam 语句不得修改该层次结构之外的参数值。

生成块的每个实例都被看作一个单独的层次结构范围。因此,该规则意味着,即使其他例化是由同一循环生成结构创建的,生成块中的 defparam 语句也不能以同一生成块的另一例化的参数为目标。

【例 5.143】 Verilog HDL 描述将不会修改参数的值的例子。

```
genvar i;
generate
for (i = 0; i < 8; i = i + 1) begin : somename
    flop my_flop(in[i], in1[i], out1[i]);
    defparam somename[i + 1].my_flop.xyz = i;
end
endgenerate
```

类似地,实例数组的一个实例中的 defparam 语句可能不以数组的另一个实例的参数为目标。

defparam 分配/赋值右侧的表达式应该为常数表达式,仅涉及数字和参数的引用。引用的参数(在 defparam 的右侧)应在与 defparam 语句相同的模块中声明。

defparam 语句对于覆盖分组在一个模块中所有参数的分配/赋值非常有用。在单个参数有多个 defparam 的情况下,该参数取源文本中遇到的最后一个 defparam 语句的值。在多个源文件中遇到 defparam 时,例如通过库搜索找到 defparam,参数从中获取其值的 defparam 是未定义的。

【例 5.144】 Verilog HDL 将无法定义参数使用的值的例子,如代码清单 5-56 所示。

代码清单 5-56 defparam 修改参数值的 Verilog HDL 描述

```
module top;
reg clk;
reg [0:4] in1;
reg [0:9] in2;
wire [0:4] o1;
wire [0:9] o2;
vdff m1 (o1, in1, clk);
vdff m2 (o2, in2, clk);
endmodule

module vdff (out, in, clk);
parameter size = 1, delay = 1;
input [0:size-1] in;
input clk;
output [0:size-1] out;
reg [0:size-1] out;
always @(posedge clk)
    # delay out = in;
endmodule

module annotate;
defparam
    top.m1.size = 5,
    top.m1.delay = 10,
    top.m2.size = 10,
    top.m2.delay = 20;
endmodule
```

在该例子中,模块 annotate 有 defparam 语句,其覆盖 top 模块中例化 m1 和 m2 模块的 size 和 delay 参数值。显然,在该例子中,模块 top 和 annotate 都将看作顶层模块。

2. 模块实例参数值分配

为模块实例内的参数赋值的另一种方法是使用按顺序列表或按名字为模块实例参数分配值。这两种类型的模块实例参数分配不能混用。特别是模块实例的参数分配应完全按顺序或完全按名字。

表面上,按顺序列表分配的模块实例参数值类似给门实例分配延迟值,按名字分配类似按名字连接模块端口。它向模块定义中指定的任何参数提供模块特定实例的值。

在命名块、任务或函数中声明的参数只能使用 defparam 语句直接重新定义。但是,如果参数值取决于第二个参数,则重新定义第二个参数也将更新第一个参数的值。

(1) 通过列表顺序分配参数值。

采用这种方式分配参数,其分配的顺序应该和模块内声明参数的顺序一致。当使用该方法时,没有必要为模块内的所有参数分配值。然而,不能跳过参数。因此,给模块内声明参数的子集分配值的时候,组成这个子集的参数声明应先于其余参数的声明。另一种为所有参数分配值的可选方法是,对那些不需要新值的参数使用默认的值(即与模块定义内的参数声明中所分配的值相同)。

【例5.145】 按顺序分配参数值 Verilog HDL 描述的例子,如代码清单 5-57 所示。

代码清单 5-57　按顺序分配参数值的 Verilog HDL 描述

```
module tb1;
wire [9:0] out_a, out_d;
wire [4:0] out_b, out_c;
reg [9:0] in_a, in_d;
reg [4:0] in_b, in_c;
reg clk;
//测试平台时钟和激励生成代码…
//通过列表顺序对带有参数值分配的四个 vdff 例化
//mod_a 有新的参数值,size = 10 且 delay = 15
//mod_b 为默认的参数值(size = 5, delay = 1)
//mod_c 有默认的参数值 size = 5 和新的参数值 delay = 12
//为了改变参数的值,也需要说明默认宽度值
//mod_d 有新的参数值 size = 10,延迟为默认值
  vdff # (10,15) mod_a (.out(out_a), .in(in_a), .clk(clk));
  vdff mod_b (.out(out_b), .in(in_b), .clk(clk));
  vdff # ( 5,12) mod_c (.out(out_c), .in(in_c), .clk(clk));
  vdff # (10) mod_d (.out(out_d), .in(in_d), .clk(clk));
endmodule

module vdff (out, in, clk);
parameter size = 5, delay = 1;
output [size – 1:0] out;
input [size – 1:0] in;
input clk;
reg [size – 1:0] out;
always @ (posedge clk)
   # delay out = in;
endmodule
```

不能覆盖本地参数值。因此,不能将其作为覆盖参数值列表的一部分。

【例5.146】 对于本地参数处理 Verilog HDL 描述的例子,如代码清单 5-58 所示。

代码清单 5-58　本地参数处理的 Verilog HDL 描述

```
module my_mem (addr, data);
parameter addr_width = 16;
localparam mem_size = 1 << addr_width;
parameter data_width = 8;
…
endmodule
module top;
…
my_mem # (12, 16) m(addr,data);
endmodule
```

在本例中,addr_width 的值分配了 12,data_width 的值分配了 16。由于列表的顺序,不能显式为 mem_size 分配值,由于声明表达式,mem_size 的值为 4096。

（2）通过名字分配参数值。

通过名字分配参数是将参数的名字和它新的值显式地进行连接。参数的名为被例化模块内所指定参数的名字。当使用这种方法时,不需要给所有参数分配值,只需指定需要分配新值的参数。

【例5.147】 通过名字分配部分参数值 Verilog HDL 描述的例子,如代码清单 5-59 所示。

代码清单 5-59　通过名字分配部分参数值的 Verilog HDL 描述

```
module tb2;
wire [9:0] out_a, out_d;
```

```
wire [4:0] out_b, out_c;
reg [9:0] in_a, in_d;
reg [4:0] in_b, in_c;
reg clk;
//测试平台时钟和激励生成代码…
//通过名字分配包含参数值的四个例化 vdff
//mod_a 有新的参数 size = 10 和 delay = 15
//mod_b 有默认的参数值 (size = 5, delay = 1)
//mod_c 有默认的参数值 size = 5 和新的参数值 delay = 12
//mod_d 有一个新的参数值 size = 10,延迟保持它的默认参数值
  vdff #(.size(10),.delay(15)) mod_a (.out(out_a),.in(in_a),.clk(clk));
  vdff mod_b (.out(out_b),.in(in_b),.clk(clk));
  vdff #(.delay(12)) mod_c (.out(out_c),.in(in_c),.clk(clk));
  vdff #(.delay( ),.size(10) ) mod_d (.out(out_d),.in(in_d),.clk(clk));
endmodule

module vdff (out, in, clk);
parameter size = 5, delay = 1;
output [size - 1:0] out;
input [size - 1:0] in;
input clk;
reg [size - 1:0] out;
always @(posedge clk)
  #delay out  =  in;
endmodule
```

在相同的顶层模块中,当例化模块时,使用不同的重新定义的参数类型是合法的。

【例 5.148】 混合使用不同参数定义类型 Verilog HDL 描述的例子。

```
module tb3;
//声明和代码
//使用位置参数例化和名字参数例化的混合声明是合法的
  vdff #(10, 15) mod_a (.out(out_a), .in(in_a), .clk(clk));
  vdff mod_b (.out(out_b), .in(in_b), .clk(clk));
  vdff #(.delay(12)) mod_c (.out(out_c), .in(in_c), .clk(clk));
endmodule
```

不允许在一个例化模块中,同时使用两种混合参数分配的方法,如

```
vdff #(10, .delay(15)) mod_a (.out(out_a), .in(in_a), .clk(clk));
```

上述描述是非法的。

5.9.3　端口

端口提供了由模块和原语组成的硬件描述的方法,如模块 A 可以例化模块 B,通过适当的端口连接到模块 A。这些端口的名字可不同于在模块 B 内所指定的内部网络和变量的名字。

1. 端口列表

在每个模块声明顶部端口列表中,每个端口的端口引用可以是:

(1)一个简单的标识符或者转义标识符;

(2)在模块内声明向量的位选择;

(3)在模块内声明向量的部分选择;

(4)上面形式的并置/连接。

端口表达式是可选择的。由于可以定义不连接到模块内部任何内容的端口,所以一旦定义了端口,不能使用相同的名字定义其他端口。只有端口表达式的第一种类型端口模块是隐含端口。第二种类型的端口是显式端口。这明确指定了用于按端口名字连接模块实例端口的

端口标识符。

2. 端口声明

如果端口声明中包含一个网络或者变量类型,则将端口看作完全的声明。如果在一个变量或者网络数据类型声明中再次声明端口,则会出现错误。由于这个原因,端口的其他内容也应该在这样一个端口声明中进行声明,包括有符号和范围定义(如果需要的话)。

如果端口声明中不包含一个网络或者变量类型,则可以在变量或者网络数据类型声明中再次声明端口。如果将网络或者变量声明为一个向量,在一个端口中的两个声明中应该保持一致。一旦在端口定义中使用了该名字,则不允许在其他端口声明或者在数据类型声明中再次进行声明。

实现可能限制一个模块定义中端口的最大数目,但至少为 256。

有符号属性可以附加到端口声明或者对应的网络或 reg 声明,也可以添加到两者。如果端口或网络/reg 已经被声明为有符号的,则另一个也应该当作有符号的。

隐含网络应该看作无符号的。连接到没有明确网络声明的端口的网络应看作无符号的,除非端口已声明为有符号的。

3. 通过列表顺序连接模块例化

通过列表顺序连接模块例化是一种连接端口的方法,即在例化模块的时候端口连接的顺序和定义模块内端口的顺序相一致。

【例 5.149】 通过列表顺序连接端口 Verilog HDL 描述的例子,如代码清单 5-60 所示。

代码清单 5-60 通过列表顺序连接端口的 Verilog HDL 描述

```
module topmod;
    wire [4:0] v;
    wire a,b,c,w;
    modB b1 (v[0], v[3], w, v[4]);
endmodule

module modB (wa, wb, c, d);
inout wa, wb;
input c, d;

tranif1 g1 (wa, wb, cinvert);
not#(2, 6) n1 (cinvert, int);
and #(6, 5) g2 (int, c, d);
endmodule
```

该例中实现了下面的端口连接。

(1) 模块 modB 内定义的端口 wa 连接到 topmod 模块的位选择 v[0]。

(2) 端口 wb 连接到 v[3]。

(3) 端口 c 连接到 w。

(4) 端口 d 连接到 v[4]。

在仿真时,modB 的实例 b1,首先激活 and 门 g2,在 int 上产生一个值;这个值触发 not 门 n1,在 cinvert 上产生输出,然后激活 tranif1 门 g1。

4. 通过名字连接模块例化

另一种将模块端口和例化模块端口连接的方法是通过名字。下面将给出通过名字连接模块例化的几种方式。

【例 5.150】 通过名字连接端口的 Verilog HDL 描述的例子 1。

```
ALPHA instance1 (.Out(topB),.In1(topA),.In2());
```

在该例子中,例化模块将其信号 topA 和 topB 连接到模块 ALPHA 所定义的 In1 和 Out。ALPHA 提供的端口中,至少没有使用其中一个端口,该端口的名为 In2。该例子中,没有提到例化中未使用的其他端口。

【例 5.151】　通过名字连接端口 Verilog HDL 描述的例子 2,如代码清单 5-61 所示。

代码清单 5-61　通过名字连接端口的 Verilog HDL 描述

```
module topmod;
    wire [4:0] v;
    wire a,b,c,w;
    modB b1 (.wb(v[3]),.wa(v[0]),.d(v[4]),.c(w));
endmodule
module modB(wa, wb, c, d);
    inout wa, wb;
    input c, d;
    tranif1 g1(wa, wb, cinvert);
    not#(6, 2) n1(cinvert, int);
    and #(5, 6) g2(int, c, d);
endmodule
```

因为这些连接是按名字建立的,所以它们出现的顺序并不重要。

【例 5.152】　多个模块实例端口非法连接 Verilog HDL 描述的例子。

```
module test;
a ia (.i (a), .i (b),          //非法连接输入端口两次
.o (c), .o (d),                //非法连接输出端口两次
.e (e), .e (f));               //非法连接输入输出端口两次
endmodule
```

5. 端口连接中的实数

real 数据类型不能直接连接到端口上,而应该采用间接的方式进行连接。系统函数 $realtobits 和 $bitstoreal 用于在模块端口之间传递位模式。

【例 5.153】　通过系统函数传递实数 Verilog HDL 描述的例子。

```
module driver (net_r);
    output net_r;
    real r;
    wire [64:1] net_r = $realtobits(r);
endmodule

module receiver (net_r);
    input net_r;
    wire [64:1] net_r;
    real r;
    initial assign r = $bitstoreal(net_r);
endmodule
```

6. 连接不同的端口

一个模块的端口可看作两个条项(例如网络、reg 和表达式)之间的链路或者连接,即内部到模块实例以及外部到模块实例。

下面的端口连接规则给出了通过端口接收值的条目(内部条目用于输入,外部条目用于输出)应该为结构网络表达式。

一个声明为 input(output),但是用于 output(input)或 inout,应该强制为 inout。如果没有强制到 inout,将产生警告信息。

7. 端口连接规则

1) 规则一

input 或者 inout 端口是网络类型。

2）规则二

每个端口连接应为源到接收的连续分配，其中一个连接条目应为信号源，另一个应为信号接收。分配应为输入或输出端口从源到接收的连续分配。该分配是用于 input 端口的非强度降低的晶体管连接。在一个分配中，只有接收是网络或者结构化的网络表达式。

结构化的网络表达式是一个端口表达式，其操作数可以是：

（1）标量网络；

（2）向量网络；

（3）向量网络的常数位选择；

（4）向量网络的部分选择；

（5）结构化网络表达式的并置/连接。

下面的外部条目不能连接到模块的 output 或者 inout 端口。

（1）变量。

（2）不同于下面的其他表达式：①标量网络；②向量网络；③向量网络的常数位选择；④向量网络的部分选择；⑤上述表达式的并置/连接。

3）规则三

如果一个端口两侧的任何一个网络类型是 uwire，如果没有将网络合并为一个网络，则会出现警告信息。

8．不同端口连接导致的网络类型

当不同的网络类型通过模块端口连接时，端口两侧的网络可以采用同一种类型。所得的类型如表 5.27 所示。

表 5.27 不同网络类型连接后最后类型的确定

内部网络	外部网络								
	wire,tri	wand,triand	wor,trior	trireg	tri0	tri1	uwire	supply0	supply1
wire,tri	ext	ext	ext	ext	ext	ext	ext	ext	ext
wand,triand	int	ext	ext warn	ext warn	ext warn	ext warn	ext warn	ext	ext
wor,trior	int	ext warn	ext	ext warn	ext warn	ext warn	ext warn	ext	ext
trireg	int	ext warn	ext warn	ext	ext	ext	ext warn	ext	ext
tri0	int	ext warn	ext warn	int	ext	ext warn	ext warn	ext	ext
tri1	int	ext warn	ext warn	int	ext warn	ext	ext warn	ext	ext
uwire	int	int warm	int warm	int warn	int warn	int warn	ext	ext	ext
supply0	int	int	int	int	int	int	int	ext	ext warn
supply1	int	int	int	int	int	int	int	ext warn	ext

表 5.27 中，外部网络表示模块例化中指定的网络，内部网络表示模块定义中指定的网络。ext 为应使用的外部网络类型，int 为应使用的内部网络类型，warn 为应发出警告。

所使用类型的网络称为主导网络。类型被改变的网络称为被支配的网络。允许将主导网络和被支配的网络合并为单个网络，其类型为主导网络的类型。最终的网络称为"仿真"网络，而被支配的网络称为"倒塌"的网络。

"仿真"网络应该采用主导网络规定的延迟。如果主导网络类型为 trireg,则为 trireg 网络指定的任何强度值应适用于"仿真"网络。

1)网络类型解析规则

当一个端口连接的两个网络是不同的网络类型时,生成的单个网络可以被指定为以下之一。如果两个网络中的一个处于主导网络,则为主导网络类型,或模块外部的网络类型;当不存在主导网络类型时,应使用外部网络类型。

2)网络类型表

表 5.27 显示了由网络类型解析规则决定的网络类型。仿真网络应采用表中规定的网络类型和该网络规定的延迟。如果选择的仿真网络是 trireg,则为 trireg 网络指定的任何强度值都适用于仿真网络。

9. 通过端口连接有符号值

符号属性不应跨越层次。为了使有符号类型跨越层次,必须在不同层次结构级别的对象声明中使用 signed 关键字。端口上的任何表达式应看作分配/赋值中的任何其他表达式。它应该有类型、宽度和评估,并使用与分配/赋值相同的规则将结果值分配给端口另一侧的对象。

5.9.4　生成结构

视频讲解

在一个模型中,Verilog HDL 用于有条件或者多次例化生成块。生成块是一个或者多个模块条目的集合。生成块不包含端口声明、参数声明、指定块或者 specparam 声明。在生成块中,允许包含其他生成结构。生成结构提供了通过参数值影响模型结构的能力。它允许更简单的描述包含重复结构的模块,并使递归模块例化成为可能。

Verilog HDL 提供了两种生成结构的类型。

(1)循环生成结构,允许单个生成块多次例化到一个模型。

(2)条件生成结构,包含 if-generate 或者 case-generate 结构,从一堆可以选择的生成块中例化出最多一个生成块。

术语生成方案是指确定例化所生成的模块或者生成多个模块的方法,它包含出现在一个生成结构中的条件表达式、case 替换和循环控制语句。

在对模型进行详细说明(elaboration,计算机综合过程的一部分)的过程中,评估生成方案。当分析完 HDL 后,仿真之前进行详细的说明。详细说明涉及展开模块例化,计算参数值,解析层次的名字,建立网络连接和准备用于仿真的模型。尽管生成方案使用和行为语句类似的语法,但是在仿真的时候,并不执行它们,因此,在生成方案中的所有表达式必须是常数表达式。

对生成结构的详细描述产生零个或者多个生成块。在某些方面,对生成块的例化类似于模块的例化。它创建了一个新的层次结构,并使块内的对象、行为结构和模块实例得以存在。

关键字 generate 和 endgenerate 可以在模块中用于定义生成区域。生成区域使模块描述中可能出现生成结构的文本跨度。可以选择使用生成区域。使用生成区域时,模块中没有语义差异。解析器可以选择识别生成区域,以针对错误使用生成构造关键字生成不同的错误消息。生成区域不能嵌套,它们只能直接出现在模块中。如果使用 generate 关键字,则应该使用 endgenerate 关键字进行匹配。

1. 循环生成结构

一个循环生成结构允许使用类似 for 循环语句的语法多次实例化生成块。

在循环生成方案中,使用循环索引变量之前,应在 genvar 声明中声明循环索引变量。

genvar 在详细说明过程中用作整数,用于评估循环的次数并创建生成块的实例,但在仿真时不存在。不可以在循环生成方案外的其他地方使用 genvar。

循环生成方案中的初始化和迭代分配都应分配给同一个 genvar。初始化分配/赋值不应引用右侧的循环索引变量。

在循环生成结构的内部,有一个隐含的 localparam 声明,这是一个整数参数,它和循环索引变量有相同的名字和类型。在生成模块内,该参数的值是当前详细描述中索引变量的值。该参数可以用于生成块内的任何地方,其可以使用带有一个整数值的普通参数,它可以用层次结构名字引用。

由于这个隐含的 localparam 和 genvar 有相同的名字,任何对循环生成块内名字的引用都是对 localparam 的引用,而不是对 genvar 的引用,结果是不可能在两个嵌套的循环生成结构中使用相同的 genvar。

可以命名或者不命名一个生成结构,它们只有一个条目,而不需要 begin/end 关键字。即使没有 begin/end 关键字,它仍然为一个生成块,与所有生成块一样,在例化时,它包括一个单独的范围和一个新的层次结构级别。

如果已命名了生成块,则它是生成块实例数组的声明。此数组中的索引值是 genvar 在详细描述过程中假定的值。这可以是一个稀疏数组,因为 genvar 值不必形成连续的整数范围。即使循环生成方案没有生成块的实例,也会认为已声明数组。如果未命名生成块,则不能使用层次结构名字以外的层次结构名字引用其中的声明。

如果生成块实例数组的名字与任何其他声明(包括任何其他生成块实例数组)冲突,则应为错误。如果在循环生成方案的评估过程中重复 genvar 值,则应为错误。如果在循环生成方案的评估过程中 genvar 的任何位被设置为"x"或"z",将是一个错误。

【例 5.154】　合法和非法循环生成结构 Verilog HDL 描述的例子,如代码清单 5-62 所示。

代码清单 5-62　生成循环结构的不同 Verilog HDL 描述

```
module mod_a;
genvar i;
//不要求"generate", "endgenerate"
for (i = 0; i < 5; i = i + 1) begin:a
    for (i = 0; i < 5; i = i + 1) begin:b
    ...                         //错误——使用"i"作为两个嵌套生成循环的索引
    end
end
endmodule

module mod_b;
genvar i;
reg a;
for (i = 1; i < 0; i = i + 1) begin: a
    ...                         //错误——"a"和 reg 类型"a"冲突
end
endmodule

module mod_c;
genvar i;
for (i = 1; i < 5; i = i + 1) begin: a
...
end
for (i = 10; i < 15; i = i + 1) begin: a
    ...                         //错误——"a"和前面的名字冲突
end
endmodule
```

【例 5.155】 实现格雷码到二进制码转换 Verilog HDL 描述的例子,如代码清单 5-63 所示。

代码清单 5-63 格雷码到二进制码转换的 Verilog HDL 描述

```verilog
module gray2bin1 (bin, gray);
  parameter SIZE = 8;                 //该模块参数化
  output [SIZE - 1:0] bin;
  input [SIZE - 1:0] gray;
  genvar i;
  generate
    for (i = 0; i < SIZE; i = i + 1) begin:bit
      assign bin[i] = ^gray[SIZE - 1:i];
    end
endgenerate
endmodule
```

下面两个例子中的模型是使用循环生成 Verilog 门原语的纹波加法器的参数化模块。

【例 5.156】 循环生成逐位进位加法器 Verilog HDL 描述的例子 1,如代码清单 5-64 所示。

代码清单 5-64 循环生成逐位进位加法器的 Verilog HDL 描述

```verilog
module addergen1 (co, sum, a, b, ci);
  parameter SIZE = 4;
  output [SIZE - 1:0] sum;
  output co;
  input [SIZE - 1:0] a, b;
  input ci;
  wire [SIZE :0] c;
  wire [SIZE - 1:0] t [1:3];
  genvar i;
  assign c[0] = ci;
          //层次化的门例化名字:
          //异或门: bit[0].g1 bit[1].g1 bit[2].g1 bit[3].g1
          //bit[0].g2 bit[1].g2 bit[2].g2 bit[3].g2
          //与门: bit[0].g3 bit[1].g3 bit[2].g3 bit[3].g3
          //bit[0].g4 bit[1].g4 bit[2].g4 bit[3].g4
          //或门: bit[0].g5 bit[1].g5 bit[2].g5 bit[3].g5
          //使用多维网络进行连接 t[1][3:0] t[2][3:0] t[3][3:0](共 12 个网络)
      for(i = 0; i < SIZE; i = i + 1) begin:bit
        xor g1 ( t[1][i], a[i], b[i]);
        xor g2 ( sum[i], t[1][i], c[i]);
        and g3 ( t[2][i], a[i], b[i]);
        and g4 ( t[3][i], t[1][i], c[i]);
        or g5 ( c[i + 1], t[2][i], t[3][i]);
      end
    assign co = c[SIZE];
endmodule
```

该例子使用生成循环外部的二维网络声明来建立门原语之间的连接。

【例 5.157】 循环生成加法器 Verilog HDL 描述的例子 2,如代码清单 5-65 所示。

代码清单 5-65 循环生成加法器的 Verilog HDL 描述

```verilog
module addergen1 (co, sum, a, b, ci);
  parameter SIZE = 4;
  output [SIZE - 1:0] sum;
  output co;
  input [SIZE - 1:0] a, b;
  input ci;
  wire [SIZE :0] c;
  genvar i;
  assign c[0] = ci;
  //层次化的门例化名字:
  //异或门: bit[0].g1 bit[1].g1 bit[2].g1 bit[3].g1
```

```
//bit[0].g2 bit[1].g2 bit[2].g2 bit[3].g2
//与门: bit[0].g3 bit[1].g3 bit[2].g3 bit[3].g3
//bit[0].g4 bit[1].g4 bit[2].g4 bit[3].g4
//或门: bit[0].g5 bit[1].g5 bit[2].g5 bit[3].g5
//使用下面的网络名字连接
//bit[0].t1 bit[1].t1 bit[2].t1 bit[3].t1
//bit[0].t2 bit[1].t2 bit[2].t2 bit[3].t2
//bit[0].t3 bit[1].t3 bit[2].t3 bit[3].t3
    for(i = 0; i < SIZE; i = i + 1) begin:bit
        wire t1, t2, t3;
        xor g1 ( t1, a[i], b[i]);
        xor g2 ( sum[i], t1, c[i]);
        and g3 ( t2, a[i], b[i]);
        and g4 ( t3, t1, c[i]);
        or g5 ( c[i + 1], t2, t3);
    end
    assign co = c[SIZE];
endmodule
```

该例子使用生成循环内的网络声明来为循环的每个迭代生成连接门原语所需的连线。

【例 5.158】 多层生成模块 Verilog HDL 描述的例子,如代码清单 5-66 所示。

代码清单 5-66 多层生成模块的 Verilog HDL 描述

```
parameter SIZE = 2;
  genvar i, j, k, m;
  generate
    for (i = 0; i < SIZE; i = i + 1) begin:B1          //范围 B1[i]
      M1 N1();                                          //例化 B1[i].N1
        for (j = 0; j < SIZE; j = j + 1) begin:B2      //范围 B1[i].B2[j]
          M2 N2();                                      //例化 B1[i].B2[j].N2
              for (k = 0; k < SIZE; k = k + 1) begin:B3 //范围 B1[i].B2[j].B3[k]
                  M3 N3();                              //例化 B1[i].B2[j].B3[k].N3
              end
        end
        if (i > 0) begin:B4                             //范围 B1[i].B4
          for (m = 0; m < SIZE; m = m + 1) begin:B5    //范围 B1[i].B4.B5[m]
            M4 N4();                                    //例化 B1[i].B4.B5[m].N4
          end
        end
    end
  endgenerate
```

在该例子中显示了多级生成循环中的分层生成块实例名字。对于生成循环创建的每个块实例,通过在生成块标识符的末尾添加[genvar value]来索引循环的生成块标识符。这些名字可用于分层路径名字。

2. 条件生成结构

条件生成结构包含 if-generate 和 case-generate。在详细描述的过程中,基于给出的常数表达式,从一组备选的生成块中最多选择一个生成块。如果存在需要生成的块,则将其例化到模型中。

条件生成结构中的生成块可以是命名的或未命名的,并且它们可以仅由一个条目组成,而不需要使用 begin-end 关键字包围。即使没有 begin-end 关键字,它仍然是一个生成块,与所有生成块一样,在例化时,它包含一个单独的范围和一个新的层次结构级。

因为最多例化了一个备选生成块,所以在单个条件生成结构中允许存在多个同名块,不允许任何命名的生成块与任何其他条件或循环中的生成块具有相同的名字。

如果命名了为例化选择的生成块,那么这个名字声明了一个生成块实例,并且是它创建的作用域的名字。如果没有命名选择用于例化的生成块,它仍然会创建一个作用域,但不能使用层次结构名字以外的名字来引用层次结构其中内部的声明。

如果条件生成结构中的生成块仅包含一个自身为条件生成结构的条目,并且该条目未被 begin-end 关键字包围,则该生成块不会被看作单独的作用域。在该块中的生成结构称为直接 嵌套。直接嵌套结构的生成块好像被看作属于外部结构。因此,它们可以与外部结构的生成 块具有相同的名字,并且它们不能与包含外部结构的作用域中的任何声明(包含该作用域中其 他生成结构中的其他生成块)具有相同的名字。允许在没有创建不必要的生成块层次结构的 情况下表达复杂的条件生成方案。

最常见的方法是创建一个 if-else-if 生成方案,其中包含任意个数的 else-if 子句,所有这些 子句都可以生成同名的块,因为只选择一个用于例化。允许在同一复杂生成方案中组合 if-生 成和 case-生成结构。直接嵌套仅适用于嵌套在条件生成结构中的条件生成结构,它不以任何 方式应用于循环生成结构。

【例 5.159】 if-else 生成结构 Verilog HDL 描述的例子,如代码清单 5-67 所示。

代码清单 5-67   if-else 生成结构的 Verilog HDL 描述

```
module test;
parameter p = 0, q = 0;
wire a, b, c;
// -----------------------------------------------------------
//代码或者生成 u1.g1 例化或者没有生成例化
//u1.g1 例化下面的一个门{and, or, xor, xnor},根据条件
//{p,q} == {1,0}, {1,2}, {2,0}, {2,1}, {2,2}, {2, default}
// -----------------------------------------------------------
if (p == 1)
    if (q == 0)
        begin : u1              //如果 p==1 和 q==0,则例化
            and g1(a, b, c);    //AND 的层次名为 test.u1.g1
        end
    else if (q == 2)
        begin : u1              //如果 p==1 和 q==2,则例化
            or g1(a, b, c);     //OR 的层次名为 test.u1.g1
        end
    //添加"else"结束"(q == 2)" 的描述
    else ;                      //如果 p==1 和 q!=0 或 2,则没有例化
else if (p == 2)
    case (q)
    0, 1, 2:
        begin : u1              //如果 p==2 和 q==0,1,或者 2,则例化
            xor g1(a, b, c);    //XOR 层次名为 test.u1.g1
        end
    default:
        begin : u1              //如果 p==2 和 q!=0,1,或者 2,则例化
            xnor g1(a, b, c);   //XNOR 的层次名为 test.u1.g1
        end
    endcase
endmodule
```

在该例子中,生成结构将最多选择一个名为 u1 的生成块。该块中的门实例的分层名字将 是 test.u1.g1。当嵌套 if-生成结构时,else 总是属于最近的 if 结构。

注:与上面的例子一样,可以插入带有空生成块的 else,以便后续 else 属于外部 if 结构。 begin/end 关键字也可以用来消除歧义,然而,这将违反直接嵌套的标准,并且将创建额外级 别的生成层次结构。

条件生成结构使得模块可以包含自身的例化,循环生成结构也是如此,但使用条件生成更 容易实现。通过正确使用参数可以终止生成的递归,从而生成合法的模型层次结构。确定了 顶层模块的规则,包含自身实例的模块将不再是顶层模块。

【例 5.160】　一个参数化乘法器 Verilog HDL 描述的例子，如代码清单 5-68 所示。

代码清单 5-68　参数化乘法器的 Verilog HDL 描述

```
module multiplier(a,b,product);
parameter a_width = 8, b_width = 8;
localparam product_width = a_width + b_width;
    //不能通过 defparam 语句或者例化语句直接修改 #
input [a_width - 1:0] a;
input [b_width - 1:0] b;
output [product_width - 1:0] product;
generate
    if((a_width < 8) || (b_width < 8)) begin: mult
        CLA_multiplier #(a_width,b_width) u1(a, b, product);
        //例化一个 CLA 乘法器
    end
    else begin: mult
        WALLACE_multiplier #(a_width,b_width) u1(a, b, product);
        //例化一个 Wallace 树乘法器
    end
endgenerate
    //层次化的例化名为 mult.u1
endmodule
```

【例 5.161】　case 生成结构 Verilog HDL 描述的例子，如代码清单 5-69 所示。

代码清单 5-69　case 生成结构的 Verilog HDL 描述

```
generate
  case (WIDTH)
    1: begin: adder              //实现 1 比特加法器
        adder_1bit x1(co, sum, a, b, ci);
    end
    2: begin: adder              //实现 2 比特加法器
        adder_2bit x1(co, sum, a, b, ci);
    end
    default:
      begin: adder              //其他超前进位加法器
        adder_cla #(WIDTH) x1(co, sum, a, b, ci);
      end
    endcase
//这个层次例化的名字是 adder.x1
endgenerate
```

【例 5.162】　for 循环生成结构 Verilog HDL 描述的例子，如代码清单 5-70 所示。

代码清单 5-70　for 循环生成结构的 Verilog HDL 描述

```
module dimm(addr, ba, rasx, casx, csx, wex, cke, clk, dqm, data, dev_id);
parameter [31:0] MEM_WIDTH = 16, MEM_SIZE = 8;    //in mbytes
input [10:0] addr;
input ba, rasx, casx, csx, wex, cke, clk;
input [7:0] dqm;
inout [63:0] data;
input [4:0] dev_id;
genvar i;
    case ({MEM_SIZE, MEM_WIDTH})
      {32'd8, 32'd16}:                          //8M×6 位宽
      begin: memory
        for (i = 0; i < 4; i = i + 1) begin:word
          sms_08b216t0 p(.clk(clk), .csb(csx), .cke(cke),.ba(ba),
                    .addr(addr), .rasb(rasx), .casb(casx),
                    .web(wex), .udqm(dqm[2 * i + 1]), .ldqm(dqm[2 * i]),
                    .dqi(data[15 + 16 * i:16 * i]), .dev_id(dev_id));
        //层次化例化名字是 memory.word[3].p,
```

```
                          //memory.word[2].p, memory.word[1].p, memory.word[0].p,
                          //和任务 memory.read_mem
            end
            task read_mem;
              input [31:0] address;
              output [63:0] data;
              begin                                        //在 sms 模块内调用 read_mem
                  word[3].p.read_mem(address, data[63:48]);
                  word[2].p.read_mem(address, data[47:32]);
                  word[1].p.read_mem(address, data[31:16]);
                  word[0].p.read_mem(address, data[15: 0]);
              end
            endtask
        end
        {32'd16, 32'd8}:                                   //16M x 8 位宽度
        begin: memory
          for (i = 0; i < 8; i = i + 1) begin:byte
              sms_16b208t0 p(.clk(clk), .csb(csx), .cke(cke),.ba(ba),
                             .addr(addr), .rasb(rasx), .casb(casx),
                             .web(wex), .dqm(dqm[i]),
                             .dqi(data[7 + 8 * i:8 * i]), .dev_id(dev_id));
              //层次化的例化名字 memory.byte[7].p,memory.byte[6].p, ... , memory.byte[1].p,
              //memory.byte[0].p
              //和任务 memory.read_mem
          end
          task read_mem;
            input [31:0] address;
            output [63:0] data;
            begin                                          //在 sms module 模块调用 read_mem
                byte[7].p.read_mem(address, data[63:56]);
                byte[6].p.read_mem(address, data[55:48]);
                byte[5].p.read_mem(address, data[47:40]);
                byte[4].p.read_mem(address, data[39:32]);
                byte[3].p.read_mem(address, data[31:24]);
                byte[2].p.read_mem(address, data[23:16]);
                byte[1].p.read_mem(address, data[15: 8]);
                byte[0].p.read_mem(address, data[7: 0]);
            end
          endtask
        end
            //其存储器情况
        endcase
    endmodule
```

3. 用于未命名生成块的外部名字

虽然未命名的生成块没有可用于分层名字的名字,但它需要一个名字以使外部接口可以引用它。为此,将为每个未命名的块分配一个名字。

对于一个给定范围内的每个生成结构,都分配了一个数字。在该范围内,首先是以文字形式的结构,其数字是 1;对于该范围的每个随后生成结构其值递增 1;对于所有未命名的生成块,将其命名为 genblk<n>,n 为分配给该结构的数字,如果这个名字和明确声明的名字冲突,则在数字前一直加 0,直到没有冲突为止。

【例 5.163】 未命名生成块 Verilog HDL 描述的例子,如代码清单 5-71 所示。

代码清单 5-71　未命名生成块的 Verilog HDL 描述

```
module top;
    parameter genblk2 = 0;
    genvar i;
    //下面的生成块有隐含的名字 genblk1
    if (genblk2) reg a;                                    //top.genblk1.a
```

```
     else reg b;                                      //top.genblk1.b
     //下面的生成块有隐含的名字 genblk02,因为已经声明 genblk2 为标识符
     if (genblk2) reg a;                               //top.genblk02.a
     else reg b;                                       //top.genblk02.b
     //下面的生成块有隐含的名字 genblk3,但是有明确的名字 g1
     for (i = 0; i < 1; i = i + 1) begin : g1          //块的名字
         //下面的生成块有隐含名字 genblk1
         //作为 g1 内第 1 个嵌套的范围
       if (1) reg a;                                    //top.g1[0].genblk1.a
     end
         //下面的生成块有隐含的名字 genblk4,由于它属于 top 内的第四个生成块
         //如果没有明确命名为 g1,前面的生成块命名为 genblk3
     for (i = 0; i < 1; i = i + 1)
         //下面的生成块有隐含名字 genblk1
         //作为 genblk4 内第一个嵌套的生成块
       if (1) reg a;                                    //top.genblk4[0].genblk1.a
         //下面的生成块有隐含的名字 genblk5
       if (1) reg a;                                    //top.genblk5.a
   endmodule
```

5.9.5　层次化的名字

视频讲解

在 Verilog HDL 描述中,每个标识符应该有一个唯一的层次路径名字。模块层次和模块内所定义的条目,如任务和命名块定义了这些名字。名字的层次可看作一个树状结构。其中每个模块实例、生成块实例、任务、函数或命名的 begin-end 或 fork-join 块在树的特殊分支上定义了一个新的层次或范围。

设计描述包含一个或多个顶层模块。每个这样的模块构成了名字结构的顶层。此根模块或这些并行根模块构成设计描述或描述中的一个或多个层次结构。在任何模块内,每个模块实例(包含实例数组)、生成块实例、任务定义、函数定义,以及命名的 begin-end 或 fork-join 块都应定义层次结构的新分支。命名块以及任务和函数内的命名块应创建新分支。未命名的生成块是例外,它们创建仅在块内以及块实例化的任何层次结构内可见的分支。

在分层名字树中的每个节点应是与标识符相关的单独范围。特殊标识符在任何范围内最多只能声明一次。

任何命名的 Verilog 对象或分层名字引用,都可以通过并置/连接模块名字、模块实例名字、生成块、任务、函数或包含它的命名块,以其完整形式唯一引用。字符"."应用于分隔分层中的每个名字,但嵌入分层名字引用中的转义标识符除外,其后是由空格和字符"."组成的分隔符。任何对象的完整路径名字应从顶层(根)模块开始,此路径名可以在层次结构中的任何级或并行层次结构中使用。路径名中的第一个节点名也可以是层次结构的顶层,该层次结构从使用路径的级开始(这允许并使能向下引用条目)。自动任务和函数中声明的对象也是例外,不能通过层次结构名字引用访问。在未命名的生成块中声明的对象也是例外,它们只能由块内以及块例化的任何层次结构中的层次结构名字引用。

层次路径名字引用实例数组或循环生成块的名字后面可以紧跟方括号中的常量表达式。该表达式选择数组的特定实例,因此称为实例选择。表达式的计算结果应为数组的合法索引值之一。如果数组名字不是层次结构名字中的最后一个路径元素,则需要实例选择表达式。

【例 5.164】　模块实例和命名模块层次结构的 Verilog HDL 描述的例子,如代码清单 5-72 所示。

代码清单 5-72　模块实例和命名模块层次结构的 Verilog HDL 描述

```
module mod (in);
input in;
```

```
always @(posedge in) begin : keep
reg hold;
      hold = in;
end
endmodule

module cct (stim1, stim2);
input stim1, stim2;
//例化 mod
  mod amod(stim1), bmod(stim2);
endmodule

module wave;
reg stim1, stim2;
cct a(stim1, stim2);                           //例化 cct
initial begin :wave1
    #100 fork :innerwave
          reg hold;
       join
    #150 begin
          stim1 = 0;
        end
  end
  endmodule
```

【例 5.165】 在层次化结构中修改值 Verilog HDL 描述的例子。

```
begin
    fork:mod_1
        reg x;
        mod_2.x = 1;
    join
    fork :mod_2
        reg x;
        mod_1.x = 0;
    join
end
```

5.9.6 向上名字引用

模块或者模块实例的名字对于识别模块以及它在层次中的位置已经足够。一个更低层次的模块,能引用层次中该模块上层模块内的条目。如果知道高层模块或者它的例化名字,则可以引用它的名字。对于任务、函数、命名的块和生成块,Verilog HDL 将检查模块内的名字,直到找到名字或到达了层次的根部。它只能在更高的封闭模块中搜索名字,而不是实例。

向上名字引用的格式如下:

scope_name. item_name

其中,scope_name 为模块实例名字或生成块的名字。

【例 5.166】 向上名字引用 Verilog HDL 描述的例子。

```
module a;
integer i;
  b a_b1();
endmodule

module b;
integer i;
  c b_c1(), b_c2();
initial                          //向下的路径引用,i 的两个副本
```

```
        #10 b_c1.i = 2;                    //a.a_b1.b_c1.i, d.d_b1.b_c1.i
endmodule

module c;
integer i;
initial begin                             //i 的本地名字应用的四个副本
    i = 1;                                //a.a_b1.b_c1.i, a.a_b1.b_c2.i,
                                          //d.d_b1.b_c1.i, d.d_b1.b_c2.i
    b.i = 1;                              //向上的路径引用, i 的两个副本
                                          //a.a_b1.i, d.d_b1.i

end
endmodule

module d;
integer i;
    b d_b1();
initial begin                            //i 的每个副本的全路径名字引用
a.i = 1;
d.i = 5;
a.a_b1.i = 2;
d.d_b1.i = 6;
a.a_b1.b_c1.i = 3;
d.d_b1.b_c1.i = 7;
a.a_b1.b_c2.i = 4;
d.d_b1.b_c2.i = 8;
end
endmodule
```

在该例子中,有四个模块 a、b、c 和 d,每个模块都包含一个整数 i。在模型层次结构这一段中的最高层模块是 a 和 d。此处有两个模块 b 的副本,因为模块 a 和 d 例化了 b。此处有 c.i 的四个副本,因为 b 的两个副本分别实现例化了 c 两次。

5.9.7 范围规则

在 Verilog HDL 中,下面的元素定义了一个新的范围,包括模块、任务、函数、命名块和生成块。

标识符只能用于声明范围内的一个条目。这个规则意味着声明两个或多个同名变量,或将任务命名为同一模块内的变量,或为门实例指定与其输出连接的网络名字相同的名字,都是非法的。对于生成块,无论生成块是否例化,此规则都适用。对于条件生成结构中的生成块,有一个例外。

如果在任务、函数、命名块或生成块内直接引用标识符(无层次路径),则应在任务、函数、命名块或本地生成块内,或在包含任务、函数和命名块的名字树的同一分支中较高的模块、任务、函数或命名块内,或生成块中声明。如果在本地声明,则应该使用本地条目;如果没有,则继续向上搜索,直到找到该名字的条目或遇到模块边界。如果条目是变量,则应在模块边界处停止;如果条目是任务、函数、命名块或生成块,它将继续搜索更高级别的模块,直到找到为止。这一事实意味着任务和函数可以按名字使用和修改包含模块中的变量,而无须通过其端口。

如果标识符用层次结构名字引用,则路径可以以模块名字、实例名字、任务、函数、命名块或命名生成块开头。应首先在当前级别搜索名字,然后在更高级别模块中搜索名字,直到找到为止。因为可以同时使用模块名字和实例名字,所以如果有与实例名字相同的模块,则优先使用实例名字。

【例 5.167】　在图 5.14 中,每个矩形表示一个局部范围。可用于向上搜索的范围向外扩展到以模块 A 的边界为外部边界的包含的所有矩形。因此,块 G 可以直接引用 F、E 和 A 中的标识符,不能直接引用 H、B、C 和 D 中的标识符。

【例 5.168】　通过名字访问变量 Verilog HDL 描述的例子。

```
task t;
reg s;
begin : b
    reg r;
    t.b.r = 0;                          //这三行访问相同的变量 r
    b.r = 0;
    r = 0;
    t.s = 0;                            //这两行访问相同的变量 s
    s = 0;
end
endtask
```

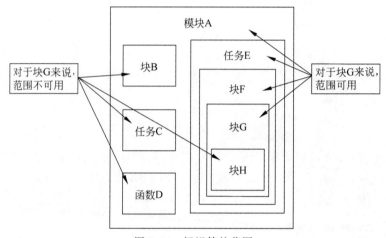

图 5.14　标识符的范围

视频讲解

5.9.8　设计实例六：N 位串行进位加法器的设计与实现

本节将使用循环生成语句生成 N 位串行进位加法器结构。设计文件如代码清单 5-73 所示,仿真文件如代码清单 5-74 所示。

代码清单 5-73　top.v 文件

```
/******************** full_adder 模块描述了一位全加器的功能 *****************/
module full_adder(                    // module 关键字定义模块 full_adder
input a,                              // input 关键字定义输入端口 a
input b,                              // input 关键字定义输入端口 b
input ci,                             // input 关键字定义输入端口 ci
output reg sum,                       // output 和 reg 关键字定义输出端口 sum(和)
output reg co                         // output 和 reg 关键字定义输出端口 co(进位)
);
always @( * )                         // always 关键字定义过程语句, * 为隐含敏感信号
begin                                 // begin 关键字标识过程语句的开始,类似 C 语言的"{"
case ({a,b,ci})                       // case 关键字定义分支语句,条件 a,b,ci 并置
  3'b000 : begin sum = 1'b0; co = 1'b0; end  // 条件取值为"000",sum(和) = 0,co(进位) = 0
  3'b001 : begin sum = 1'b1; co = 1'b0; end  // 条件取值为"001",sum(和) = 1,co(进位) = 0
  3'b010 : begin sum = 1'b1; co = 1'b0; end  // 条件取值为"010",sum(和) = 1,co(进位) = 0
  3'b011 : begin sum = 1'b0; co = 1'b1; end  // 条件取值为"011",sum(和) = 0,co(进位) = 1
  3'b100 : begin sum = 1'b1; co = 1'b0; end  // 条件取值为"100",sum(和) = 1,co(进位) = 0
  3'b101 : begin sum = 1'b0; co = 1'b1; end  // 条件取值为"101",sum(和) = 0,co(进位) = 1
  3'b110 : begin sum = 1'b0; co = 1'b1; end  // 条件取值为"110",sum(和) = 0,co(进位) = 1
```

```
3'b111 : begin sum = 1'b1; co = 1'b1; end    // 条件取值为"111",sum(和) = 1,co(进位) = 1
default : ;                                    // 其他情况
endcase                                        // endcase 标识分支语句的结束
end                                            // end 标识过程语句的结束
endmodule                                      // endmodule 标识模块 full_adder 的结束
```

```
/ ************* top 模块描述了一个宽度为 N 位的串行进位的加法器的功能 *********** /
module top # (parameter N = 8)(      // module 关键字定义模块 top,parameter 定义参数 N
input [N-1:0] a,                     // input 关键字定义输入端口 a,宽度为 N
input [N-1:0] b,                     // input 关键字定义输入端口 b,宽度为 N
input ci,                            // input 关键字定义输入端口 ci
output [N-1:0] sum,                  // output 关键字定义输出端口 sum,宽度为 N
output co                            // output 关键字定义输出端口 co
);
assign co = c[N];                    // 将网络 C[N]的值作为加法器的进位输出
assign c[0] = ci;                    // 将最低位的进位输入 ci 分配/赋值给网络 c[0]
wire [N:0] c;                        // wire 关键字定义网络 c,宽度为 N
genvar i;                            // genvar 关键字定义生成变量 i

generate                             // generate 关键字定义生成结构
for(i = 0;i < N;i = i + 1)           // for 关键字定义了循环生成结构
begin: adder                         // begin 关键字标识循环结构的开始,adder 为块名字
full_adder Inst_full_adder           // 调用元件 full_adder,将其例化为 Inst_full_adder
(a[i],b[i],c[i],sum[i],c[i + 1]);    // 端口的位置关联方法
end                                  // end 关键字标识循环结构的结束
endgenerate                          // endgenerate 关键字标识生成结构的结束
endmodule                            // endmodule 关键字标识模块 top 的结束
```

在高云云源软件中打开 RTL 级电路结构,如图 5.15 所示。

注:在配套资源\eda_verilog\example_5_14 目录下,用高云云源软件打开 exaple_5_14. gprj。

代码清单 5-74 test. v 文件

```
`timescale 1ns / 1ps                 // 预编译指令 timescale 定义时间标度、精度/分辨率
module test;                         // module 关键字定义模块 test
parameter N = 8;                     // parameter 关键字定义参数 N,值为 8
reg [N-1:0] x;                       // reg 关键字定义 reg 类型变量 x,宽度为 N
reg [N-1:0] y;                       // reg 关键字定义 reg 类型变量 y,宽度为 N
reg ci;                              // reg 关键字定义 reg 类型变量 ci
wire [N-1: 0] sum;                   // wire 关键字定义网络 sum,宽度为 N
wire co;                             // wire 关键字定义网络 co
top Inst_top(                        // 元件例化/调用语句,将模块 top 例化为 Inst_top
 .a(x),                              // 模块 top 的端口 a 连接到 test 模块的变量 x
 .b(y),                              // 模块 top 的端口 b 连接到 test 模块的变量 y
 .ci(ci),                            // 模块 top 的端口 ci 连接到 test 模块的变量 ci
 .sum(sum),                          // 模块 top 的端口 sum 连接到 test 模块的网络 sum
 .co(co)                             // 模块 top 的端口 co 连接到 test 模块的网络 co
);
initial                              // initial 关键字定义初始化部分
begin                                // begin 关键字标识初始化部分的开始,类似 C 语言的"{"
ci = 1'b0;                           // 变量 ci 的初始值为 0
end                                  // end 关键字表标识初始化部分的结束,类似 C 语言的"}"
initial                              // initial 关键字定义初始化部分
begin                                // begin 关键字标识初始化部分的开始,类似 C 语言的"{"
x = 56;                              // 变量 x 分配/赋值 56
y = 67;                              // 变量 y 分配/赋值 67
#100;                                // 维持 100ns
$display(" % d +  % d =  % d, co = % d", x,y,sum,co); // 打印 x + y 的结果 sum,以及进位 co 的值
x = 100;                             // 变量 x 分配/赋值 100
y = 90;                              // 变量 y 分配/赋值 90
#100;                                // 维持 100ns
$display(" % d +  % d =  % d, co = % d", x,y,sum,co); // 打印 x + y 的结果 sum,以及进位 co 的值
```

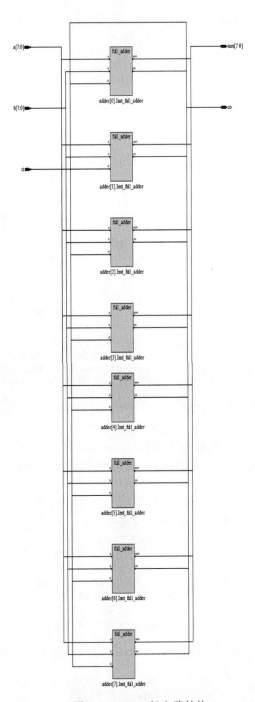

图 5.15　RTL 级电路结构

```
x = 120;                                    // 变量 x 分配/赋值 120
y = 200;                                    // 变量 y 分配/赋值 200
#100;                                       // 维持 100ns
$display("%d + %d = %d, co = %d", x,y,sum,co); // 打印 x + y 的结果 sum,以及进位 co 的值
x = 91;                                     // 变量 x 分配/赋值 91
y = 138;                                    // 变量 y 分配/赋值 138
#100;                                       // 维持 100ns
$display("%d + %d = %d, co = %d", x,y,sum,co); // 打印 x + y 的结果 sum,以及进位 co 的值
end                                         // end 关键字表标识初始化部分的结束,类似 C 语言的"}"
endmodule                                   // endmodule 关键字标识 test 模块的结束
```

在 ModelSim 软件中对该设计执行综合后仿真,在 Transcript 窗口中打印的信息如图 5.16 所示。

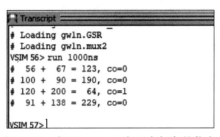

图 5.16 在 Transcript 窗口中打印的信息

注:在配套资源\eda_verilog\example_5_15 目录下,用 ModelSim SE-64 10.4c 打开 postsynth_sim.mpf。

5.10 系统任务和函数

本节介绍 Verilog HDL 的系统任务和函数,分为以下几类。

显示任务		$async $nand $array	$async $nand $plane
$display	$write	$async $or $array	$async $or $plane
$displayb	$writeb	$async $nor $array	$async $nor $plane
$displayh	$writeh	$sync $and $array	$sync $and $plane
$displayo	$writeo	$sync $nand $array	$sync $nand $plane
$strobe	$monitor	$sync $or $array	$sync $or $plane
$strobeb	$monitorb	随机分析任务	
$strobeh	$monitorh	$q_initialize	$q_add
$strobeo	$monitoro	$q_remove	$q_full
	$monitoroff	$q_exam	
	$monitoron	仿真时间函数	
文件 I/O 任务		$realtime	$stime
$fclose	$fopen	$time	
$fdisplay	$fwrite	转换函数	
$fdisplayb	$fwriteb	$bitstoreal	$realtobits
$fdisplayh	$fwriteh	$itor	$rtoi
$fdisplayo	$fwriteo	$signed	$unsigned
$fstrobe	$fmonitor	概率分布函数	
$fstrobeb	$fmonitorb	$random	$dist_chi_square
$fstrobeh	$fmonitorh	$dist_erlang	$dist_exponential
$fstrobeo	$fmonitoro	$dist_normal	$dist_poisson
$swrite	$sformat	$dist_t	$dist_uniform
$swriteb	$fgetc	命令行输入	
$swriteh	$ungetc	$test $plusargs	$value $plusargs
$swriteo	$fgets	数学函数	
$fscanf	$sscanf	$clog2	$asin
$fread	$rewind	$ln	$acos
$fseek	$ftell	$log10	$atan
$fflush	$ferror	$exp	$atan2
$feof	$readmemb	$sqrt	$hypot
$sdf_annotate	$readmemh	$pow	$sinh
时间标度任务		$floor	$cosh
$printtimescale	$timeformat	$ceil	$tanh
仿真控制任务		$sin	$asinh
$finish	$stop	$cos	$acosh
PLA 建模任务		$tan	$atanh
$async $and $array	$async $and $plane		

5.10.1　显示系统任务

显示系统任务用于信息显示和输出。这些系统任务进一步分为显示和写入任务、探测监控任务和连续监控任务。

1. 显示和写入任务

这些是显示信息的主要系统任务例程。这两组任务完全相同,只是 $display 会自动在输出末尾添加换行符,而 $write 任务则不会。

$display 和 $write 任务显示其参数的顺序与它们在参数列表中显示的顺序相同。每个参数可以是带引号的字符串、返回值的表达式或空参数。

除非插入某些转义序列以显示特殊字符或指定后续表达式的显示格式,否则字符串参数的内容将按字面形式输出。

转义序列以 3 种形式插入字符串。

(1)特殊字符"\"表示后面的字符是文字字符或不可打印字符。

(2)特殊字符"%"表示下一个字符应解释为格式规范,该规范为后续表达式参数建立显示格式。对于字符串中出现的每个"%"字符(%m 和 %% 除外),应在字符串后面提供相应的表达式参数。

(3)特殊字符串"%%"表示百分号字符"%"的显示。

任何空参数都会在显示中产生一个空格字符(空参数由参数列表中两个相邻逗号表示)。

在没有参数的情况下调用 $display 任务时,只需打印一个换行符。没有参数的 $write 任务根本不会打印任何内容。

1)用于特殊字符的转义序列

如表 5.28 所示,转义序列用于打印特殊的字符。

表 5.28　转义序列用于打印特殊的字符

参　　　数	描　　　述
\n	换行
\t	制表符
\\	字符\
\"	字符"
\ddd	3 位八进制数表示的 ASCII 码值
%%	字符%

【例 5.169】 转义序列用于打印特殊字符 Verilog HDL 描述的例子。

```
module disp;
initial begin
    $display("\\\t\\\n\"\123");
end
endmodule
```

仿真该例子将输出:

```
\	\
"S
```

2)格式规范

表 5.29 给出转义序列格式规范。当包含在字符串参数中时,每个转义序列指定后续表达式的显示格式。对于字符串出现的每个"%"字符(%m 和 %% 除外),参数列表中的字

符串后面都应该有一个相应的表达式。显示字符串时,表达式的值将替换格式规范。

任何没有相应格式规范的表达式参数都使用 $display 和 $write 中的默认十进制格式、$displayb 和 $writeb 中的二进制格式、$displayo 和 $writeo 中的八进制格式以及 $displayh 和 $writeh 中的十六进制格式显示。

表 5.29　转义序列格式规范

输出格式符	格 式 说 明
%h 或 %H	以十六进制显示
%d 或 %D	以十进制显示
%o 或 %O	以八进制显示
%b 或 %B	以二进制显示
%c 或 %C	以 ASCII 字符形式显示
%v 或 %V	显示网络信号强度
%l 或 %L	显示库绑定信息
%m 或 %M	显示模块分层名
%s 或 %S	以字符串显示
%t 或 %T	显示当前时间格式
%u 或 %U	未格式化的二值数据
%z 或 %Z	未格式化的四值数据

格式化规范 %l(或 %L)是为了显示特定模块的库信息而定义的。该信息应显示为 library.cell,与提取当前模块实例的库名字和当前模块实例单元名字相对应。

格式化规范 %u(或 %U)是为写入不带格式(二进制值)的数据而定义的。应用程序应将指定数据二值二进制表述传输到输出流。这个转义序列可以用于任何现有的显示系统任务,尽管 $fwrite 应该是首选的。源中的任何不确定"x"或高阻"z"应看为零。此格式说明符用于支持没有"x"和"z"概念的外部程序之间的数据传输。建议需要保留"x"和"z"的应用程序使用 %z I/O 格式规范。

数据应该以底层系统的原本的端格式写入文件(即,按照与使用 PLI 和使用 C 语言 write(2) 系统调用相同的字节顺序)。数据应该以 32 位为单位写入,首先写入包含 LSB 的字。

注:对于 POSIX 应用程序,可能需要使用 wb、wb+ 或 w+b 说明符打开未格式化 I/O 的文件,以避免系统实现与特殊字符匹配的未格式化流中的 I/O 更改模式。

格式化规范 %z(或 %Z)是为写入不带格式(二进制值)的数据而定义的。应用程序应将指定数据的四值二进制表示传输到输出流。这个转义序列可以用于任何现有的显示系统任务,尽管 $fwrite 应该是首选的。此格式说明符用于支持与识别并支持"x"和"z"概念的外部程序之间的数据传输。不需要保留"x"和"z"的应用程序建议使用 %u I/O 格式规范。

数据应该以底层系统的原本的端格式写入文件(即,以与使用 PLI 相同的原本端格式,数据采用 s_vpi_vecval 结构,并使用 C 语言 write(2) 系统调用将结构写入磁盘)。数据应该以 32 位为单位写入,结构包含先写入的 LSB。

表 5.30 给出了用于显示实数的指定格式。

表 5.30　用于显示实数的指定格式

参　　数	描　　述
%e 或 %E	指数格式显示实数
%f 或 %F	浮点格式显示实数
%g 或 %G	以上两种格式中较短的格式显示实数

%t 格式规范与 $timeformat 系统任务配合使用,以指定统一的时间单位、时间精度和格式,用于报告来自使用不同时间单位和精度的各个模块的时序信息。

【例 5.170】 display 系统任务 Verilog HDL 描述的例子,如代码清单 5-75 所示。

代码清单 5-75　display 系统任务的 Verilog HDL 描述

```
module disp;
reg [31:0] rval;
pulldown (pd);
initial begin
    rval = 101;
    $display("rval = %h hex %d decimal",rval,rval);
    $display("rval = %o octal\nrval = %b bin",rval,rval);
    $display("rval has %c ascii character value",rval);
    $display("pd strength value is %v",pd);
    $display("current scope is %m");
    $display("%s is ascii value for 101",101);
    $display("simulation time is %t", $time);
end
endmodule
```

仿真该例,将显示下面的结果:

```
rval = 00000065 hex 101 decimal
rval = 00000000145 octal
rval = 00000000000000000000000001100101 bin
rval has e ascii character value
pd strength value is StX
current scope is disp
e is ascii value for 101
simulation time is          0
```

3) 所显示数据的位宽

对于表达式参数,写到输出文件(或者终端)时,将自动调整值的位宽。例如,当以十六进制显示 12 位表达式的结果时,分配 3 个字符;当以八进制显示时,分配 4 个字符。这是因为表达式最大的可能值为 FFF(十六进制)和 4095(十进制)。

当以十进制显示时,将前面的零去掉,用空格代替。对于其他基数/进制,总是显示前面的零。

如下所示,通过在%字符和表示基数的字符之间插入一个 0,覆盖所显示的数据自动调整位宽。

```
$display("d = %0h a = %0h", data, addr);
```

【例 5.171】 显示不同数据位宽 Verilog HDL 描述的例子。

```
reg[11:0] r1;
initial begin
    r1 = 10;
    $display( "Printing with maximum size - :%d: :%h:", r1,r1 );
    $display( "Printing with minimum size - :%0d: :%0h:", r1,r1 );
end
endmodule
```

仿真后的结果如下:

```
Printing with maximum size - :  10: :00a:
Printing with minimum size - :10: :a:
```

第一个 $display 是标准的显示格式;第二个 $display 使用%0 的格式。

4) 未知和高阻值

当一个表达式的结果包含一个未知或者高阻值的时候,下面的规则用于显示值。

（1）对于%d的格式，规则如下：①如果所有位是未知值，显示单个小写 x 字符；②如果所有位为高阻值，显示单个小写 z 字符；③如果是某些而不是全部的位为未知值，显示大写的 X 字符；④如果是某些而不是全部的位为高阻值，显示大写的 Z 字符。除非有一些位为未知值，在这种情况下，显示大写字符 X；⑤十进制数总是在一个固定宽度的区域向右对齐。

（2）对于%h 和%o 的格式，规则如下：①每 4 位为一组表示一个十六进制数字，每 3 位为一组表示一个八进制数字；②如果一个组内的所有位都是未知值，为该进制的某个数字显示小写字母 x；③如果一个组内的所有位都是高阻值，为该进制的某个数字显示小写字母 z；④如果一个组内的某些位为未知值，为该进制的某个数字显示大写字母 X；⑤如果一个组内的某些位为高阻值，为该进制的某个数字显示大写字母 Z，除非有一些位为未知值，在这种情况下，为该进制的某个数字显示大写字母 X。

（3）在二进制格式（%b）中，使用字符"0"、"1"、"x"和"z"分别打印每一位。

【例 5.172】 显示未知值和高阻值 Verilog HDL 描述的例子。

```
$display(" % d", 1'bx);x
$display(" % h", 14'bx01010); xxXa
$display(" % h % o", 12'b001xxx101x01,12'b001xxx101x01);
```

结果如下：

```
x
xxXa
XXX 1x5X
```

5）强度格式

%v 格式用于显示标量网络的强度。对于字符串中出现的每个%v 规范，参数列表中的字符串后面应该有相应的标量引用。用三个字符格式报告一个标量网络的强度：前两个字符表示强度，第三个字符指示标量当前的值，其值如表 5.31 所示。

表 5.31 强度格式的逻辑值

参 数	描 述	参 数	描 述
0	用于逻辑"0"值	Z	用于一个高阻值
1	用于逻辑"1"值	L	用于一个逻辑"0"或者高阻值
X	用于一个未知值	H	用于一个逻辑"1"或者高阻值

前两个字符即强度字符，可以是两个字母助记符或者一对十进制数字。通常，使用两个字符助记符表示强度信息。然而，少数情况下使用一对十进制数字表示各种信号强度。表 5.32 给出了用于表示不同强度级的助记符。

表 5.32 用于表示信号强度的助记符

助 记 符	强 度 名 称	强 度 级
Su	Supply 驱动	7
St	强驱动	6
Pu	Pull 驱动	5
La	大电容	4
We	弱驱动	3
Me	中电容	2
Sm	小电容	1
Hi	高阻	0

强度格式提供了 4 种驱动强度和 3 种电荷存储强度。驱动强度与门输出和连续分配输出关联；电荷存储强度和 trireg 类型网络相关。

对于逻辑"0"和"1"，信号没有强度范围时，使用助记符；否则，逻辑值前面有两个十进制数字,表示最大和最小强度级。

对于未知值,当 0 和 1 强度分量在相同的强度级时,使用一个助记符;否则,未知值 X 前面有两个十进制数字,分别用于表示 0 和 1 强度级。

高阻强度没有已知的逻辑值,用于这个强度的逻辑值是 Z。

对于值 L 和 H,助记符始终表示强度级。

【例 5.173】 强度级显示 Verilog HDL 描述的例子。

```
always
#15 $display( $time,,"group = % b signals = % v % v % v",{s1,s2,s3},s1,s2,s3);
```

下面给出了这样一个调用可能的输出:

```
0    group = 111 signals = St1 Pu1 St1
15   group = 011 signals = Pu0 Pu1 St1
30   group = 0xz signals = 520 PuH HiZ
45   group = 0xx signals = Pu0 65X StX
60   group = 000 signals = Me0 St0 St0
```

表 5.33 解释了输出中不同的强度格式。

表 5.33　强度格式的解释

强 度 格 式	解　　释
St1	强驱动"1"值
Pu0	pull 驱动"0"值
HiZ	高阻状态
Me0	中等电容强度的 0 电荷存储
StX	强驱动未知值
PuH	pull 驱动强度为"1"或高阻值
65X	有强驱动 0 分量和 pull 驱动 1 分量的未知值
520	0 值,可能的强度范围从 pull 驱动到中电容

6)层次化名字格式

%m 格式标识符不接受参数。相反,它使显示任务打印的调用包含格式标识符的系统任务模块、任务、函数或者命名块层次名字。当有很多模块实例调用系统任务时,这非常有用。一个明确的应用是一个触发器或者锁存器时序检查消息,%m 格式标识符精确地找到负责时序检查消息的模块实例。

7)字符串格式

%s 格式标识符用于将 ASCII 码打印为字符。对于字符串中出现的每个%s,参数列表中的字符串后面都应该有相应的参数。相关参数理解为一个 8 位十六进制 ASCII 码,每 8 位表示一个字符。如果参数是一个变量,它的值右对齐,最右的值是字符串最后字符的最低有效位。在字符串的末尾不要求终止符,不打印前导零。

2. 探测监控任务

探测监控任务包含 $strobe、$strobeb、$strobeh 和 $strobeo。

系统任务 $strobe 提供在选定时间内显示仿真数据的能力。该时间表示当前仿真时间结束,此时刻仿真时间内的所有仿真时间都已经发生。该任务参数的指定方式与 $display 系统任务完全相同。

【例 5.174】 $strobe 任务 Verilog HDL 描述的例子。

```
forever@(negedge clock)
    $strobe ("At time % d, data is % h", $time,data);
```

在该例子中,在时钟的每个下降沿,$strobe 写时间和数据信息到标准的输出和日志文件。该行为应在仿真时间之前发生,并且在该时间发生的所有其他事件之后发生,以确保写入的数据是仿真时间的正确数据。

3. 连续监控任务

连续监控任务包括 $monitor、$monitorb、$monitorh 和 $monitoro。

$monitor 任务提供了监视和显示指定为任务参数的任何变量或表达式的值的能力。此任务参数指定的方式与 $display 系统任务完全相同,包括特殊字符和格式规范的转义序列的使用。

当一个或多个参数调用 $monitor 任务时,仿真器会设置一种机制,即每次参数列表中的变量或表达式改变值($time、$stime 或 $realtime 系统函数除外)时,这个参数列表就会在时间步骤结束时显示,就像由 $display 任务报告一样。如果两个或多个参数同时更改值,则只生成一个展示新值的显示。

只能一次激活一个 $monitor 显示列表;然而,在仿真过程中,可以多次发出带有新显示列表的新 $monitor 任务。

$monitoron 和 $monitoroff 任务控制使能和禁止监视的监视器标志。使用 $monitoroff 关闭标志并禁用监视。 $monitoron 系统任务可用于打开标志,以便使能监视,并且最近对 $monitor 的调用可以恢复显示。对 $monitoron 的调用应该在它调用之后立即显示,无论值是否发生变化,这用于监视会话开始时建立初始值。默认情况下,在仿真开始时打开监视器标志。

5.10.2 文件输入/输出系统任务和函数

用于文件操作的系统任务和函数分为下面的类型。

(1)打开和关闭文件的函数和任务。

(2)输出值到文件的任务。

(3)输出值到变量的任务。

(4)从文件中读取值,然后加载到变量或者存储器的任务和函数。

视频讲解

1. 打开和关闭文件

函数 $fopen 打开由 file_name 参数指定的文件,并返回 32 位多通道描述符 multi_channel _descriptor 或 32 位文件描述符 fd,这取决于是否存在参数类型 type。其语法格式如下:

```
multi_channel_descriptor = $fopen("file_name");
```

或

```
fd = $fopen("file_name",type);
```

其中,file_name 为一个字符串,或者是包含字符串的 reg,该字符串用于命名要打开的文件;type 是一个字符串,或者是包含表 5.34 中一个表单字符串的 reg,该表单指示如何打开文件,如果省略类型,则打开文件进行写入,并返回多通道描述符 mcd。如果提供了 type,则按照指定的 type 打开文件,并返回文件描述符 fd。

表 5.34 文件描述符的类型

参　　数	描　　述
"r"或者"rb"	打开文件,用于读
"w"或者"wb"	截断到长度零,或者创建文件用于写
"a"或者"ab"	添加,打开用于在文件的末尾(EOF)写入或创建用于写入
"r+""r+b"或者"rb+"	打开用于更新(读和写)
"w+""w+b"或者"wb+"	截断或者创建用于更新
"a+""a+b"或者"ab+"	添加、打开或者创建用于在 EOF 更新

多通道描述 mcd 是一个 32 位 reg,其中设置了一个用于指示打开了哪个文件的位。mcd 的最低有效位(第 0 位)总是标准输出。输出被定向到两个或多个用多通道描述符打开的文件,方法是将它们的 mcd 按位“或”并写入结果值。

多通道描述符的最高有效位(第 31 位)是保留的,应始终清除,将实现最多 31 个文件,通过多通道描述符进行输出。

文件描述符 fd 是 32 位。fd 的最高有效位(第 31 位)是保留的,并且应始终设置,这允许文件输入和输出函数的实现来确定如何打开文件。剩余的位保存一个小数字,指示打开了什么文件。预先打开三个文件描述符:STDIN、STDOUT 和 STDERR,分别具有值 32'h8000_0000、32'h8000_0001 和 32'h8000_0002。STDIN 预打开用于读取,STDOUT 和 STDERR 预打开用于添加。

与多通道描述符不同,文件描述符不能通过按位“或”组合,以便将输出指向多个文件。相反,根据表 5.34,基于类型值文件通过文件描述符打开,用于输入、输出、输入和输出,以及添加操作。

如果无法打开文件(文件不存在,并且指定类型为“r”“rb”“r+”“r+b”或“rb+”,或权限不允许在该路径打开文件),则为 mcd 或 fd 返回零。应用程序可以调用 $ferror 来确定最近错误的原因。

上述类型中的“b”用于区分二进制文件和文本文件。许多系统(如 Unix)不区分二进制文件和文本文件,在这些系统中,忽略“b”。然而,一些系统(例如运行 Windows NT 的计算机)对某些二进制值执行数据映射,这些二进制值写入文件或从文件中读取,这些文件是为文本访问而打开的。

$fclose 系统任务关闭 fd 指定的文件或关闭多通道描述符 mcd 指定的文件。不允许对 $fclose 关闭的任何文件描述符进行输出或输入。$fclose 操作会隐式取消对文件描述符或多通道描述符活动的 $fmonitor 和/或 $fstrobe 操作。$fopen 功能应重新使用已关闭的通道。

注:任何时候可以同时打开的输入和输出通道的数量取决于操作系统,某些操作系统不支持打开文件进行更新。

2. 文件输出系统任务

四个格式化的显示任务($display、$write、$monitor 和 $strobe)中的每个都有一个对应的任务,与标准输出相反,它们写入特定的文件。这些对应任务 $fdisplay、$fwrite、$fmonitor 和 $fstrobe 接受与它们所基于的任务相同类型的参数,但有一个例外:第一个参数应为多通道描述符或文件描述符,指示文件输出的方向。多通道描述符要么是变量,要么是采用 32 位无符号整数值形式的表达式的结果。

$fstrobe 和 $fmonitor 系统任务的工作方式与 $strobe 和 $monitor 系统任务相同,只是它们使用多通道描述符写入文件进行控制。与 $monitor 不同,可以将任意数量的 $fmonitor 任务设置为同时处于活动状态。然而,$monitoron 和 $monitoroff 任务没有对应项。任务 $fclose 用于取消活动的 $fstrobe 或 $fmonitor 任务。

【例 5.175】 设置多通道描述符 Verilog HDL 描述的例子。

```
integer
    messages, broadcast,
    cpu_chann, alu_chann, mem_chann;
initial begin
    cpu_chann = $fopen("cpu.dat");
    if (cpu_chann == 0) $finish;
        alu_chann = $fopen("alu.dat");
```

```
        if(alu_chann == 0) $finish;
            mem_chann  =  $fopen("mem.dat");
        if (mem_chann == 0) $finish;
            messages = cpu_chann | alu_chann | mem_chann;
        //broadcast 包含标准的输出
        broadcast = 1 | messages;
    end
endmodule
```

在该例子中,使用 $fopen 函数打开三个不同的通道。然后,函数返回的三个通道描述符在按位"或"运算中组合,并分配给整数变量消息。然后,可以将 messages 变量用作文件输出任务中的第一个参数,以将输出同时指向所有三个通道。为了创建一个将输出指向标准输出的描述符,messages 变量是一个带常数 1 的按位"或"的值,这有效地使能了通道 0。

以下的文件输出任务显示了如何使用前面打开的通道。

```
$fdisplay( broadcast, "system reset at time % d", $time );

$fdisplay( messages, "Error occurred on address bus",
            " at time % d, address =  % h", $time, address );

forever @(posedge clock)
    $fdisplay( alu_chann, "acc = % h f = % h a = % h b = % h", acc, f, a, b );
```

3. 将数据格式化为字符串

$swrite 的命令格式如下:

```
string_output_task_name ( output_reg , list_of_arguments ) ;
```

其中,string _ output _ task _ name 为输出任务名字,包括 $swrite、$swriteb、$swriteh、$swriteo。output_reg 为输出 reg 变量名字;list_of_arguments 为参数列表。$swrite 的第一个参数是一个 reg 类型的变量,用于保存写入的字符串。

$swrite 任务系列基于 $fwrite 任务系列,并接受与其所基于的任务相同类型的参数,但有一个例外:$swrite 的第一个参数应该是一个 reg 变量,最终字符串应写入该变量,而不是一个指定要写入最终字符串的文件的变量。

$sformat 的命令格式如下:

```
$sformat ( output_reg , format_string , list_of_arguments ) ;
```

系统任务 $sformat 与系统任务 $swrite 类似,但有一个主要区别:与输出系统任务的显示和写入系列不同,$sformat 始终将其第二个参数(仅第二个)解释为格式化字符串。此格式参数可以是静态字符串,例如"data is %d",也可以是内容被解释为格式字符串的 reg 变量。没有其他参数被解释为格式化字符串。$sformat 支持 $display 支持的所有格式说明符。

$sformat 的其余参数将使用在 format_string 中的任何格式说明符进行处理,直到所有此类格式说明符都用完为止。如果没有为格式说明符提供足够的参数或提供的参数太多,则应用程序应发出警告并继续执行。如果可能,应用程序可以静态地确定格式说明符和参数数量不匹配,并发出编译时错误消息。

注:如果 format_string 是 reg,则可能无法在编译时确定其值。

【例 5.176】 $sformat 系统任务 Verilog HDL 描述的例子,如代码清单 5-76 所示。

代码清单 5-76　$sformat 系统任务的 Verilog HDL 描述

```
module test;                        // module 关键字定义模块 test
reg [5 * 8 - 1:0] str1 = "hello";   // reg 关键字定义 reg 类型向量变量 str1 并初始化
reg [5 * 8 - 1:0] str2 = "world";   // reg 关键字定义 reg 类型向量变量 str2 并初始化
```

```
integer i = 10;                        // integer 关键字定义整数 i 并初始化
reg [14 * 8 - 1:0] string;             // reg 关键字定义 reg 类型向量变量 string 并初始化
initial                                // initial 关键字定义初始化部分
begin                                  // begin 关键字标识初始化部分的开始,类似 C 语言的"{"
$sformat(string, "% s  % s  % 2d", str1, str2, i);   // 调用系统任务 sformat,不同数据合并后
                                       // 转换为字符串 string
$display("% s", string);               // 调用系统任务 display,显示字符串 string
end                                    // end 关键字标识初始化段的结束
endmodule                              // endmodule 关键字标识 test 模块的结束
```

当在 ModelSim 软件中执行行为仿真时,在 Transcript 窗口中显示如下的信息:

```
hello world 10
```

4. 从文件中读取数据

使用文件描述符打开的文件只有在使用 r 或 r+类型值打开时才能读取。

1) 一次读一个字符

【例 5.177】 一次读取一个字符 Veriog HDL 描述的例子 1。

```
c = $fgetc ( fd );
```

从 fd 指定的文件中读取一字节,如果发生读取错误,则将 c 设置为 EOF(-1)。调用 $ferror,可以确定读取错误的原因。

【例 5.178】 一次读取一个字符 Veriog HDL 描述的例子 2。

```
code = $ungetc ( c, fd );
```

将 c 指定的字符插入到文件描述符 fd 指定的缓冲区,字符 c 将在对该文件描述符的下一个 $fgetc 调用时返回。文件本身并不变化。如果将字符推到文件描述符时发生错误,将代码设置为 EOF;否则,将代码设置为 0。

2) 一次读一行

【例 5.179】 一次读一行 Verilog HDL 描述的例子。

```
integer code ;
code = $fgets ( str, fd );
```

从 fd 指定的文件中将字符读到 reg 类型的 str,直到将 str 填满,或者读到新的一行,或者遇到 EOF 条件。如果 str 的长度不是整数字节,则不使用最高有效部分字节来确定大小。

如果发生错误,则将代码设置为 0;否则,将在代码中返回读取的字符数。

3) 读格式化数据

【例 5.180】 $fscanf 系统任务 Verilog HDL 描述的例子。

```
integer code ;
code = $fscanf ( fd, format, args );
code = $sscanf ( str, format, args );
```

$fscanf 从文件描述符 fd 指定的文件中读取;$sscanf 从 reg 类型 str 中读取。

这两个函数都读取字符,根据格式解释它们并保存结果。这两个函数都期望将控制字符串、格式和一组指定结果放置位置的参数作为参数。如果格式的参数不足,则行为未定义。如果在保留参数时耗尽了格式,则忽略多余的参数。

如果参数太小以至于无法容纳转换后的输入,则通常会传输最低有效位。可以使用 Verilog 支持的任何长度的参数。但是,如果目标是 real 或 realtime,则传输值+Inf(或−Inf)。格式可以是字符串常量或包含字符串常量的 reg。该字符串包含转换规范,用于将输入转换为参数。控制字符串可以包含以下内容。

(1) 空白字符(空格、制表符、新的一行或换行符),对于除字符 c 的所有描述符,忽略输入字段前面的空白。对于 $scanf,空字符也应该看作空白。

(2) 一个普通字符(不是%)必须匹配输入流中的下一个字符。

(3) 转换规范由字符%、可选的赋值抑制字符"＊"、指定可选的最大数字字段宽度的十进制数字字符串和转换代码组成。

转换规范指导下一个输入字段的转换,结果被放置在相应参数指定的变量中,除非用字符"＊"标识禁止分配/赋值。在这种情况下,不应提供任何参数。

禁止分配/赋值提供了一种描述要跳过的输入字段的方法。输入字段定义为非空格字符的字符串;它扩展到下一个不合适的字符,或者直到耗尽最大字段宽度(如果指定了一个)。

(1) %。此时输入中需要一个%,未完成任何分配/赋值。

(2) b。匹配一个二进制数,由集合 0、1、X、x、Z、z、? 和_中的序列组成。

(3) o。匹配一个八进制数,由集合 0、1、2、3、4、5、6、7、X、x、Z、z、? 和_中的字符序列组成。

(4) d。匹配一个可选的有符号十进制数,由来自集合"＋"或"－"的可选符号组成,后面跟着来自集合 0、1、2、3、4、5、6、7、8、9 和_的一系列字符,或集合 x、X、z、Z、? 中的单个值。

(5) h/x。匹配一个十六进制数,由集合 0、1、2、3、4、5、6、7、8、9、a、A、b、B、c、C、d、D、e、E、f、F、X、x、Z、z、? 和_中的序列组成。

(6) f/e/g。匹配一个浮点数。浮点数的格式是一个可选符号("＋"或"－"),后面跟着一个来自 0、1、2、3、4、5、6、7、8、9 集合的数字串,可选包含小数点字符".",后面跟着包括 e/E 的可选指数部分,接着是可选符号,再是来自 0、1、2、3、4、5、6、7、8、9 集合的数字串。

(7) v。匹配一个网络信号的强度,由三个字符序列组成。这种转换不是特别有用,因为强度值实际上只能有效地分配给网络,而 $fscanf 只能将值分配给 reg 类型(如果分配给 reg 类型,则将值转换为等效的四值)。

(8) t。匹配浮点数。浮点数的格式是一个可选的符号("＋"或"－"),后跟一个来自 0、1、2、3、4、5、6、7、8、9 集合的数字串,可选包含小数点字符".",接着是包括 e 或 E 的可选指数部分、可选符号和一组来自 0、1、2、3、4、5、6、7、8、9 集合的数字串。然后根据由 $timeformat 设置的当前时间标度对匹配的值进行标定和四舍五入。例如,如果时间标度是 `timescale 1ns/1ps,且时间格式为" $timeformat(－3,2,"ms",10);"那么用 $scanf("10.345","%t",t)读取的值将返回 10350000.0。

(9) c。匹配单个字符,返回该字符的 8 位 ASCII 值。

(10) s。匹配一个字符串,该字符串是非空白字符序列。

(11) u。匹配未格式化(二进制)数据。应用程序应从输入传输足够的数据以填充目标 reg 类型变量。数据是从匹配的 $fwrite("%u",data)或从用其他编程语言(如 C、Perl 或 FORTRAN)编写的外部应用程序中获得的。

应用程序应将二值二进制数据从输入流传输到目标 reg 类型变量,将数据扩展为四值格式。这个转义序列可以用于任何现有的输入系统任务,尽管 $fscanf 应该是首选的。由于输入数据不能表示 x 或 z,所以无法理解在最终 reg 变量中获得的 z 或 z。此格式说明符用于支持与没有 x 和 z 概念的外部程序之间的数据传输。

鼓励需要保留 x 和 z 的应用程序使用%z I/O 格式规范。

数据应以底层系统的原本端格式从文件中读取(即,按照与使用 PLI 和使用 C 语言 read(2)系统调用相同的端顺序)。

对于 POSIX 应用程序,可能需要使用"rb""rb"或"r＋b"说明符打开未格式化 I/O 的文件,以避免I/O更改模式的系统实现在匹配特殊字符的未格式化流中。

(12) z。格式化规范%z(或%Z)是为读取不带格式(二进制值)的数据而定义的。应用程序应将指定数据的四值二进制表示从输入流传输到目标reg类型变量。该转义序列可用于任何现有的输入系统任务,但 $fscanf 应是首选的。

该格式说明符专门用于支持与识别和支持 x 和 z 概念的外部程序之间的数据传输。不需要保留 x 和 z 的应用程序建议使用%u I/O格式规范。

数据应以底层系统的原本端格式从文件中读取,即,按照与使用PLI相同的端顺序,数据采用 s_vpi_vecval 结构),C语言 read(2) 系统调用用于从磁盘读取数据。

对于POSIX应用程序,可能需要使用"rb""rb+"或"r+b"说明符打开未格式化I/O的文件,以避免I/O更改模式的系统实现在匹配特殊字符的未格式化流中。

(13) m。以字符串形式返回当前层次结构路径,不从输入文件或 str 参数读取数据。

如果%后有无效的转换字符,则操作结果取决于实现。

如果 $sscanf 的格式字符串或 str 参数包含未知位(z 或 z),则系统任务应返回 EOF。

如果在输入过程中遇到 EOF,转换将停止。如果 EOF 发生在读取与当前命令匹配的任何字符之前(在允许的情况下,前导空格除外),则当前命令的执行将因输入失败而终止,否则以下命令(如果有)的执行将因输入失败而终止(除非当前命令的执行因匹配失败而终止)。

如果转换在冲突的输入字符上终止,则在输入流中不读取有问题的输入字符。尾部空白(包括换行符)保留为未读,除非与命令匹配。文字匹配和抑制分配/赋值的成功与否并不能直接确定。

成功匹配和分配输入项的数量以代码形式返回;在输入字符和控制字符串之间的早期匹配失败的情况下,该数字可以是 0。如果输入在第一次匹配失败或转换之前结束,则返回 EOF。应用程序可以调用 $ferror 来确定最近错误的原因。

4) 读二进制数据

【例 5.181】 $fread 系统任务 Verilog HDL 描述的例子。

```
integer code;
code = $fread(myreg, fd);
code = $fread(mem, fd);
code = $fread(mem, fd, start);
code = $fread(mem, fd, start, count);
code = $fread(mem, fd, , count);
```

该例子将 fd 指定的文件中的二进制数据读取到 reg 类型变量 myreg 或存储器 mem 中。start 是可选参数。如果存在,start 用于要加载的存储器中第一个元素的地址;如果不存在,应使用存储器中编号最低的位置。count 是可选参数。如果存在,count 应为 mem 中应加载的最大位置数;如果未提供,则应将可用数据填入存储器。如果 $fread 正在加载 reg,则忽略 start 和 count。

如果在系统任务中没有指定寻址信息,并且数据文件中没有出现地址规范,则默认起始地址是存储器声明中给出的最低地址。连续的字被加载到最高地址,直到存储器满或完全读取数据文件为止。如果在没有完成地址的任务中指定了起始地址,则加载从指定的开始地址开始,并继续向存储器声明中给定的最高地址加载。

start 是存储器中的地址。对于 start=12 和存储器 up[10:20],第一个数据将在 up[12]加载。对于存储器 down[20:10],加载的第一个位置是 down[12],然后是 down[13]。

文件中的数据应该逐字节读取,以填充请求。8 位宽的存储器使用每个存储器 1 字节加载,而 9 位宽的存储器使用每个存储器 2 字节加载。数据以大端形式从文件中读取,第一字节读取用于填充存储器元素中的最高有效位置。如果存储器宽度不能被 8(8、16、24、32)整除,则由于截断,文件中的所有数据都不会加载到存储器中。

从文件中加载的数据被看作"二值"数据。数据中设置的位被解释为 1,未设置的位被解释为 0。使用 $fread 无法读取 x 或 z 的值。

如果读取文件时发生错误,则 code 设置为零;否则,将在 code 中返回读取的字符数。应用程序可以调用 $ferror 来确定最近错误的原因。

注:没有二进制模式和 ASCII 模式,可以自由地混合来自同一文件的二进制和格式化的读取命令。

5. 文件定位

【例 5.182】　$ftell 系统任务 Verilog HDL 描述的例子。

```
integer pos ;
pos = $ftell ( fd );
```

在 pos 中返回 fd 所指向文件从开始到当前位置的偏移量,该偏移量将由对该文件描述符的后续操作读取或写入。该值可用于后续的 $fseek 调用,以将文件重新定位到该位置。任何重定位将取消任何 $ungetc 操作。如果发生错误,则返回 EOF。

【例 5.183】　$fseek 和 $rewind 系统任务 Verilog HDL 描述的例子。

```
code = $fseek ( fd, offset, operation );
code = $rewind ( fd );
```

在 fd 指定文件上设置下一个输入/输出的位置。根据 0、1 和 2 的操作值,下一个位置是从开始、从当前位置,或者从文件结束的有符号距离偏置字节处:

(1) 0,将位置设置等于偏置字节。

(2) 1,将位置设置等于当前位置加偏置。

(3) 2,将位置设置等于文件结束位置加偏置。

$rewind 等价于 $fseek(fd,0,0)。

使用 $fseek 或 $rewind 重新定位当前文件位置将取消任何 $ungetc 操作。

$fseek()允许将文件位置指示符设置为超过文件中现有数据的末尾。如果稍后在该处写入数据,则间隙中数据的后续操作读取应返回 0,直到数据实际写入间隙。$fseek 本身不会扩展文件的大小。

当打开文件用于添加(即,当类型为"a"或"a+")时,不可能覆盖文件中已有的信息。$fseek 用于将文件指针重新定位到文件中的任何位置,但是当输出写入文件时,将忽略当前文件指针。所有输出都在文件末尾写入,并使文件指针在输出末尾重新定位。

如果重新定位文件时发生错误,则代码设置为−1;否则,代码设置为 0。

6. 刷新输出

【例 5.184】　$fflush 系统任务 Verilog HDL 描述的例子。

```
$fflush ( mcd );
$fflush ( fd );
$fflush ( );
```

将任何缓冲的输出写入到 mcd 或 fd 指向的文件。如果调用 $fflush 没有参数,则写到所有打开的文件。

7. I/O 错误状态

如果某个文件 I/O 例程检测到任何错误,则返回错误代码。通常,这对于正常操作来说是足够的(即,如果打开可选配置文件失败,应用程序通常会继续使用默认值)。然而,有时获取有关错误的更多信息对于正确的应用程序操作是有用的。在这种情况下,可以使用 $ferror 函数:

```
integer errno;
errno = $ferror ( fd, str );
```

最近一次文件 I/O 操作遇到的错误类型的字符串描述符将写入 str 中,str 的宽度至少为640 位。错误代码的整数值在 errno 中返回。如果最近的操作未导致错误,则返回的值应为零,并清除 reg 类型变量 str。

8. 检测文件结束

【例 5.185】 $feof 系统任务 Verilog HDL 描述的例子。

```
integer code;
code = $feof ( fd );
```

当检测到文件结束时,返回非 0 的值;否则,返回 0。

9. 从文件中加载存储器数据

$readmemb 和 $readmemh 这两个系统任务读取指定文本文件中的数据并将其加载到指定存储器中。在仿真过程中,任何一项任务都可以随时执行。要读取的文本文件应仅包含以下内容:空白(空格、换行符、制表符和换页);注释(允许两种类型的注释);二进制或十六进制数。

数字既没有指定长度也没有指定基数/进制格式。对于 $readmemb,每个数字应为二进制。对于 $readmemh,数字应为十六进制。不确定值(x 或 X)、高阻值(z 或 Z)和下画线(_)可用于指定 Verilog HDL 源描述中的数字,应使用空格和/或注释分隔数字。

在下面的讨论中,术语地址(address)是指对存储器进行建模的数组的索引。

当读取文件时,遇到的每个数字都分配给存储器的一个连续的字元素。通过在系统任务调用中指定开始和/或结束地址以及通过在数据文件指定地址来控制寻址。

当数据文件中出现地址时,格式为 at 字符(@)后跟着十六进制数,如下所示:

@hh…h

数字中允许使用大小写数字。@和数字之间不允许空格。可以使用数据文件中所需的任意多个地址规范。当系统任务遇到地址时,它加载从该存储器地址开始的后续数据。

如果系统任务中未指定寻址信息,且数据文件中未出现地址规范,则默认起始地址应为存储器中的最低地址。应加载连续的字,直到达到存储器中的最高地址或完全读取数据文件。如果在没有结束/完成地址的任务中指定了开始地址,则加载应从指定的开始地址开始,并应向存储器中的最高地址继续。在这两种情况下,即使在数据文件中指定了地址后,加载也应该继续向上。

如果开始地址和结束地址都被指定为任务的参数,则加载应从开始地址开始,并向结束地址继续。如果开始地址大于结束地址,则地址将在连续加载之间递减,而不是递增。即使在数据文件中指定了地址后,加载也应继续遵循此方向。

当在系统任务和数据文件中都指定了寻址信息时,数据文件中的地址应在系统任务参数指定的地址范围内;否则,发出错误消息,并终止加载操作。

如果文件中的数据字数与起始地址到结束地址所暗示的范围内的字数不同,并且数据文件中没有出现地址范围,则应发出警告消息。

【例 5.186】 $readmemh 系统任务 Verilog HDL 描述的例子。

```
reg[7:0] mem[1:256];
initial $readmemh("mem.data", mem);
```

```
initial $readmemh("mem.data", mem, 16);
initial $readmemh("mem.data", mem, 128, 1);
```

（1）上例中的第二句代码没有显式声明地址。在仿真时间 0 时刻，在存储器地址 1 开始加载数据。

（2）上例中的第三句代码声明起始地址，但没有声明结束地址。在地址 16 开始加载数据，连续向上到地址 256。

（3）上例中的第四句代码声明开始地址和结束地址。如果开始地址大于结束地址，则地址递减。在地址 128 开始加载数据，连续向下递减到地址 1。

10. 从 SDF 文件中加载时序数据

$sdf_annotation 系统任务将时序数据从 SDF 文件读取到设计的指定区域。

$sdf_annotate 系统任务的语法格式如下：

```
$sdf_annotate ("sdf_file" [ , [ module_instance ] [ , [ "config_file" ]
              [ , [ "log_file" ] [ , [ "mtm_spec" ]
              [ , [ "scale_factors" ] [ , [ "scale_type" ] ] ] ] ] ] ] );
```

其中，sdf_file 为要打开的 sdf 文件名，由字符串表示，或者保存在包含文件名字字符串的 reg 类型中；module_instance 为可选参数，说明在 SDF 文件中注解的范围。SDF 注解器使用指定例化的层次级运行注解，允许数组索引。如果没有指定该参数，SDF 注解器使用包含该系统任务调用的模块作为 module_instance；config_file 为可选字符串参数，提供了配置文件的名字，该文件提供与注解相关的许多方面的详细控制；log_file 为可选字符串参数，提供了在 SDF 注解期间日志文件的名字。来自 SDF 文件时序数据的每个注解都会在日志文件中生成一个条目；mtm_spec 为可选字符串参数，指定应注释 min/typ/max 三元组中的哪个成员，这将覆盖配置文件中的任何 MTM-SPEC 关键字，表 5.35 给出了 mtm_spec 的参数。scale_factors 为可选的字符串参数，当注解时序值时使用 scale_factors，如"1.6:1.4:1.2"，将使得最小值乘以 1.6，典型值乘以 1.4，最大值乘以 1.2，默认值为"1.0:1.0:1.0"。scale_factors 覆盖配置文件中的任何 SCALE_FACTORS 关键字，scale_type 为可选的字符串参数，指定将 scale_factor 用于 min/typ/max 的方式，表 5.36 给出了 scale_type 的参数。这将覆盖配置文件中的任何 SCALE_TYPE 关键字。

表 5.35　mtm_spec 的参数

关　键　字	描　　述
MAXIMUM	注解最大值
MINIMUM	注解最小值
TOOL_CONTROL（默认）	注解由仿真器选择的值
TYPICAL	注解典型的值

表 5.36　scale_type 的参数

关　键　字	描　　述
FROM_MAXIMUM	将 scale_factor 应用到最大值
FROM_MINIMUM	将 scale_factor 应用到最小值
FROM_MTM（默认）	将 scale_factor 应用到 min/typ/max 值
FROM_TYPICAL	将 scale_factor 应用到典型值

5.10.3　时间标度系统任务

Verilog HDL 提供了两种时间标度任务函数。

（1）$printtimescale。

（2）$timeformat。

1. $printtimescale

$printtimescale 系统任务显示了用于特殊模块的时间单位和精度。其语法格式如下：

```
$printtimescale(module_hierarchical_name);
```

其中，module_hierarchical_name 为模块层次化名字。如果没有指定参数，则输出包含该任务调用的所有模块的时间单位与精度。

以下面的格式显示时间标度信息：

```
Time scale of (module_name) is unit / precision
```

【例 5.187】 $printtimescale 系统任务 Verilog HDL 描述的例子。

```
`timescale 1ms / 1us
module a_dat;
initial
    $printtimescale(b_dat.c1);
endmodule

`timescale 10fs / 1fs
module b_dat;
    c_dat c1 ();
endmodule

`timescale 1ns / 1ns
module c_dat;
⋮
endmodule
```

运行后的显示结果如下：

```
Time scale of (b_dat.c1) is 1ns / 1ns
```

2. $timeformat

$timeformat 系统任务执行以下两个功能。

（1）它指定％t 格式规范如何报告 $write、$display、$strobe、$monitor、$fwrite、$fdisplay、$fstrobe 和 $fmonitor 系统任务组的时间信息。

（2）它为以交互方式输入的延迟设置时间单位。

该任务语法格式如下：

```
$timeformat(<units>,<precision>,<suffix>,<numeric_field_width>);
```

其中，< units >用于指定时间单位，其取值范围为 0 ～ −15，各值所代表的时间单位如表 5.37 所示；< precision >指定所要显示时间信息的精度；< suffix >表示诸如"ms"、"ns"之类的字符；< numeric_field_width >说明时间信息的最小字符数。

表 5.37　units 所代表的时间单位

units	时 间 单 位	units	时 间 单 位
0	1s	−8	10ns
−1	100ms	−9	1ns
−2	10ms	−10	100ps
−3	1ms	−11	10ps
−4	100μs	−12	1ps
−5	10μs	−13	100fs
−6	1μs	−14	10fs
−7	100ns	−15	1fs

注：虽然 s、ms、ns、ps 和 fs 是秒、毫秒、纳秒、皮秒和飞秒的常用 SI 单位符号，但由于编码字符集中缺少希腊字母 m(mu)，所以"us"代表微秒的 SI 单位符号。

$timeformat 系统任务执行以下两个操作。

（1）它为以后交互输入的所有延迟设置时间单位。

（2）在调用另一个 $timeformat 系统任务之前，它为源描述中所有模块中指定的所有％t 格式设置时间单位、精度号、后缀字符串和最小字段宽度。

$timeformat 系统任务参数的默认值如表 5.38 所示。

表 5.38　$timeformat 系统任务参数的默认值

参　　数	默　　认
units	源描述中所有 `timescale 编译器命令的最小时间精度参数
precision	0
suffix	空字符串
numeric_field_width	20

下面的例子显示了在 $timeformat 系统任务中使用％t 来指定统一的时间单位、时间精度和时序信息格式。

【例 5.188】 $timeformat 系统任务 Verilog HDL 描述的例子，如代码清单 5-77 所示。

代码清单 5-77　$timeformat 系统任务的 Verilog HDL 描述

```
`timescale 1ms / 1ns
module cntrl;
initial
    $timeformat( -9, 5, " ns", 10);
endmodule

`timescale 1fs / 1fs
module a1_dat;
reg in1;
integer file;
buf #10000000 (o1, in1);
initial begin
    file = $fopen("a1.dat");
    #00000000 $fmonitor(file," % m: % t in1 = % d o1 = % h", $realtime, in1, o1);
    #10000000 in1 = 0;
    #10000000 in1 = 1;
end
endmodule

`timescale 1ps / 1ps
module a2_dat;
reg in2;
integer file2;
buf #10000 (o2, in2);
initial begin
    file2 = $fopen("a2.dat");
    #00000 $fmonitor(file2," % m: % t in2 = % d o2 = % h", $realtime, in2, o2);
    #10000 in2 = 0;
    #10000 in2 = 1;
end
endmodule
```

执行完后，结果如下：

（1）文件 a1.dat 的内容：

```
a1_dat: 0.00000 nsin1 = x o1 = x
```

```
a1_dat: 10.00000 ns in1 = 0 o1 = x
a1_dat: 20.00000 ns in1 = 1 o1 = 0
a1_dat: 30.00000 ns in1 = 1 o1 = 1
```

(2) 文件 a2.dat 的内容：

```
a2_dat: 0.00000 ns in2 = x o2 = x
a2_dat: 10.00000 ns in2 = 0 o2 = x
a2_dat: 20.00000 ns in2 = 1 o2 = 0
a2_dat: 30.00000 ns in2 = 1 o2 = 1
```

5.10.4　仿真控制任务

Verilog HDL 提供了两个仿真控制系统任务：

(1) $finish；

(2) $stop。

1. $finish

系统任务 $finish 使仿真器退出，将控制返回到操作系统。语法格式为

```
$finish [ ( n ) ] ;
```

其中，n=0，不打印任何信息；n=1，打印仿真时间和位置；n=2，打印仿真时间、位置，以及在仿真时，CPU 和存储器的利用率。

2. $stop

系统任务 $stop 挂起仿真。在这一阶段，可能将交互命令发送到仿真器。语法格式为

```
$stop [ ( n ) ] ;
```

5.10.5　随机分析任务

Verilog HDL 提供了一个系统任务和函数集合，用于管理队列，这些任务便于随机分析队列模型的实现。

1. $q_initialize

该系统任务创建一个新的队列。其语法格式如下：

```
$q_initialize (q_id, q_type, max_length, status);
```

其中，q_id 是整数，用于标识一个新的队列；q_type 是整数输入。其值标识队列的类型，表 5.39 给出了 $q_type 值的类型；status 表示该操作成功或者错误的状态。max_length 是整数输入，标识队列中允许入口的最大的个数。

表 5.39　$q_type 值的类型

q_type 值	队 列 类 型
1	先进先出
2	后进先出

2. $q_add

该任务在队列添加入口。其语法格式如下：

```
$q_add (q_id, job_id, inform_id, status);
```

其中，q_id 是整数，用于标识添加入口的一个队列；job_id 是整数输入，标识工作；inform_id 是整数输入，与队列入口相关，它的含义由用户定义，如代表在一个 CPU 模型中一个入口的执行时间；status 表示该操作成功或者错误的状态。

3. $q_remove

该任务从一个队列接收一个入口。其语法格式如下：

```
$q_remove (q_id, job_id, inform_id, status);
```

其中，q_id 是整数，用于标识将移除哪个队列；job_id 是整数输入，标识正在移除的入口；inform_id 是整数输出，在 $q_add 时由队列管理器保存它，它的含义由用户定义；status 表示该操作成功或者错误状态。

4. $q_full

该系统任务用于检查一个队列是否有空间用于其他入口。其语法格式如下：

```
$q_full (q_id, status)
```

其中，status 表示该操作成功或者错误的状态。当队列满时，返回 1；否则，返回 0。

5. $q_exam

该系统任务提供队列 q_id 活动性的统计信息。其语法格式如下：

```
$q_exam (q_id, q_stat_code, q_stat_value, status);
```

根据 q_stat_code 所要求的信息，返回 q_stat_value。表 5.40 给出了 $q_exam 系统任务的参数。

表 5.40 $q_exam 系统任务的参数

q_stat_code 内所要求的值	从 q_stat_value 返回值的信息
1	当前队列长度
2	平均到达时间
3	最大队列长度
4	最短等待时间
5	用于队列内工作的最长等待时间
6	队列中的平均等待时间

6. 状态编码

所有的队列管理任务和函数返回一个输出状态码，表 5.41 给出了状态码的值及其含义。

表 5.41 状态码的值及含义

状态码值	含 义
0	OK
1	队列满，不能添加
2	未定义的 q_id
3	队列空，不能移除
4	不支持的队列类型，不能创建队列
5	0=>指定的长度，不能创建队列
6	重复 q_id，不能创建队列
7	没有足够的存储器，不能创建队列

【例 5.189】 随机分析任务 Verilog HDL 描述的例子。

```
always @(posedge clk)
begin
  //检查队列是不是满
 $q_full(queue1, status);
  //如果满,则显示信息和移除一个条目
if (status) begin
  $display("Queue is full");
```

```
        $q_remove(queue1, 1, info, status);
    end
        //添加一个新的条目到队列 queue1
    $q_add(queue1, 1, info, status);
        //如果有错误,显示消息
    if (status)
        $display("Error % d",status);
    end
end
```

5.10.6 仿真时间函数

Verilog HDL 提供系统函数用于返回当前的仿真时间。

1. $time

该系统函数用于返回 64 位的整型仿真时间,与调用该函数模块的时间尺度相关。

【例 5.190】 $time 系统函数 Verilog HDL 描述的例子,如代码清单 5-78 所示。

代码清单 5-78 $time 系统函数的 Verilog HDL 描述

```
`timescale 10ns / 1ns
module test;
reg set;
parameter p = 1.55;
initial begin
    $monitor( $time,,"set = ",set);
    #p set = 0;
    #p set = 1;
end
endmodule
```

该例子的输出如下:

```
0 set = x
2 set = 0
3 set = 1
```

在该例子中,在仿真时间 16ns 时,给 reg 类型变量分配一个值 0;在仿真时间 32ns,分配值 1。下面的步骤决定了 $time 系统函数返回的时间值。

(1) 仿真时间 16ns 和 32ns,被标定到 1.6 和 3.2,因为用于模块的时间单位是 10ns,因此这个模块报告的时间值是 10ns 的倍数。

(2) 值 1.6 四舍五入到 2,3.2 四舍五入为 3,这是因为 $time 系统函数返回一个整数。时间精度不会引起这些值的四舍五入。

2. $stime

$stime 系统函数返回一个无符号整数,它是一个 32 位的时间值,按照调用它的模块的时间标度(timescale)缩放。如果实际仿真时间不适合 32 位,则返回当前仿真时间的低 32 位。

3. $realtime

该系统函数向调用它的模块返回实时仿真时间,它与调用该函数模块的时间尺度相关。

【例 5.191】 $realtime 系统函数 Verilog HDL 描述的例子。

```
`timescale 10ns / 1ns
module test;
reg set;
parameter p = 1.55;
initial begin
    $monitor( $realtime,,"set = ",set);
    #p set = 0;
```

```
    #p set = 1;
end
endmodule
```

输出结果如下：

```
0 set = x
1.6 set = 0
3.2 set = 1
```

5.10.7 转换函数

转换函数可用于常数表达式。以下函数处理实数。

（1）$rtoi(real_value)，通过截断小数值将实数转换为整数。

（2）$itor(integer_value)，将整数转换为实数。

（3）$realtobits(real_value)，在模块端口之间传递位模式；将实数转换为该实数的 64 位表示（向量）。

（4）$bitstoreal(bit_value)，将位模式转换为实数（与 $realtobits 相反）。

这些函数接受或生成的实数应符合 IEEE 754 的实数表示。转换应将结果四舍五入为最接近的有效表示。

【例 5.192】 $realtobits 和 $bitstoreal 系统函数 Verilog HDL 描述的例子，如代码清单 5-79 所示。

代码清单 5-79 $realtobits 和 $bitstoreal 系统函数的 Verilog HDL 描述

```
module driver (net_r);
output net_r;
real r;
wire [64:1] net_r = $realtobits(r);
endmodule

module receiver (net_r);
input net_r;
wire [64:1] net_r;
real r;
initial assign r = $bitstoreal(net_r);
endmodule
```

5.10.8 概率分布函数

Verilog HDL 提供了系统函数，根据标准的概率函数，返回整数值。

1. $random 函数

系统函数 $random 提供了生成随机函数的机制。每次调用该函数时都会返回一个新的 32 位随机数。随机函数是有符号整数，它可以是正的或负的。

参数 seed 控制 $random 返回的数字，以便不同的种子生成不同的随机流。参数 seed 为 reg 类型、integer 类型或 time 类型的变量。在调用 $random 之前，应将种子值分配给该变量。

【例 5.193】 $random 系统任务 Verilog HDL 描述的例子 1。

```
$random % b
```

其中，b>0。该例子产生数的范围为[(-b+1)：(b-1)]。

```
reg [23:0] rand;
rand = $random % 60;
```

上面的代码片段产生[-59，59]的随机数。

【例 5.194】 $random 系统任务 Verilog HDL 描述的例子 2。

```
reg [23:0] rand;
rand = { $random} % 60;
```

在该例子中,将并置/连接操作符添加到系统任务 $random,产生[0,59]的随机数。

2. $dist_函数

根据在函数名中指定的概率函数,下列系统函数产生伪随机数。

(1) $dist_uniform (seed,start,end);

(2) $dist_normal(seed,mean,standard_deviation,upper);

(3) $dist_exponential(seed,mean);

(4) $dist_poisson(seed,mean);

(5) $dist_chi_square(seed,degree_of_freedom);

(6) $dist_t(seed,degree_of_freedom);

(7) $dist_erlang(seed,k_stage, mean)。

系统函数的所有参数都是整数值。对于 exponential、poisson、chi-square、t 和 erlang 函数,参数 mean、degree_of_freedom 和 k_stage 应该大于 0。

这些函数中的每个都返回伪随机数,其特征由函数名字描述。换句话说,$dist_uniform 返回在其参数指定的间隔内均匀分布的随机数。

对于每个系统函数,seed 参数都是 inout 参数;也就是说,将一个值传递给函数,并返回一个不同的值。给定相同的种子,系统函数应始终返回相同的值。通过设置使系统的操作可重复执行以方便调试。参数 seed 应该是一个整数变量,由用户初始化,仅由系统函数更新,以确保实现所需要的分布。

在 $dist_uniform 函数中,start 和 end 参数是绑定返回值的整数输入,起始值应小于结束值。

$dist_normal、$dist_exponential、$dist_poisson 和 $dist_erlang 使用的 mean 参数是一个整数输入,它使函数返回的平均值接近指定值。

与 $dist_normal 函数一起使用的 standard_deviation 参数是一个整数输入,有助于确定密度函数的形状。standard_deviation 数字越大,返回值的范围就越大。

与 $dist_chi_square 函数和 $dist_t 函数一起使用的 degree_of_freedom 参数是一个整数输入,有助于确定密度函数的形状。较大的数字将返回值分布在更大的范围内。

5.10.9 命令行输入

在仿真中,获得使用信息的另一种方法是用带有命令的指定信息来调用仿真器。该信息以一个可选参数的格式提供给仿真器,以一个"+"字符开始,这使得这些参数明显区别于其他仿真器参数。

1. $test$plusargs（string）

$test$plusarg 系统函数在 plusargs 列表中搜索用户指定的 plusarg_string。字符串在系统函数的参数中指定为字符串或解释为字符串的非实数变量。按提供的顺序搜索在命令行上出现的 plusargs。如果提供的一个 plusargs 的前缀与提供的字符串中的所有字符匹配,则函数返回一个非零整数。如果命令行中没有与提供的字符串匹配的 plusarg,则函数返回整数零值。

【例 5.195】 $test$plusargs 系统函数 Verilog HDL 描述的例子,如代码清单 5-80 所示。

代码清单 5-80 $test$plusargs 系统函数的 Verilog HDL 描述

```
module test;
  initial begin
    if ( $test$plusargs("HELLO")) $display("Hello argument found.");
```

```
        if ($test$plusargs("HE")) $display("The HE subset string is detected.");
        if ($test$plusargs("H")) $display("Argument starting with H found.");
        if ($test$plusargs("HELLO_HERE")) $display("Long argument.");
        if ($test$plusargs("HI")) $display("Simple greeting.");
        if ($test$plusargs("LO")) $display("Does not match.");
    end
endmodule
```

在 ModelSim 主界面中,选择 Simulate→Start Simulation,弹出 Start Simulation 对话框,如图 5.17 所示,单击 Verilog 选项卡,在 User Defined Arguments(+<plusarg>)文本框中输入+HELLO。

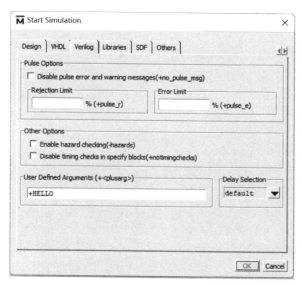

图 5.17 在 Simulation 标签界面下添加选项

使用 ModelSim 软件对该设计执行行为级仿真,在 Transcript 窗口中输出的结果如图 5.18 所示。

2. $value$plusargs(user_string,variable)

$value$plusargs 系统函数在 plusargs 列表(如 $test$plusargs 系统函数)中查找用户定义的 plusarg_string。系统函数内的第一个参数指定的字符串作为一个字符串或者一个非实数变量。该字符串不包含命

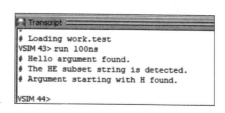

图 5.18 执行行为级仿真的输出结果

令行参数前面的"+"号。在命令行所提供的 plusargs,按照所提供的顺序进行查找。如果提供的 plusargs 中一个前缀匹配所提供字符串的所有字符,则函数返回一个非零的整数,字符串的剩余部分转换为 use_string 内指定的类型,结果值保存在所提供的变量中。如果没有找到匹配的字符串,函数返回一个整数 0,不修改所提供的变量。当函数返回 0 的时候,不产生警告信息。

user_string 是下面的格式"plusarg_stringformat_string"。格式化字符串和 $display 系统任务一样。下面是合法的格式。

(1) %d,十进制转换。

(2) %o,八进制转换。

(3) %h,十六进制转换。

(4) %b,二进制转换。

（5）%e，实数指数转换。

（6）%f，实数十进制转换。

（7）%g，实数十进制或指数转换。

（8）%s，字符串（没有转换）。

来自 plusargs 列表的第一个字符串提供给仿真器，匹配 user_string 指定的 plusarg_string 部分，将是用于转换的可用 plusarg 字符串。匹配 plusarg 的剩余字符串将从一个字符串转换为格式字符串指定的格式，并保存在所提供的变量中。如果没有剩余的字符串，则保存到变量的值为 0 或者为空的字符串值。

如果变量的位宽大于转换后的值，则在保存的值前面补零。如果变量不能保留转换后的值，则把值截断。如果值是负数，则认为值大于所提供的变量。如果在字符串中用于转换的字符是非法的，则将变量的值设置为'bx。

【例 5.196】 $value$plusargs 系统函数 Verilog HDL 描述的例子，如代码清单 5-81 所示。

代码清单 5-81　　$value$plusargs 系统函数的 Verilog HDL 描述

```
`define STRING reg [1024 * 8:1]
module goodtasks;
  `STRING str;
  integer int;
  reg [31:0] vect;
  real realvar;
  initial
    begin
      if ( $value$plusargs("TEST = % d",int))
        $display("value was % d",int);
      else
        $display(" + TEST = not found");
      #100 $finish;
    end
  endmodule
```

在 ModelSim 软件的 Start Simulation 对话框中，单击 Verilog 选项卡，在 User Defined Arguments（+<plusarg>）文本框中输入

```
+ TEST = 123
```

对该设计执行行为级仿真的输出结果如下：

```
value was          123
```

【例 5.197】 $value$plusargs 命令行 Verilog HDL 描述的例子，如代码清单 5-82 所示。

代码清单 5-82　　$value$plusargs 命令行 Verilog HDL 描述

```
module ieee1364_example;
  real frequency;
  reg [8 * 32:1] testname;
  reg [64 * 8:1] pstring;
  reg clk;
  initial
    begin
      if ( $value$plusargs("TESTNAME = % s",testname))
        begin
            $display(" TESTNAME =  % s.",testname);
            $finish;
        end
      if (!( $value$plusargs("FREQ + % 0F",frequency)))
            frequency = 8.33333;        //166 MHz
            $display("frequency =  % f",frequency);
```

```
            pstring = "TEST % d";
        if ( $value$plusargs(pstring, testname))
             $display("Running test number % 0d.",testname);
        end
    endmodule
```

（1）在 ModelSim 软件的 Start Simulation 对话框中，单击 Verilog 选项卡，在 User Defined Arguments(＋＜plusarg＞)文本框中输入

```
+ TESTNAME = bar
```

对该设计执行行为级仿真的输出结果如下：

```
TESTNAME =          bar.
```

（2）在 ModelSim 软件的 Start Simulation 对话框中，单击 Verilog 选项卡，在 User Defined Arguments(＋＜plusarg＞)文本框中输入

```
+ FREQ + 9.234
```

对该设计执行行为级仿真的输出结果如下：

```
frequency = 9.234000
```

（3）在 ModelSim 软件的 Start Simulation 对话框中，单击 Verilog 选项卡，在 User Defined Arguments(＋＜plusarg＞)文本框中输入

```
+ TEST23
```

对该设计执行行为级仿真的输出结果如下：

```
frequency = 8.333330
Running test number 23.
```

5.10.10 数学函数

Verilog HDL 提供了整数和实数数学函数，数学系统函数可以用在常数表达式中。

1. 整数数学函数

【例 5.198】 整数数学函数 Verilog HDL 描述的例子。

```
integer result;
result = $clog2(n);
```

系统函数 $clog2 将返回基 2 对数的计算结果。参数可以是一个整数或任意宽度的向量值。将参数看作无符号的数。如果参数值为 0，则产生的结果也为 0。

该系统函数可用于寻址给定大小存储器所需的最小地址宽度或表示给定数量的状态所需要的最大向量宽度。

2. 实数数学函数

表 5.42 给出了 Verilog 到 C 实数数学函数的交叉列表，这些函数接受实数参数，返回实数结果。这些行为匹配等效的 C 语言标准数学库函数。

表 5.42 实数数学函数

Verilog 函数	等效的 C 函数	描　　述
$ln(x)	log(x)	自然对数
$log10(x)	log10(x)	基 10 对数
$exp(x)	exp(x)	指数函数
$sqrt(x)	sqrt(x)	平方根

续表

Verilog 函数	等效的 C 函数	描　　述
$pow(x,y)	pow(x,y)	x 的 y 次幂
$floor(x)	floor(x)	向下舍入
$ceil(x)	ceil(x)	向上舍入
$sin(x)	sin(x)	正弦
$cos(x)	cos(x)	余弦
$tan(x)	tan(x)	正切
$asin(x)	asin(x)	反正弦
$acos(x)	acos(x)	反余弦
$atan(x)	atan(x)	反正切
$atan2(x,y)	atan2(x,y)	(x/y)反正切
$hypot(x,y)	hypot(x,y)	(x*x+y*y)的平方根
$sinh(x)	sinh(x)	双曲正弦
$cosh(x)	cosh(x)	双曲余弦
$tanh(x)	tanh(x)	双曲正切
$asinh(x)	asinh(x)	反双曲正弦
$acosh(x)	acosh(x)	反双曲余弦
$atanh(x)	atanh(x)	反双曲正切

视频讲解

5.10.11　设计实例七：只读存储器初始化和读操作的实现

在计算机系统中,通常需要事先将以二进制表示的"机器指令"保存到程序存储器中。当给计算机系统上电后,在处理器时钟和处理器内程序计数器(program counter,PC)的共同驱动下,从程序存储器中取出"机器指令"。在该设计中模拟了这个过程。在只读存储器(read only memory,ROM)中事先保存了以十六进制表示的数据,如代码清单 5-83 所示。

代码清单 5-83　text. txt 文件

```
0200A
00300
08101
04000
08601
0233A
00300
08602
02310
0203B
08300
04002
08201
00500
04001
02500
00340
00241
04002
08300
08201
00500
08101
00602
04003
```

```
0241E
00301
00102
02122
02021
00301
00102
02222
04001
00342
0232B
00900
00302
00102
04002
00900
08201
02023
00303
02433
00301
04004
00301
00102
02137
02036
00301
00102
02237
04004
00304
04040
02500
02500
02500
0030D
02341
08201
0400D
```

在该文件中,每个十六进制数占用一行,每个十六进制数等效的二进制数为 20 位。一共
64 个数据,因此,需要的 ROM 的最小容量是 64×20 位。由于深度为 64,所以需要访问这 64 行
数据所需要的最小的地址线的位数为 6 位。

实现访问该 ROM 的 Verilog HDL 代码,如代码清单 5-84 所示。

代码清单 5-84　rom.v 文件

```
module rom(                         //module 关键字定义模块 rom
    input en,                       //input 关键字定义输入端口 en
    input [5:0] addr,               //input 关键字定义输入端口 addr,宽度为 6
    input clk,                      //input 关键字定义输入端口 clk
    output reg[19:0] data           //output 和 reg 关键字定义输出端口 data,宽度为 20
    );
parameter ADDRESS_WIDTH = 6;        //parameter 关键字定义参数 ADDRESS_WIDTH
localparam rom_depth = 2 ** ADDRESS_WIDTH - 1; //localparam 关键字定义本地参数 rom_depth
/ ************** 属性 rom_style 声明使用 FPGA 内的 BRAM 实现 memory 结构 ********** /
  ( * rom_style = "block" * ) reg [19:0] memory[0:rom_depth];   //声明 memory 宽度和深度
  initial                           //initial 关键字定义初始化部分
  begin                             //begin 关键字标识初始化部分的开始,类似 C 语言的"{"
      $readmemh("text.txt", memory); //调用 readmemh 读取 text.txt 文件以初始化 memory
  end                               //end 关键字标识初始化部分的结束,类似 C 语言的"}"
```

```
always @(posedge clk)              //always 关键字定义过程语句,敏感信号 clk 上升沿
begin                              //begin 关键字标识过程语句的开始,类似 C 语言的"{"
    if(en)                         //if 关键字定义条件语句,如果 en 为逻辑"1",成立
        data <= memory[addr];      //从地址 addr 指向的 memory 单元中读取数据 data
end                                //end 关键字标识过程语句的结束,类似 C 语言的"}"
endmodule                          //endmodule 关键字标识模块 rom 的结束
```

在高云云源软件中,对代码清单 5-84 给出的代码进行设计综合,生成综合后的电路结构如图 5.19 所示。

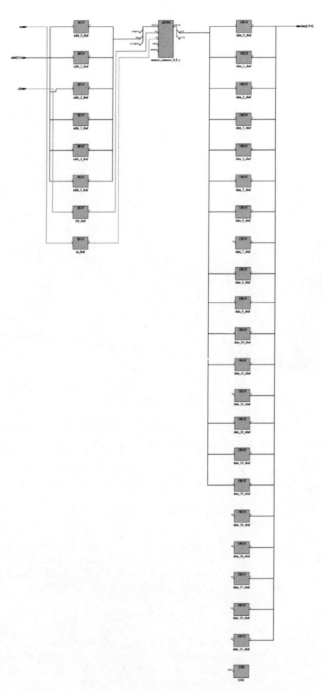

图 5.19　综合后生成的电路结构

注：在配套资源\eda_verilog\example_5_16目录下，用高云云源软件打开example_5_16.gprj。

使用ModelSim对该设计进行综合后仿真的代码，如代码清单5-85所示。

代码清单5-85　test.v文件

```
`timescale 1ns / 1ps              // `timescale 预编译指令定义时间精度/分辨率
module test;                      // module 关键字定义模块 test
reg [5:0] addr;                   // reg 关键字定义 reg 类型变量 addr,宽度为 6 位
reg en;                           // reg 关键字定义 reg 类型变量 en
reg clk;                          // reg 关键字定义 reg 类型变量 clk
wire [19:0] data;                 // wire 关键字定义网络 data,宽度为 20 位
rom Inst_rom(en,addr,clk,data);   // 调用/例化元件 rom,并将其实例化为 Inst_rom,采用端口位置关联

initial                           // initial 关键字定义初始化部分
begin                             // begin 关键字标识初始化部分的开始,类似 C 语言的"{"
  clk = 1'b0;                     // clk 分配/赋值逻辑"0"
  en = 1'b1;                      // en 分配/赋值逻辑"1"
  addr = 0;                       // addr 分配/赋值"0"
end                               // end 关键字标识初始化部分的结束,类似 C 语言的"}"

always                            // always 定义过程语句
begin                             // begin 关键字标识过程语句的开始,类似 C 语言的"{"
  #10 clk = ~clk;                 // 每隔 10ns,clk 取反,为 clk 生成方波信号
end                               // end 关键字标识过程语句的结束,类似 C 语言的"}"

initial                           // initial 关键字定义初始化部分
begin                             // begin 关键字标识初始化部分的开始,类似 C 语言的"{"
  while(1)                        // while 关键字定义无限循环
    begin                         // begin 关键字标识无限循环的开始,类似 C 语言的"{"
      #20;                        // 持续 20ns,ns 由 `timescale 定义
      $display("the content of addr( %d) = %h",addr,data); // 调用系统任务 $display
      addr = addr + 1;            // 变量 addr 递增
    end                           // end 关键字标识无限循环的结束,类似 C 语言的"}"
end                               // end 关键字标识初始化部分的结束,类似 C 语言的"}"
endmodule                         // endmodule 标识模块 test 的结束
```

在ModelSim软件中执行综合后仿真，在Transcript窗口中打印的一部分信息如图5.20所示。在Wave窗口中显示的波形如图5.21所示。

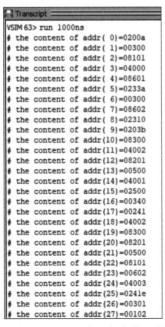

图5.20　在Transcript窗口打印的一部分信息

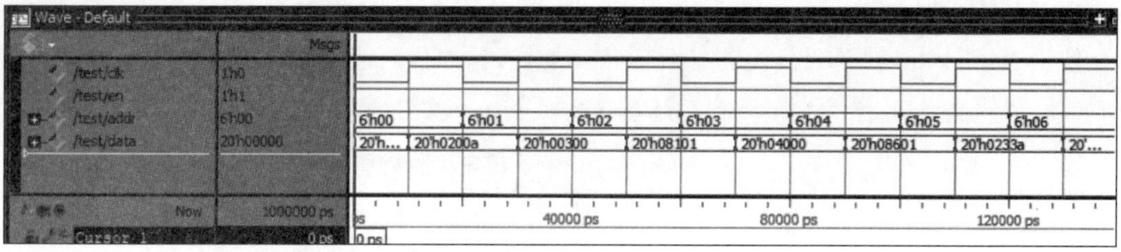

图 5.21　在 Wave 窗口中显示的波形

注：配套资源\eda_verilog\example_5_17 目录下，用 ModelSim SE-64 10.4c 打开 postsynth_sim.mpf。

5.11　Verilog HDL 编译器命令

所有的 Verilog 编译器命令前面都有字符"`"，该符号称为重音符（ASCII 码值为 0x60）。它与撇号字符"'"（ASCII 码值为 0x27）不同。编译器命令的作用域从处理它的点开始，跨越所有处理的文件，一直延伸到另一个编译器命令取代它或处理完成的点。

5.11.1　`celldefine 和 `endcelldefine

这两个命令用于将模块标记为单元模块，它们表示包含模块定义。某些 PLI 使用单元模块用于这些应用，如计算延迟。推荐这两个命令配对使用，但不是必需的。源代码中任一命令的出现控制模块是否标记为单元模块。

该命令可以出现在源代码描述中的任何地方。但是，推荐将其放在模块定义的外部。ModelSim 综合工具忽略这两个命令。

5.11.2　`default_nettype

该命令用于为隐含网络指定网络类型，也就是为那些没有被说明的连线定义网络类型。它只可以出现在模块声明的外部，允许多个 `default_netype 命令。

如果没有出现 `default_netype 命令，或者如果指定了 `resetall 命令，则隐含的网络类型是 wire。当 `default_netype 设置为 none 时，需要明确地声明所有网络；如果没有明确地声明网络，则产生错误。`default_netype 命令格式如下：

`default_nettype default_nettype_value

其中，default_nettype_value 的值可以是 wire、tri、tri0、tri1、wand、triand、wor、trior、trireg、uwire 和 none。

5.11.3　`define 和 `undef

提供了一个文本宏替换工具，以便可以使用有意义的名字来表示常用的文本片段。例如，在整个描述中重复使用常数的情况下，如果需要修改常数的值，则文本宏非常有用，因为源描述中只有一个地方需要修改。文本宏功能不受编译器命令 `resetall 的影响。

1. `define 命令

命令 `define 为文本替换创建宏。语法格式如下：

`define text_macro_name macro_text

该命令可以在模块定义的内部和外部使用。定义文本宏之后,可以在源描述中使用字符"\`",后跟宏名字。编译器应将宏的文本替换为字符串 text_macro_name 以及后面的任何实际参数。所有编译器的命令应看作预定义的宏名字,将编译器命令重新定义为宏名字是非法的。

可以使用参数定义文本宏,这允许为每次使用单独定制宏。

宏文本可以是与文本宏名字在同一行上指定的任意文本。如果需要多行指定文本,则新的一行前面应加上反斜线符号"\\"。第一个没有反斜线的新的一行应结束宏文本。由反斜线符号"\\"开头的新的一行也应该以带有换行符的扩展宏形式替换(但是没有前面的反斜线符号"\\")。

当使用形参定义文本宏时,形参的范围应扩展到宏文本的末尾。在宏文本中可以以与标识符相同的方式使用形参。

如果使用了形参,则形参名字列表应包含在宏名字后面的括号中。正式参数的名字应该是简单标识符,用字符逗号和可选的空格分隔。左侧括号应紧跟在文本宏名字之后,中间没有空格。

如果文本中包含单行注释(即用字符"//"指定的注释),则该注释不应成为替换文本的一部分。宏文本可以为空,在这种情况下,将文本宏定义为空,并且在使用宏时不替换任何文本。

使用文本宏的语法格式如下:

```
`text_macro_identifier [ ( list_of_actual_arguments ) ]
```

对于没有参数的宏,每次出现\`text_marco_name 时,都应按原样替换文本。但是,具有一个或多个参数的文本,应用每个形参替换为宏使用中用作实际参数的表达式来扩展。

要使用由参数定义的宏,文本宏的名字后面应加上括号中的实际参数列表,并用逗号分隔。文本宏名字和左括号之间允许空白。实际参数的个数应该匹配形参的个数。

一旦定义了文本宏名字,就可以在源描述中的任何位置使用它,也就是说,没有范围限制,可以交互定义和使用文本宏。

为宏文本指定的文本不能拆分为以下词汇标记,包括注释、数字、字符串、标识符、关键字和操作符。

【例 5.199】 \`define 命令 Verilog HDL 描述的例子 1。

```
`define wordsize 8
reg [1:`wordsize] data;
//define a nand with variable delay
`define var_nand(dly) nand #dly
`var_nand(2) g121 (q21, n10, n11);
`var_nand(5) g122 (q22, n10, n11);
```

【例 5.200】 \`define 命令 Verilog HDL 非法描述的例子 2。

```
`define first_half "start of string
$display(`first_half end of string");
```

该例子是非法的,因为它是跨字符串拆分的。

【例 5.201】 \`define 命令 Verilog HDL 非法描述的例子 3。

```
`define max(a,b)((a) > (b) ? (a) : (b))
n = `max(p+q, r+s);
```

将要扩展为

```
n = ((p+q) > (r+s)) ? (p+q) : (r+s);
```

每个实际参数都被字面上对应的形参取代。因此,当表达式用作实参时,表达式将被全部替换。如果在宏文本中使用了形参,这会导致表达式多次求值。

2. `undef 命令

`undef 命令用于取消前面定义的宏。如果先前并没有使用命令`define 进行宏定义,那么使用`undef 命令将会导致一个警告。`undef 命令的语法格式如下:

```
`undef text_macro_identifier
```

一个未定义的文本宏没有值,就如同它从未被定义。

5.11.4　`ifdef、`else、`elsif、`endif 和 `ifndef

1. `ifdef 编译器命令

这些条件编译器命令用于在编译期间可选地包括 Verilog HDL 源描述的行。`ifdef 编译器命令检查文本宏的定义。如果定义了文本宏的名字,则包含`ifdef 命令后面的行。如果未定义文本宏的名字,并且存在`else 命令,则编译此源代码。`ifndef 编译器命令检查文本宏的定义。如果未定义文本宏的名字,则包含`ifdef 命令后面的行。如果定义文本宏的名字,并且存在`else 命令,则编译此源代码。

如果存在`elsif 命令(而不是`else),编译器将检查文本宏名字的定义。如果存在名字,则包含`elsif 命令后面的行。`elsif 命令等效于编译器命令系列`else `ifdef…`endif。该命令不需要相应的`endif 命令。该命令前面应加上`ifdef 或`ifndef 命令。

这些命令可能出现在源描述中的任何位置。`ifdef、`else、`elsif、`endif 和`ifndef 编译器命令可能有用的情况包括:选择模块的不同表示形式,如行为级、结构级或开关级;选择不同的时序或结构信息;为一个给定运行选择不同的激励源。

一个完整的`ifdef、`elsif、`else 和`endif 编译器命令的语法如下:

```
`ifdef text_macro_identifier
    ifdef_group_of_lines
`elsif text_macro_identifier
    elsif_group_of_lines
`else
    else_group_of_lines
`endif
```

一个完整的`ifndef、`elsif、`else 和`endif 编译器命令的语法如下:

```
`ifndef text_macro_identifier
    ifndef_group_of_lines
`elsif text_macro_identifier
    elsif_group_of_lines
`else
    else_group_of_lines
`endif
```

其中,text_macro_identifier 是 Verilog HDL 标识符,ifdef_group_of_lines、ifndef_group_of_lines、elsif_group_of_lines 和 else_group_of_lines 是 Verilog HDL 源代码描述的一部分,`else 和`elsif 编译器命令和所有的 group_of_lines 都是可选的。

`ifdef、`elsif、`else 和`endif 编译器命令以以下方式协同工作。

(1) 当遇到`ifdef 时,将测试`ifdef 对应的 text_macro_identifier,以查看它是否在 Verilog HDL 源描述中使用了`define 定义为文本宏名字。

(2) 如果定义了`ifdef 对应的 text_macro_identifier,则将 ifdef_group_of_lines 编译为描述的一部分;如果存在`else 或`elsif 编译器命令,则忽略这些编译器命令和相应的 group_of_lines。

(3) 如果未定义`ifdef 对应的 text_macro_identifier,则忽略 ifdef_group_of_lines。

(4) 如果有`elsif 编译器命令,则测试`elsif 对应的 text_macro_identifier,以查看它是否

在 Verilog HDL 源描述中使用了 `define 定义为文本宏名字。

（5）如果定义了 `elsif 对应的 text_macro_identifier，则将 elsif_group_of_lines 编译为描述的一部分；如果存在其他 `elsif 或 `else 编译器命令，则忽略这些编译器命令和相应的 group_of_lines。

（6）如果尚未定义第一个 `elsif 对应的 text_macro_identifier，则忽略第一个 elsif_group_of_lines。

（7）如果有多个 `elsif 编译器命令，则按照 Verilog HDL 源描述中的顺序，像第一个 `elsif 编译器命令一样对它们进行评估。

（8）如果有 `else 编译器命令，将 else_group_of_lines 作为描述的一部分进行编译。

`ifndef、`elsif、`else 和 `endif 编译器命令以以下方式协同工作。

（1）当遇到 `ifndef 时，将测试 `ifndef 对应的 text_macro_identifier，以查看它是否在 Verilog HDL 源描述中使用了 `define 定义为文本宏名字。

（2）如果未定义 `ifndef 对应的 text_macro_identifier，则将 ifndef_group_of_lines 编译为描述的一部分；如果存在 `else 或 `elsif 编译器命令，则忽略这些编译器命令和相应的 group_of_lines。

（3）如果定义了 `ifndef 对应的 text_macro_identifier，则忽略 ifndef_group_of_lines。

（4）如果有 `elsif 编译器命令，则测试 `elsif 对应的 text_macro_identifier，以查看它是否在 Verilog HDL 源描述中使用了 `define 定义为文本宏名字。

（5）如果定义了 `elsif 对应的 text_macro_identifier，则将 elsif_group_of_lines 编译为描述的一部分；如果存在其他 `elsif 或 `else 编译器命令，则忽略这些编译器命令和相应的 group_of_lines。

（6）如果尚未定义第一个 `elsif 对应的 text_macro_identifier，则忽略第一个 elsif_group_of_lines。

（7）如果有多个 `elsif 编译器命令，则按照 Verilog HDL 源描述中的顺序，像第一个 `elsif 编译器命令一样对它们进行评估。

（8）如果有 `else 编译器命令，将 else_group_of_lines 作为描述的一部分进行编译。

尽管编译器命令的名字包含在与文本宏名字相同的名字空间中，但编译器命令的名字被看作不是由 `ifdef、`ifndef 和 `elsif 定义的。

应允许嵌套 `ifdef、`ifdef、`else、`elsif 和 `endif 编译器命令。

编译器忽略的任何 group_of_lines 仍应遵循 Verilog HDL 的空白、注释、数字、字符串、标识符、关键字和操作符约定。

【例 5.202】 `ifdef 命令 Verilog HDL 描述的例子 1，如代码清单 5-86 所示。

代码清单 5-86 `ifdef 命令的 Verilog HDL 描述

```
module and_op (a, b, c);
output a;
input b, c;
`ifdef behavioral
    wire a = b & c;
`else
    and a1 (a,b,c);
`endif
endmodule
```

该例子中给出了用于条件编译的 `ifdef 命令的简单用法。如果定义了标识符 behavioral，则将编译一个连续的网络分配/赋值；否则，将 and 门例化为 a1。

【例 5. 203】 嵌套 `ifdef 命令 Verilog HDL 描述的例子 2,如代码清单 5-87 所示。

代码清单 5-87　嵌套 `ifdef 命令的 Verilog HDL 描述

```verilog
module test(out);
output out;
`define wow
`define nest_one
`define second_nest
`define nest_two
  `ifdef wow
    initial $display("wow is defined");
    `ifdef nest_one
      initial $display("nest_one is defined");
      `ifdef nest_two
        initial $display("nest_two is defined");
      `else
        initial $display("nest_two is not defined");
      `endif
    `else
        initial $display("nest_one is not defined");
    `endif
  `else
      initial $display("wow is not defined");
      `ifdef second_nest
        initial $display("second_nest is defined");
      `else
        initial $display("second_nest is not defined");
      `endif
  `endif
endmodule
```

【例 5. 204】 条件编译命令嵌套 Verilog HDL 描述的例子,如代码清单 5-88 所示。

代码清单 5-88　条件编译命令嵌套的 Verilog HDL 描述

```verilog
module test;
  `ifdef first_block
    `ifndef second_nest
        initial $display("first_block is defined");
    `else
        initial $display("first_block and second_nest defined");
    `endif
  `elsif second_block
      initial $display("second_block defined, first_block is not");
  `else
      `ifndef last_result
        initial $display("first_block, second_block,"
          " last_result not defined.");
      `elsif real_last
        initial $display("first_block, second_block not defined,"
          " last_result and real_last defined.");
      `else
        initial $display("Only last_result defined!");
      `endif
  `endif
endmodule
```

5.11.5　`include

文件包含(`include)编译器命令用于在编译期间将源文件的内容插入到另一个文件中,结果就好像包含的源文件内容出现在 `include 编译器命令的地方。`include 编译器命令可用于包含全局或通用的定义和任务,而没有在模块边界内封装重复代码。

使用`include编译器命令的优势在于：提供配置管理的组成部分；改进 Verilog HDL 源文件描述的组织；便于维护 Verilog HDL 源文件描述。

`include 编译器命令的语法如下：

`include "filename"

编译器命令`include 可以在 Verilog HDL 描述中的任何位置指定。filename 是要包含在源文件中的文件名字。filename 可以是完整或相对路径名字。

只有空格或注释可以与`include 编译器命令出现在同一行。

使用`include 编译器命令包含在源文件中的文件可能包含其他`include 编译器命令。包含文件的嵌套层数是有限的。

【例 5.205】　`include 命令 Verilog HDL 描述的例子。

```
`include "parts/count.v"
`include "fileB"
`include "fileB"                 //包含 fileB
```

5.11.6　`resetall

该编译器遇到`resetall 命令时，会将所有的编译命令重新设置为默认值。推荐在源文件的开始放置`resetall。将`resetall 命令放置在模块内或者 UDP 声明中是非法的。

5.11.7　`line

对于 Verilog 工具来说，跟踪 Verilog 源文件的名字和文件中的行号是非常重要的，这些信息可以用于调试错误消息或者源代码，Verilog PL1 可以访问它。

然而，在很多情况下，Verilog 源文件由其他工具进行了预处理。由于预处理工具可能在 Verilog HDL 源文件中添加了额外的行，或者将多个源代码行合并为一个行，或者并置多个源文件，等等，可能会丢失原始的源文件和行信息。

`line 编译器命令可以用于指定的原始源代码的行号和文件名。如果其他过程修改了源文件，这允许定位原始的源文件。当指定了新行的行号和文件名时，编译器就可以正确地定位原始的源文件位置。然而，这要求相应的工具不产生`line 命令。

编译器应保持正在编译的文件的当前行号和文件名。`line 命令应该设置为跟随在命令中所指定的行号和文件名。该命令可以在 Verilog HDL 源文件描述中的任何位置指定。然而，只有空白与`line 命令出现在同一行，注释不允许与`line 命令位于同一行。`line 命令中的所有参数都是必需的。该命令的结果不受`resetall 命令的影响。

其语法格式如下：

`line number "filename" level

其中，number 是一个正整数，用于指定跟随文本行的新行行号，filename 是一个字符串常数，将其看作文件的新名字，filename 可以是完整路径名或者相对路径名；level 参数的值可以是 0、1 或 2：①当为 1 时，输入一个 include 行后的下面一行是第一行；②当为 2 时，退出一个 include 行后的下面一行是第一行；③当为 0 时，指示任何其他行。

【例 5.206】　`line 命令 Verilog HDL 描述的例子。

```
`line3 "orig.v" 2
//该行是 orig.v 存在 include 文件后的第 3 行
```

当编译器处理文件的剩余部分和新文件时，读取每一行时，行号应递增，并且名字应更新为当前正在处理的新文件。每个文件开头的行号应重置为 1。开始读取包含文件时,应保存当前行和文件名,以便在包含文件结束时恢复。更新的行号和文件名信息应可用于 PLI 访问。库搜索的机制不受 `line 编译器命令的影响。

5.11.8 `timescale

该命令指定了时间单位和跟随它的模块的时间精度。时间单位是时间值(如仿真时间和延迟值)的测量单位。

要在同一设计中使用具有不同时间单位的模块,下面的时间标度结构非常有用。

(1) `timescale 编译器命令,用于指定设计中模块中的时间度量单位和时间精度。

(2) $printtimescale 系统任务,用于显示模块的时间单位和精度。

(3) $time 和 $realtime 系统函数,$timeformat 系统任务和%t 格式规范用于指定如何报告时间信息。

`timescale 编译器命令指定时间和延迟值的测量单位,以及在读取另一个 `timescale 编译器命令之前,遵循该命令的所有模块中延迟的精度。如果没有指定 `timescale 或已通过 `resetall 命令复位,时间单位和精度由仿真器指定。如果某些模块指定了 `timescale,而其他模块没有指定,则会出现错误。

`timescale 编译器命令格式如下:

```
`timescale time_unit/time_precision
```

其中,time_unit 参数指定时间和延迟的度量单位。time_precision 参数指定在仿真中使用延迟值之前如何四舍五入。即使设计中其他地方有更小的 time_precision 参数,使用的值也精确到此处指定的时间单位内,设计中所有 `timescale 编译器命令中最小的 time_precision 参数决定了仿真时间单位的精度。

time_precision 参数至少应与 time_unit 参数一样准确,它不能指定比 time_unit 更长的单位时间。

这些参数中的整数值指定值大小的数量级,有效的整数为 1、10 和 100。字符串表示度量单位,有效的字符串为 s、ms、us、ns、ps 和 fs。

【例 5.207】 `timescale 命令 Verilog HDL 描述的例子 1。

```
`timescale 1ns/ 1ps
```

在该例子中,由于 time_unit 参数为 1ns,所以命令后面的模块中的所有时间值都是 1ns 的倍数。由于 time_precision 参数为 1ps 或千分之一纳秒,所以延迟四舍五入为带三位小数的实数,或精确到千分之一纳秒以内。

【例 5.208】 `timesscale 命令 Verilog HDL 描述的例子 2。

```
`timescale 10us / 100ns
```

在该例子中,由于 time_unit 参数为 $10\mu s$,所以命令后面的模块中的所有时间值都是 $10\mu s$ 的倍数。由于 time_precision 参数为 100ns 或十分之一微秒,所以延迟四舍五入到十分之一微秒以内。

【例 5.209】 `timescale 命令 Verilog HDL 描述的例子 3。

```
`timescale 10ns / 1ns
module test;
reg set;
parameter d = 1.55;
```

```
initial begin
    #d set = 0;
    #d set = 1;
end
endmodule
```

根据时间精度，参数 d 的值从 1.55 四舍五入到 1.6。模块的时间单位是 10ns，精度是 1ns。因此，参数 d 的延迟从 1.6 标定到 16。

5.11.9　`unconnected_drive 和 `nounconnected_drive

当一个模块所有未连接的端口出现在 `unconnected_drive 和 `nounconnected_drive 命令之间时，将这些未连接的端口上拉或者下拉，而不是按通常的默认值处理。

命令 `unconnected_drive 使用 pull1/pull0 参数中的一个：当指定 pull1 时，所有未连接的端口自动上拉；当指定 pull0 时，所有未连接的端口自动下拉。

建议成对使用 `unconnected_drive 和 `nounconnected_drive 命令，但不是强制要求。这些命令在模块外部成对指定。

`resetall 命令包括 `nounconnected_drive 命令的效果。

5.11.10　`pragma

`pragma 命令是一个结构化的说明，它用于改变对 Verilog HDL 源文件的理解。由这个命令所引入的说明称为编译指示。编译指示不同于 Verilog HDL 标准所指定的结果，它为指定实现的结果。其语法格式如下：

`pragma pragma_name [pragma_expression { , pragma_expression }]

pragma 规范由跟在 `pragma 命令后面的 pragma_name 名字标识。pragma_name 后面是 pragma_expression 的可选列表，用于限定更改的 pragma_name 指示的解释。除非另有规定，否则未被实现识别的 pragma_name 的 pragma 命令不会对 Verilog HDL 源文本的解释产生影响。

reset 和 resetall 编译指示应恢复受编译指示影响的相关 pragma_keywords 的默认值和状态，这些默认值应为工具在处理任何 Verilog 文本之前定义的值。reset 编译指示应复位所有 pragma_keyword 出现的所有 pragma_name 的状态。resetall 编译指示应复位所有由实现识别的 pragma_name 的状态。

5.11.11　`begin_keywords 和 `end_keyword

`begin_keywords 和 `end_keyword 命令用于指定在一个源代码块中，基于不同版本的 IEEE Std1364 标准，确定用于关键字的保留字。该对命令只指定那些作为保留关键字的标识符。只能在设计元素(模块、原语和配置)外指定该关键字，并且需要成对使用。其语法格式如下：

`begin_keywords "version_specifier"
    …
`end_keyword

其中，version_specifier 为可选的参数，包括 1364-1995、1364-2001、1364-2001-noconfig 和 1364-2005。

【例 5.210】　`begin_keywords 和 `end_keyword 命令 Verilog HDL 描述的例子。

```
`begin_keywords "1364 - 2001"        //使用 IEEE Std 1364 - 2001Verilog 关键字
module m2 (...);
wire [63:0] uwire;                   //uwire 不是 1364 - 2001 的关键字
...
endmodule
`end_keywords
```

<table>
<tr><td>

第 6 章

CHAPTER 6

</td><td>

基本数字逻辑单元 Verilog HDL 描述

</td></tr>
</table>

任何复杂的数字系统都可以由若干基本组合逻辑单元和时序逻辑单元组合来实现。基本逻辑单元一般分为组合逻辑电路和时序逻辑电路两大类。这两类基本逻辑电路构成了复杂数字系统设计的基石。本章将对这些基本单元的设计进行详细的描述。

本章除了介绍基本数字逻辑单元的设计外,还详细介绍了复杂数字逻辑单元的设计。这些数字逻辑单元包括算术逻辑单元、有限自动状态机和算法状态机。

读者在学习本章内容时,要仔细地学习数字逻辑单元的设计方法和设计技巧,并能正确使用 Verilog HDL 代码描述数字逻辑单元,为设计完整的数字系统打下坚实的基础。

6.1 组合逻辑电路的 Verilog HDL 描述

组合逻辑电路的输出状态只决定于同一时刻各个输入状态的组合,而与先前的状态无关。本节介绍的组合逻辑电路主要包括编码器、译码器、多路选择器、数据比较器和总线缓冲器等。

6.1.1 编码器的 Verilog HDL 描述

视频讲解

将某一信息用一组按一定规律排列的二进制代码描述称为编码,典型的有 8421 码和 BCD 码等。

【例 6.1】 8/3 线编码器 Verilog HDL 描述的例子。

代码清单 6-1 8/3 线编码器 Verilog HDL 描述

```verilog
module v_priority_encoder_1(sel,code);
input [7:0] sel;
output [2:0] code;
reg [2:0] code;
always @(sel)
begin
  if (sel[0]) code = 3'b000;
  else if (sel[1]) code = 3'b001;
  else if (sel[2]) code = 3'b010;
  else if (sel[3]) code = 3'b011;
  else if (sel[4]) code = 3'b100;
  else if (sel[5]) code = 3'b101;
  else if (sel[6]) code = 3'b110;
  else if (sel[7]) code = 3'b111;
  else code = 3'bxxx;
end
endmodule
```

思考与练习 6-1 在配套资源/eda_verilog/example_6_1 目录下,用高云云源软件打开

example_6_1.gprj。查看上面的代码的 RTL 级和综合后的结构,说明 Verilog HDL 代码和具体结构之间的关系。

6.1.2 译码器的 Verilog HDL 描述

将某一特定的代码翻译成原始的信息,称为译码过程。译码过程可以通过译码器电路实现。

译码的过程实际上就是编码过程的逆过程,即把一组按一定规律排列的二进制数还原为原始信息的过程。

1. 3/8 译码器的设计

【例 6.2】 3/8 译码器 Verilog HDL 描述的例子。

代码清单 6-2 3/8 译码器的 Verilog HDL 描述

```
module v_decoders_1 (sel, res);
input [2:0] sel;
output [7:0] res;
reg [7:0] res;
always @(sel or res)
begin
    case (sel)
      3'b000 : res = 8'b00000001;
      3'b001 : res = 8'b00000010;
      3'b010 : res = 8'b00000100;
      3'b011 : res = 8'b00001000;
      3'b100 : res = 8'b00010000;
      3'b101 : res = 8'b00100000;
      3'b110 : res = 8'b01000000;
      default : res = 8'b10000000;
    endcase
end
endmodule
```

思考与练习 6-2 在配套资源/eda_verilog/example_6_2 目录下,用高云云源软件打开 example_6_2.gprj。查看上面的代码的 RTL 级和综合后的结构,说明 Verilog HDL 代码和具体结构之间的关系。

2. 十六进制转换为七段码的设计

【例 6.3】 十六进制转换为七段码的 Verilog HDL 描述的例子。

代码清单 6-3 十六进制转换为七段码的 Verilog HDL 描述

```
module seven_segment_led(o,i);
input[3:0] i;
output reg[6:0] o;
always @(i)
begin
  case (i)
      4'b0001 : o = 7'b1111001;  // 1
      4'b0010 : o = 7'b0100100;  // 2
      4'b0011 : o = 7'b0110000;  // 3
      4'b0100 : o = 7'b0011001;  // 4
      4'b0101 : o = 7'b0010010;  // 5
      4'b0110 : o = 7'b0000010;  // 6
      4'b0111 : o = 7'b1111000;  // 7
      4'b1000 : o = 7'b0000000;  // 8
      4'b1001 : o = 7'b0010000;  // 9
      4'b1010 : o = 7'b0001000;  // A
      4'b1011 : o = 7'b0000011;  // b
      4'b1100 : o = 7'b1000110;  // C
```

```
    4'b1101 : o = 7'b0100001;  // d
    4'b1110 : o = 7'b0000110;  // E
    4'b1111 : o = 7'b0001110;  // F
    default : o = 7'b1000000;  // 0
  endcase
 end
endmodule
```

思考与练习 6-3　在配套资源/eda_verilog/example_6_3目录下,用高云云源软件打开 example_6_3.gprj。查看上面的代码的RTL级和综合后的结构,说明Verilog HDL代码和具体结构之间的关系。

3. 十六进制数转换为BCD码的设计

以十进制数显示十六进制的运算结果时,就需要使用BCD码。十六进制数到BCD码的转换方法如下。

(1) 化简真值表,得到最简逻辑表达式。

(2) 使用移位后加3的方法。

这里使用移位后加3的方法将十六进制数转换为BCD码。将两位十六进制数(以8位二进制数表示,范围为00~FF)转换为三位BCD码(范围为000~255)的过程,如表6.1所示,主要步骤如下。

(1) 将二进制数向左移一位。

(2) 如果移动了8次,则在百位、十位和个位列中均出现BCD码。

(3) 当任意一列BCD的值≥5时,该列BCD的值加3。

(4) 返回第(1)步。

表 6.1　将十六进制数 EC 转换为 BCD 码 236 的过程

操作	百位	十位	个位	十六进制数	
				E	C
十六进制					
开始				1110	1100
第1次移位			1	1101	100
第2次移位			11	1011	00
第3次移位			111	0110	0
加3			1010	0110	0
第4次移位		1	0100	1100	—
第5次移位		10	1001	100	—
加3		10	1100	100	—
第6次移位		101	1001	00	—
加3		1000	1100	00	—
第7次移位	1	0001	1000	—	
加3	1	0001	1011	0	
第8次移位	10	0011	0110	—	
最终得到BCD	2	3	6	—	

【例 6.4】　十六进制数转换为BCD码的Verilog HDL描述的例子。

代码清单 6-4　十六进制数转换为 BCD 码的 Verilog HDL 描述

```
module binbcd8 (
input wire [7:0] b,
output reg [9:0] p
);
reg [17:0] z;
```

```
integer i;
always @ ( ∗ )
  begin
    for(i = 0;i < = 17;i = i + 1)
      z[i] = 0;
    z[10:3] = b;
repeat(5)
begin
  if(z[11:8] > 4)
    z[11:8] = z[11:8] + 3;
  if(z[15:12] > 4)
    z[15:12] = z[15:12] + 3;
   z[17:1] = z[16:0];
end
 p = z[17:8];
end
endmodule
```

思考与练习 6-4　在配套资源/eda_verilog/example_6_4 目录下,用高云云源软件打开 example_6_4.gprj。查看上面的代码的 RTL 级和综合后的结构,说明 Verilog HDL 代码和具体结构之间的关系。

6.1.3　多路选择器的 Verilog HDL 描述

视频讲解

在数字系统中,经常需要把多个不同通道的信号发送到公共的信号通道上,通过多路选择器可以完成这一功能。在数字系统设计中,常使用 case 和 if 语句描述多路选择器。

【例 6.5】　4∶1 多路选择器 Verilog HDL 描述的两种方式。

代码清单 6-5　if-else 语句多路选择器 Verilog HDL 描述

```
module v_multiplexers_1 (a, b, c, d, s, o);
input a,b,c,d;
input [1:0] s;
outputreg o;
always @(a or b or c or d or s)
begin
    if (s == 2'b00) o = a;
    else if (s == 2'b01) o = b;
    else if (s == 2'b10) o = c;
    else o = d;
end
endmodule
```

代码清单 6-6　case 语句多路选择器 Verilog HDL 描述

```
module full_mux (sel, i1, i2, i3, i4, o1);
input [1:0] sel;
input [1:0] i1, i2, i3, i4;
output [1:0] o1;
reg [1:0] o1;
always @(sel or i1 or i2 or i3 or i4)
begin
    case (sel)
      2'b00: o1 = i1;
      2'b01: o1 = i2;
      2'b10: o1 = i3;
      2'b11: o1 = i4;
    endcase
end
endmodule
```

思考与练习6-5 在配套资源/eda_verilog/example_6_5目录下,用高云云源软件打开 example_6_5.gprj。查看上面的代码的RTL级和综合后的结构,说明Verilog HDL代码和具体结构之间的关系。

思考与练习6-6 在配套资源/eda_verilog/example_6_6目录下,用高云云源软件打开 example_6_6.gprj。查看上面的代码的RTL级和综合后的结构,说明Verilog HDL代码和具体结构之间的关系。

【例6.6】 三态缓冲区建模4∶1多路选择器Verilog HDL描述的例子。

使用三态缓冲语句也可以描述多路数据选择器。图6.1给出了4∶1多路选择器三态的原理。

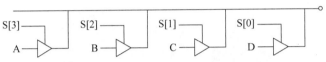

图6.1 三态缓冲实现4∶1多路选择器

代码清单6-7 使用三态缓冲实现4∶1多路选择器的Verilog HDL描述

```
module v_multiplexers_3 (a, b, c, d, s, o);
input a,b,c,d/* synthesis syn_keep = 1 */;
input [3:0] s/* synthesis syn_keep = 1 */;
output o;
assign o = s[3] ? a :1'bz;
assign o = s[2] ? b :1'bz;
assign o = s[1] ? c :1'bz;
assign o = s[0] ? d :1'bz;
endmodule
```

思考与练习6-7 在配套资源/eda_verilog/example_6_7目录下,用高云云源软件打开 example_6_7.gprj。查看上面的代码的RTL级和综合后的结构,说明Verilog HDL代码和具体结构之间的关系。

6.1.4 数字比较器的 Verilog HDL 描述

视频讲解

比较器就是对输入数据进行比较,并判断其大小的逻辑电路。在数字系统中,比较器是基本的组合逻辑单元之一,使用关系运算符可以描述比较器的功能。

【例6.7】 8位数字比较器的Verilog HDL描述的例子。

代码清单6-8 8位数字比较器的Verilog HDL描述

```
module v_comparator_1 (A, B, CMP);
input [7:0] A;
input [7:0] B;
output CMP;
    assign CMP = (A >= B) ? 1'b1 : 1'b0;
endmodule
```

思考与练习6-8 在配套资源/eda_verilog/example_6_8目录下,用高云云源软件打开 example_6_8.gprj。查看上面的代码的RTL级和综合后的结构,说明Verilog HDL代码和具体结构之间的关系。

6.1.5 总线缓冲器的 Verilog HDL 描述

总线是一组相关信号的集合。在计算机系统常用的总线有数据总线、地址总线和控制总线。由于总线上经常需要连接很多的设备,因此必须正确地控制总线的输入和输出,这样才不会产生总线访问的冲突。

【例6.8】　三态缓冲区器 Verilog HDL 描述的例子。

代码清单 6-9　三态缓冲器过程分配的 Verilog HDL 描述

```verilog
module v_three_st_1 (OEN, I, O);
input OEN, I;
output reg O;
always @(OEN,I)
begin
  if (~OEN) O = I;
  else O = 1'bZ;
end
endmodule
```

代码清单 6-10　三态缓冲器连续分配的 Verilog HDL 描述

```verilog
module v_three_st_2 (OEN, I, O);
input OEN, I;
output O;
assign O = (~OEN) ? I : 1'bZ;
endmodule
```

思考与练习6-9　在配套资源/eda_verilog/example_6_9 目录下,用高云云源软件打开 example_6_9.gprj。查看上面的代码的 RTL 级和综合后的结构,说明 Verilog HDL 代码和具体结构之间的关系。

思考与练习6-10　在配套资源/eda_verilog/example_6_10 目录下,用高云云源软件打开 example_6_10.gprj。查看上面的代码的 RTL 级和综合后的结构,说明 Verilog HDL 代码和具体结构之间的关系。

【例6.9】　双向缓冲器 Verilog HDL 描述的例子。

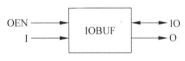

高云 FPGA 内的双向缓冲区结构如图6.2所示。OEN 为高电平时,作为输入缓冲器;OEN 为低电平时,作为输出缓冲器。也就是说,从 I→I/O 是有条件的,而 I/O→O 是无条件的。因此,可以通过 Verilog HDL 的连续分配语句对双向缓冲区进行建模。

图 6.2　双向缓冲器结构

代码清单 6-11　双向缓冲器的 Verilog HDL 描述（1）

```verilog
module bidir(IO,I,O,OEN);
inout IO;
input I,OEN;
output O;
assign O = IO;
assign IO = ~OEN ? I : 1'bz ;
endmodule
```

此外,可以直接通过在模块中例化 IOBUF 原语的方式实现双向缓冲区的功能。

代码清单 6-12　双向缓冲器的 Verilog HDL 描述（2）

```verilog
module bidir(IO,I,O,OEN);
inout IO;
input I,OEN;
output O;
IOBUF Inst_IOBUF(.O(O),.IO(IO),.I(I),.OEN(OEN));
endmodule
// OEN = "1", IBUF; OEN = "0"; OBUF
```

思考与练习6-11　在配套资源/eda_verilog/example_6_11 目录下,用高云云源软件打开 example_6_11.gprj。查看上面的代码的 RTL 级和综合后的结构,说明 Verilog HDL 代码和具体结构之间的关系。

思考与练习 6-12　在配套资源/eda_verilog/example_6_12目录下,用高云云源软件打开example_6_12.gprj。查看上面的代码的RTL级和综合后的结构,说明Verilog HDL代码和具体结构之间的关系。

6.1.6　算术逻辑单元的 Verilog HDL 描述

算术逻辑单元(arithmetic logic unit,ALU)是中央处理单元(central processing unit,CPU)内运算器中的核心功能部件。在ALU内,实现算术运算和逻辑运算。当在ALU中执行完算术运算和逻辑运算后,ALU输出运算结果并给出相应的标志。

类似于前面的复用开关的选择线一样,ALU也有选择线来控制所要使用的操作。表6.2给出了在ALU所要实现的算术和逻辑功能。图6.3给出了4位ALU的符号描述。

表 6.2　ALU 操作

alusel[2:0]	功能	输出
000	传递a	a
001	加法	a+b
010	减法1	a−b
011	减法2	b−a
100	逻辑取反	not a
101	逻辑与	a and b
110	逻辑或	a or b
111	逻辑异或	a xor b

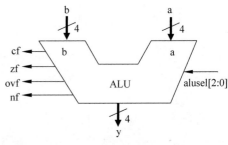

图 6.3　4 位 ALU 符号描述

在该设计中,由于ALU实现8种运算,所以选择线alusel为3位。此外,ALU也提供4位的输出y和4个标志位。cf为进位标志,ovf为溢出标志,zf为0标志(当输出为0时,该标志有效),nf为负标志(当输出的第4位为1时,该标志有效)。

为了讨论进位标志和溢出标志的不同,考虑一个8位的加法(最高位为符号位)运算。当无符号的数的和超过255时,设置进位标志。当有符号数的和不在−128~+127的范围时,设置溢出标志。考虑下面的几个例子(最高位为符号位):

$$53_{10}+25_{10}=35_{16}+19_{16}=78_{10}=4E_{16},cf=0,ovf=0$$

$$53_{10}+91_{10}=35_{16}+5B_{16}=144_{10}=90_{16},cf=0,ovf=1$$

$$53_{10}-45_{10}=35_{16}+D3_{16}=8_{10}=108_{16},cf=1,ovf=0$$

$$-98_{10}-45_{10}=9E_{16}+D3_{16}=-143_{10}=171_{16},cf=1,ovf=1$$

当满足条件:(第六位向第七位进位)xor(第七位向cf进位)时,ovf=1。

【例 6.10】　算术逻辑单元 ALU Verilog HDL 描述的例子。

代码清单 6-13　算术逻辑单元 ALU 的 Verilog HDL 描述

```
module ALU(
input wire [2:0] alusel,
input wire [3:0] a,
input wire [3:0] b,
output reg nf,
output reg zf,
output reg cf,
output reg ovf,
output reg [3:0] y
);
reg [4:0] temp;
```

```
always @( * )
  begin
      cf = 0;
        ovf = 0;
        temp = 5'b00000;
        case (alusel)
            3'b000 : y = a;
              3'b001 :
                  begin
                    temp = {1'b0,a} + {1'b0,b};
                      y = temp[3:0];
                      cf = temp[4];
                      ovf = y[3] ^ a[3] ^ b[3] ^ cf;
                  end
              3'b010 :
                  begin
                    temp = {1'b0,a} - {1'b0,b};
                      y  = temp[3:0];
                      cf = temp[4];
                      ovf = y[3] ^ a[3] ^ b[3] ^cf;;
                  end
              3'b011 :
                  begin
                    temp = {1'b0,b} - {1'b0,a};
                      y = temp[3:0];
                      cf = temp[4];
                      ovf = y[3] ^ a[3] ^ b[3] ^ cf;
                  end
              3'b100 : y = ~a;
              3'b101 : y = a & b;
              3'b110 : y = a | b;
              3'b111 : y = a ^ b;
              default : y = a;
        endcase
        nf = y[3];
        if(y == 4'b0000)
              zf = 1;
        else
              zf = 0;
      end
endmodule
```

思考与练习 6-13　在配套资源/eda_verilog/example_6_13 目录下,用高云云源软件打开 example_6_13.gprj。查看上面的代码的 RTL 级和综合后的结构,说明 Verilog HDL 代码和 具体结构之间的关系。

6.2　时序逻辑电路的 Verilog HDL 描述

时序逻辑电路的输出状态不仅与输入变量的状态有关,还与系统原先的状态有关。时序 电路最重要的特点是存在着记忆单元部分,本节介绍的时序逻辑电路主要包括计数器、移位寄 存器和脉冲宽度调制器等。

6.2.1　计数器的 Verilog HDL 描述

根据计数器的触发方式不同,计数器可以分为同步计数器和异步计数器两种。当赋予计 数器更多的功能时,计数器的功能就非常复杂了。需要注意的是,计数器是常用的定时器的核

视频讲解

心部分,当计数器输出控制信号时,计数器也就变成了定时器。所以只要掌握了计数器的设计方法,就可以很容易地设计定时器。本书主要介绍同步计数器的设计。

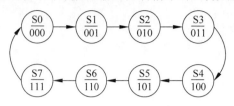

图 6.4 3 位八进制计数器状态图

1. 通用计数器的 Verilog HDL 描述

一个八进制(从 0 到 7)的计数器是一个 3 位二进制的计数器。图 6.4 给出了 3 位八进制计数器的状态机。

【例 6.11】 3 位计数器的 Verilog HDL 描述的例子。

代码清单 6-14   3 位计数器的 Verilog HDL 描述

```verilog
module count3(
    input wire clk,
    input wire clr,
    output reg [2:0] q
    );
always @(posedge clk or posedge clr)
  begin
    if(clr == 1)
    q <= 0;
  else
    q <= q + 1;
  end
endmodule
```

思考与练习6-14   在配套资源/eda_verilog/example_6_14 目录下,用高云云源软件打开 example_6_14.gprj。查看上面的代码的 RTL 级和综合后的结构,说明 Verilog HDL 代码和具体结构之间的关系。

2. 任意进制计数器的 Verilog HDL 描述

下面以五进制计数器为例,介绍任意进制计数器的设计方法。五进制计数器就是反复地从 0 到 4 计数,即有 5 个状态,输出为"000"~"100",然后返回"000"。

【例 6.12】 五进制计数器的 Verilog HDL 描述的例子。

代码清单 6-15   五进制计数器的 Verilog HDL 描述

```verilog
module mod5cnt(
    input wire clr,
    input wire clk,
    output reg [2:0] q
    );
always @(posedge clr or posedge clk)
  begin
    if(clr == 1)
    q <= 0;
  else if(q == 4)
    q <= 0;
  else
    q <= q + 1;
  end
endmodule
```

思考与练习6-15   在配套资源/eda_verilog/example_6_15 目录下,用高云云源软件打开 example_6_15.gprj。查看上面的代码的 RTL 级和综合后的结构,说明 Verilog HDL 代码和具体结构之间的关系。

3. 时钟分频器的 Verilog HDL 描述

下面设计分频器,将分频器使用 25 位的计数器作为时钟的分频因子。该设计由 50MHz

时钟产生 190Hz 时钟和 47.7Hz 时钟信号。表 6.3 给出了计数器每位计数值和分频时钟之间的关系。

表 6.3 分频时钟频率和计数器的关系(输入时钟 50MHz)

q(i)	频率(Hz)	周期(ms)	q(i)	频率(Hz)	周期(ms)
0	25000000.00	0.00004	12	6103.52	0.16384
1	12500000.00	0.00008	13	3051.76	0.32768
2	6250000.00	0.00016	14	1525.88	0.65536
3	3125000.00	0.00032	15	762.94	1.31072
4	1562500.00	0.00064	16	381.47	2.62144
5	781250.00	0.00128	17	190.73	5.24288
6	390625.00	0.00256	18	95.37	10.48576
7	195312.50	0.00512	19	47.68	20.97152
8	97656.25	0.01024	20	23.84	41.94304
9	48828.13	0.02048	21	11.92	83.88608
10	24414.06	0.04096	22	5.96	167.77216
11	12207.03	0.08192	23	2.98	335.54432

【例 6.13】 时钟分频器的 Verilog HDL 描述的例子。

代码清单 6-16 时钟分频器的 Verilog HDL 描述

```
module clkdiv(
    input wire clr,
    input wire mclk,
    output wire clk190,
    output wire clk48
    );
reg [24:0] q;
always @ (posedge mclk or posedge clr)
  begin
    if(clr == 1)
      q <= 0;
    else
      q <= q + 1;
  end

assign clk190 = q[17];
assign clk48 = q[19];
endmodule
```

思考与练习 6-16 在配套资源/eda_verilog/example_6_16 目录下,用高云云源软件打开 example_6_16.gprj。查看上面的代码的 RTL 级和综合后的结构,说明 Verilog HDL 代码和具体结构之间的关系。

6.2.2 移位寄存器的 Verilog HDL 描述

本节介绍通用移位寄存器 Verilog HDL 描述、环形移位寄存器 Verilog HDL 描述、消抖电路 Verilog HDL 描述和时钟脉冲电路 Verilog HDL 描述。

视频讲解

1. 通用移位寄存器的 Verilog HDL 描述

一个 N 位移位寄存器包含 N 个触发器。如图 6.5 所示,在每个时钟脉冲,数据从一个触发器移动到另一个触发器。从移位寄存器的左边输入串行数据 data_in,在每个时钟边沿到来时,q3 移动到 q2,q2 移动到 q1,q1 移动到 q0。下面用 Verilog HDL 结构化方式对 16 位的移位寄存器进行描述。

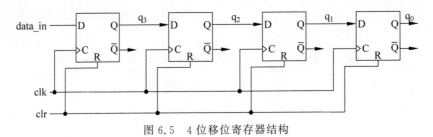

图 6.5　4 位移位寄存器结构

【例 6.14】 例化元件实现 16 位串入/串出移位寄存器 Verilog HDL 结构化描述例子。

代码清单 6-17　16 位串入/串出移位寄存器 Verilog HDL 结构化描述

```
module shift16(
    input a,
    input clk,
    output b
    );
wire [15:0] z;
assign z[0] = a;
assign b = z[15];
genvar i;
  generate
      for (i = 0; i < 15; i = i + 1)
      begin: g1
          dff Dffx (z[i],clk,z[i + 1]);
      end
  endgenerate
endmodule
```

思考与练习 6-17　在配套资源/eda_verilog/example_6_17 目录下，用高云云源软件打开 example_6_17. gprj。查看上面的代码的 RTL 级和综合后的结构，说明 Verilog HDL 代码和具体结构之间的关系。

此外，在 Verilog HDL 中，可通过三种 RTL 级方式描述移位寄存器：①预定义的移位操作符描述；②for 循环语句描述；③并置操作符描述。

【例 6.15】 预定义移位操作符实现逻辑左移 Verilog HDL 描述例子。

代码清单 6-18　预定义移位操作符实现逻辑左移 Verilog HDL 描述

```
module logical_shifter_3(
    input [7:0] DI,
    input [1:0] SEL,
    output reg[7:0] SO
    );
always @(DI or SEL)
  begin
    case (SEL)
        2'b00: SO = DI;
        2'b01: SO = DI << 1;
        2'b10: SO = DI << 2;
        2'b11: SO = DI << 3;
       default: SO = DI;
    endcase
  end
endmodule
```

思考与练习 6-18　在配套资源/eda_verilog/example_6_18 目录下，用高云云源软件打开 example_6_18. gprj。查看上面的代码的 RTL 级和综合后的结构，说明 Verilog HDL 代码和具体结构之间的关系。

【例 6.16】 for 循环语句实现 16 位移位寄存器的 Verilog HDL 描述的例子。

代码清单 6-19　for 循环语句实现 16 位移位寄存器的 Verilog HDL 描述

```
module shift_registers_1 (
    input c,
    input si,
    output so
    );
reg [15:0] tmp;
integer i;
assign so = tmp[15];
always @(posedge c)
begin
  for(i = 0;i < 15;i = i + 1)
    tmp[i + 1]< = tmp[i];
      tmp[0]< = si;
end
endmodule
```

思考与练习 6-19　在配套资源/eda_verilog/example_6_19 目录下,用高云云源软件打开 example_6_19.gprj。查看上面的代码的 RTL 级和综合后的结构,说明 Verilog HDL 代码和具体结构之间的关系。

【例 6.17】 并置操作实现 16 位串入/并出移位寄存器的 Verilog HDL 描述的例子。

代码清单 6-20　并置操作实现 16 位串入/并出移位寄存器的 Verilog HDL 描述

```
module shift_register_5(
    input SI,
    input clk,
    output reg[15:0] PO
    );
reg[15:0] temp = 0;
always @(posedge clk)
  begin
    temp < = {temp[14 : 0], SI};
    PO < = temp;
  end
endmodule
```

思考与练习 6-20　在配套资源/eda_verilog/example_6_20 目录下,用高云云源软件打开 example_6_20.gprj。查看上面的代码的 RTL 级和综合后的结构,说明 Verilog HDL 代码和具体结构之间的关系。

2. 环形移位寄存器的 Verilog HDL 描述

如图 6.6 所示,如果前面移位寄存器的输出 q0 连接到 q3 的输入端,则移位寄存器变成了环形移位寄存器。

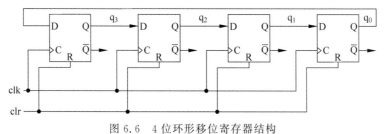

图 6.6　4 位环形移位寄存器结构

【例 6.18】 4 位右移环形移位寄存器的 Verilog HDL 描述的例子。

代码清单 6-21　4 位右移环形移位寄存器的 Verilog HDL 描述

```
module ring4(
    input wire clk,
```

```
input wire clr,
output reg [3:0] q
);
always @(posedge clk or posedge clr)
begin
    if(clr == 1)
        q <= 1;
    else
      begin
          q[3] <= q[0];
          q[2:0] <= q[3:1];
      end
end
endmodule
```

思考与练习 6-21　　在配套资源/eda_verilog/example_6_21 目录下,用高云云源软件打开 example_6_21.gprj。查看上面的代码的 RTL 级和综合后的结构,说明 Verilog HDL 代码和具体结构之间的关系。

3. 消抖电路的 Verilog HDL 描述

当按键时,不可避免地会引起按键的抖动,需要大约 ms 级的时间才能稳定下来。也就是说,输入到 FPGA 的按键信号并不是直接从 0 变到 1,而是在 ms 级时间内在 0 和 1 之间进行交替变化。由于时钟信号变化得比按键抖动更快,因此会把错误的信号锁存在寄存器中,这在时序电路中是非常严重的问题。因此,需要消抖电路来消除按键的抖动,如图 6.7 所示。

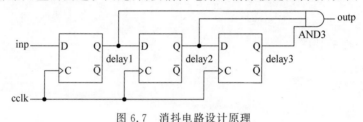

图 6.7　消抖电路设计原理

【例 6.19】　消抖电路的 Verilog HDL 描述的例子。

代码清单 6-22　消抖电路的 Verilog HDL 描述

```
module debounce4(
input wire [3:0] inp,
input wire cclk,
input wire clr,
output wire [3:0] outp
);
reg [3:0] delay1;
reg [3:0] delay2;
reg [3:0] delay3;

always @(posedge cclk or posedge clr)
begin
    if(clr == 1)
        begin
            delay1 <= 4'b0000;
            delay2 <= 4'b0000;
            delay3 <= 4'b0000;
        end
    else
        begin
            delay1 <= inp;
            delay2 <= delay1;
```

```
            delay3 <= delay2;
        end
end
assign outp = delay1 & delay2 & delay3;
endmodule
```

思考与练习6-22 在配套资源/eda_verilog/example_6_22 目录下,用高云云源软件打开 example_6_22.gprj。查看上面的代码的 RTL 级和综合后的结构,说明 Verilog HDL 代码和具体结构之间的关系。

4. 时钟脉冲电路的 Verilog HDL 描述

图 6.8 给出了时钟脉冲的逻辑电路。与前面消抖电路不同的是,输入到 AND 门的 delay3 从触发器的 Q 的互补输出端 $\overline{Q}$ 输出。图 6.9 给出了该电路的行为仿真结果。

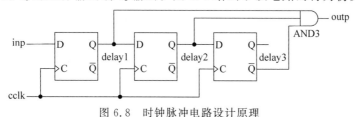

图 6.8 时钟脉冲电路设计原理

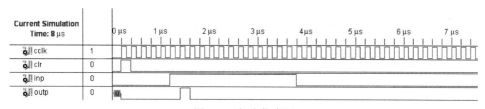

图 6.9 行为仿真图

【例 6.20】 时钟脉冲生成单元的 Verilog HDL 描述的例子。

代码清单 6-23 时钟脉冲生成单元的 Verilog HDL 描述

```
module clock_pulse(
input wire inp,
input wire cclk,
input wire clr,
output wire outp
);
reg delay1;
reg delay2;
reg delay3;

always @(posedge cclk or posedge clr)
begin
    if(clr == 1)
        begin
            delay1 <= 0;
            delay2 <= 0;
            delay3 <= 0;
        end
    else
        begin
            delay1 <= inp;
            delay2 <= delay1;
            delay3 <= delay2;
        end
end
assign outp = delay1 & delay2 & ~delay3;
endmodule
```

视频讲解

思考与练习 6-23 在配套资源/eda_verilog/example_6_23 目录下,用高云云源软件打开 example_6_23.gprj 工程。查看上面的代码的 RTL 级和综合后的结构,说明 Verilog HDL 代码和具体结构之间的关系。

6.2.3 脉冲宽度调制器的 Verilog HDL 描述

本节将介绍使用脉冲宽度调制(Pulse-width Modulated,PWM)信号来控制直流电机。

当连接电机或其他负载时,可能向数字电路(CPLD、FPGA 和微处理器)流入很大的电流,因此最安全和最容易的方法是使用一些类型的固态继电器(Solid-state Relay, SSR)。如图 6.10 所示,数字电路将小的电流(5~10mA)输入到引脚 1 和 2,这将开启固态继电器内的 LED,来自 LED 的光将打开 MOSFET,这样将允许引脚 3 和 4 之间流经很大的电流。这种光电耦合电路将数字电路隔离开,从而可以降低电路的噪声并防止对数字电路造成的破坏。

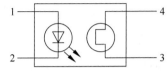
图 6.10 固态继电器

SSR 适合于控制直流负载。然而,一些 SSR 有两个 MOSFET 和背对背的二极管用来控制交流负载。当使用直流或交流 SSR 时,需要确认 SSR 能处理所使用的电压和电流负载。通常,需要为电机提供独立的电源将两个地连在一起。

例如,使用 G3VM-61B1/E1 固态继电器 SSR,该 SSR 是欧姆龙公司研发的一个 6 脚的 MOSFET 继电器,能用作直流或交流 SSR。最大的交流负载电压是 60V,最大负载电流是 500mA(将两个 MOSFET 并联后可为直流负载提供 1A 电流)。

直流电机的速度取决于电机的电压,电压越高,电机转动得越快。如果需要电机以恒定的速度旋转,将 4 脚和电源连接起来,将电机连在 3 脚和地之间(也可以将 3 脚连接到地,将电机连接到第 4 脚和电源之间)。连接到电机的电源极性决定了电机的转动方式。如果转动方向错误,只需要改变电机的两个连接端子。如果使用数字电路改变电机的方向,需要使用 H 桥。SN754410 是一个四半桥驱动器,它能管理两个双向的电机,其供电电压可以达到 36V,负载电流可以达到 1A。

使用数字电路来控制电机的速度,通常使用图 6.11 所示的 PWM 信号波形。脉冲周期是恒定的,高电平的时间称为占空是可变的。占空比表示为

$$占空比 = \frac{占空}{周期} \times 100\%$$

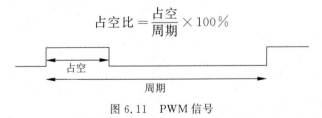

图 6.11 PWM 信号

PWM 信号的直流平均值与占空是成比例的。50% 占空比的 PWM 的直流值为 PWM 信号最大值的 1/2。如果通过电机的电压与 PWM 成正比,简单地改变脉冲占空比就可以改变电机的速度。图 6.12 给出了 PWM 用于控制直流电机的电路。

【例 6.21】 PWM 控制电机的 Verilog HDL 描述的例子。

代码清单 6-24 PWM 控制电机的 Verilog HDL 描述

```
module pwmN
# (parameter N  = 4)
(input wire clk,
input wire clr,
```

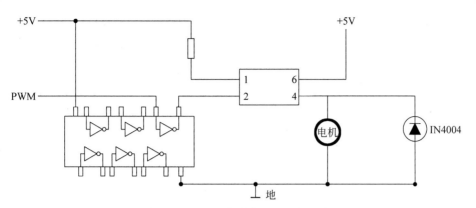

图 6.12　PWM 控制直流电机的电路

```
input wire [N - 1:0] duty,
input wire [N - 1:0] period,
output reg pwm
);
reg [N - 1:0] count;
always @(posedge clk or posedge clr)
        if(clr == 1)
                count <= 0;
          else if(count == period - 1)
                count <= 0;
          else
                count <= count + 1;
always @( * )
        if(count < duty)
                pwm <= 1;
          else
                pwm <= 0;
endmodule
```

思考与练习 6-24　在配套资源/eda_verilog/example_6_24 目录下,用高云云源软件打开 example_6_24.gprj。查看上面的代码的 RTL 级和综合后的结构,说明 Verilog HDL 代码和具体结构之间的关系。

6.3　有限状态机的 Verilog HDL 描述

在第 2 章详细介绍了有限状态机的原理和使用门电路构建有限状态机的方法,本节将介绍使用 Verilog HDL 描述不同状态机模型的方法。

6.3.1　FSM 设计原理

有限状态机(finite state machine,FSM)或简单的状态机用于设计计算机程序和时序逻辑电路。人们将它设想为一个抽象的机器,包含有限数量用户定义的状态。在任意一个时刻, FSM 只能处于一种状态,将它在任何给定时间所处的状态称为当前状态。当由触发事件或条件启动时,它可以从一种状态变化到另一种状态,将其称为迁移(过渡)。由状态列表以及用于每个过渡的触发条件定义一个特定的 FSM。

在现代社会的许多设备中,可以观察到状态机的行为。根据事件序列出现的前后顺序,状态机执行一系列预定义的行为。一个简单的例子就是自动售货机,当塞进正确组合的硬币时,它们将为消费者分配正确的产品;当汽车等待时,交通灯按预先的事件序列改变灯的状态;

视频讲解

在打开密码锁时,要求按正确的顺序输入数字。

1. FSM 的设计模型

有限状态机可以由标准数学模型定义。此模型包括一组状态、状态之间的一组转换以及和状态转换有关的一组动作。有限状态机可以表示为

$$M = (I, O, S, f, h)$$

其中,$S = \{S_i\}$ 表示一组状态的集合;$I = \{I_j\}$ 表示一组输入信号;$O = \{O_k\}$ 表示一组输出信号;$f(S_i, I_j) : S \times I \rightarrow S$ 为状态转移函数;$h(S_i, I_j) : S \times I \rightarrow O$ 为输出函数。

从上面的数学模型可以看出,如果在数字系统中实现有限状态机,应该包含三部分:状态寄存器、下状态转移逻辑和输出逻辑。

有限状态机的设计应遵循以下原则。

(1) 使用状态图描述 FSM 数学模型。

(2) 确认 FSM 的各个状态及输入和输出条件。

(3) 使用 Verilog HDL 描述 FSM 模型。

采用有限状态机描述有以下优点。

(1) 可以采用不同的编码风格,在描述状态机时,设计者常采用的编码有二进制、格雷码和 one-hot 编码,用户可以在源文件中通过使用属性 syn_encoding 来指定状态编码的格式。

(2) 可以实现状态的最小化。

(3) 设计灵活,可将控制单元与数据单元分离开。

2. 状态定义及编码规则

在 Verilog HDL 中,要求设计者在使用状态机之前必须显式定义状态变量的编码,也就是每个状态变量的具体值。

状态变量定义 Verilog HDL 描述如下:

```
reg[2:0] present_state, next_state;
parameter s0 = 3'b000, s1 = 3'b001, s2 = 3'b010, s3 = 3'b011, s4 = 3'b100;
```

在高云云源软件中提供了 one-hot 和 Gray 编码选项。表 6.4 给出了典型编码格式,各种编码的含义如下。

(1) one-hot 状态编码。

one-hot 编码方案对每个状态采用一个触发器,即 4 个状态的状态机需 4 个触发器。同一时间仅 1 个状态位处于有效电平。在使用 one-hot 状态编码时,触发器使用较多,但逻辑简单、速度快。

(2) gray 状态编码。

gray 码编码每次仅一个状态位的值发生变化。在使用 gray 状态编码时,触发器使用较少,速度较慢,不会产生两位同时翻转的情况。采用 gray 码进行状态编码时,T 触发器是最好的实现方式。

(3) johnson 状态编码。

johnson 状态编码能够使状态机保持一个很长的路径,而不会产生分支。

(4) sequential 状态编码。

sequential 状态编码采用一个可标识的长路径,并采用了连续的基 2 编码描述这些路径,将下一个状态等式最小化。

3. FSM 的描述风格

有限自动状态机使用两种基本的类型,即 Mealy(米勒)和 Moore(摩尔)。在一个米勒状态机中,输出取决于当前状态和当前的输入;而在摩尔状态机中,输出仅取决于当前状态。

有限自动状态机的一般模型包括输出逻辑、下状态转移逻辑和用于保持当前状态的状态寄存器。在状态机中,状态寄存器通常使用 D 触发器构建。状态寄存器必须对时钟边沿敏感。而状态机中的其他模块(包括输出逻辑和状态转移逻辑)可以使用 always 过程块或 always 过程块和数据流建模描述的混合结构。always 过程块必须对输入到模块的所有信号敏感,并且必须为每个分支定义所有的输出,这样就将其他模块建模为组合逻辑。

对于有限自动状态机而言,有三种描述方式。

(1)当把状态转移逻辑和状态寄存器以及输出逻辑都写到一个 always 语句块时,称为单进程状态机。

(2)当把状态转移逻辑和状态寄存器写到一个 always 语句块,而把输出逻辑写到另一个 always 语句块时,称为双进程状态机。

(3)当把状态转移逻辑、状态寄存器和输出逻辑分别用三个 always 语句块描述时,称为三进程状态机。

在这三种描述方式中,三进程状态机是标准的有限自动状态机描述方式,也是读者应优先选择的描述方式。

【例 6.22】 有限自动状态机 Verilog HDL 描述的例子,如代码清单 6-25～代码清单 6-27 所示。以图 6.13 给出的有限自动状态机模型为例,说明单进程、双进程和三进程状态机的描述方式。该状态机模型包含 4 个状态(分别是 s1、s2、s3、s4)、5 条状态转移路径、1 个输入变量 x1 和 1 个输出变量 outp。

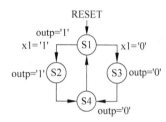

图 6.13 有限自动状态机模型

代码清单 6-25 单进程状态机的 Verilog HDL 描述

```
module fsm_1(
    input clk,
    input reset,
    input x1,
    output reg outp
    );
reg [1:0] state;
parameter s1 = 2'b00, s2 = 2'b01,s3 = 2'b10, s4 = 2'b11;

always @(posedge clk or posedge reset)    //状态转移逻辑、状态寄存器和输出逻辑都写在
begin                                     //一个 always 结构中
  if(reset)
    begin
     state <= s1;
      outp <= 1'b1;
   end
else
   begin
    case(state)
       s1: begin
             if(x1 == 1'b1)
                   begin
                     state <= s2;
                     outp <= 1'b1;
                   end
                 else
                   begin
                     state <= s3;
                     outp <= 1'b0;
                   end
             end
```

```
        s2: begin
                state <= s4;
                outp <= 1'b1;
            end
        s3: begin
                state <= s4;
                outp <= 1'b0;
            end
        s4: begin
                state <= s1;
                outp <= 1'b0;
            end
        endcase
        end
    end
endmodule
```

思考与练习 6-25　在配套资源/eda_verilog/example_6_25 目录下，用高云云源软件打开 example_6_25.gprj。查看上面的代码的 RTL 级和综合后的结构，说明 Verilog HDL 代码和具体结构之间的关系。

代码清单 6-26　双进程状态机的 Verilog HDL 描述

```
module fsm_2(
    input clk,
    input reset,
    input x1,
    output reg outp
    );
reg [1:0] state;
parameter s1 = 2'b00, s2 = 2'b01,s3 = 2'b10, s4 = 2'b11;

always @(posedge clk or posedge reset)   //状态寄存器和状态转移逻辑在一个always结构
begin
    if(reset)
     state <= s1;
  else
    begin
        case(state)
        s1: if(x1 == 1'b1)
                state <= s2;
           else
                state <= s3;
          s2: state <= s4;
          s3: state <= s4;
          s4: state <= s1;
        endcase
    end
end
always @(state)                          //输出逻辑在另一个always结构中
begin
    case (state)
      s1: outp = 1'b1;
      s2: outp = 1'b1;
      s3: outp = 1'b0;
      s4: outp = 1'b0;
  endcase
end
endmodule
```

思考与练习 6-26　在配套资源/eda_verilog/example_6_26 目录下，用高云云源软件打开

example_6_26.gprj。查看上面的代码的 RTL 级和综合后的结构,说明 Verilog HDL 代码和
具体结构之间的关系。

代码清单 6-27　三进程状态机的 Verilog HDL 描述

```
module fsm_3(
    input clk,
    input reset,
    input x1,
    output reg outp
    );
reg [1:0] state;
reg [1:0] next_state;
parameter s1 = 2'b00, s2 = 2'b01,s3 = 2'b10, s4 = 2'b11;

always @(posedge clk or posedge reset)     //状态寄存器在一个单独的 always 结构中
    if (reset)
        state <= s1;
    else
        state <= next_state;

always @(state or x1)                      //状态转移逻辑在一个单独的 always 结构中
    case (state)
        s1: if(x1 == 1'b1)
                    next_state = s2;
            else
                    next_state = s3;
        s2: next_state = s4;
        s3: next_state = s4;
        s4: next_state = s1;
    endcase

always @(state)                            //输出逻辑在一个单独的 always 结构中
    case (state)
        s1: outp = 1'b1;
        s2: outp = 1'b1;
        s3: outp = 1'b0;
        s4: outp = 1'b0;
    endcase
endmodule
```

思考与练习 6-27　在配套资源/eda_verilog/example_6_27 目录下,用高云云源软件打开
example_6_27.gprj。查看上面的代码的 RTL 级和综合后的结构,说明 Verilog HDL 代码和
具体结构之间的关系。

思考与练习 6-28　比较三种描述风格所设计的状态机其 FPGA 资源占用率,说明三进程
状态机是最优的状态机描述方式。

6.3.2　FSM 的应用——序列检测器的实现

本节将分别使用摩尔状态机模型和米勒状态机模型设计序列检测器,用于检测序列
"1101"。当检测到该序列时,状态机的输出 z 为 1。

1. 摩尔状态机序列检测器的 Verilog HDL 描述

基于摩尔状态机的序列检测器的状态图描述,
如图 6.14 所示。下面对该状态机进行详细说明。

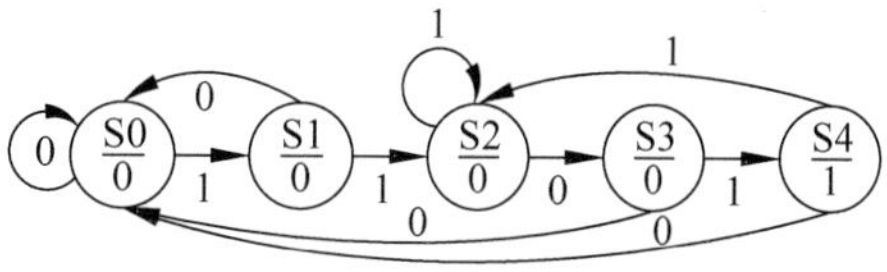

(1) 初始状态为 S0,如果输入为"1",则状态迁
移到 S1;否则,等待接收序列的头部。

图 6.14　摩尔状态机检测序列

（2）在状态 S1，如果输入为"0"，则必须返回状态 S0；否则，迁移状态到 S2（表示接收到"11"）。

（3）在状态 S2，如果输入为"1"，则停留在状态 S2；否则，迁移状态到 S3（表示接收到序列"110"）。

（4）在状态 S3，如果输入为"0"，则必须返回到状态 S0；否则，迁移到状态 S4（表示接收到序列"1101"）。

（5）在状态 S4，状态机输出为"1"。如果输入为"0"，则必须返回到状态 S0；否则，迁移状态到状态 S2（表示接收到序列"11"）。

【例 6.23】 基于摩尔状态机序列检测器的 Verilog HDL 描述的例子。

代码清单 6-28　基于摩尔状态机序列检测器的 Verilog HDL 描述

```verilog
module moore(
input wire clk,
input wire clr,
input wire din,
output reg dout
);
reg[2:0] present_state, next_state;
parameter  S0 = 3'b000, S1 = 3'b001, S2 = 3'b010,
           S3 = 3'b011, S4 = 3'b100;

always @(posedge clk or posedge clr)
  begin
     if (clr == 1)
            present_state <= S0;
      else
            present_state <= next_state;
   end

always @(*)
  begin
    case(present_state)
        S0: if(din == 1)
                next_state <= S1;
             else
                next_state <= S0;
        S1: if(din == 1)
                next_state <= S2;
             else
                next_state <= S0;
        S2: if(din == 0)
                next_state <= S3;
             else
                next_state <= S2;
        S3: if(din == 1)
                next_state <= S4;
             else
                next_state <= S0;
        S4: if(din == 0)
                next_state <= S0;
             else
                next_state <= S2;
        default next_state <= S0;
    endcase
   end

always @(*)
   begin
     if (present_state == S4)
```

```
                    dout <= 1;
          else
                    dout <= 0;
      end

endmodule
```

思考与练习 6-29 在配套资源/eda_verilog/example_6_28 目录下,用高云云源软件打开 example_6_28.gprj。查看上面的代码的 RTL 级和综合后的结构,说明 Verilog HDL 代码和具体结构之间的关系。

2. 米勒状态机序列检测器的 Verilog HDL 描述

基于米勒状态机的序列检测器状态图描述如图 6.15 所示。

在使用摩尔状态机检测序列时,使用了 5 个状态,当状态机处于状态 S4 时,输出为"1"。

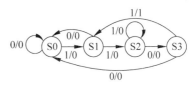

图 6.15 米勒状态机检测序列

也可以使用米勒状态机检测序列。当为状态 S3 时,且输入为"1"时,输出 z 为"1"。状态迁移的条件表示为当前输入/当前输出。例如,当为状态 S3 时(接收到序列 110),输入为"1",输出将变为"1"。下一个时钟沿有效时,状态变化到 S1,输出 z 变为"0"。

为了让 z 成为寄存的输出(即状态变化为 S1 时,输出仍然保持"1"),需为输出添加寄存器,即米勒状态机的输出和 D 触发器连接。这样,在下一个时钟有效时,状态仍然变化到 S1,但输出锁存为"1"(被保持)。

【例 6.24】 Mealy 型序列检测器的 Verilog HDL 描述的例子。

代码清单 6-29　Mealy 型序列检测器的 Verilog HDL 描述

```verilog
module seqdetb(
input wire clr,
input wire clk,
input wire din,
output reg dout
);
reg[1:0] present_state, next_state;
parameter S0 = 2'b00, S1 = 2'b01,
          S2 = 2'b10, S3 = 2'b11;

always @(posedge clr or posedge clk)
begin
  if(clr == 1)
     present_state <= S0;
  else
     if((present_state == S3) & din == 1)
       begin
          dout <= 1;
          present_state <= next_state;
        end
     else
        begin
          dout <= 0;
          present_state <= next_state;
        end
end
always @(*)
  begin
     case(present_state)
        S0: if(din == 1)
```

```
                         next_state <= S1;
                     else
                         next_state <= S0;
            S1: if(din == 1)
                     next_state <= S2;
                 else
                     next_state <= S0;
            S2: if(din == 0)
                     next_state <= S3;
                 else
                     next_state <= S2;
            S3: if(din == 1)
                     next_state <= S1;
                 else
                     next_state <= S0;
            default next_state <= S0;
        endcase
    end
endmodule
```

思考与练习 6-30　在配套资源/eda_verilog/example_6_29 目录下，用高云云源软件打开 example_6_29.gprj。查看上面的代码的 RTL 级和综合后的结构，说明 Verilog HDL 代码和具体结构之间的关系。

视频讲解

6.3.3　FSM 的应用——交通灯的实现

通过任意状态，且使得状态可以停留任意时间，这样做非常有用。例如，考虑如图 6.16 所示的交通灯，假设灯是四个方向交互的，一条路由北向南，另一条路由东向西。

表 6.5 给出了交通灯控制状态描述。如果使用 3Hz 时钟驱动交通灯状态机模型，则通过 3 个时钟周期就可以延迟 1s。类似地，通过 15 个时钟周期就可以延迟 5s。当到达定时时间时，count 变量的值将变成 0。交通灯的 FSM 模型如图 6.17 所示。

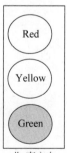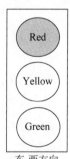

图 6.16　交通控制灯示意图

表 6.4　交通灯控制状态描述

状态	北-南方向	东-西方向	延迟（秒）
0	绿	红	5
1	黄	红	1
2	红	红	1
3	红	绿	5
4	红	黄	1
5	红	红	1

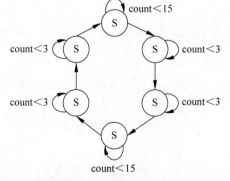

图 6.17　交通灯的 FSM 模型

【例6.25】 交通灯有限自动状态机的 Verilog HDL 描述的例子。

代码清单 6-30 交通灯有限自动状态机的 Verilog HDL 描述

```verilog
module traffic(
  input clk,
  input clr,
  output reg [5:0] lights
    );
reg [2:0] state;
reg [3:0] count;
parameter s0 = 3'b000, s1 = 3'b001, s2 = 3'b010, s3 = 3'b011, s4 = 3'b100, s5 = 3'b101;
parameter sec5 = 4'b1111, sec1 = 4'b0011;

always @(posedge clk or posedge clr)
begin
  if(clr == 1)
    begin
      state <= s0;
      count <= 0;
    end
  else
    case(state)
      s0: if(count < sec5)
            begin
              state <= s0;
              count <= count + 1;
            end
          else
            begin
              state <= s1;
              count <= 0;
            end
      s1: if(count < sec1)
              begin
                state <= s1;
                count <= count + 1;
              end
            else
              begin
                state <= s2;
                count <= 0;
              end
      s2: if(count < sec1)
              begin
                state <= s2;
                count <= count + 1;
              end
          else
              begin
                state <= s3;
                count <= 0;
              end
      s3: if(count < sec5)
                begin
                  state <= s3;
                  count <= count + 1;
                end
            else
                begin
                  state <= s4;
                  count <= 0;
```

```
                             end
           s4: if(count < sec1)
                    begin
                       state <= s4;
                       count <= count + 1;
                    end
               else
                    begin
                       state <= s5;
                       count <= 0;
                    end
           s5: if(count < sec1)
                    begin
                       state <= s5;
                       count <= count + 1;
                    end
               else
                    begin
                       state <= s0;
                       count <= 0;
                    end
             default state <= s0;
           endcase
    end

    always @ ( * )
    begin
       case(state)
         s0: lights = 6'b100001;
         s1: lights = 6'b100010;
         s2: lights = 6'b100100;
         s3: lights = 6'b001100;
         s4: lights = 6'b010100;
         s5: lights = 6'b100100;
         default lights = 6'b100001;
       endcase
      end
endmodule
```

思考与练习 6-31　在配套资源/eda_verilog/example_6_30 目录下,用高云云源软件打开 example_6_30.gprj。查看上面的代码的 RTL 级和综合后的结构,说明 Verilog HDL 代码和具体结构之间的关系。

6.4　算法状态机 Verilog HDL 描述

　　控制单元的设计可以从简单到高度复杂。有许多方法可用于设计并实现控制单元,可以使用前面介绍的状态图和状态表设计简单的控制单元,但是,对于设计复杂的控制单元建议使用算法图表设计,它就像使用流程图开发软件一样。本节将介绍算法状态机(algorithmic state machine,ASM)图表技术。

6.4.1　算法状态机原理

　　在描述软件算法时我们经常会使用流程图,特殊流程图称为算法状态机,它在数字系统硬件设计中非常有用。典型地,数字系统由数据通路处理和控制路径构成。控制路径使用状态机实现,它可以用状态图实现。随着系统控制路径(行为)变得复杂,从而使用状态图技术设计控制路径越来越困难。在设计复杂和算法电路时,ASM 变得有用和便捷。图 6.18 给出了一个复杂的数字系统,分为控制器(用于产生控制信号)和受控架构(数据处理器)。

图 6.18 ASM 的块图描述

图中的控制器块(ASM)可看作米勒和摩尔状态机的组合,如图 6.19 所示。

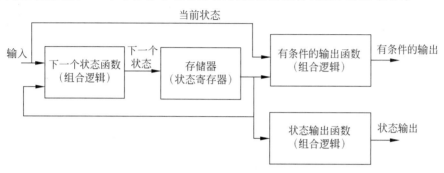

图 6.19 控制器块的结构

与普通流程图的不同之处在于,ASM 图表在构建时必须遵循特定的规则。当遵循这些规则时,ASM 图表等同于状态图,它直接导致硬件实现。ASM 图的三个主要组件如图 6.20 所示。

系统状态由状态框表示。状态框包含一个状态名字,此外也可包含一个输出列表(就像摩尔状态机中的状态图)。如果想分配一个状态码,则可以在状态框外面的上方放置状态码。一个决策框总是有“真”(1)和“假”(0)分支。放置在决策框内的条件必须是布尔逻辑表达式,用于评估决定采用的分支。有条件输出框包含一个有条件输出列表。有条件输出取决于系统状态和输入(就像米勒状态机)。

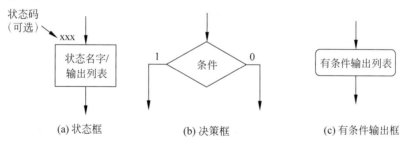

图 6.20 ASM 图的三个主要组件

ASM 图由 SM 块构成,每个 SM 块包含一个状态框、决策框和与该状态相关有条件输出框,如图 6.21 所示。一个 SM 块只有一个入口路径和一个/多个出口路径。每个 SM 块描述在该时刻机器所处状态时所执行的操作。一条贯穿 SM 块的从入口到出口的路径称为一个链接路径。

6.4.2 ASM 到 Verilog HDL 的转换

考虑下面给出的一个顺序网络的状态图,如图 6.22 所示。这个状态图有米勒和摩尔输出。输出 Y1 和 Y2 是米勒输出,应该是有条件输出。Ya、Yb 和 Yc 是摩尔输出,它们应该是状态框的一部分。输入 X 是“0”或“1”,因此它应该是决策框的一部分。该状态图的 ASM 如图 6.23 所示。

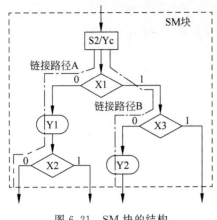

图 6.21 SM 块的结构

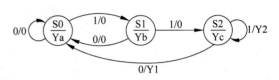

图 6.22 顺序网络的状态图

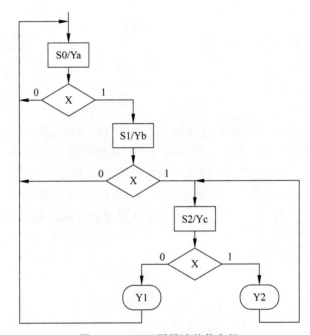

图 6.23 ASM 图描述的状态机

　　一旦确定了 ASM 图,就可以直接转换为 Verilog HDL。case 语句用于描述在每种状态下所发生的事情。每个条件框直接对应一条 if 语句(或 else if 语句),如代码清单 6-31 所示。

代码清单 6-31　由 ASM 图转换得到的 Verilog HDL 描述

```
module asm_chart(input clk, input x, output reg ya, output reg yb, output reg yc, output reg y1,
output reg y2);
reg [1:0] state, nextstate;
parameter [1:0] S0 = 0, S1 = 1, S2 = 2;
always @(posedge clk)
    state <= nextstate;
always @(state or x)
begin
    y1 = 1'b0;
    y2 = 1'b0;
case(state)
    S0:
        if(x)
            nextstate = S1;
        else
```

```
                nextstate = S0;
         S1:
            if(x)
                nextstate = S2;
            else
                nextstate = S0;
         S2:
            if(x)
              begin
                y2 = 1'b1;
                nextstate = S1;
              end
            else
              begin
                y1 = 1'b1;
                nextstate = S0;
              end
         default:
                nextstate = S0;
         endcase
    end

    always @(state)
    begin
      ya = 1'b0;
      yb = 1'b0;
      yc = 1'b0;
    case(state)
      S0: ya = 1'b1;
      S1: yb = 1'b1;
      S2: yc = 1'b1;
    default:
      begin
        ya = 1'b0;
        yb = 1'b0;
        yc = 1'b0;
      end
    endcase
    end
    endmodule
```

思考与练习 6-32　在配套资源/eda_verilog/example_6_31 目录下，用高云云源软件打开 example_6_31.gprj。查看上面的代码的 RTL 级和综合后的结构，说明 Verilog HDL 代码和具体结构之间的关系。

思考与练习 6-33　设计一个 3 位×3 位的二进制乘法器，该乘法器将产生 6 位的乘积。数据处理器单元由一个 3 位累加器、一个 3 位乘法器寄存器、一个 3 位加法器、一个计数器和一个三位移位器组成。控制单元由乘法器的 lsb、启动信号 cnt_done 信号和时钟 clk 组成。它将产生 start、shift、add 和 done 信号，为控制单元设计一个 ASM 图，为数据处理器和控制单元设计一个模型，并且对该设计执行行为级仿真（提示：ASM 图如图 6.24 所示）。

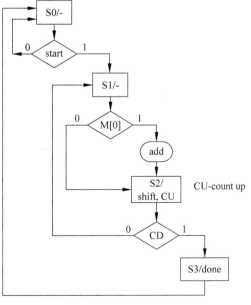

图 6.24　乘法器控制单元的 ASM 图

第 7 章

CHAPTER 7

复杂数字系统设计

FPGA 的应用可谓无处不在,其涉及的领域也非常广。本章将通过几个设计实例说明 FPGA 的典型应用,包括呼吸流水灯、可调数字钟、异步串行通信、图片动态显示,以及信号发生器。

通过这些设计实例的介绍,一方面,帮助读者进一步地掌握 Verilog HDL 的语法,并熟悉高云云源软件的设计流程;另一方面,帮助读者掌握 FPGA 在不同领域的使用方法。

注:本章所介绍的设计实例,都是在本书配套的 FPGA 硬件开发平台完成的。

7.1 设计实例一:呼吸流水灯的设计与实现

呼吸灯模拟的是人的呼吸过程。LED 状态由暗变亮,就像人吸气的过程;LED 状态由亮变暗,就像人呼气的过程。LED 的亮度是由流经 LED 的电流控制的,当流经 LED 的电流越大时,LED 亮度就越亮;当流经 LED 的电流越小时,LED 亮度就越暗。通过产生可变占空值的脉冲宽度调制(pulse width modulation,PWM)信号,改变施加在 LED 两端的平均电压大小。当增加 PWM 占空值时,施加在 LED 两端的平均电压值就会变大,流经 LED 的电流变大,LED 灯就变亮;当减小 PWM 占空值时,施加在 LED 两端的平均电压值就会变小,流经 LED 的电流变小,LED 就变暗,这就是呼吸灯的本质实现原理。流水就是让处于亮状态的 LED 从左到右或从右向左依次点亮。比如当前时刻,只有最左侧的 LED 处于点亮状态,其他 LED 均处于灭(未点亮)状态,在下一个时刻,只有靠近最左侧的 LED 处于亮状态,其他 LED 均处于灭(未点亮)状态。

注:LED 灯的驱动原理在 4.5.7 节中进行了详细的说明,请读者参考该节的内容。

7.1.1 时钟和复位电路的原理

视频讲解

在呼吸流水灯设计中,涉及时钟和复位电路,本节对时钟和复位电路的原理进行介绍。

1. 时钟电路的原理

在 FPGA 硬件开发平台 Pocket Lab-F0 上搭载了一个 3.3V 供电的输出频率为 50MHz 的有源晶体振荡器,如图 7.1 所示。该有源晶体振荡器通过其 OUT 引脚输出 50MHz 时钟信号 CLK_50MHz_IN,该时钟信号连接到高云 FPGA 芯片 GW1N-LV9LQ144C6/I5 的第 6 个引脚上,可作为 FPGA 内部相位锁相环(phase lock loop,PLL)的

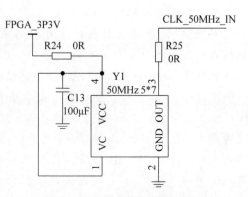

图 7.1 有源晶体振荡器电路

时钟输入,通过 PLL 可以输出不同频率的时钟。

2. 复位电路的原理

在 FPGA 硬件开发平台 Pocket Lab-F0 上搭载了 MAX811 芯片,该芯片专用于监控系统供电电源。由 MAX811 芯片构成的复位电路,如图 7.2 所示。图中,当按下按键 KEY1 时,MAX811 芯片的输入引脚 MR 接到逻辑"0"(低电平),MAX811 芯片的输出引脚 RESET 将产生逻辑"0"(低电平)复位信号 FPGA_RST_N。当 MAX811 芯片的供电引脚 VCC 上的电压低于复位门槛电压时,MAX811 芯片的输出引脚 REST 也将会产生逻辑"0"(低电平)复位信号 FPGA_RST_N。

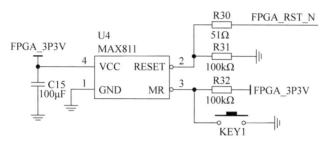

图 7.2 基于 MAX811 芯片构成的复位电路

复位信号 FPGA_RST_N 连接的是高云 FPGA 芯片 GW1N-LV9LQ144C6/I5 的第 92 个引脚。

7.1.2 创建工程并添加文件

视频讲解

在高云云源软件中创建新的设计工程,并将该工程保存在 f:/eda_verilog/example_7_1 目录下,该工程的名为 example_7_1.gprj。

在该设计工程中,创建并添加新的设计文件,这些设计文件包括 clkdiv.v、pwm_led.v 和 top.v。

1. clkdiv.v 文件

模块 clkdiv 对硬件平台上提供的 50MHz 时钟信号 clk 分频,得到频率为 1Hz 的时钟信号 div_clk。分频因子的计算方法为

$$\frac{(50 \times 10^6)}{2} - 1 = (24999999)_{10} = (17D783F)_{16}$$

其中,下标 10 表示括号内为十进制数,下标 16 表示括号内为十六进制数。

clkdiv.v 文件如代码清单 7-1 所示。

代码清单 7-1　clkdiv.v 文件

```
module clkdiv(                          //module 关键字定义模块 clkdiv
    input    clk,                       //input 关键字定义输入端口 clk
    input    rst,                       //input 关键字定义输入端口 rst
    output reg div_clk                  //output 和 reg 关键字定义输出端口 div_clk
    );
reg [27:0] counter;                     //reg 关键字定义 reg 类型变量 counter,宽度为 28 位

always @(posedge clk or negedge rst)    //always 关键字定义过程语句(clk 上沿和 rst 低电平)
begin                                   //begin 关键字标识过程语句的开始,类似 C 语言的"{"
if(!rst)                                //if 关键字定义条件语句,异步复位,rst 为"0"时
    counter <= 28'h0000000;             //给 counter 分配/赋值 0(初始化)
else                                    //else 关键字,clk 上升沿有效
    if(counter == 28'h17d783f)          //如果 counter 变量递增到 0x17d783f
```

```verilog
    begin                              //begin 关键字标识该 if 条件的开始,类似 C 语言的"{"
      counter <= 28'h0000000;          //给 counter 分配/赋值 0(初始化)
       div_clk <= ~div_clk;            //输出端口 div_clk 取反,生成方波分频信号 div_clk
    end                                //end 关键字标识 if(counter == 28'h17d783f)的结束
  else                                 //else 关键字,满足 counter < 28'h17d783f 的条件
    counter <= counter + 1;            //变量 counter 递增
end                                    //end 关键字标识 always 过程语句结束,类似 C 语言的"}"
endmodule                              //endmodule 关键字标识模块 clkdiv 的结束
```

2. pwm_led.v 文件

模块 pwm_led 的输出是宽度为 8 位的端口 pwm_8,该端口的每一位将单独连接到 FPGA 硬件开发平台上的每个 LED 灯。在该设计中,通过设计一个有限自动状态机,自动修改占空值 duty。而多长时间修改一次占空值 duty,取决于变量 period 的值。只有到达 period 允许的时间间隔时,才允许修改占空值 duty。pwm_led.v 文件如代码清单 7-2 所示。

代码清单 7-2 pwm_led.v 文件

```verilog
module pwm_led(                        //module 关键字定义模块 pwm_led
    input    clk,                      //input 关键字定义输入端口 clk(50MHz)
    input    clk_shift,                //input 关键字定义输入端口 clk_shift(1Hz)
    input    rst,                      //input 关键字定义输入端口 rst(复位)
    output reg [7:0] pwm_8             //output 和 reg 关键字定义输出端口 pwm_8
    );
parameter period = 250000;             //parameter 关键字定义参数 period
parameter step = 1250;                 //parameter 关键字定义参数 step
parameter s0 = 1'b0, s1 = 1'b1;        //parameter 关键字定义状态参数 s0 和 s1
reg [31:0] count;                      //reg 关键字定义 reg 类型变量 count
reg signed [31:0] duty = 0;            //reg 关键字定义有符号 reg 变量 duty(占空值)
reg state;                             //reg 关键字定义 reg 类型变量 state
reg pwm_1;                             //reg 关键字定义 reg 类型变量 pwm_1
reg [2:0] i;                           //reg 关键字定义 reg 类型变量 i
initial i = 0;                         //initial 关键字为初始化区,变量 i 初始化为 1

/ ************ 下面的 always 过程为 FSM,包含两个状态 s0 和 s1,用于自动改变 duty ******** /
always @ (posedge clk or negedge rst)  //always 定义过程(clk 上沿和 rst 低电平敏感)
begin                                  //begin 关键字定义过程开始,类似 C 语言的"{"
if(!rst)                               //if 条件分支,异步复位,如果 rst 为"0"
    begin                              //begin 关键字标识 rst 条件的开始
        count <= 0;                    //给 count 变量分配/赋值 0
        duty <= 0;                     //给 duty 变量分配/赋值 0
        state <= s0;                   //给 state 变量分配初始状态 s0
    end                                //end 关键字标识 rst 条件的结束
else                                   //else 关键字,clk 上沿有效
if(count == period - 1)                //在 clk 上沿有效,判断 count == period-1 是否成立
  begin                                //begin 关键字,标识该判断条件区域的开始
    count <= 0;                        //将变量 count 清零,即分配/赋值 0
    case (state)                       //case 多条件分支,state 为判断当前状态
    s0:                                //如果处于状态 s0
      begin                            //begin 关键字标识状态 s0 的开始
        duty <= duty + step;           //占空值 duty 加上步长值 step, 作为新的占空值
        if(duty >= period - 1)         //如果占空值大于 period-1,则切换状态
        begin                          //begin 关键字标识条件 duty >= period-1 的开始
          state <= s1;                 //状态变量 state 指向状态 s1
          duty <= period;              //将变量 period 的值分配/赋值给 duty
        end                            //end 关键字标识条件 duty >= period-1 的结束
      end                              //end 关键字标识状态 s0 的结束
    s1:                                //s1 标识另一个状态
      begin                            //begin 关键字标识 s1 状态开始部分,类似 C 语言的"{"
        duty <= duty - step;           //占空值 duty 减去步长值 step, 作为新的占空值
        if(duty <= 0)                  //如果 duty <= 0 条件成立
```

```
        begin                        //begin 关键字标识该条件作用区域,类似 C 语言的"{"
          duty <= 0;                 //给 duty 分配/赋值 0
          state <= s0;               //给 state 分配/赋值 s0,切换到状态 s0
        end                          //end 关键字标识(duty <= 0)条件的结束,类似 C 语言"}"
      end                            //end 关键字标识 s1 状态的结束,类似 C 语言"}"
      endcase                        //endcase 关键字标识 case 多条件分支的结束
    end                              //end 关键字标识(count == period - 1)条件的结束
    else                             //else 关键字标识(count!= period - 1)条件的成立
      count <= count + 1;            //变量 count 递增
end                                  //end 关键字标识 always 过程的结束

always @ *                           //always 关键字定义过程语句,使用隐含敏感信号 *
begin                                //begin 关键字标识 always 过程开始,类似 C 语言的"{"
  if(count < duty)                   //如果 count < duty,即 count 小于占空值 duty
    pwm_1 = 1;                       //pwm_1 输出为"1"(逻辑高电平)
  else                               //else 关键字,条件 count >= duty 成立
    pwm_1 = 0;                       //pwm_1 输出为"0"(逻辑低电平)
end                                  //end 关键字标识过程的结束,类似 C 语言的"}"

always @ (posedge clk_shift)         //always 关键字定义过程语句,敏感信号 clk_shift 上沿
    i <= i + 1;                      //变量 i 的值递增

/** 下面的 always 过程,通过 1Hz 时钟驱动移位操作,将 pwm_1 输出设置在不同 pwm_8 输出 ***/
  always @ *                         //always 关键字定义过程语句,使用隐含敏感信号 *
    case (i)                         //case 关键字定义多分支语句
      3'b000: pwm_8 = {7'b1111111,pwm_1};      //当 i = 0 时,pwm_1 在 pwm_8[0]
      3'b001: pwm_8 = {6'b111111,pwm_1,1'b1};  //当 i = 1 时,pwm_1 在 pwm_8[1]
      3'b010: pwm_8 = {5'b11111,pwm_1,2'b11};  //当 i = 2 时,pwm_1 在 pwm_8[2]
      3'b011: pwm_8 = {4'b1111,pwm_1,3'b111};  //当 i = 3 时,pwm_1 在 pwm_8[3]
      3'b100: pwm_8 = {3'b111,pwm_1,4'b1111};  //当 i = 4 时,pwm_1 在 pwm_8[4]
      3'b101: pwm_8 = {2'b11,pwm_1,5'b11111};  //当 i = 5 时,pwm_1 在 pwm_8[5]
      3'b110: pwm_8 = {1'b1,pwm_1,6'b111111};  //当 i = 6 时,pwm_1 在 pwm_8[6]
      default: pwm_8 = {pwm_1,7'b1111111};     //当 i = 7 或其他时,pwm_1 在 pwm_8[7]
    endcase                          //endcase 标识 case 多条件分支的结束
endmodule                            //endmodule 标识模块 pwm_led 的结束
```

3. top.v 文件

通过模块化描述方式,以及 Verilog HDL 提供的元件例化功能,将模块 clkdiv 和 pwm_led 连接在一起,并产生最终的外部端口,top.v 文件的代码清单如下。

代码清单 7-3　top.v 文件

```
module top(                          //module 关键字定义模块 top
    input    clk,                    //input 关键字定义输入端口 clk
    input    rst,                    //input 关键字定义输入端口 rst
    output [7:0] led                 //output 关键字定义输出端口 led,宽度 8 位
    );
wire divclk;                         //wire 关键字定义网络 divclk
clkdiv Inst_clkdiv (                 //元件例化/调用,将 clkdiv 例化为 Inst_clkdiv
    .clk(clk),                       //模块 clkdiv 的端口 clk 连接到 top 模块的端口 clk
    .rst(rst),                       //模块 clkdiv 的端口 rst 连接到 top 模块的端口 rst
    .div_clk(divclk)                 //模块 clkdiv 的端口 div_clk 连接到 top 模块的网络 divclk
    );
pwm_led Inst_pwm_led(                //元件例化/调用,将 pwm_led 例化为 Inst_pwm_led
    .clk(clk),                       //模块 pwm_led 的端口 clk 连接到 top 模块的端口 clk
    .clk_shift(divclk),              //模块 pwm_led 的端口 clk_shift 连接到 top 模块的网络 divclk
    .rst(rst),                       //模块 pwm_led 的端口 rst 连接到 top 模块的端口 rst
    .pwm_8(led)                      //模块 pwm_led 的端口 pwm_8 连接到 top 模块的端口 led
    );
endmodule                            //关键字 endmodule 标识模块 top 的结束
```

在高云云源软件主界面左侧的窗口中，找到并单击 Hierarchy 标签，如图 7.3 所示。在该界面中，以树形结构给出了该设计中的层次化结构，以及该设计中每个子模块所使用的 FPGA 底层原语(如 Register、LUT、ALU、DSP、BSRAM 和 SSRAM)的数量。

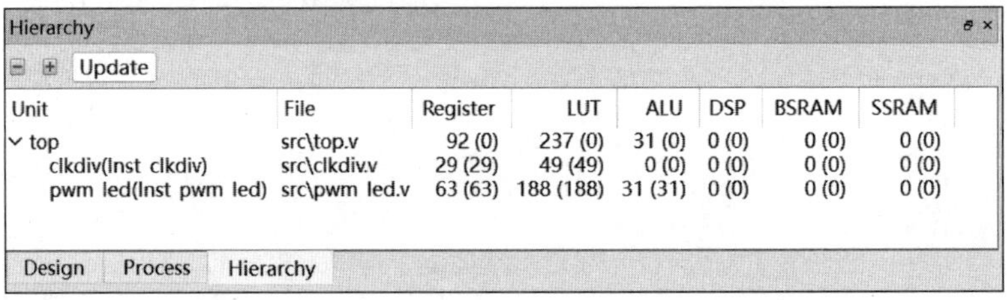

Unit	File	Register	LUT	ALU	DSP	BSRAM	SSRAM
∨ top	src\top.v	92 (0)	237 (0)	31 (0)	0 (0)	0 (0)	0 (0)
clkdiv(Inst clkdiv)	src\clkdiv.v	29 (29)	49 (49)	0 (0)	0 (0)	0 (0)	0 (0)
pwm led(Inst pwm led)	src\pwm led.v	63 (63)	188 (188)	31 (31)	0 (0)	0 (0)	0 (0)

Design   Process   Hierarchy

图 7.3　高云云源软件中的 Hierarchy 标签界面

思考与练习7-1　在高云云源软件 1.9.8.10 中查看 RTL 级的原理图，观察该设计中各个模块之间的连接关系。

思考与练习7-2　在该设计基础上，增加多路选择器设计，通过外部开关的切换，实现在 LED 上显示其他图案。

7.2　设计实例二：可调数字钟的设计与实现

本节将利用 FPGA 硬件开发平台 Pocket Lab-F0 上搭载的四个七段数码管来显示实时时间(以 1Hz 的频率/1s 的周期变化)。

因为 FPGA 硬件开发平台 Pocket Lab-F0 只有四个七段数码管，因此不能完整显示包含小时、分钟和秒在内的时间格式。在该设计中，采用了折中的办法，即通过 FPGA 硬件开发平台上的拨码开关，选择在四个七段数码管上以从左到右的顺序显示时间的格式。

(1) 依次显示小时的十位、小时的个位、分钟的十位和分钟的个位。其中，小时和分钟之间用符号"."分隔。

(2) 依次显示分钟的十位、分钟的个位、秒的十位和秒的个位。其中，分钟和秒之间用符号"."分隔。

除了专用的复位按键外，FPGA 硬件开发平台 Pocket Lab-F0 上还搭载了 8 个按键，在该设计中，将利用其中的 4 个按键来单独递增/递减小时以及单独递增/递减分钟。例如，当前显示小时和分钟信息为 20.14。按下标记为 K1 的按键使得小时由 20 变成 21，以实现小时的递增功能；按下标记为 K2 的按键使得小时由 20 变成 19，以实现小时的递减功能。按下标记为 K3 的按键使得分钟由 14 变成 15，以实现分钟的递增功能；按下标记为 K4 的按键使得分钟由 14 变成 13，以实现分钟的递减功能。

7.2.1　七段数码管驱动原理

视频讲解

FPGA 硬件开发平台 Pocket Lab-F0 上提供了一片四位共阳极七段数码管。其中，四位七段数码管中每个段(A、B、…、G)的阳极连接在一起，因此是共阳极的连接方式，如图 7.4 所示。

如果要在某位七段数码管上显示正确的值，则需要给共阳极端提供高电平，给相应的 CA～CG 段施加低电平即可。表 7.1 给出了十六进制数与七段数码管 CA～CG 段之间的对应关系。

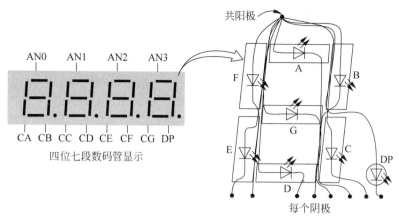

图 7.4　FPGA 硬件开发平台上的四位七段数码管

表 7.1　十六进制数和七段数码管不同段的对应关系(共阳极)

十六进制数	CA	CB	CC	CD	CE	CF	CG
0	0	0	0	0	0	0	1
1	1	0	0	1	1	1	1
2	0	0	1	0	0	1	0
3	0	0	0	0	1	1	0
4	1	0	0	1	1	0	0
5	0	1	0	0	1	0	0
6	0	1	0	0	0	0	0
7	0	0	0	1	1	1	1
8	0	0	0	0	0	0	0
9	0	0	0	0	1	0	0
A	0	0	0	1	0	0	0
B	1	1	0	0	0	0	0
C	0	1	1	0	0	0	1
D	1	0	0	0	0	1	0
E	0	1	1	0	0	0	0
F	0	1	1	1	0	0	0

1. 驱动电路结构

FPGA 硬件开发平台 Pocket Lab-F0 上的四个七段数码管驱动电路,如图 7.5 所示。从图中可知,标记为 Q1、Q2、Q3 和 Q4 的四个晶体管分别用于驱动四个七段数码管。其中,Q1 驱动标记为 B1 的七段数码管;Q2 驱动标记为 B2 的七段数码管;Q3 驱动标记为 B3 的七段数码管;Q4 驱动标记为 B4 的七段数码管。

下面以一个七段数码管的驱动为例,分析其工作原理。例如,当来自 FPGA 引脚的信号 FPGA_SMG_DIG2 为逻辑"1"(高电平)时,NPN 型晶体管 S80510(标记为 Q1)导通,此时 Q1 迅速进入"饱和"状态,Q1 的发射极电压信号 FPGA_SMG_DIG1_T 为逻辑"1"(高电平),该信号连接到标记为 B1 的七段数码管的管选端(共阳极端),此时标记为 B1 的七段数码管处于"开启/工作"状态。当来自 FPGA 引脚的信号 FPGA_SMG_DIG2 为逻辑"0"(低电平)时,NPN 型晶体管 S80510(标记为 Q1)处于截止状态,因为没有电流流过晶体管,因此 B1 的七段数码管处于"关闭"状态。

类似的方法,可用于分析其他晶体管(Q2~Q4)和对应的七段数码管(B2~B4),请读者自行分析。

图 7.5 中七段数码管驱动信号与 FPGA 引脚的连接关系如表 7.2 所示。

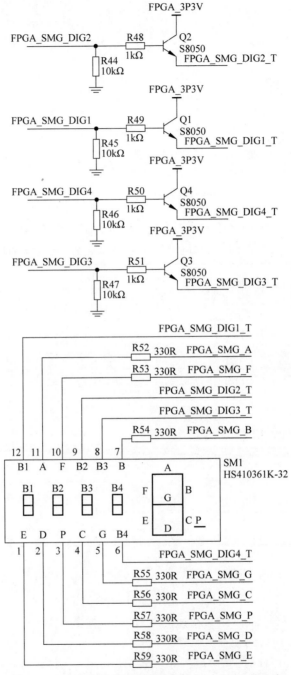

图 7.5　FPGA 硬件开发平台 Pocket Lab-F0 上的四个
七段数码管的电路结构

表 7.2　七段数码管驱动信号与 FPGA 引脚的连接关系

七段数码管的段标记和驱动信号		对应 FPGA 的引脚位置	七段数码管管选标记和驱动信号		对应 FPGA 的引脚位置
标记	来自 FPGA 驱动信号		标记	来自 FPGA 的驱动信号	
A	FPGA_SMG_A	106	B1	FPGA_SMG_DIG1_T	112
B	FPGA_SMG_B	102	B2	FPGA_SMG_DIG2_T	113
C	FPGA_SMG_C	100	B3	FPGA_SMG_DIG3_T	110
D	FPGA_SMG_D	98	B4	FPGA_SMG_DIG4_T	111

续表

七段数码管的段标记和驱动信号		对应 FPGA 的引脚位置	七段数码管管选标记和驱动信号		对应 FPGA 的引脚位置
标记	来自 FPGA 驱动信号		标记	来自 FPGA 的驱动信号	
E	FPGA_SMG_E	97			
F	FPGA_SMG_F	104			
G	FPGA_SMG_G	101			
P	FPGA_SMG_P	99			

2. 驱动时序

从图 7.5 可知,四个七段数码管共享 A～G 和 P 段。也就是说,如果同时给 B1、B2、B3 和 B4 引脚施加逻辑"1"(高电平)时,并且按照表 7.1 给出 A～G 不同的值时,在四个七段数码管上会显示相同的值。为了让四个七段数码管中的每个七段数码管显示不同的值,则需要依次轮流导通每个数码管,如图 7.6 所示。首先,给 B1 置逻辑"1"(高电平),而 B2、B3 和 B4 置逻辑"0"(低电平),维持一个数位周期;然后,给 B2 置逻辑"1"(高电平),而 B1、B3 和 B4 置逻辑"0"(低电平),周而复始不断循环。这样,在一个时刻只能导通一个共阳极七段数码管。很明显,当刷新周期足够快(ms 量级时),由于人眼的滞后效应,看上去像是多个数码管"同时"显示不同的数字。为了实现这个效果,需要在七段数码管中设计扫描电路。

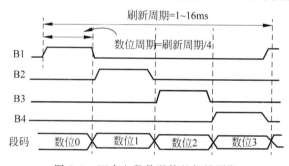

图 7.6 四个七段数码管的扫描周期

7.2.2 按键驱动原理

除了专用的复位按键外,FPGA 硬件开发平台 Pocket Lab-F0 还搭载了 8 个按键(K1～K8),如图 7.7 所示。当按下按键时,按键的输出为逻辑"0"(低电平);当未按下按键时,按键的输出为逻辑"1"(高电平)。按键与 FPGA 引脚的连接关系如表 7.3 所示。

视频讲解

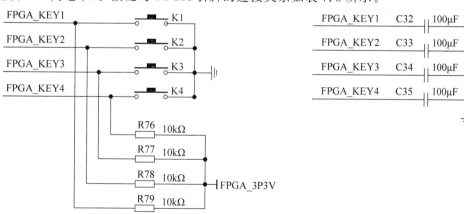

图 7.7 FPGA 硬件开发平台 Pocket Lab-F0 上的 8 个按键电路

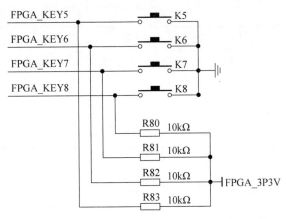
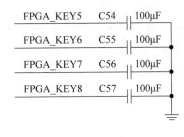

图 7.7 （续）

表 7.3　按键与 FPGA 引脚的连接关系

按键标记	FPGA 连接信号名字	FPGA 引脚位置	I/O 电平
K1	FPGA_KEY1	54	3.3V
K2	FPGA_KEY2	52	3.3V
K3	FPGA_KEY3	51	3.3V
K4	FPGA_KEY4	49	3.3V
K5	FPGA_KEY5	47	3.3V
K6	FPGA_KEY6	45	3.3V
K7	FPGA_KEY7	43	3.3V
K8	FPGA_KEY8	41	3.3V

7.2.3　创建工程并添加文件

创建新的设计工程，并将该工程保存在 e：/eda_verilog/example_7_2 目录下，该工程的名字为 example_7_2.gprj。

在该设计工程中，创建并添加新的设计文件，包括 divclk.v、scanclk.v、digitalclk.v 和 top.v。其中，divclk.v 文件的代码与 7.1.2 节中 clkdiv.v 文件的代码完全相同，该代码用于对外部 50MHz 的时钟信号进行分频，得到 1Hz 的时钟信号。

1. scanclk.v 文件

模块 scanclk 将 FPGA 硬件开发平台上频率为 50MHz 的时钟信号 clk 分频，得到 kHz 数量级的扫描时钟信号 scan_clk。该时钟用于轮流扫描/选通四个七段数码管。scanclk.v 文件如代码清单 7-4 所示。

代码清单 7-4　scanclk.v 文件

```
module scanclk(                      //module 关键字定义模块 scanclk
    input     clk,                   //input 关键字定义输入端口 clk
    input     rst,                   //input 关键字定义输入端口 rst
    output reg scan_clk              //output 和 reg 关键字定义输出端口 scan_clk
    );
reg [19:0] counter;                  //reg 关键字定义 reg 类型变量 counter，宽度为 20 位

always @(posedge clk or negedge rst) //always 定义过程语句，敏感信号 clk 上沿和 rst 低电平
begin                                //begin 关键字标识过程语句的开始，类似 C 语言的"{"
if(!rst)                             //if 关键字定义条件语句，rst 为逻辑"0"，条件成立
    counter <= 20'h00000;            //给 counter 变量分配/赋值 0
else                                 //else 关键字定义另一分支，clk 上升沿到来时，else 成立
    if(counter == 20'h0f07f)         //if 关键字定义条件语句，如果 counter == 20'h0f07f 成立
```

```
    begin                                //begin 关键字标识条件语句开始,类似 C 语言的"{"
      counter <= 20'h00000;              //给 counter 变量分配/赋值 0
      scan_clk <= ～scan_clk;            //输出端口 scan_clk 取反,生成方波 scan_clk,扫描数码管
    end                                  //end 关键字标识条件语句结束,类似 C 语言的"}"
    else                                 //else 关键字,即 counter!= 20'h0f07f 成立
      counter <= counter + 1;            //counter 变量值递增 1
end                                      //end 关键字标识 always 过程的结束,类似 C 语言的"}"
endmodule                                //endmodule 关键字标识模块 scanclk 的结束
```

2. digitalclk.v 文件

模块 digitalclk 连接外部按键、开关和四个七段数码管,以实现可调数字钟的核心功能。
digitalclk.v 文件如代码清单 7-5 所示。

代码清单 7-5   digitalclk.v 文件

```
module digitalclk(                       //module 关键字定义模块 digitalclk
  input inc_hour,                        //输入端口 inc_hour,用于递增小时值(0～23)
  input sub_hour,                        //输入端口 sub_hour,用于递减小时值(0～23)
  input inc_min,                         //输入端口 inc_min,用于递增分钟值(0～59)
  input sub_min,                         //输入端口 sub_min,用于递减分钟值(0～59)
  input displaymode,                     //用于选择显示模式,时:分模式/分:秒模式
  input rst,                             //输入端口 rst,用于复位系统
  input divclk,                          //输入端口 divclk(1Hz 的分频时钟)
  input scanclk,                         //输入端口 scanclk(kHz 数量级的扫描时钟)
  output reg [3:0] sel,                  //输出端口 sel(四个七段数码管的管选信号)
  output reg [6:0] seg,                  //输出端口 seg(连接七段数码管七个段,seg[6]->a, seg[0]->g)
  output reg dot                         //输出端口 dot(连接七段数码管的第八个段,即小数点)
  );

reg [3:0] sec_counter1,sec_counter2;     //sec_counter1 为秒个位,sec_counter2 为秒十位
reg [3:0] min_counter1,min_counter2;     //min_counter1 为分钟个位,min_counter2 为分钟十位
reg [3:0] hour_counter1,hour_counter2;   //hour_counter1 为小时个位,hour_counter2 为小时十位
reg [1:0] shift_signal;                  //shift_signal 生成七段数码管扫描信号("00"～"11"变化)

function [6:0] seg7;                      //定义函数 seg7,将 0～9 的十进制数字转换为七段码
input [3:0] x;                           //输入参数 x,宽度为 4 位,硬件的七段数码管为共阳极
begin                                    //begin 关键字标识函数体的开始,类似 C 语言的"{"
  case (x)                               //case 多分支条件语句(十六进制数到七段码的对应关系)
    0    : seg7 = 7'b0000001;            //0 对应的七段码,顺序从高到低,ca,cb,cc,...,cg
    1    : seg7 = 7'b1001111;            //1 对应的七段码
    2    : seg7 = 7'b0010010;            //2 对应的七段码
    3    : seg7 = 7'b0000110;            //3 对应的七段码
    4    : seg7 = 7'b1001100;            //4 对应的七段码
    5    : seg7 = 7'b0100100;            //5 对应的七段码
    6    : seg7 = 7'b0100000;            //6 对应的七段码
    7    : seg7 = 7'b0001111;            //7 对应的七段码
    8    : seg7 = 7'b0000000;            //8 对应的七段码
    9    : seg7 = 7'b0000100;            //9 对应的七段码
    'hA  : seg7 = 7'b0001000;            //A 对应的七段码
    'hB  : seg7 = 7'b1100000;            //B 对应的七段码
    'hC  : seg7 = 7'b0110001;            //C 对应的七段码
    'hD  : seg7 = 7'b1000010;            //D 对应的七段码
    'hE  : seg7 = 7'b0110000;            //E 对应的七段码
    'hF  : seg7 = 7'b0111000;            //F 对应的七段码
    default : seg7 = 7'b1111111;         //其他情况对应的七段码
  endcase                                //endcase 关键字标识 case 多条件分支语句的结束
  end                                    //end 关键字标识函数 seg7 的结束,类似 C 语言的"}"
endfunction                              //endfunction 关键字标识函数 seg7 的结束

/************** 下面的过程语句实现可调数字钟的核心功能 ***************/
always @(negedge rst or posedge divclk)  //敏感信号为 divclk 的上升沿和 rst 低电平
```

```verilog
    begin                                     //begin 关键字标识 always 过程语句的开始,类似 C 语言的"{"
     if(!rst)                                 //if 关键字定义条件分支语句,rst 为逻辑"0"时条件成立
      begin                                   //begin 关键字标识条件分支语句的开始,类似 C 语言的"{"
       sec_counter1 <= 4'h0;                  //给变量 sec_counter1 分配/赋值为 0
       sec_counter2 <= 4'h0;                  //给变量 sec_counter2 分配/赋值为 0
       min_counter1 <= 4'h0;                  //给变量 min_counter1 分配/赋值为 0
       min_counter2 <= 4'h0;                  //给变量 min_counter2 分配/赋值为 0
       hour_counter1 <= 4'h0;                 //给变量 hour_counter1 分配/赋值为 0
       hour_counter2 <= 4'h0;                 //给变量 hour_counter2 分配/赋值为 0
      end                                     //end 关键字标识条件分支语句的结束,类似 C 语言的"}"
     else                                     //else 关键字定义条件语句,条件是 divclk 上沿到来(♯0)
      begin                                   //begin 关键字标识 else 分支的开始,类似 C 语言的"{"
       if(inc_min == 1'b0)                    //如果按下 inc_min 按键,则表示递增分钟(0~59)
         if(min_counter1 == 4'h9)             //如果分钟的个位 min_counter1 等于 9
          begin                               //begin 标识 min_counter1 == 4'h9 的开始,类似 C 语言的"{"
           min_counter1 <= 4'h0;              //给变量 min_counter1 分配/赋值为 0
           if(min_counter2 == 4'h5)           //如果分钟的十位 min_counter2 等于 5
               min_counter2 <= 4'h0;  //给变量 min_counter2 分配/赋值为 0
              else                            //else 定义(min_counter2!= 4'h5)条件成立
              min_counter2 <= min_counter2 + 1;  //变量 min_counter2 递增 1
          end                                 //end 关键字标识 min_counter1 == 4'h9 条件结束
         else                                 //else 定义(min_counter1!= 4'h9)条件成立
          min_counter1 <= min_counter1 + 1;   //变量 min_counter1 递增 1
       else if(sub_min == 4'b0)               //如果按下 sub_min 按键,则表示递减分钟(0~59)
         if(min_counter1 == 4'h0)             //如果分钟的个位 min_counter 等于 0
          begin                               //begin 关键字标识 min_counter1 == 4'h0 条件的开始
           min_counter1 <= 4'h9;              //给变量 min_counter1 分配/赋值为 9
           if(min_counter2 == 4'h0)           //如果分钟的十位 min_counter 等于 0
             min_counter2 <= 4'h5;            //给变量 min_counter2 分配/赋值为 5
            else                              
               min_counter2 <= min_counter2 - 1;   //变量 min_counter2 递减 1
          end                                 //end 关键字标识 min_counter1 == 4'h0 条件的结束
           else                               //else 关键字定义(min_counter1!= 4'h0)条件成立
               min_counter1 <= min_counter1 - 1;  //变量 min_counter1 递减 1

       else if(inc_hour == 4'b0)              //否则如果按下 inc_hour,则递增小时范围(0~23)
         if(hour_counter2 == 4'h2)            //如果小时的十位 hour_counter2 等于 2
           if(hour_counter1 == 4'h3)          //如果小时的个位 hour_counter1 等于 3
            begin                             //begin 关键字标识(hour_counter1 == 4'h3)条件的开始
             hour_counter2 <= 4'h0; //给变量 hour_counter2 分配/赋值为 0
             hour_counter1 <= 4'h0; //给变量 hour_counter1 分配/赋值为 0
            end                               //end 关键字标识(hour_counter1 == 4'h3)条件的结束
           else                               //否则小时的个位 hour_counter1 不等于 3
             hour_counter1 <= hour_counter1 + 1;   //变量 hour_counter1 递增 1
         else                                 //否则小时的十位 hour_counter2 不等于 2
           if(hour_counter1 == 4'h9)          //如果小时的个位 hour_counter1 等于 9
            begin                             //begin 关键字标识(hour_counter1 == 4'h9) 条件的开始
             hour_counter1 <= 4'h0;  //给变量 hour_counter1 分配/赋值 0
             hour_counter2 <= hour_counter2 + 1; //变量 hour_counter2 递增 1
            end                               //end 关键字标识(hour_counter1 == 4'h9) 条件的结束
           else                               //否则小时的个位不等于 9
             hour_counter1 <= hour_counter1 + 1;   //变量 hour_counter1 递增 1

       else if(sub_hour == 1'b0)              //否则如果按下 sub_hour,则递减小时范围(0~23)
         if(hour_counter1 == 1'b0)            //如果小时的个位等于 0
           if(hour_counter2 == 1'b0)          //如果小时的十位等于 0
            begin                             //begin 关键字标识(hour_counter2 == 1'b0) 条件的开始
             hour_counter1 <= 4'h3;           //给变量 hour_counter1 分配/赋值 3
             hour_counter2 <= 4'h2;           //给变量 hour_counter2 分配/赋值 2
            end                               //end 关键字标识(hour_counter2 == 1'b0) 条件的结束
           else                               //否则小时的十位 hour_counter2 不等于 0
```

```verilog
      begin                              //begin 关键字标识 else 条件的开始,类似 C 语言的"{"
        hour_counter2 <= hour_counter2 - 1;   //变量 hour_counter2 递减 1
        hour_counter1 <= 4'h9;           //给变量 hour_counter1 分配/赋值 9
      end                                //end 关键字标识 else 条件的结束,类似 C 语言的"}"
    else                                 //否则小时的个位 hour_counter1 不等于 0
      hour_counter1 <= hour_counter1 - 1;    //变量 hour_counter1 递减 1

else                                     //递增/递减分钟/小时输入无效时,1Hz 时钟计数(♯1)
begin                                    //begin 关键字标识条件(♯1)的开始
  if(sec_counter1 >= 4'h9)              //如果秒的个位 sec_counter1 大于或等于 9(♯2)
  begin                                  //begin 关键字标识条件(♯2)的开始
    sec_counter1 <= 4'h0;                //给秒的个位 sec_counter1 分配/赋值为 0
    if(sec_counter2 >= 4'h5)            //如果秒的十位 sec_counter2 大于或等于 5(♯3)
    begin                                //begin 关键字标识条件(♯3)的开始
      sec_counter2 <= 4'h0;              //给秒的十位 sec_counter2 分配/赋值为 0
      if(min_counter1 >= 4'h9)          //如果分钟的个位 min_counter1 大于或等于 9(♯4)
      begin                              //begin 关键字标识条件(♯4)的开始
        min_counter1 <= 4'h0;            //给分钟的个位 min_counter1 分配/赋值为 0
        if(min_counter2 >= 4'h5)        //如果分钟的十位 min_counter2 大于或等于 5(♯5)
        begin                            //begin 关键字标识条件(♯5)的开始
          min_counter2 <= 4'h0;          //给分钟的十位 min_counter2 分配/赋值为 0
          if(hour_counter2 == 4'h2)     //如果小时的十位 hour_counter2 等于 2(♯6)
          begin                          //begin 关键字标识条件(♯6)的开始
            if(hour_counter1 == 4'h3)   //如果小时的个位 hour_counter1 等于 3(♯7)
            begin                        //begin 关键字标识条件(♯7)的开始
              hour_counter1 <= 4'h0;     //给变量 hour_counter1 分配/赋值 0
              hour_counter2 <= 4'h0;     //给变量 hour_counter2 分配/赋值 0
            end                          //end 关键字标识条件(♯7)的结束
            else                         //else 关键字标识条件(♯7)不成立
              hour_counter1 <= hour_counter1 + 1;   //变量 hour_counter1 递增 1
          end                            //end 关键字标识条件(♯6)的结束
          else                           //else 关键字标识条件(♯6)不成立
          begin                          //begin 关键字标识条件(♯6)不成立的开始
            if(hour_counter1 == 4'h9)   //如果小时的个位 hour_count1 等于 9(♯8)
            begin                        //begin 关键字标识条件(♯8)的开始
              hour_counter1 <= 4'h0;     //给变量 hour_counter1 分配/赋值 0
              hour_counter2 <= hour_counter2 + 1;   //变量 hour_counter2 递增 1
            end                          //end 关键字标识条件(♯8)的结束
            else                         //else 关键字标识条件(♯8)不成立
              hour_counter1 <= hour_counter1 + 1;   //变量 hour_counter1 递增 1
          end                            //end 关键字标识条件(♯6)不成立的结束
        end                              //end 关键字标识条件(♯5)的结束
        else                             //else 关键字标识条件(♯5)不成立
          min_counter2 <= min_counter2 + 1;   //变量 min_counter2 递增 1
      end                                //end 关键字标识条件(♯4)的结束
      else                               //else 关键字标识条件(♯4)的不成立
        min_counter1 <= min_counter1 + 1;   //变量 min_counter1 递增 1
    end                                  //end 关键字标识条件(♯3)的结束
    else                                 //else 关键字标识条件(♯3)的不成立
      sec_counter2 <= sec_counter2 + 1;  //变量 sec_counter2 递增 1
  end                                    //end 关键字标识条件(♯2)的结束
  else                                   //else 关键字标识条件(♯2)的不成立
    sec_counter1 <= sec_counter1 + 1;    //变量 sec_counter1 递增
end                                      //end 关键字标识条件(♯1)的结束
end                                      //end 关键字标识条件(♯0)的结束
end                                      //end 关键字标识 always 过程的结束

/******  下面的 always 模块在扫描时钟驱动下为四个七段数码管产生间接的选通信号 ******/
always @(negedge rst or posedge scanclk)   //always 关键字定义过程语句
begin                                    //begin 关键字标识过程的开始,类似 C 语言的"{"
  if(!rst)                               //if 关键字定义条件分支语句,成立条件是 rst 为低电平
```

```verilog
      shift_signal <= 2'b00;              //给变量 shift_signal 分配/赋值 0
   else                                   //else 关键字定义时钟上升沿时,条件成立
      shift_signal <= shift_signal + 1;   //变量 shift_signal 递增 1
end


/ **************** 下面的 always 过程实现数码管的选通和段码的映射 ****************** /
always @  *                              //always 关键字声明过程语句,采用隐含方式 *
begin                                    //begin 关键字标识过程语句的开始,类似 C 语言的"{"
  case (shift_signal)                    //case 关键字声明多条件分支,条件为 shift_signal
    2'b00 :                              //shift_signal = "00"时
        begin                            //begin 关键字标识"00"条件的开始,类似 C 语言的"{"
          if(displaymode == 0)           //if 关键字声明分支,若 displaymode 为逻辑"0"
            seg = seg7(hour_counter2);   //小时的十位数字值 hour_counter2 转换为七段码 seg
          else                           //else 关键字声明另一条件,若 displaymode 为逻辑"1"
            seg = seg7(min_counter2);    //分钟的十位数字值 min_counter2 转换为七段码 seg
          sel = 4'b1000;                 //sel[3] = "1",驱动标记为 B1 的七段数码管工作
          dot = 1'b1;                    //dot 驱动为逻辑"1",小数点处于"灭"状态
        end                              //end 关键字标识"00"条件的结束,类似 C 语言的"}"
    2'b01 :                              //shift_signal = "01"时
        begin                            //begin 关键字标识"01"条件的开始,类似 C 语言的"{"
          if(displaymode == 0)           //if 关键字声明分支,若 displaymode 为逻辑"0"
            seg = seg7(hour_counter1);   //小时的个位数字值 hour_counter1 转换为七段码 seg
          else                           //else 关键字声明另一条件,若 displaymode 为逻辑"1"
            seg = seg7(min_counter1);    //分钟的个位数字值 min_counter1 转换为七段码 seg
          sel = 4'b0100;                 //sel[2] = "1",驱动标记为 B2 的七段数码管工作
          dot = 1'b0;                    //dot 驱动为逻辑"0",小数点处于"亮"状态
        end                              //end 关键字标识"01"条件的结束,类似 C 语言的"}"
    2'b10 :                              //shift_signal = "10"时
        begin                            //begin 关键字标识"10"条件的开始,类似 C 语言的"{"
          if(displaymode == 0)           //if 关键字声明分支,若 displaymode 为逻辑"0"
            seg = seg7(min_counter2);    //分钟的十位数字值 min_counter2 转换为七段码 seg
          else                           //else 关键字声明另一条件,若 displaymode 为逻辑"1"
            seg = seg7(sec_counter2);    //秒的十位数字值 sec_counter2 转换为七段码 seg
          sel = 4'b0010;                 //seg[1] = "1",驱动标记为 B3 的七段数码管工作
          dot = 1'b1;                    //dot 驱动为逻辑"1",小数点处于"灭"状态
        end                              //end 关键字标识"10"条件的结束,类似 C 语言的"}"
    2'b11 :                              //shift_signal = "10"时
        begin                            //begin 关键字标识"11"条件的开始,类似 C 语言的"{"
          if(displaymode == 0)           //if 关键字声明分支,若 displaymode 为逻辑"0"
            seg = seg7(min_counter1);    //分钟的个位数字值 min_counter1 转换为七段码 seg
          else                           //else 关键字声明另一条件,若 displaymode 为逻辑"1"
            seg = seg7(sec_counter1);    //秒的个位数字值 sec_counter1 转换为七段码 seg
          sel = 4'b0001;                 //seg[0] = "1",驱动标记为 B4 的七段数码管工作
          dot = 1'b1;                    //dot 驱动为逻辑"1",小数点处于"灭"状态
        end                              //end 关键字标识"11"条件的结束,类似 C 语言的"}"
    default : ;                          //default 关键字声明其他条件,对应的语句为空
  endcase                               //endcase 关键字标识 case 语句的结束
end                                     //end 关键字标识过程语句的结束,类似 C 语言的"}"
endmodule                               //endmodule 关键字标识模块 digitalclk 的结束
```

3. top.v 文件

通过模块化描述方式,以及 Verilog HDL 提供的元件例化功能,顶层模块 top 将底层模块 divclk、scanclk 和 digitalclk 连接在一起,并产生最终的外部端口。top.v 文件如代码清单 7-6 所示。

代码清单 7-6　top.v 文件

```verilog
module top(                    //module 关键字定义模块 top
  input clk,                   //input 关键字定义输入端口 clk,连接外部 100MHz 时钟
  input rst,                   //input 关键字定义输入端口 rst(复位),连接外部开关
  input inc_hour,              //input 关键字定义输入端口 inc_hour,连接外部按键
```

```
    input sub_hour,                    //input 关键字定义输入端口 sub_hour,连接外部按键
    input inc_min,                     //input 关键字定义输入端口 inc_min,连接外部按键
    input sub_min,                     //input 关键字定义输入端口 sub_min,连接外部按键
    input displaymode,                 //input 关键字定义输入端口 displaymode,连接外部开关
    output [3:0] sel,                  //output 关键字定义输出端口 sel,连接到四个七段数码管的管选端
    output [6:0] seg,                  //output 关键字定义输出端口 seg,连接到七段数码管的不同段
    output dot                         //output 关键字定义输出端口 dot,连接到七段数码管的小数点段
    );
wire div_clk;                          //wire 关键字定义内部网络 div_clk
wire scan_clk;                         //wire 关键字定义内部网络 scan_clk
divclk Inst_divclk(                    //元件例化/调用语句,将模块 divclk 例化为 Inst_divclk
    .clk(clk),                         //模块 divclk 的端口 clk 连接到模块 top 的端口 clk
    .rst(rst),                         //模块 divclk 的端口 rst 连接到模块 top 的端口 rst
    .div_clk(div_clk)                  //模块 divclk 的端口 div_clk 连接到模块 top 的内部网络 div_clk
);
scanclk Inst_scanclk(                  //元件例化/调用语句,将模块 scanclk 例化为 Inst_scanclk
    .clk(clk),                         //模块 scanclk 的端口 clk 连接到模块 top 的端口 clk
    .rst(rst),                         //模块 scanclk 的端口 rst 连接到模块 top 的端口 rst
    .scan_clk(scan_clk)                //模块 scanclk 的端口 scan_clk 连接到模块 top 的内部网络 scan_clk
);
digitalclk Inst_digitalclk(            //元件例化/调用语句,将模块 digitalclk 例化为 Inst_digitalclk
    .inc_hour(inc_hour),               //模块 digitalclk 的端口 inc_hour 连接到 top 模块的端口 inc_hour
    .sub_hour(sub_hour),               //模块 digitalclk 的端口 sub_hour 连接到 top 模块的端口 sub_hour
    .inc_min(inc_min),                 //模块 digitalclk 的端口 inc_min 连接到 top 模块的端口 inc_min
    .sub_min(sub_min),                 //模块 digitalclk 的端口 sub_min 连接到 top 模块的端口 sub_min
    .displaymode(displaymode),         //模块 digitalclk 端口 displaymode 连接到 top 模块端口 displaymode
    .rst(rst),                         //模块 digitalclk 的端口 rst 连接到 top 模块的端口 rst
    .divclk(div_clk),                  //模块 digitalclk 的端口 divclk 连接到 top 模块的内部网络 div_clk
    .scanclk(scan_clk),                //模块 digitalclk 的端口 scanclk 连接到 top 模块的内部网络 scan_clk
    .sel(sel),                         //模块 digitalclk 的端口 sel 连接到 top 模块的端口 sel
    .seg(seg),                         //模块 digitalclk 的端口 seg 连接到 top 模块的端口 seg
    .dot(dot)                          //模块 digitalclk 的端口 dot 连接到 top 模块的端口 dot
);
endmodule                              //endmodule 关键字标识模块 top 的结束
```

在高云云源软件主界面左侧的窗口中,单击 Hierarchy 标签,其选项卡如图 7.8 所示,以树形结构给出了该设计中的层次化结构,以及该设计中每个子模块所使用的 FPGA 底层原语(如 Register、LUT、ALU、DSP、BSRAM 和 SSRAM)的数量。

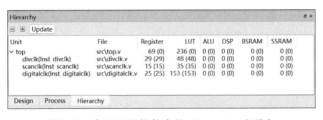

图 7.8 高云云源软件中的 Hierarchy 选项卡

思考与练习 7-3 修改可调数字钟的设计代码,使得基于七段数码管实现秒表的功能,并可以设置秒表的启动、停止和复位的功能。

7.3 设计实例三:异步串行通信的设计与实现

本节将设计通用异步接收发送设备(universal asynchronous receiver & transmitter,UART)模块,用于对满足 RS-232 通信标准的发送数据进行打包/封装,以及对接收数据进行解析/拆包。

通过高云 FPGA 内设计的 UART 发送和接收模块,以及 FPGA 硬件开发平台 Pocket

Lab-F0上搭载的蓝牙模块PB-02(蓝牙模块实现蓝牙转串口/串口转蓝牙的功能),实现以下功能。

(1) 采集FPGA硬件开发平台Pocket Lab-F0上8个开关的状态,并由UART发送模块和蓝牙模块将采集到的开关状态发送到移动设备(如手机),通过手机上安装的蓝牙调试助手工具查看串口发送的信息。

(2) 通过移动设备(如手机)上安装的蓝牙调试助手工具,发送用于控制FPGA硬件开发平台上LED灯状态的控制命令,当蓝牙模块接收到控制命令后将其自动转换为UART数据格式,并发送给FPGA内的UART接收模块,由UART接收模块对接收到的控制命令进行解码,从而实现对FPGA上LED灯状态的控制。

视频讲解

7.3.1　异步串行通信的原理

RS-232是美国电子工业协会(Electronic Industries Association,EIA)制定的串行数据通信的接口标准,原始编号全称是EIA-RS-232(简称232,RS-232),它广泛地应用于连接计算机串行外设接口。在RS-232C标准中,EIA表示美国电子工业协会,RS表示推荐标准(recommended standard,RS),232为标识号,C表示RS-232的第3次修改(1969年)。

目前,最新版本是由美国通信工业协会(Telecommunication Industries Association,TIA)发布的TIA-232-F,它同时也是美国国家标准ANSI/TIA-232-F-1997(R2002),该标准于2002年进行再次确认。1997年由TIA/EIA发布当时的编号是TIA/EIA-232-F与ANSI/TIA/EIA-232-F-1997,在此之前的版本编号是TIA/EIA-232-E。

标准规定了连接电缆、机械和电气特性、信号功能以及传送过程。其他常用的电气标准还有EIA-RS-422-A、EIA-RS-423A、EIA-RS-485。

目前,在PC/笔记本电脑上的COM1和COM2接口,就是RS-232C接口。RS-232对电气特性、逻辑电平和各种信号线功能都进行了详细规定。

由于RS-232-C的重大影响,即使IBM PC/AT开始改用9针连接器,目前几乎不再使用RS-232中规定的25针连接器,但大家仍然普遍使用RS-232C来表示该接口。

1. 数据格式

在RS-232标准中,字符以串行的方式一位接一位地传输。串行发送和接收数据的优点是所需的传输线少(最少只需要发送数据线、接收数据线和地线即可),配线简单,可远距离传输数据。最常用的编码格式是异步起停格式,即以一个起始位(逻辑"0")表示传输数据的开始,后面紧跟用于表示一个字符的7或8个数据位,然后是奇偶校验位(可选),最后是1、1.5或2个停止位,如图7.9所示。

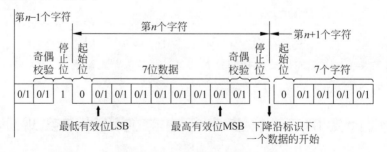

图7.9　RS-232的串行数据格式

2. 电气特性

在RS-232标准中定义了逻辑"1"和逻辑"0"电平标准,以及标准的传输速率和连接器类型。RS-232的逻辑电平的定义与前面所介绍的TTL和CMOS逻辑电平的定义明显不同。

在 RS-232 中,将+3～+15V 范围的电平定义为逻辑"0",将-15～-3V 范围的电平定义为逻辑"1"。

3. 参数设置

在使用 RS-232 进行通信之前,需要预先在 PC/笔记本电脑的串口调试软件工具中设置参数,最常见的设置包括波特率、奇偶校验和停止位。

(1) 波特率。是指将数据从一个设备发到另一设备的速率,即每秒钟传输位的个数。典型的波特率值包括 300、1200、2400、9600、19 200 和 115 200 等。通常,需要将实现 RS-232 通信的主设备和从设备设置为相同的波特率。

(2) 奇偶校验。奇偶校验用于验证数据的正确性。一般不使用奇偶校验。如果使用它,那么既可以做奇校验也可以做偶校验。

(3) 停止位。在传输每字节之后发送停止位,它用于协助接收信息设备的重新同步。

(4) 流量控制。一般情况下,不需要设置流量控制。

7.3.2　蓝牙模块接口电路

视频讲解

在 FPGA 硬件开发平台 Pocket Lab-F0 上搭载了一颗型号为 PB-02 的蓝牙模块(标记为U10),如图 7.10 所示。该模块实现标准串口信号与蓝牙信号之间的转换,可通过无线方式与移动端设备(比如手机)连接。从图中可知,该模块向外提供了五个信号,包括 BLUE_TM、BLUE_RXD、BLUE_TXD、BLUE_RESET 和 BLUE_CNT。

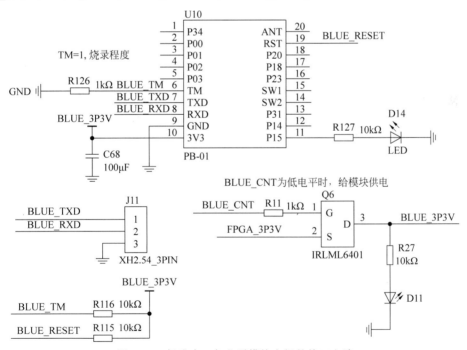

图 7.10　标准串口与蓝牙模块之间的接口电路

(1) BLUE_RESET 为复位信号。当该信号为逻辑"1"(高电平)时,蓝牙模块处于正常工作状态;当该信号为逻辑"0"(低电平)时,蓝牙模块处于复位状态。在该设计中,由 FPGA 将该信号设置为逻辑"1"(高电平),即蓝牙模块处于正常工作状态。

(2) BLUE_TM 为模式控制信号。当该信号为逻辑"1"(高电平)时,模块处于命令格式;当该信号为逻辑"0"(低电平)时,模块处于透传模式。在该设计中,由 FPGA 将该信号设置为逻辑"0"(低电平),即模块处于透传模式。

（3）BLUT_CNT 为模块电源控制信号。当该信号为逻辑"1"（高电平）时，蓝牙模块处于断电状态；当该信号为逻辑"0"（低电平）时，蓝牙模块处于供电状态。

（4）BLUE_TXD 为蓝牙模块的串口数据输出信号。在设计中，该信号连接到 FPGA 内所设计的接收模块的 rx 信号。

（5）BLUE_RXD 为蓝牙模块的串口数据输入信号。在设计中，该信号连接到 FPGA 内所设计的发送模块的 tx 信号。

在出厂时，蓝牙模块的默认设置：波特率：115 200bps；数据位：8 位；停止位：1 位；奇偶校验：无。

蓝牙模块信号与 FPGA 引脚的连接关系如表 7.4 所示。

表 7.4　蓝牙模块信号与 FPGA 引脚的连接关系

信号	FPGA 引脚位置	串口信号标记	FPGA 引脚位置
BLUE_TXD	116	BLUE_TM	118
BLUE_RXD	117	BLUE_CNT	114
BLUE_RESET	115	—	—

7.3.3　创建工程并添加文件

创建新的设计工程，并将该工程保存在 e：/eda_verilog/example_7_3 目录下，该工程的名为 example_7_3.gprj。

在该设计工程中，创建并添加新的设计文件，包括 detclk.v、bandclk.v、detswitch.v、uart_tx.v、uart_rx.v 和 top.v。此外，还需要调用高云提供的相位锁相环（phase lock loop，PLL）知识产权核（intellectual property core，IP core）。

1. IP 核的配置

简单来说，IP 核就是已经设计好的模块，让 FPGA 开发人员直接拿来使用，而不需要知道该模块内部是如何设计的。从不同的角度可以对 IP 核进行分类。比如，如果从是否需要付费来说，IP 核分为免费的 IP 核和需要付费的 IP 核；从 IP 核是否固化在 FPGA 内部，IP 核分为软核和硬核。硬核就是指固定在 FPGA 芯片某个区域的特定模块，软核是通过 HDL 描述，并通过综合以及布局和布线后，使用 FPGA 上的原语资源来实现的。本节所使用的 PLL IP 就属于硬核，并且是免费使用的。

在该设计中，串口通信的波特率固定为 115 200bps，因此对波特率的基准时钟源要求较高，所以调用并配置了高云云源软件中提供的 PLL IP 核。在该 IP 核中，输入时钟的频率设置为 50MHz（该时钟频率由 FPGA 硬件开发平台上的 50MHz 有源晶体振荡器提供），输出时钟的频率设置为 66.667MHz。

调用并配置 IP 核的主要步骤如下所述。

（1）在高云云源软件当前工程主界面主菜单下，选择 Tools→IP Core Generator；或者，在高云云源软件当前工程主界面工具栏中，找到并单击 IP Core Generator 按钮 🔧 。

（2）弹出 IP Core Generator 界面，如图 7.11 所示，在左侧窗口中，分类列出了高云提供的 IP 核，找到并展开 Hard Module 文件夹，在该展开项中，找到并展开 CLOCK 文件夹，并在该文件夹下找到并双击 rPLL 条目。

（3）弹出 IP Customization 对话框，如图 7.12 和图 7.13 所示，按如下设置参数。

① Clock Frequency（3～400）：50.000（下拉框中输入数字）。

② Expected Frequency（3.125～600）：66.667（下拉框中输入数字）。

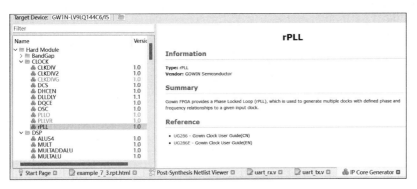

图 7.11　IP Core Generator 界面

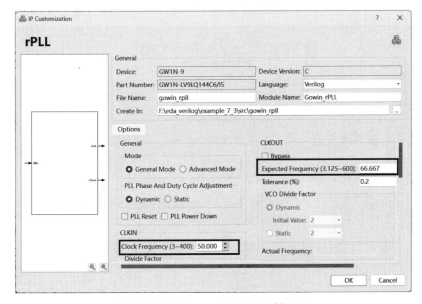

图 7.12　IP Customization 对话框(1)

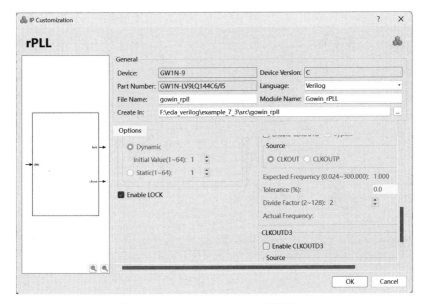

图 7.13　IP Customization 对话框(2)

③ Tolerance(%): 0.2(下拉框)。

④ Enable Lock(勾选前面的复选框)。

(4) 单击 IP Customization 对话框右下角的 OK 按钮。

(5) 弹出 Generation success 对话框,提示信息"Do you want to add generated file(s) to current project?"

(6) 单击 Generation success 对话框右下角的 OK 按钮,退出该对话框和 IP Customization 对话框。

(7) 在高云云源软件右侧窗口中,弹出 gowin_rpll_tmp.v 文件。该文件中,给出了例化模板,如代码清单 7-7 所示。

代码清单 7-7 gpwin_rpll_tmp.v 文件中的例化模板

```
//--------- Copy here to design---------

    Gowin_rPLL your_instance_name(    // 例化 Gowin_rPLL 模块
        .clkout(clkout_o),            // output clkout
        .lock(lock_o),                // output lock
        .clkin(clkin_i)               // input clkin
    );
//--------- Copy end-------------------
```

注:这段代码将会被复制粘贴到 top.v 文件中,并进行例化名字和连接端口名字的修改,作为该设计工程的一部分。

2. detclk.v 文件

该模块对 FPGA 硬件开发平台上频率为 50MHz 的时钟进行分频,生成频率约为 600Hz 的检测时钟 det_clk,该时钟用于锁存硬件开发平台上 8 个开关的状态,如代码清单 7-8 所示。

代码清单 7-8 detclk.v 文件

```
module detclk(                        // module 关键字定义模块 detclk
    input    clk,                     // input 关键字定义输入端口 clk
    input    rst,                     // input 关键字定义输入端口 rst
    output reg det_clk                // output 和 reg 关键字定义输出端口 det_clk
    );
reg [19:0] counter;                   // reg 关键字定义 reg 类型变量 counter,宽度为 20 位

always @(posedge clk or negedge rst)  // always 关键字定义过程语句,clk 上沿或 rst 低电平敏感
begin                                 // begin 关键字标识过程语句的开始
if(!rst)                              // if 定义条件分支语句,rst 信号为低电平时条件成立
begin                                 // begin 关键字标识(!rst)条件的开始
    det_clk <= 1'b0;                  // 给端口变量 det_clk 分配/赋值 0
    counter <= 20'h00000;             // 给变量 counter 分配/赋值 0
end                                   // end 关键字标识(!rst)条件的结束
else                                  // else 关键字定义 clk 上沿有效时条件成立
    if(counter == 20'h0a11f)          // if 定义条件分支,counter 等于 0x0a11f 时,条件成立
    begin                             // begin 关键字标识(counter == 20'h0a11f)条件的开始
        counter <= 20'h00000;         // 给变量 counter 分配/赋值为 0
        det_clk <= ~det_clk;          // 端口 det_clk 取反,生成分频后的方波信号 det_clk
    end                               // end 关键字标识(counter == 20'h0a11f)条件的结束
    else                              // else 条件定义条件(counter != 20'h0a11f)成立时
        counter <= counter + 1;       // 变量 counter 递增 1
end                                   // end 关键字标识 always 过程语句的结束
endmodule                             // endmodule 关键字标识模块 detclk 的结束
```

3. bandclk.v 文件

模块 bandclk 对 PLL IP 核输出的 66.667MHz 时钟进行分频,生成波特率时钟 band_clk。在该设计中,串口发送和接收数据的速率均为 115 200bps。在实际应用中,将波特率时钟

band_clk 的频率设置为波特率的 16 倍,因此波特率时钟 band_clk 的频率为 115 200×16＝1 843 200Hz。将波特率时钟 band_clk 设置为波特率的 16 倍,这是为了在接收异步串行数据时能对准位数据的中间采样点,以便更加准确地检测接收到的数据。bandclk.v 文件如代码清单 7-9 所示。

代码清单 7-9　bandclk.v 文件

```
module bandclk(                          // module 关键字定义模块 bandclk
    input    clk,                        // input 关键字定义输入端口 clk
    input    rst,                        // input 关键字定义输入端口 rst
    output reg band_clk                  // output 和 reg 关键字定义输出端口 band_clk
    );
reg [7:0] counter;                       // reg 关键字定义 reg 类型变量 counter,宽度为 8 位

always @(posedge clk or negedge rst)     // always 关键字定义过程语句,clk 上沿和 rst 低电平敏感
begin                                    // begin 关键字标识过程语句的开始,类似 C 语言的"{"
if(!rst)                                 // if 定义条件分支语句,rst 信号为低电平时条件成立
begin                                    // begin 关键字标识(!rst)条件的开始,类似 C 语言的"{"
    band_clk <= 1'b0;                    // 给 band_clk 分配/赋值为 0
    counter <= 8'h00;                    // 给 counter 分配/赋值为 0
end                                      // end 关键字标识(!rst)条件的结束,类似 C 语言的"}"
else                                     // else 关键字定义 clk 上沿有效时条件成立
    if(counter == 8'h11)                 // if 关键字定义条件(66667000/115200/16/2)-1 = (17)10 = 0x11
    begin                                // begin 关键字标识(counter == 12'h144)条件开始
    counter <= 8'h00;                    // 给变量 counter 分配/赋值 0
    band_clk <= ~band_clk;               // 端口 band_clk 取反,生成分频后的方波信号 band_clk
    end                                  // end 关键字标识(counter == 8'h11)条件结束
    else                                 // else 关键字标识条件(counter!= 8'h11)的成立
    counter <= counter + 1;              // 变量 counter 递增 1
end                                      // end 关键字标识 always 过程语句的结束,类似 C 语言的"}"
endmodule                                // endmodule 关键字标识模块 bandclk 的结束
```

4. detswitch.v 文件

模块 detswitch 用于保存硬件开发平台上 8 个开关的状态,并通过逻辑运算判断当前开关的状态是否改变,例如第 8 个开关前面的状态为逻辑"1"(高电平),下一个时刻的状态变为逻辑"0"(低电平)。detswitch.v 文件如代码清单 7-10 所示。

代码清单 7-10　detswitch.v 文件

```
module detswitch(                        // module 关键字定义模块 detswitch
input    [7:0] switch,                   // input 关键字定义输入端口 switch,宽度为 8 位
input    clk,                            // input 关键字定义输入端口 clk
input    rst,                            // input 关键字定义输入端口 rst
output reg [7:0] status                  // output 和 reg 关键字定义输出端口 status,宽度为 8 位
    );
reg [7:0] switch1,switch2;               // reg 关键字定义 reg 类型变量 switch1 和 switch2
wire [7:0] result;                       // wire 关键字定义网络 result
assign result = switch1 ^ switch2;       // switch1 和 switch2 执行逻辑"异或",检测开关状态变化

always @(negedge rst or negedge clk)     // always 定义过程语句,clk 下降沿和 rst 低电平敏感
begin                                    // begin 关键字标识过程语句的开始,类似 C 语言的"{"
if(!rst)                                 // if 关键字定义分支语句,rst 为低电平(!rst)条件成立
begin                                    // begin 关键字标识(!rst)条件的开始,类似 C 语言的"{"
    switch1 <= 8'h00;                    // 给变量 switch1 分配/赋值为 0
    switch2 <= 8'h00;                    // 给变量 switch2 分配/赋值为 0
end                                      // end 关键字标识(!rst)条件的结束,类似 C 语言的"}"
else                                     // else 关键字定义分支语句,clk 下降沿时条件成立
begin                                    // begin 关键字标识 else 条件的开始,类似 C 语言的"{"
    switch1 <= switch;                   // 将输入端口 switch 的状态保存到变量 switch1(当前状态)
    switch2 <= switch1;                  // 将变量 switch1 的状态保存到变量 switch2(前一状态)
```

```
end                                  // end 关键字标识 else 条件的结束,类似 C 语言的"}"
end                                  // end 关键字标识 always 过程语句的结束,类似 C 语言的"}"

always @  *                          // always 关键字定义过程语句,隐含声明(*)
begin                                // begin 关键字标识过程语句的开始,类似 C 语言的"{"
case (result)                        // case 关键字定义多条件分支,条件为异或运算结果 result
  8'b10000000 : status = 8'h38;      // result[7] = "1",第 8 个开关状态变化,'h38 为 8 的 ASCII 码
  8'b01000000 : status = 8'h37;      // result[6] = "1",第 7 个开关状态变化,'h37 为 7 的 ASCII 码
  8'b00100000 : status = 8'h36;      // result[5] = "1",第 6 个开关状态变化,'h36 为 6 的 ASCII 码
  8'b00010000 : status = 8'h35;      // result[4] = "1",第 5 个开关状态变化,'h35 为 5 的 ASCII 码
  8'b00001000 : status = 8'h34;      // result[3] = "1",第 4 个开关状态变化,'h34 为 4 的 ASCII 码
  8'b00000100 : status = 8'h33;      // result[2] = "1",第 3 个开关状态变化,'h33 为 3 的 ASCII 码
  8'b00000010 : status = 8'h32;      // result[1] = "1",第 2 个开关状态变化,'h32 为 2 的 ASCII 码
  8'b00000001 : status = 8'h31;      // result[0] = "1",第 1 个开关状态变化,'h31 为 1 的 ASCII 码
  default : status = 8'h30;          // 其他情况,h'30 为字符"0"的 ASCII 码
endcase                              // endcase 关键字标识 case 多条件分支的结束
end                                  // end 关键字标识 always 过程语句的结束,类似 C 语言的"{"
endmodule                            // endmodule 关键字标识模块 detswitch 的结束
```

5. uart_tx.v 文件

模块 uart_tx 将要发送字符串数据中的每个字符打包并串行化为符合 RS-232 协议的数据格式。uart_tx.v 文件如代码清单 7-11 所示。

代码清单 7-11   uart_tx.v 文件

```
module uart_tx(                      // module 关键字定义模块 uart_tx
    input    clk,                    // input 关键字定义输入端口 clk,来自波特率时钟 band_clk
    input    rst,                    // input 关键字定义输入端口 rst,来自系统复位 rst
    input [7:0] status,              // 输入端口 status,宽度为 8 位,来自 detswitch 模块的
                                     // 输出 status
    output reg tx                    // output 和 reg 关键字定义 tx(UART 的串行数据发送端口)
    );
reg[1:0] state;                      // reg 关键字定义 reg 类型变量 state,最多有四个状态取值
reg [2:0] con;                       // reg 关键字定义 reg 类型变量 con,宽度为 3 位
reg [7:0] data;                      // reg 关键字定义 reg 类型变量 data,宽度为 8 位
integer i = 0;                       // integer 关键字定义整型变量 i,初始化为 18
reg [3:0] bandtick;                  // reg 关键字定义 reg 类型变量 bandtick,宽度为 4 位
parameter start = 2'b00, ini = 2'b01, // parameter 关键字定义 start、ini、trans、finish 的编码
    trans = 2'b010, finish = 2'b11;
reg [7:0] t_string[18:0];            // reg 关键字定义 reg 类型二维数组变量 t_string[19][8]

/ ********** 下面初始化 t_string[19][8] = {"switch 1 is moved\r\n} **************** /
/ ******************* 该字符串通过 UART 进行发送 ******************** /
initial                              // initial 关键字定义初始化部分
begin                                // begin 关键字标识初始化部分的开始,类似 C 语言的"{"
  t_string[0] = "s";                 // 给 t_string[0]分配/赋值字符"s"
  t_string[1] = "w";                 // 给 t_string[1]分配/赋值字符"w"
  t_string[2] = "i";                 // 给 t_string[2]分配/赋值字符"i"
  t_string[3] = "t";                 // 给 t_string[3]分配/赋值字符"t"
  t_string[4] = "c";                 // 给 t_string[4]分配/赋值字符"c"
  t_string[5] = "h";                 // 给 t_string[5]分配/赋值字符"h"
  t_string[6] = " ";                 // 给 t_string[6]分配/赋值字符" "(空格)
  t_string[7] = "1";                 // 给 t_string[7]分配/赋值字符"1"(后面根据按键状态
                                     // 修改该数字)
  t_string[8] = " ";                 // 给 t_string[8]分配/赋值字符" "(空格)
  t_string[9] = "i";                 // 给 t_string[9]分配/赋值字符"i"
  t_string[10] = "s";                // 给 t_string[10]分配/赋值字符"s"
  t_string[11] = " ";                // 给 t_string[11]分配/赋值字符" "(空格)
  t_string[12] = "m";                // 给 t_string[12]分配/赋值字符"m"
  t_string[13] = "o";                // 给 t_string[13]分配/赋值字符"o"
  t_string[14] = "v";                // 给 t_string[14]分配/赋值字符"v"
```

```
    t_string[15] = "e";                 // 给 t_string[15]分配/赋值字符"e"
    t_string[16] = "d";                 // 给 t_string[16]分配/赋值字符"d"
    t_string[17] = 8'h0d;               // 给 t_string[17]分配/赋值字符"\r"(回车)
    t_string[18] = 8'h0a;               // 给 t_string[18]分配/赋值字符"\n"(换行)
end                                     // end 关键字标识 initial 部分的结束

/*** 下面的 always 过程语句根据给出的 i 值,从 t_string 指向的存储器中读取数据 data ******/
always @(posedge clk)                   // always 关键字定义过程语句,clk 上升沿敏感
begin                                   // begin 关键字表示过程语句的开始,类似 C 语言的"{"
    if(i == 7)                          // if 关键字定义条件分支语句,i 等于 7 时条件成立
        data <= status;                 // 将输入端口 status 的值保存到变量 data 中
    else                                // else 定义另一个分支语句,i 不等于 7 时条件成立
        data <= t_string[i];            // 将 i 指向的存储器 t_string 的内容保存到变量 data 中
end                                     // end 关键字标识过程语句的结束

/*** 下面的 always 过程语句将发送的数据按 RS-232 协议进行封装,并转换为串行数据发送 ***/
always @(posedge clk or negedge rst)    // always 关键字定义过程语句,clk 上沿和 rst 低电平敏感
begin                                   // begin 关键字标识过程语句的开始,类似 C 语言的"{"
if(!rst)                                // if 关键字定义条件分支,当 rst 为"0"时,(!rst)条件成立
begin                                   // begin 关键字标识 if 条件的开始,类似 C 语言的"{"
    con <= 0;                           // 给变量分配/赋值 0
    i <= 0;                             // 给整型变量 i 分配/赋值 0
    tx <= 1'b1;                         // 给 tx 端口分配/赋值为逻辑"1"(高电平)
    bandtick <= 4'b0000;                // 给 bandtick 分配/赋值为 0
    state <= ini;                       // 将 ini 分配/赋值给 state,即状态 state 指向 ini
end                                     // end 关键字标识 if 条件的结束,类似 C 语言的"}"
else                                    // else 关键字定义另一个条件分支,时钟上升沿有效
    case (state)                        // case 关键字定义多条件分支,条件为 state(状态)
    start :                             // 当状态处于 start 时
        if(status != 8'h30)             // 如果 status 对应的开关状态不为 0,则表示开关的
                                        // 状态发生变化
        begin                           // begin 关键字标识条件 status!= 8'h30 开始,类似 C 语言的"{"
            if(bandtick == 15)          // 波特率时钟为波特率的 16 倍,发送一位需要 16 个波特率时钟
            begin                       // begin 关键字标识(bandtick == 15)条件的开始,类似
                                        // C 语言的"{"
                bandtick <= 0;          // 给变量 bandtick 分配/赋值 0
                state <= ini;           // 给变量 state 分配/赋值 ini,即指向下一个状态 ini
            end                         // end 关键字标识(bandtick == 15)条件的结束,类似 C 语言的"}"
            else                        // else 关键字定义另一个条件分支,即条件(bandtick!= 15)成立
                bandtick <= bandtick + 1; // 变量 bandtick 递增 1
        end                             // end 关键字标识条件 status!= 8'h30 结束,类似 C 语言的"}"
    ini :                               // 当状态处于 ini 时
        begin                           // begin 关键字标识 ready 条件的开始,类似 C 语言的"{"
            tx <= 1'b0;                 // 端口 tx 低电平,为 UART 数据的起始位,持续 16 个波特率时钟
            con <= 0;                   // 给变量 con 分配/赋值 0
            if(bandtick == 15)          // if 关键字定义条件分支语句,bandtick 等于 15 时条件成立
            begin                       // begin 关键字标识 if 条件分支的开始,类似 C 语言的"{"
                bandtick <= 0;          // 给变量 bandtick 分配/赋值 0
                state <= trans;         // 给变量 state 分配/赋值 trans,即指向下一个状态 trans
            end                         // end 关键字标识 if 条件分支的结束,类似 C 语言的"}"
            else                        // else 关键字定义另一个条件分支,即条件(bandtick!= 15)成立
                bandtick <= bandtick + 1; // 变量 bandtick 递增 1
        end                             // end 关键字标识状态 ini 的结束,类似 C 语言的"}"
    trans :                             // 当状态处于 trans 时
        begin                           // begin 关键字标识状态 trans 的开始,类似 C 语言的"{"
            tx <= data[con];            // 将当前 data 第 con 位分配到 tx 端口,维持 16 个波特率时钟
            if(bandtick == 15)          // if 关键字定义条件分支语句,bandtick 等于 15 时条件成立
            begin                       // begin 关键字标识(bandtick == 15)条件的开始,类似
                                        // C 语言的"{"
                con <= con + 1;         // 变量 con 递增 1,为了指向 tmp 的下一位
                bandtick <= 0;          // 给变量 bandtick 分配/赋值 0
```

```
          if(con == 7)                    // 如果 con 等于 7,表示发送完 tmp 的最后一位数据 tmp[7]
              state <= finish;            // 给变量 state 分配/赋值 finish,即指向下一个状态 finish
          end                             // end 关键字标识(bandtick == 15)条件的结束,类似
                                          // C 语言的"}"
          else                            // else 关键字定义另一个条件分支,即条件(bandtick != 15)成立
              bandtick <= bandtick + 1;   // 变量 bandtick 递增 1
      end                                 // end 关键字标识状态 trans 的结束,类似 C 语言的"}"
  finish :                                // 当状态处于 finish 时
      begin                               // begin 关键字标识状态 finish 的开始,类似 C 语言的"{"
          tx <= 1'b1;                     // 端口 tx 拉高,对应 UART 数据后的停止位,持续 16 个
                                          // 波特率时钟
          if(bandtick == 15)              // if 关键字定义条件分支语句,bandtick 等于 15 时条件成立
          begin                           // begin 关键字标识(bandtick == 15)条件的开始,类似
                                          // C 语言的"{"
              bandtick <= 0;              // 给变量分配/赋值 bandtick 为 0
              if(i == 18)                 // 如果 i 等于 18,则标识发送完所用 t_string 的所有字符
              begin                       // begin 关键字标识(i == 0)条件的开始,类似 C 语言的"{"
                  i <= 0;                 // 整型变量 i 分配/赋值 0,恢复其初始值
                  state <= start;         // 给变量 state 分配/赋值 start,即指向状态 start
              end                         // end 关键字标识(i == 0)条件的结束,类似 C 语言的"}"
              else                        // else 关键字定义另一个分支条件(i != 18)成立的情况
              begin                       // begin 关键字标识 else 条件的开始,类似 C 语言的"{"
                  i <= i + 1;             // 变量 i 递增 1
                  state <= ini;           // 给变量 state 分配/赋值 ini,即指向状态 ini
              end                         // end 关键字标识 else 分支的结束,类似 C 语言的"}"
          end                             // end 关键字标识条件(bandtick == 15)的结束,类似
                                          // C 语言的"}"
          else                            // else 关键字定义另一个分支条件(bandtick != 15)成立的情况
              bandtick <= bandtick + 1;   // 变量 bandtick 递增 1
      end                                 // end 关键字标识状态 finish 的结束,类似 C 语言的"}"
  endcase                                 // endcase 关键字标识 case 多条件分支的结束
  end                                     // end 关键字标识 always 过程语句的结束,类似 C 语言的"}"
endmodule                                 // endmodule 标识模块 uart_tx 的结束
```

6. uart_rx.v 文件

模块 uart_rx 将接收到的 RS-232 串行数据进行解析/拆解,并提取出 8 位有效的并行数据。由于采用 FPGA 本地时钟采集接收到 RS-232 串行位数据,因此本地时钟与接收到的 RS 232 串行位数据呈现异步关系。因此,在该设计中,每个接收到的串行位数据使用 16 倍的波特率时钟进行采集。当波特率时钟检测到位串行数据出现低电平时,表示起始位的开始,然后延迟 8 个波特率时钟再对接收的数据进行采样,使得采样点对准串行位数据的中间位置,进一步提高了采集位数据的可靠性。

当接收到有效的 8 位数据时,切换硬件开发平台上 8 个 LED 灯的状态。例如,接收到的 8 位数据为"1"时,切换硬件开发平台上编号为 1 的 LED 灯的状态,即该灯的状态由亮状态变成灭状态,或由灭状态变成亮状态;当接收到的 8 位数据为"8"时,切换硬件开发平台上编号为 8 的 LED 灯的状态。uart_rx.v 文件如代码清单 7-12 所示。

代码清单 7-12   uart_rx.v 文件

```
module uart_rx(                   // module 关键字定义模块 uart_rx
    input        clk,             // input 关键字定义输入端口 clk,连接到波特率时钟 band_clk
    input        rst,             // input 关键字定义输入端口 rst,连接到系统复位 rst
    input        rx,              // input 关键字定义输入端口 rx,连接到 UART 的串行接收线
    output reg [7:0] led          // output 和 reg 关键字定义输出端口 LED,宽度为 8 位
 );
/ ****** parameter 关键字定义参数 idle、ini、rec 和 finish,它们表示不同状态的编码  ****** /
parameter idle = 2'b00, ini = 2'b01, rec = 2'b10, finish = 2'b11;
reg [1:0] state;                  // reg 关键字定义 reg 类型变量 state,宽度为 2 位
```

```verilog
reg [7:0] rx_shifter;              // 定义 reg 类型变量 rx_shifter(串行数据移位寄存器),宽度为 8 位
reg [7:0] rxdata;                  // 定义变量 rxdata(将 rx_shifter 的数据保存到 rxdata 寄存器中)
reg available;                     // 定义变量 available,当为"1"时,表示 rxdata 中的数据可用
reg [2:0] align_phase;             // align_phase 用于延迟 8 个波特率时钟对准串行位数据的中间
reg [3:0] count;                   // 变量 count 计数 16 个波特率时钟,它等于 1 个位数据周期
integer con;                       // 整型变量 con 计算接收的位数据,一个数据由 8 个位数据构成

initial                            // initial 关键字定义初始化部分
begin                              // begin 关键字标识初始化部分的开始,类似 C 语言的"{"
  led = 8'h00;                     // 给端口 led 分配/赋值 0
  con = 0;                         // 给变量 con 分配/赋值 0
  align_phase = 3'b000;            // 给变量 align_phase 分配/赋值 0
  count = 4'b0000;                 // 给变量 count 分配/赋值 0
end                                // end 关键字标识初始化部分的结束,类似 C 语言的"}"

/**** 下面的 always 过程语句将串行数据进行解析/拆包,然后得到有效的 8 位并行数据 ****/
always @(negedge rst or posedge clk) // always 关键字定义过程语句,clk 上沿和 rst 高电平敏感
begin                              // begin 关键字标识过程语句的开始,类似 C 语言的"{"
if(!rst)                           // if 关键字定义条件语句,当 rst 为"0"时,条件(!rst)成立
begin                              // begin 关键字标识(!rst)条件的开始,类似 C 语言的"{"
  rxdata <= 8'b00000000;           // 给 8 位寄存器变量 rxdata 分配/赋值 0
  available <= 1'b0;               // 给变量 available 分配/赋值 0
  state <= ini;                    // 给变量 state 分配/赋值 ini,即 state 指向状态 ini
end                                // end 关键字标识(!rst)条件的结束,类似 C 语言的"}"
else                               // else 关键字定义另一个分支条件,即 clk 上升沿条件成立时
 case (state)                      // case 关键字定义多条件分支语句,state 为条件
   idle:                           // 当状态处于 idle 时
      begin                        // begin 关键字标识状态 idle 的开始,类似 C 语言的"{"
        available <= 1'b0;         // 给变量 available 分配/赋值 0
        if(rx == 1'b0)             // 如果检测到 rx 上出现逻辑"0"(低电平),则认为是起始位的开始
           state <= ini;           // 给变量 state 分配/赋值 ini,即状态指向 ini
        else                       // else 关键字定义另一个条件分支,即(rx!= 1'b0)
           state <= idle;          // 给变量 state 分配/赋值 idle,保持当前状态,等待起始位的到来
      end                          // end 关键字标识状态 idle 的结束,类似 C 语言的"}"
   ini:                            // 当状态处于 ini 时
      if(align_phase == 3'b110)    // 如果 align_phase 等于 6,则满足波特率时钟对准位数据的中心
      begin                        // begin 关键字标识(align_phase == 3'b110)开始,类似 C 语言的"{"
        align_phase <= 3'b000;     // 给变量 align_phase 分配/赋值 0
        state <= rec;              // 给变量 state 分配/赋值 rec,即状态指向 rec
      end                          // end 关键字标识(align_phase == 3'b110)结束,类似 C 语言的"}"
      else                         // else 关键字定义另一个条件分支,即 align_phase!= 3'b110
        align_phase <= align_phase + 1;  // 变量 align_phase 递增 1
   rec :                           // 当状态处于 rec 时
      begin                        // begin 关键字标识状态 rec 的开始
        if(count == 15)            // 如果 count 等于 15,则一个位数据跨越了 16 个波特率时钟
        begin                      // begin 关键字标识(count == 15)条件的开始
          rx_shifter <= {rx,rx_shifter[7:1]};  // 将串行位 rx 右移到移位寄存器 rx_shifter 中
          con <= con + 1;          // 变量 con 指向下一个位数据
          count <= 4'b0000;        // 给变量 count 分配/赋值 0
          if(con == 7)             // 如果 8 个位数据都进入移位寄存器 rx_shifter 中,即 con 等于 7
             state <= finish;      // 给 state 分配/赋值 finish,即状态指向 finish
        end                        // end 关键字标识条件(count == 15)的结束,类似 C 语言的"}"
        else                       // else 定义另一个条件分支,即 count!= 15 条件成立
          count <= count + 1;      // 变量 count 递增 1
      end                          // end 关键字标识状态 rec 的结束,类似 C 语言的"}"
   finish:                         // 当处于状态 finish 时
      begin                        // begin 关键字标识 finish 状态的开始,类似 C 语言的"{"
        con <= 0;                  // 给变量 con 分配/赋值 0
        available <= 1'b1;         // 给变量 available 分配/赋值"1"
        rxdata <= rx_shifter;      // 将接收移位寄存器 rx_shifter 的数据保存到 8 位数据
                                   // 寄存器 rxdata 中
```

```
                state <= idle;              // 给变量 state 分配/赋值 idle,即状态指向 idle
            end                             // end 关键字标识 finish 状态的结束,类似 C 语言的"}"
        endcase                             // endcase 标识多条件分支语句的结束
    end                                     // end 关键字标识 always 过程语句的结束,类似 C 语言的"}"

/**** 下面的 always 过程语句通过接收的数据 rxdata,切换硬件平台上 8 个 LED 灯的状态 ****/
always @ (posedge clk)                      // always 关键字声明过程语句,敏感信号 clk 上沿
    if(available)                           // if 关键字定义条件分支语句,available 为逻辑"1"时,条件成立
        case(rxdata)                        // case 关键字声明多条件分支语句,条件为 rxdata
            8'h31 : led[0] = ~led[0];       // 当 rxdata 的内容为字符"1"时,切换 led[0]的状态
            8'h32 : led[1] = ~led[1];       // 当 rxdata 的内容为字符"2"时,切换 led[1]的状态
            8'h33 : led[2] = ~led[2];       // 当 rxdata 的内容为字符"3"时,切换 led[2]的状态
            8'h34 : led[3] = ~led[3];       // 当 rxdata 的内容为字符"4"时,切换 led[3]的状态
            8'h35 : led[4] = ~led[4];       // 当 rxdata 的内容为字符"5"时,切换 led[4]的状态
            8'h36 : led[5] = ~led[5];       // 当 rxdata 的内容为字符"6"时,切换 led[5]的状态
            8'h37 : led[6] = ~led[6];       // 当 rxdata 的内容为字符"7"时,切换 led[6]的状态
            8'h38 : led[7] = ~led[7];       // 当 rxdata 的内容为字符"8"时,切换 led[7]的状态
            default : ;                     // 当 rxdata 的内容为其他字符时,不执行任何操作
        endcase                             // endcase 标识多条件分支语句的结束
endmodule                                   // endmodule 标识模块 uart_rx 的结束
```

7. top. v 文件

通过模块化描述方式,以及 Verilog HDL 提供的元件例化功能,顶层模块 top 将底层模块 detclk、bandclk、detswitch、uart_tx、uart_rx,以及 PLL IP 核连接在一起,并产生最终的外部端口。top. v 文件如代码清单 7-13 所示。

代码清单 7-13   top. v 文件

```
module top(                     // module 关键字定义模块 top
    input       clk,            // input 关键字定义输入端口 clk,连接到硬件平台 100MHz 时钟
    input       rst,            // input 关键字定义输入端口 rst,连接到硬件平台上的按键
    input [7:0] switch,         // input 关键字定义输入端口 switch,连接到硬件平台上的 8 个开关
    input       rx,             // input 关键字定义输入端口 rx,连接到硬件平台上 UART 的 rx 信号
    output      tx,             // output 关键字定义输出端口 tx,连接到硬件平台上 UART 的 tx 信号
    output [7:0] led,           // output 关键字定义输出端口 led,连接到硬件平台上的 8 个 LED 灯
    output      bluerst,        // output 关键字定义输出端口 bluerst,连接到硬件平台的蓝牙模块
    output      bluetm,         // output 关键字定义输出端口 bluetm,连接到硬件平台的蓝牙模块
    outout      bluecnt         // output 关键字定义输出端口 bluecnt,连接到硬件平台的蓝牙模块
    );
    assign bluerst = 1'b1;      // 端口 bluerst 分配/赋值逻辑"1"(高电平),不复位
    assign bluetm = 1'b0;       // 端口 bluetm 分配/赋值逻辑"0"(低电平),透传模式
    assign bluecnt = 1'b0;      // 端口 bluecnt 分配/赋值逻辑"0"(低电平),模块上电
    wire band_clk;              // wire 关键字定义网络 band_clk
    wire det_clk;               // wire 关键字定义网络 det_clk
    wire [7:0] status;          // wire 关键字定义网络 status,宽度为 8 位
    wire clkout;                // wire 关键字定义网络 clkout
    wire lock;                  // wire 关键字定义网络 lock
    detclk Inst_detclk(         // 元件例化/调用,将模块 detclk 例化为 Inst_detclk
        .clk(clk),              // 模块 detclk 的端口 clk 连接到模块 top 的端口 clk
        .rst(rst),              // 模块 detclk 的端口 rst 连接到模块 top 的端口 rst
        .det_clk(det_clk)       // 模块 detclk 的端口 det_clk 连接到模块 top 的内部网络 det_clk
        );
    Gowin_rPLL Inst_pll(        // 模块例化/调用,将 IP 核 Gowin_rPLL 例化为 Inst_pll
        .clkout(clkout),        // 模块 Gowin_rPLL 的端口 clkout 连接到模块 top 内部网络 clkout
        .lock(lock),            // 模块 Gowin_rPLL 的端口 lock 连接到模块 top 内部网络 lock
        .clkin(clk)             // 模块 Gowin_rPLL 的端口 clkin 连接到模块 top 的端口 clk
        );                      // lock 为 PLL 的锁定信号,可用于给其他模块复位
    bandclk Inst_bandclk(       // 元件例化/调用,将模块 bandclk 例化为 Inst_bandclk
        .clk(clkout),           // 模块 bandclk 的端口 clk 连接到模块 top 的内部网络 clkout
        .rst(lock),             // 模块 bandclk 的端口 rst 连接到模块 top 的内部网络 lock
        .band_clk(band_clk)     // 模块 bandclk 的端口 band_clk 连接到模块 top 的内部网络 band_clk
```

```
    );
detswitch Inst_detswitch(       // 元件例化/调用,将模块 detswitch 例化为 Inst_detswitch
   .switch(switch),             // 模块 detswitch 的端口 switch 连接到模块 top 的端口 switch
   .clk(det_clk),               // 模块 detswitch 的端口 clk 连接到模块 top 的内部网络 det_clk
   .rst(rst),                   // 模块 detswitch 的端口 rst 连接到模块 top 的端口 rst
   .status(status)              // 模块 detswitch 的端口 status 连接到模块 top 的内部网络 status
    );
uart_tx Inst_uart_tx(           // 元件例化/调用,将模块 uart_tx 例化为 Inst_uart_tx
    .clk(band_clk),             // 模块 uart_tx 的端口 clk 连接到模块 top 的内部网络 band_clk
    .rst(lock),                 // 模块 uart_tx 的端口 rst 连接到模块 top 的内部网络 lock
    .status(status),            // 模块 uart_tx 的端口 status 连接到模块 top 的内部网络 status
    .tx(tx)                     // 模块 uart_tx 的端口 tx 连接到模块 top 的端口 tx
    );
uart_rx Inst_uart_rx(           // 元件例化/调用,将模块 uart_rx 例化为 Inst_uart_rx
    .clk(band_clk),             // 模块 uart_rx 的端口 clk 连接到模块 top 的内部网络 band_clk
    .rst(lock),                 // 模块 uart_rx 的端口 rst 连接到模块 top 的内部网络 lock
    .rx(rx),                    // 模块 uart_rx 的端口 rx 连接到模块 top 的端口 rx
    .led(led)                   // 模块 uart_rx 的端口 led 连接到模块 top 的端口 led
    );
endmodule                       // endmodule 关键字标识模块 top 的结束
```

在高云云源软件主界面左侧的窗口中单击 Hierarchy 标签,其选项卡如图 7.14 所示,以树形结构给出了该设计中的层次化结构,以及该设计中每个子模块所使用的 FPGA 底层原语(如 Register、LUT、ALU、DSP、BSRAM 和 SSRAM)的数量。

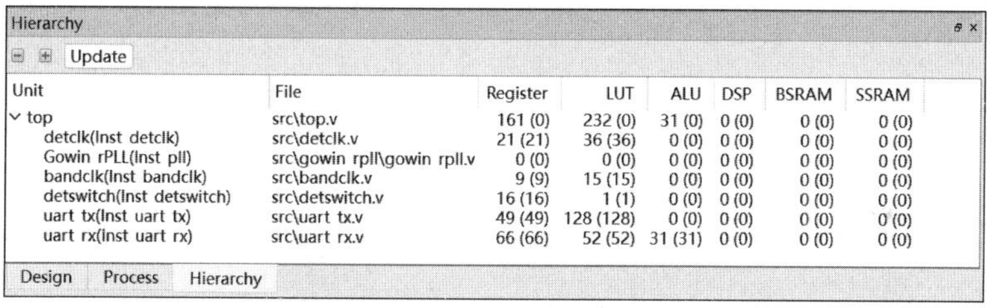

Unit	File	Register	LUT	ALU	DSP	BSRAM	SSRAM
top	src\top.v	161 (0)	232 (0)	31 (0)	0 (0)	0 (0)	0 (0)
detclk(Inst detclk)	src\detclk.v	21 (21)	36 (36)	0 (0)	0 (0)	0 (0)	0 (0)
Gowin rPLL(Inst pll)	src\gowin rpll\gowin rpll.v	0 (0)	0 (0)	0 (0)	0 (0)	0 (0)	0 (0)
bandclk(Inst bandclk)	src\bandclk.v	9 (9)	15 (15)	0 (0)	0 (0)	0 (0)	0 (0)
detswitch(Inst detswitch)	src\detswitch.v	16 (16)	1 (1)	0 (0)	0 (0)	0 (0)	0 (0)
uart tx(Inst uart tx)	src\uart tx.v	49 (49)	128 (128)	0 (0)	0 (0)	0 (0)	0 (0)
uart rx(Inst uart rx)	src\uart rx.v	66 (66)	52 (52)	31 (31)	0 (0)	0 (0)	0 (0)

图 7.14　高云云源软件中的 Hierarchy 选项卡

7.3.4　蓝牙调试助手工具

本节将介绍通过手机上的蓝牙调试助手工具对上面的设计进行测试和验证。

(1) 以苹果 iPhone 手机为例,打开 App Store 应用程序,在搜索栏中输入 BLE 调试助手,找到该应用程序,然后下载并安装该应用程序,如图 7.15 所示。

(2) 使用 Type-C USB 电缆,将 FPGA 硬件开发平台 Pocket Lab-F0 上的 Tye-C USB 接口连接到 PC/笔记本电脑的 USB 接口,并给 FPGA 硬件开发平台上电。

(3) 在高云云源软件中对 7.3.3 节介绍的设计进行综合、布局和布线,并将生成的比特流文件下载到 FPGA 芯片 GW1N-LV9LQ144C6/I5 的片内 Flash 存储器中。

(4) 在苹果手机桌面上,找到并双击名为 BlueTools 的图标,打开蓝牙调试助手工具。

(5) 在蓝牙调试器助手扫描器界面中,找到并单击名为 Phy BLE-Uart 的条目,如图 7.16 所示。

(6) 弹出服务页面,如图 7.17 所示。在该页面中,单击标记为"服务 1"的条目。

(7) 进入特征页面,如图 7.18 所示,单击"监听"按钮,按钮将变成"监听中"。

(8) 此时,开始任意拨动 FPGA 硬件开发平台上的拨码开关,在图 7.19 的特征页面上显示当前拨动开关的位置信息。

(9) 单击图 7.19 左上角的"<服务"按钮,返回图 7.17 的服务页面。

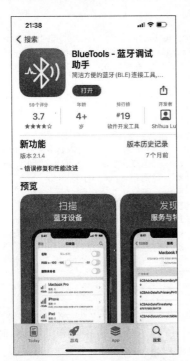

图 7.15　下载并安装 BlueTools-蓝牙
调试助手

图 7.16　连接名为 Phy BLE-Uart
的蓝牙设备

图 7.17　服务页面

图 7.18　特征页面

　　(10) 单击图 7.17 中标记为"服务 2"的条目,进入到图 7.20 的特征页面中。在该页面的文本框中输入 1~8 的单个字符,单击文本框右侧的"写入"按钮,观察 FPGA 硬件开发平台上 LED 灯的变化情况。

思考与练习 7-4　修改上面的异步串口通信设计代码,使得可以通过手机和蓝牙模块实现手机对 FPGA 硬件开发平台的其他远程交互功能。

图 7.19　特征页面上显示开关状态的变化信息　　　图 7.20　特征页面上输入控制字符

7.4　设计实例四：图片动态显示的设计与实现

本节将在提供视频图形阵列(video graphic array,VGA)接口的阴极射线管显示器或液晶显示器上动态显示一张图片,实现类似 Windows"屏保"的效果。

7.4.1　显示器结构和时序

本节以传统的阴极射线管(cathode ray tube,CRT)显示器为例,介绍显示器的结构和驱动显示器的信号时序。

视频讲解

1. 阴极射线管显示器结构

如图 7.21 所示,基于 CRT 的 VGA 显示原理是通过调幅将电子束(或阴极射线)移动到荧光屏上显示信息。LCD 使用了一个阵列开关,它们用于在少量的液晶上施加一个电压。因此,基于每个像素来改变通过晶体的光介电常数。尽管本节所介绍的显示原理基于 CRT 结构,但是 LCD 也使用与 CRT 显示相同的时序。

彩色 CRT 使用了三个电子束,包括红、蓝和绿,用于给磷施加能量,其附着在阴极射线管显示末端的内侧。电子枪所发出电子束精确地指向加热的阴极,阴极放置在靠近称为"栅极"的正电荷的环形板旁。由栅极施加的静电力拖动来自阴极所施加能量的电子射线,并且这些射线由电流驱动到阴极。一开始这些粒子射线朝着栅极加速,但是在更大的静电力的影响下

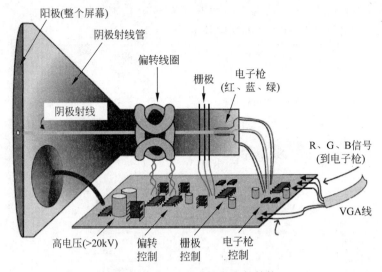

图 7.21　CRT 显示器的内部结构

衰减,导致涂磷的 CRT 表面充电到 20kV(或更高)。当射线穿过栅极时,将其聚焦为一个精准的电子束,然后将其加速碰撞到附着磷的显示表面。在碰撞点的磷涂层表面发光,并且在电子束消失后,持续几百微秒继续发光。送到阴极的电流越大,磷就越亮。

在栅极和显示表面之间,电子束穿过 CRT 的颈部。颈部的两个线圈产生了正交的电磁场。由于阴极射线带有电荷粒子(电子),因此它们可以被磁场偏转。通过线圈的电流波形产生磁场,与阴极射线相互作用,使其以光栅模式的方式从左到右、从上到下贯穿显示器表面。由于阴极射线在显示器表面不停移动,因此通过增加/减少进入电子枪的电流就可以改变在阴极射线碰撞点的显示亮度。

2. 扫描信号波形

VGA 扫描波形如图 7.22 所示。只有当电子束朝前方移动(从左到右,从上到下)时,才会显示信息。在电子束返回显示屏幕的最左边或最上边时,不会显示信息。因此,当复位电子束,并且稳定开始新的一行或完成一个垂直显示时,在"空白"周期,就需要额外地显示时间。电子束的强度以及电子束穿越频率等因素决定了显示器的分辨率。目前,VGA 显示可以实现不同的分辨率。通过产生不同时序来控制光栅模式,就可以控制 VGA 显示器的分辨率。VGA 控制器必须在 3.3V/5V 电压条件下产生同步脉冲,用于设置电流通过线圈的频率,并且保证视频数据准确地应用到电子枪。光栅视频显示定义了行的个数,其对应于穿过阴极水平行的个数。显示列的数目对应于每行的每个区域,一行的每个区域会分配一个图像元素或像素。典型地,范围在 240～1200 行和 320～1600 列。总的显示范围,以及行数和列数决定了每个像素的大小。

典型地,视频数据来源是一个视频刷新存储器,为每个像素的位置分配一字节或多字节(用于确定所显示的颜色)。当电子束在显示器上移动时,控制器需要对视频存储器进行检索,然后在正确的位置上给出一个正确的像素值。

注:在本书配套的开发平台上,每个像素(R、G、B)使用 4 位表示。

VGA 控制器逻辑必须正确地产生行同步(horizontal synchronous,HS)信号和垂直同步(vertical synchronous,VS)信号控制时序,并且基于像素协调视频数据的正确传输。像素时钟用于确定显示一个像素信息所需的时钟频率。VS 定义了显示器的刷新频率,即以该频率重新绘制可显示的所有信息。最小的刷新频率是显示器磷元素和电子束密度的函数。实际

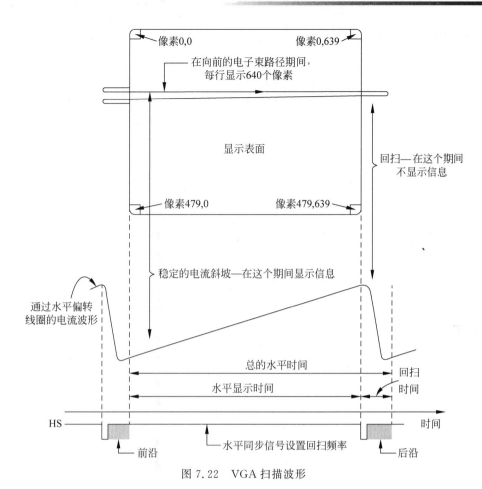

像素0,0　　　　　　　　　像素0,639

在向前的电子束路径期间,
每行显示640个像素

显示表面

回扫—在这个期间
不显示信息

像素479,0　　　　　　像素479,639

稳定的电流斜坡—在这个期间显示信息

通过水平偏转
线圈的电流波形

总的水平时间

水平显示时间　　　　　　回扫

时间

HS　　　　　　　　　　　　　　　　　　时间

前沿　　　　水平同步信号设置回扫频率　　　后沿

图 7.22　VGA 扫描波形

上,显示器的可选择刷新频率为 50~120Hz。在一个给定刷新频率内,可显示的行数定义了垂直回扫的频率。对于本设计所使用的 640×480 分辨率来说,使用 25MHz 的像素时钟和 60±1Hz 的刷新率。

3. 扫描信号时序

计算机显示监视器时序(display monitor timing,DMT)的视频时序参数定义,如图 7.23 所示(图中 HSync 信号和 VSync 信号的极性和显示器所用 HSync 和 VSync 信号极性相反),图中:

(1) 水平像素(Hor Pixels)　　　　　　=640;　　　　//像素

(2) 垂直像素(Ver Pixels)　　　　　　=480;　　　　//行

(3) 水平频率(Hor Frequency)　　　　=31.469;　　//kHz　=　31.8μs/行

(4) 垂直频率(Ver Frequency)　　　　=59.940;　　//Hz　=　16.7ms/帧

(5) 像素时钟(Pixel Clock)　　　　　=25.175;　　//MHz　=　39.7ns±0.5%

(6) 字符宽度(Character Width)　　　=8;　　　　　//Pixels　=　317.8ns

(7) 扫描类型(Scan Type)　　　　　　=非交织;　　//H Phase　=　2.0%

(8) 水平同步极性(Hor Sync Polarity)　=负;　　　//HBlank　=　18.0% of HTotal

(9) 垂直同步极性(Ver Sync Polarity)　=负;　　　//VBlank　=　5.5% of VTotal

(10) 水平总时间(Hor Total Time)　　=31.778;　　//μs=100 字符=800 像素

(11) 水平寻址时间(Hor Addr Time)　　=25.422;　　//μs=80 字符=640 像素

(12) 水平空白开始(Hor Blank Start)　=25.740;　　//μs=81 字符=648 像素

(13) 水平空白时间(Hor Blank Time)　=5.720;　　　//μs=18 字符=144 像素

(14) 水平同步开始(Hor Sync Start)　=26.058;　　//μs=82 字符=656 像素

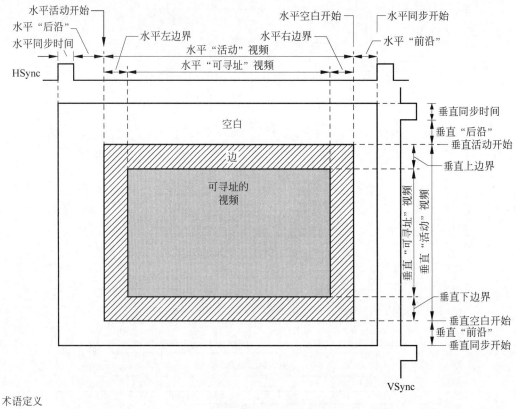

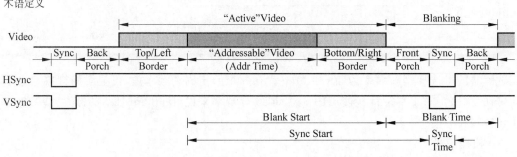

图 7.23 DMT 视频时序参数定义—总的帧时序

(15) 水平右边界(H Right Border)　＝0.318；　　//μs＝1 字符＝8 像素

(16) 水平前沿(H Front Porch)　＝0.318；　　//μs＝1 字符＝8 像素

(17) 水平同步时间(Hor Sync Time)　＝3.813；　　//μs＝12 字符＝96 像素

(18) 水平后沿(H Back Porch)　＝1.589；　　//μs＝5 字符＝40 像素

(19) 水平左边界(H Left Border)　＝0.318；　　//μs＝1 字符＝8 像素

(20) 垂直总时间(Ver Total Time)　＝16.683；　　//ms＝525 行

(21) 垂直寻址时间(Ver Addr Time)　＝15.253；　　//ms＝480 行

(22) 垂直空白开始(Ver Blank Start)　＝15.507；　　//ms＝488 行

(23) 垂直空白时间(Ver Blank Time)　＝0.922；　　//ms＝29 行

(24) 垂直同步开始(Ver Sync Start)　＝15.571；　　//ms＝490 行

(25) 垂直底部边界(V Bottom Border)　＝0.254；　　//ms＝8 行

(26) 垂直前沿(V Front Porch)　＝0.064；　　//ms＝2 行

(27) 垂直同步时间(Ver Sync Time)　＝0.064；　　//ms＝2 行

(28) 垂直后沿(V Back Porch)　＝0.794；　　//ms＝25 行

(29) 垂直上边界(V Top Border)　＝0.254；　　//ms＝8 行

注：以上内容来自 VESA and Industry Standards and Guidelines for Computer Display Monitor Timing(DMT)，Version 1.0，Revision 11. May 1,2007。

7.4.2 显示器接口电路

FPGA 硬件开发平台 Pocket Lab-F0 上提供了 15 芯的 D 型连接器，VGA 同步信号由高云型号为 GW1N-LV9LQ144C6/I5 的 FPGA 直接提供。在 FPGA 硬件开发平台上搭载了三个不同的电阻网络(3.9kΩ、2kΩ、1kΩ 和 510Ω)构成的三个四位 DAC,这三个电阻网络分别用于产生红色模拟数据信号、绿色模拟数据信号和蓝色模拟数据信号，如图 7.24 所示。

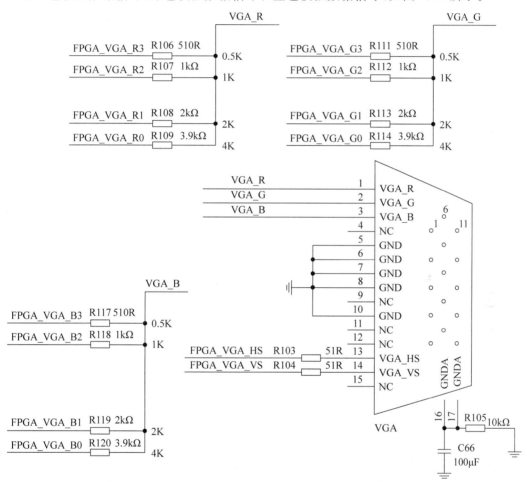

图 7.24　FPGA 与 D 型连接器之间的电路结构

VGA 接口与 FPGA 引脚之间的连接关系如表 7.5 所示。

表 7.5　**VGA 接口与 FPGA 引脚的连接关系**

VGA 信号标记	连接 FPGA 的引脚位置	VGA 信号标记	连接 FPGA 的引脚位置
FPGA_VGA_R0	120	FPGA_VGA_G3	132
FPGA_VGA_R1	121	FPGA_VGA_B0	135
FPGA_VGA_R2	123	FPGA_VGA_B1	136
FPGA_VGA_R3	124	FPGA_VGA_B2	138
FPGA_VGA_G0	128	FPGA_VGA_B3	139
FPGA_VGA_G1	129	FPGA_VGA_HS	141
FPGA_VGA_G2	131	FPGA_VGA_VS	142

7.4.3 读取图片像素信息

在 MATLAB 中输入下面的设计代码,如代码清单 7-14 所示。该段代码用于读取读者指定图片的像素信息,并将其保存在读者指定的文件中。

代码清单 7-14 img2code12.m 文件

```
function img2 = img2code12(imgfile, outfile)
img = imread(imgfile);
height = size(img, 1);
width = size(img, 2);
s = fopen(outfile,'wb');            % 打开输出文件
cnt = 0;                            % 初始化变量 cnt
img2 = img;
for r = 1:height
   for c = 1:width
      cnt = cnt + 1;
      R = img(r,c,1);
      G = img(r,c,2);
      B = img(r,c,3);
      Rb = dec2bin(R,8);
      Gb = dec2bin(G,8);
      Bb = dec2bin(B,8);
      img2(r,c,1) = bin2dec([Rb(1:4) '0000']);
      img2(r,c,2) = bin2dec([Gb(1:4) '0000']);
      img2(r,c,3) = bin2dec([Bb(1:4) '0000']);
      Outbyte = [ Rb(1:4) Gb(1:4) Bb(1:4) ];
         fprintf(s,'%03X',bin2dec(Outbyte));
         if((r~ = height) || (c~ = width))
            fprintf(s,'\n');
         end
   end
end
fclose(s);
```

注:在配套资源\eda_verilog\source 目录下找到文件 img2code12.m,用 MATLAB R2019 打开该设计文件。

在该目录中,保存着一幅名为 pic128x160.jpg 的图片,如图 7.25 所示。在 MATLAB 命令行中,输入并运行下面的一行命令:

```
>> imshow(img2)
```

得到处理后的图片,如图 7.26 所示。

图 7.25　像素为 128×160 的 jpg 格式
图片(处理前)

图 7.26　像素为 128×160 的 jpg 格式
图片(处理后)

7.4.4　创建工程并添加文件

创建新的设计工程,并将该工程保存在 e:/eda_verilog/example_7_4 目录下,该工程的名为 example_7_4.gprj。

在该设计工程中,创建并添加新的设计文件,包括 divclk.v、pixclk.v、vga_center.v、vga.v、pic128x160.txt 和 top.v 文件。

1. divclk.v 文件

模块 divclk 将 FPGA 硬件开发平台上频率为 50MHz 的时钟分频为 2Hz 的时钟,该分频后的时钟用于控制图片在显示器上移动的速度。divclk.v 文件如代码清单 7-15 所示。

代码清单 7-15　divclk.v 文件

```
module divclk(                          // module 关键字定义模块 divclk
    input    clk,                       // input 关键字定义输入端口 clk
    input    rst,                       // input 关键字定义输入端口 rst
    output reg div_clk                  // output 和 reg 关键字定义输出端口 div_clk
    );
reg [23:0] counter;                     // reg 关键字定义 reg 类型变量 counter,宽度 24 位

always @(posedge clk or negedge rst)    // always 关键字定义过程语句,clk 上沿和 rst 低电平敏感
begin                                   // begin 关键字标识 always 过程语句的开始
if(!rst)                                // if 关键字定义条件分支语句,rst 为"0"时条件成立
    counter <= 24'h000000;              // 给变量 counter 分配/赋值 0
else                                    // else 关键字定义另一个条件,clk 上升沿时条件成立
    if(counter == 24'hbebc1f)           // 如果(counter == 24'hbebc1f)条件成立
     begin                              // begin 关键字标识(counter == 24'hbebc1f)条件的开始
       counter <= 24'h000000;           // 给变量 counter 分配/赋值 0
       div_clk <= ~div_clk;             // div_clk 取反,生成方波信号 div_clk
     end                                // end 关键字标识(counter == 24'hbebc1f)条件的结束
     else                               // else 定义另一个条件(counter != 24'hbebc1f)成立
      counter <= counter + 1;           // 变量 counter 递增 1
end                                     // end 关键字标识过程语句 always 的结束
endmodule                               // endmoule 关键字标识模块 divclk 的结束
```

2. pixclk.v 文件

模块 pixclk 将 FPGA 硬件开发平台上频率为 50MHz 的时钟信号进行分频,得到 25MHz 的像素时钟 pix_clk。该像素时钟用于驱动 640×480 分辨率的 CRT 显示器或液晶显示器(刷新频率为 60Hz)。pixclk.v 文件如代码清单 7-16 所示。

代码清单 7-16　pixclk.v 文件

```
module pixclk(                          // module 关键字定义模块 pixclk
    input    clk,                       // input 关键字定义输入端口 clk
    input    rst,                       // input 关键字定义输入端口 rst
    output reg pix_clk                  // output 和 reg 关键字定义输出端口 pix_clk
    );

always @(posedge clk or negedge rst)    // always 关键字定义过程语句,clk1 上沿和 rst 低电平敏感
begin                                   // begin 关键字标识过程语句的开始,类似 C 语言的"{"
 if(!rst)                               // if 关键字定义条件分支语句,当 rst 为"0"时条件成立
   pix_clk <= 1'b0;                     // 给端口 pix_clk 分配/赋值 0
 else                                   // else 关键字定义另一个分支,clk 上沿时条件成立
   pix_clk <= ~pix_clk;                 // 端口 pix_clk 取反,生成方波时钟信号 pix_clk
end                                     // end 关键字标识 always 过程的结束,类似 C 语言的"}"
endmodule                               // endmodule 关键字标识模块 pixclk 的结束
```

3. vga_center.v 文件

模块 vga_center 用于确定图片在显示器的位置的起始点,即图片左上角在显示器上的坐标位置。vga_center.v 文件如代码清单 7-17 所示。

代码清单 7-17　vga_center. v 文件

```verilog
module vga_center(                          // module 关键字定义模块 vga_center
    input         clk,                      // input 关键字定义输入端口 clk
    output reg [9:0] x_center,              // output 关键字定义输出端口 x_center,宽度 10 位
    output reg [9:0] y_center               // output 关键字定义输出端口 y_center,宽度 10 位
    );
reg state,state1;                           // reg 关键字定义 reg 类型变量 state 和 state1
parameter s0 = 1'b0,s1 = 1'b1;              // parameter 关键字定义参数 s0 和 s1
initial                                     // initial 关键字定义初始化部分
begin                                       // begin 关键字标识初始化部分的开始,类似 C 语言的"{"
    x_center = 0;                           // 给 x_center 分配/赋值 0
    y_center = 0;                           // 给 y_center 分配/赋值 0
end                                         // end 关键字标识初始化部分的结束,类似 C 语言的"}"

/ ******** always 过程语句定义了有限自动状态机,用于确定 x_center *********** /
always @ (posedge clk)                      // always 关键字定义过程语句,clk 上沿为敏感信号
begin                                       // begin 关键字标识过程语句的开始,类似 C 语言的"{"
  case (state)                              // case 关键字定义多条件分支,state 为条件
      s0:                                   // 处于状态 s0 时
          if(x_center <= 512)               // if 关键字定义条件分支语句,当(x_center <= 512)条件成立
              x_center <= x_center + 10;    // 变量 x_center 递增 10,10 为 x_center 递增的步长值
          else                              // else 定义另一个条件分支,(x_center > 512)条件成立
          begin                             // begin 关键字标识 else 条件分支的开始,类似 C 语言的"{"
              x_center <= 512;              // 给变量 x_center 分配/赋值 512
              state <= s1;                  // 给变量 state 分配/赋值 s1,即状态指向 s1
          end                               // end 关键字标识 else 条件分支的结束,类似 C 语言的"}"
      s1:                                   // 处于状态 s1 时
          if(x_center >= 10)                // if 关键字定义条件分支语句,当(x_center >= 10)条件成立
              x_center <= x_center - 10;    // 变量 x_center 递减 10,10 为 x_center 递减的步长值
          else                              // else 定义另一个条件分支,(x_center < 10)条件成立
          begin                             // begin 关键字标识 else 条件分支的开始,类似 C 语言的"{"
              x_center <= 0;                // 给变量 x_center 分配/赋值 0
              state <= s0;                  // 给变量 state 分配/赋值 s0,即状态指向 s0
          end                               // end 关键字标识 else 条件分支的结束,类似 C 语言的"}"
  endcase                                   // endcase 关键字标识 case 多分支条件语句的结束
end                                         // end 关键字标识 always 过程语句的结束,类似 C 语言的"}"

/ ******** always 过程语句定义了有限自动状态机,用于确定 y_center *********** /
always @ (posedge clk)                      // always 关键字定义过程语句,clk 上沿为敏感信号
begin                                       // begin 关键字标识过程语句的开始,类似 C 语言的"{"
  case (state1)                             // case 关键字定义多条件分支,state 为条件
      s0:                                   // 处于状态 s0 时
          if(y_center <= 320)               // if 关键字定义条件分支语句,当(y_center <= 320)条件成立
              y_center <= y_center + 10;    // 变量 y_center 递增 10,10 为 y_center 递增的步长值
          else                              // else 定义另一个条件分支,(y_center > 320)条件成立
          begin                             // begin 关键字标识 else 条件分支的开始,类似 C 语言的"{"
              y_center <= 320;              // 给变量 y_center 分配/赋值 320
              state1 <= s1;                 // 给变量 state1 分配/赋值 s1,即状态指向 s1
          end                               // end 关键字标识 else 条件分支的开始,类似 C 语言的"}"
      s1:                                   // 处于状态 s1 时
          if(y_center >= 10)                // if 关键字定义条件分支语句,当(x_center >= 10)条件成立
              y_center <= y_center - 10;    // 变量 y_center 递减 10,10 为 y_center 递减的步长值
          else                              // else 定义另一个条件分支,(y_center < 10)条件成立
          begin                             // begin 关键字标识 else 条件的开始,类似 C 语言的"{"
              y_center <= 0;                // 给变量 y_center 分配/赋值 0
              state1 <= s0;                 // 给变量 state1 分配/赋值 s0,即状态指向 s0
          end                               // end 关键字标识 else 条件的结束,类似 C 语言的"}"
  endcase                                   // endcase 关键字标识 case 多分支条件语句的结束
end                                         // end 关键字标识 always 过程语句的结束,类似 C 语言的"}"
endmodule                                   // endmodule 关键字标识模块 vga_center 的结束
```

4. vga.v 文件

模块 vga 用于产生显示器所需要的行同步 hs 和垂直同步 vs 信号,并读取保存在存储器中的图片信息,并根据 x_center 和 y_center 的值,将图片显示在显示器对应的位置。

该模块生成驱动 vga 显示器的信号,包括水平同步信号 hs、垂直同步信号 vs、红色分量信号 r、绿色分量信号 g 和蓝色分量信号 b。vga.v 文件如代码清单 7-18 所示。

代码清单 7-18　vga.v 文件

```
module vga(                          // module 关键字定义模块 vga,使用 FPGA 内 DSP 模块
    input         clk,               // input 关键字定义输入端口 clk(25MHz)
    input         clk1,              // input 关键字定义输入端口 clk1(2Hz)
    input         rst,               // input 关键字定义输入端口 rst
    output reg    hs,                // output 和 reg 关键字定义输出端口 hs
    output reg    vs,                // output 和 reg 关键字定义输出端口 vs
    output reg [3:0] r,              // output 和 reg 关键字定义输出端口 r,宽度为 4 位
    output reg [3:0] g,              // output 和 reg 关键字定义输出端口 g,宽度为 4 位
    output reg [3:0] b               // output 和 reg 关键字定义输出端口 b,宽度为 4 位
    );
parameter HMAX = 10'b1100100000;     // parameter 关键字定义水平像素计数器最大值为 800
parameter VMAX = 10'b1000001101;     // parameter 关键字定义垂直像素计数器最大值为 525
parameter HLINES = 10'b1010000000;   // parameter 关键字定义可见列的个数为 640
parameter HFP = 10'b1010010000;      // parameter 关键字定义前沿结束处的水平计数器值 648
parameter HSP = 10'b1011110000;      // parameter 关键字定义同步脉冲结束的水平计数器值 744
parameter VLINES = 10'b0111100000;   // parameter 关键字定义可见行的总数为 480
parameter VFP = 10'b0111101010;      // parameter 关键字定义前沿结束处的垂直计数器值 656
parameter VSP = 10'b0111101100;      // parameter 关键字定义垂直脉冲结束的水平计数器值 492
// 水平和垂直同步脉冲的极性,只使用了一个极性,因为对于这个分辨率,它们是一致的
parameter SPP = 1'b0;                // parameter 关键字定义了参数 SPP
parameter pix_width = 128;           // parameter 关键字定义了参数 pix_width,图片宽度像素值
parameter pix_hight = 160;           // parameter 关键字定义了参数 pix_hight,图片高度像素值
reg [9:0] hcounter = 10'b0000000000; // reg 关键字定义 reg 类型变量 hcounter,水平计数器,10 位
reg [9:0] vcounter = 10'b0000000000; // reg 关键字定义 reg 类型变量 vcounter,垂直计数器,10 位

wire video_enable ;                  // wire 关键字定义网络 video_enable,标识可见区域
reg vidon;                           // reg 关键字定义 reg 类型变量 vidon
wire [9:0] x_center;                 // wire 关键字定义网络 x_center,宽度为 10 位,图片起始 x 坐标
wire [9:0] y_center;                 // wire 关键字定义网络 y_center,宽度为 10 位,图片起始 y 坐标

/* 下面定义了存储器 pix_memory,用于保存 128x160 像素的图片,数组中每个元素为像素值 */
reg [11:0] pix_memory [0:pix_width * pix_hight - 1];
/**** 下面的初始化部分将调用系统函数 $readmemh,将图片信息读到 pix_memory 中 ****/
initial                              // initial 关键字定义初始化部分
begin                                // begin 关键字标识初始化部分的开始
    $readmemh("pic128x160.txt", pix_memory); // 调用系统函数 $readmemh
end                                  // end 关键字标识初始化部分的结束

vga_center Inst_vga_center(          // 元件例化/调用,将模块 vga_center 例化为 Inst_vga_center
    .clk(clk1),                      // 模块 vga_center 的端口 clk 连接到模块 vga 的端口 clk1
    .x_center(x_center),             // 模块 vga_center 的端口 x_center 连接到模块 vga 的网络 x_center
    .y_center(y_center)              // 模块 vga_center 的端口 y_center 连接到模块 vga 的网络 y_center
);
/**** 下面的 always 过程语句,以像素时钟 clk 的速度递增水平计数器,直到 HMAX 为止 ****/
always @(posedge clk or negedge rst) // always 关键字定义过程语句
begin                                // begin 关键字标识过程语句的开始,类似 C 语言的"{"
if(!rst)                             // if 关键字定义条件分支语句,当 rst 为"0"时,条件成立
    hcounter <= 10'b0000000000;      // 给变量 hcounter 分配/赋值 0
else                                 // else 关键字定义另一个条件,clk 上沿时条件成立
    if(hcounter == HMAX)             // if 关键字定义条件分支语句,当(hcounter == HMAX)成立
        hcounter <= 10'b0000000000;  // 给变量 hcounter 分配/赋值 0
    else                             // else 关键字定义另一个条件,当(hcounter != HMAX)成立
```

```verilog
        hcounter <= hcounter + 1;        // 变量 hcounter 递增 1
    end                                   // end 关键字标识过程语句的结束,类似 C 语言的"}"

/*** 下面的 always 过程语句,当完成一行(水平计数器到达 HMAX)时,递增垂直计数器 ****/
always @(posedge clk or negedge rst)     // always 关键字定义过程语句
begin                                     // begin 关键字标识过程语句的开始,类似 C 语言的"{"
if(!rst)                                  // if 关键字定义条件分支语句,当 rst = "0"时条件成立
    vcounter <= 10'b0000000000;           // 给变量 vcounter 分配/赋值 0
else                                      // else 关键字定义另一个条件,clk 上沿时条件成立
    if(hcounter == HMAX)                  // if 关键字定义条件分支,hcounter 等于 HMAX 时条件成立
        if(vcounter == VMAX)              // if 关键字定义条件分支,vcounter 等于 VMAX 时条件成立
            vcounter <= 10'b0000000000;   // 给 vcounter 分配/赋值 0
        else                              // else 关键字定义另一个条件,(vcounter != VMAX)时成立
            vcounter <= vcounter + 1;     // 变量 vcounter 递增 1
    end                                   // end 关键字标识 always 过程语句的结束,类似 C 语言的"}"

/*********** 下面的 always 过程语句,HS 对于整个 96 个像素是活动的 **********/
always@(posedge clk)                     // always 关键字定义过程语句,clk 上沿敏感
begin                                     // begin 关键字标识过程语句的开始,类似 C 语言的"{"
if((hcounter >= HFP) && (hcounter < HSP)) // if 关键字定义条件分支,hcounter 在[HFP, HSP]范围
    hs <= SPP;                            // 给端口 hs 分配/赋值 SPP
else                                      // else 关键字定义另一分支,hcounter 不在[HFP, HSP]范围
    hs <= ~SPP;                           // 给端口 hs 分配/赋值~SPP
end                                       // end 关键字标识 always 过程语句的结束,类似 C 语言的"}"

/******* 下面的 always 过程语句,在 2 个视频行中 VS 是活动的(具有 SPP 极性) *********/
always@(posedge clk)                     // always 关键字定义过程语句,clk 上沿敏感
begin                                     // begin 关键字标识过程语句的开始,类似 C 语言的"{"
if((vcounter >= VFP) && (vcounter < VSP)) // if 关键字定义条件分支,vcounter 在[VFP,VSP]范围
    vs <= SPP;                            // 给端口 vs 分配/赋值 SPP
else                                      // else 关键字定义另一分支,vcounter 不在[VFP, VSP]范围
    vs <= ~SPP;                           // 给端口 vs 分配/赋值~SPP
end                                       // end 关键字标识过程语句的结束,类似 C 语言的"}"
/************ 当在可视区域时,使能视频输出 *****************/
assign video_enable = ((hcounter < HLINES) && (vcounter < VLINES))? 1'b1: 1'b0;

always@(posedge clk)                     // always 关键字定义过程语句,clk 上沿敏感
begin                                     // begin 关键字标识过程语句的开始,类似 C 语言的"{"
  vidon <= ~video_enable;                 // 给 vidon 分配/赋值~video_enable
end                                       // end 关键字标识过程语句的结束,类似 C 语言的"}"

/******** 下面的 always 过程语句用于在(x_center,y_center)坐标处显示图片 **********/
always @(posedge clk)                    // always 关键字定义过程语句,隐含敏感信号(*)
begin                                     // begin 关键字标识过程语句的开始,类似 C 语言的"{"
/*** if 用于确认 vcounter 与 y_center 的差,以及 hcounter 与 x_center 的差是否在图片范围 ** /
if(vcounter >= y_center && (vcounter - y_center)< 160 && hcounter >= x_center
 && hcounter < x_center + 128)
begin                                     // begin 关键字标识 if 条件的开始,类似 C 语言的"{"
  /** 提取图片中每个像素的 4 位 r(红色)分量、4 位 g(绿色)分量和 4 位 b(蓝色)分量 ** /
  r = pix_memory[(vcounter - y_center) * 128 + hcounter - x_center][11:8];
  g = pix_memory[(vcounter - y_center) * 128 + hcounter - x_center][7:4];
  b = pix_memory[(vcounter - y_center) * 128 + hcounter - x_center][3:0];
end                                       // end 关键字标识 if 条件的结束,类似 C 语言的"}"
else                                      // else 关键字定义另一个条件,即在图片区域外
begin                                     // begin 关键字标识 else 条件的开始,类似 C 语言的"{"
  r = 4'b0000;                            // 给端口 r 赋值 0
  g = 4'b0000;                            // 给端口 g 赋值 0
  b = 4'b0000;                            // 给端口 b 赋值 0
end                                       // end 关键字标识 else 条件的结束,类似 C 语言的"}"
end                                       // end 关键字标识 always 过程语句的结束,类似 C 语言的"}"
endmodule                                 // endmodule 关键字标识模块 vga 的结束
```

5. pic128x160.txt 文件

下面将添加保存图片像素的 pic128x160.txt 文件,主要步骤如下。

(1) 在配套资源\eda_verilog\source 目录下,找到并选中文件 pic128x160.txt,将该文件复制粘贴到当前工程目录下,即 F:\eda_verilog\example_7_4\src。

(2) 在高云云源软件主界面左侧窗口中,单击 Design 标签,在其选项卡中找到并右击 example_7_4,选择 Add Files。

(3) 弹出 Select Files 对话框,将路径定位到 F:\eda_verilog\ example_7_4\src,在该路径中,选中文件 pic128x160.txt。

(4) 单击 Select Files 对话框右下角的"打开"按钮,退出该对话框。

(5) 在高云云源元件左侧 Design 选项卡中,自动将添加的文件 pic128x160.txt 放在 Other Files 文件夹中。

6. top.v 文件

通过模块化描述方式,以及 Verilog HDL 提供的元件例化功能,顶层模块 top 将底层模块 divclk、pixclk、vga_center 和 vga 连接在一起,并产生最终的外部端口。top.v 文件如代码清单 7-19 所示。

代码清单 7-19 top.v 文件

```verilog
module top(                        // module 关键字定义模块 top
   input    clk,                   // input 关键字定义输入端口 clk,连接到外部 50MHz 时钟
   input    rst,                   // input 关键字定义输入端口 rst,连接到外部开关
   output   hs,                    // output 关键字定义输出端口 hs,连接到显示器的 hs 信号
   output   vs,                    // output 关键字定义输出端口 vs,连接到显示器的 vs 信号
   output [3:0] r,                 // output 关键字定义输出端口 r,连接到硬件的红色分量电阻网络
   output [3:0] g,                 // output 关键字定义输出端口 g,连接到硬件的绿色分量电阻网络
   output [3:0] b                  // output 关键字定义输出端口 b,连接到硬件的蓝色分量电阻网络
   );
wire div_clk;                      // wire 关键字定义网络 div_clk
wire pix_clk;                      // wire 关键字定义网络 pix_clk
divclk Inst_divclk(                // 元件例化/调用,将模块 divclk 例化为 Inst_divclk
   .clk(clk),                      // 模块 divclk 的端口 clk 连接到 top 模块的端口 clk
   .rst(rst),                      // 模块 divclk 的端口 rst 连接到 top 模块的端口 rst
   .div_clk(div_clk)               // 模块 divclk 的端口 div_clk 连接到 top 模块的内部网络 div
_clk
   );
pixclk Inst_pixclk(                // 元件例化/调用,将模块 pixclk 例化为 Inst_pixclk
   .clk(clk),                      // 模块 pixclk 的端口 clk 连接到 top 模块的端口 clk
   .rst(rst),                      // 模块 pixclk 的端口 rst 连接到 top 模块的端口 rst
   .pix_clk(pix_clk)               // 模块 pixclk 的端口 pix_clk 连接到 top 模块的
                                   // 内部网络 pix_clk
   );
vga Inst_vga(                      // 元件例化/调用,将模块 vga 例化为 Inst_vga
   .clk(pix_clk),                  // 模块 vga 的端口 clk 连接到模块 top 的内部网络 pix_clk
   .clk1(div_clk),                 // 模块 vga 的端口 clk1 连接到模块 top 的内部网络 div_clk
   .rst(rst),                      // 模块 vga 的端口 rst 连接到模块 top 的端口 rst
   .hs(hs),                        // 模块 vga 的端口 hs 连接到模块 top 的端口 hs
   .vs(vs),                        // 模块 vga 的端口 vs 连接到模块 top 的端口 vs
   .r(r),                          // 模块 vga 的端口 r 连接到模块 top 的端口 r
   .g(g),                          // 模块 vga 的端口 g 连接到模块 top 的端口 g
   .b(b),                          // 模块 vga 的端口 b 连接到模块 top 的端口 b
   );
endmodule                          // endmodule 关键字标识模块 top 的结束
```

在高云云源软件主界面左侧的窗口中,找到并单击 Hierarchy 标签,如图 7.27 所示。在该界面中,以树形结构给出了该设计中的层次化结构,以及该设计中每个子模块所使用的

FPGA 底层原语（如 Register、LUT、ALU、DSP、BSRAM 和 SSRAM）的数量。

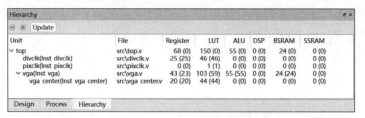

图 7.27　高云云源软件中的 Hierarchy 标签界面

7.5　设计实例五：信号发生器的设计与实现

本节将介绍信号发生器的原理，并通过数模转换器（digital-to-analog converter，DAC）器件输出正弦波信号、三角波信号和方波信号。

7.5.1　数模转换器工作原理

视频讲解

本书以美国德州仪器（TI）公司的 TLV5638 为例，介绍 DAC 的原理和使用方法，如图 7.28 所示。TLV5638 是一款 12 位双通道电压输出的 DAC 芯片，可以通过三线串口的 SCLK、CS 和 DIN 信号与数字器件的 SPI 进行无缝连接。

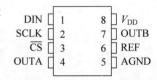

图 7.28　TLV5638 接口符号

1. 接口信号

通过数字器件的 SPI 接口可以控制 TLV5638 的工作模式，其接口信号如表 7.6 所示。

表 7.6　TLV5638 接口信号定义

名　字	引脚编号	方　向	描　述
AGND	5	—	地
CS	3	输入	片选。数字输入低有效，用于使能/禁止输入
DIN	1	输入	数字串行数据输入
OUT A	4	输出	DAC A 模拟电压输出
OUT B	7	输出	DAC B 模拟电压输出
REF	6	输入/输出	模拟参考电压输入/输出
SCLK	2	输入	数字串行时钟输入
V_{DD}	8	—	供电电压

注：在该设计中，V_{DD} 为 +3.3V，使用内部的 1.024V 参考电源。

2. 内部结构

该 DAC 的内部结构如图 7.29 所示。12 位的 DAC 锁存器输出电压，经过电阻后放大一倍，最后送到输出缓冲级，经过缓冲级后改善了稳定性，减少了稳定时间。通过串行接口对 DAC 内部的控制，可以在速度和功耗之间进行权衡。由于在 DAC 内部提供了片上参考电压，所以简化了外部的电路设计。OUTA 和 OUTB 端的输出电压由下式确定：

$$2 \times REF \times \frac{CODE}{0x1000}[V]$$

式中，REF 为参考电压的值；CODE 为输入的数字量，范围为 0x000～0xFFF。

3. 接口时序

TLV5638 三线制数字接口遵从 SPI 接口标准时序，如图 7.30 所示。

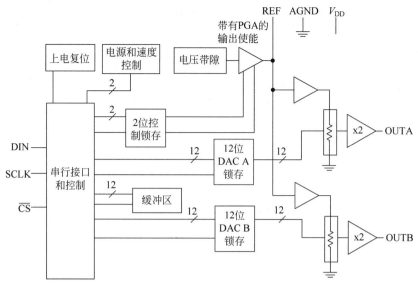

图 7.29 TLV5638 内部结构

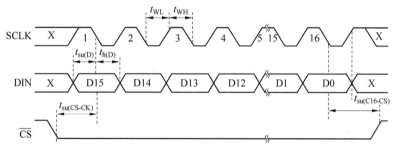

图 7.30 TLV5638 的 SPI 接口时序

4. 数据格式

用于控制 TLV5628 的控制字由 16 位构成,如表 7.7 所示。

表 7.7 数据格式

D15	D14	D13	D12	D11	D10	D9	D8	D7	D6	D5	D4	D3	D2	D1	D0
R1	SP0	PWR	R0	12 个数据位											

表中:D15~D12 为编程位。D11~D0 为新数据。SP0 为速度控制位,当该位为 0 时,为慢速模式(3.5μs);当该位为 1 时,为快速模式(1μs)。PWR 为电源控制位,当该位为 0 时,为正常模式;当该位为 1 时,为断电模式。R0 和 R1 的含义如表 7.8 所示。

表 7.8 R0 和 R1 的含义

R1	R0	寄 存 器
0	0	将数据写到 DAC B 和缓冲区
0	1	将数据写到缓冲区
1	0	将数据写到 DAC A,同时更新 DAC B,包含缓冲区的内容
1	1	将数据写到控制寄存器

根据寄存器确定 12 位数据的含义。如果选择一个 DAC 寄存器或者缓冲区,则 12 位数据确定新的 DAC 值。如果选择控制器,则 12 位数据中的 D1 和 D0 用于选择参考源,如表 7.9 和表 7.10 所示。

表 7.9　D1 和 D0 位的含义

D15	D14	D13	D12	D11	D10	D9	D8	D7	D6	D5	D4	D3	D2	D1	D0
×	×	×	×	×	×	×	×	×	×	×	×	×	×	REF1	REF0

表 7.10　REF0 和 REF1 的含义

REF1	REF0	功　　能
0	0	选择外部参考源
0	1	选择内部＋1.024V 参考源
1	0	选择内部＋2.048V 参考源
1	1	选择外部参考源

在该设计中,将使用内部＋1.024V 参考源,只使用 DAC A 的电压输出通道。

7.5.2　函数信号实现原理

该设计使用 TLV5638 来产生 3 种波形:正弦波、三角波、方波。下面介绍 3 种波形的产生原理。

(1) 三角波产生的原理比较简单,可以采用 0→255→0 的循环/加减法计数器实现。

(2) 方波产生原理让计数器在 0 和 255 时各保持输出半个周期。

(3) 正弦波一般采用查表法来实现,正弦表值可以用 MATLAB 和 C 等程序语言生成。

在一个周期取样点越多则输出波形的失真度越小;但是取样点越多存储正弦波表值所需要的空间就越大,编写就越麻烦。在该设计中,选取 64 个采样点。C 语言生成正弦表,如代码清单 7-20 所示。

代码清单 7-20　sine.c 文件

```c
# include < stdio.h >
# include "math.h"
main ( )
{
  int i; float s ;
  for(i = 0; i < 64;i++)
    {
      s = sin (atan(1) * 8 * i/64);
      printf("% d : % d;\n", i,(int)((s + 1) * 4095/2));
    }
}
```

7.5.3　创建工程并添加文件

创建新的设计工程,并将该工程保存在 e:/eda_verilog/example_7_5 目录下,该工程的名为 example_7_5.gprj。在该设计工程中,创建并添加新的设计文件,包括 clk_dac.v、dac_control.v、sin_table.txt 和 top.v 文件。

1. dacclk.v 文件

dacclk 模块对 FPGA 硬件开发平台 Pocket Lab-F0 上频率为 50MHz 的时钟信号 clk 进行分频,产生 5MHz 的分频时钟 dac_clk,用于驱动 DAC 芯片。dacclk.v 文件如代码清单 7-21 所示。

代码清单 7-21　dacclk.v 文件

```verilog
module dacclk(                // module 关键字定义模块 dacclk
    input    clk,             // input 关键字定义输入端口 clk(50MHz)
```

```verilog
    input     rst,                      // input 关键字定义输入端口 rst
    output reg dac_clk                  // output 和 reg 关键字定义输出端口 dac_clk
    );
reg [2:0] counter;                      // reg 关键字定义 reg 类型变量 counter,宽度为 3 位
always @(posedge clk or negedge rst)    // always 关键字定义过程语句,clk 上沿和 rst 低电平敏感
begin                                   // begin 关键字标识过程语句的开始,类似 C 语言的"{"
  if(!rst)                              // if 关键字定义条件分支语句,当 rst 为"0"时条件成立
  begin                                 // begin 关键字标识条件分支的开始,类似 C 语言的"{"
    counter <= 3'b000;                  // 给变量 counter 分配/赋值 0
    dac_clk <= 1'b0;                    // 给端口 dac_clk 分配/赋值 0
  end                                   // end 关键字标识条件分支的结束,类似 C 语言的"}"
  else                                  // else 关键字定义另一个条件分支,clk 上沿时条件成立
    if(counter == 3'b100)               // if 关键字定义分支语句,当条件(counter == 3'b100)成立时
    begin                               // begin 关键字标识 if 条件分支的开始,类似 C 语言的"{"
      counter <= 3'b000;                // 给变量 counter 分配/赋值 0
      dac_clk <= ~dac_clk;              // 端口 dac_clk 取反,生成方波时钟信号 dac_clk
    end                                 // end 关键字标识 if 条件分支的结束,类似 C 语言的"}"
    else                                // else 关键字定义另一个条件分支(counter!= 3'b100)成立
      counter <= counter + 1;           // 变量 counter 递增 1
end                                     // end 关键字标识 always 过程语句的结束,类似 C 语言的"}"
endmodule                               // endmodule 关键字标识模块 dacclk 的结束
```

2. dac_control.v 文件

模块 dac_control 用于向 DAC 芯片写控制命令和数据,并通过外部开关选择要产生的函数信号,即正弦波信号或三角波信号或方波信号。dac_control.v 文件如代码清单 7-22 所示。

代码清单 7-22　dac_control.v 文件

```verilog
module dac_control(                     // module 关键字定义模块 dac_control
    input     clk,                      // input 关键字定义输入端口 clk,连接分频时钟
    input     rst,                      // input 关键字定义输入端口 rst,连接外部开关
    input [1:0] sel,                    // input 关键字定义输入端口 sel,宽度 2 位,选择端
    output sclk,                        // output 关键字定义输出端口 sclk,连接 DAC 芯片 sclk
    output reg cs,                      // output 关键字定义输出端口 cs,连接 DAC 芯片 cs
    output reg din                      // output 关键字定义输出端口 din,连接 DAC 芯片 din
    );
parameter N1 = 12;                      // parameter 关键字定义参数 N1
parameter N2 = 64;                      // parameter 关键字定义参数 N2
parameter N3 = 16;                      // parameter 关键字定义参数 N3
parameter cmd = 2'b00,gen_wave = 2'b01,spi = 2'b10;   // parameter 关键字定义不同状态的编码
integer add;                            // integer 关键字定义整型变量 add
integer i;                              // integer 关键字定义整型变量 i
reg[1:0] state;                         // reg 关键字定义 reg 类型变量 state,宽度为 2 位
reg[5:0] count;                         // reg 关键字定义 reg 类型变量 counter,宽度为 6 位
reg[11:0] trw;                          // reg 关键字定义 reg 类型变量 trw,宽度为 12 位
reg dir;                                // reg 关键字定义 reg 类型变量 dir,控制三角波计数器方向
/ *********** 定义数组 rom[64],每个元素 12 位,使用 FPGA 内的 BRAM 实现 ********* /
reg[0:N1 - 1] rom [0:N2 - 1];
reg[0:N3 - 1] cmd_dat;                  // reg 关键字定义 reg 类型变量 cmd_dat,宽度为 16 位
                                        // cmd_dat 的 MSB 为 cmd_dat[0],LSB 为 cmd_dat[15]
/ * 下面的初始化部分调用系统任务 $readmemh,读取 sin_table.txt 文件内容,并加载到 rom 中 * /
initial                                 // initial 关键字定义初始化部分
begin                                   // begin 关键字标识初始化部分的开始,类似 C 语言的"{"
    $readmemh("sin_table.txt", rom);    // 调用系统任务 $readmemh
end                                     // end 关键字标识初始化部分的结束,类似 C 语言的"}"

assign sclk = clk;                      // assign 关键字将输入端口 clk 分配/赋值给输出端口 sclk

/ ******* 下面的 always 过程语句描述单进程有限自动状态机,生成不同的信号波形 ****** /
always @(posedge clk or negedge rst)    // always 关键字定义过程语句,clk 上沿和 rst 低电平敏感
begin                                   // begin 关键字标识过程语句的开始,类似 C 语言的"{"
```

```
        if(!rst)                          // if 关键字定义条件分支语句,rst 为"0"时条件成立
        begin                             // begin 关键字标识条件语句开始,类似 C 语言的"{"
            state <= cmd;                 // 给 state 分配/赋值 cmd,state 指向状态 cmd
            cs <= 1'b1;                   // 给输出端口 cs 分配/赋值"1"(高电平)
            dir <= 1'b0;                  // 给变量 dir 分配/赋值"0"
            din <= 1'b0;                  // 给输出端口 din 分配/赋值"0"(低电平)
            i = 0;                        // 给变量 i 分配/赋值 0
        end                               // end 关键字标识 if 条件的结束,类似 C 语言的"}"
        else                              // else 关键字定义另一个条件,clk 上沿时条件成立
            case (state)                  // case 定义多条件分支语句,state 为条件
              cmd :                       // 当 state 处于 cmd 时
              begin                       // begin 关键字标识状态 cmd 开始,类似 C 语言的"{"
                cs <= 1'b1;               // 给端口 cs 分配/赋值"1"(高电平)
                cmd_dat <= 16'hd001;      // 分配值 0xd001(表示快速模式,正常工作,内部 + 1.204V)
                state <= spi;             // 给 state 分配赋值 spi,即 state 指向状态 spi
              end                         // end 关键字标识 cmd 状态的结束,类似 C 语言的"}"
              gen_wave:                   // 当 state 处于 gen_wave 时
              begin                       // begin 关键字标识状态 gen_wave 开始,类似 C 语言的"{"
                cs <= 1'b1;               // 给端口 cs 分配/赋值"1"(高电平)
                case (sel)                // case 关键字定义多条件分支,sel 选择正弦波、方波或三角波
                2'b00:                    // sel 处于"00",产生正弦信号
                  begin                   // begin 关键字标识 sel = "00"的开始,类似 C 语言的"{"
                    count <= 6'b000000;   // 给变量 count 分配/赋值 0
                    trw <= 12'h000;       // 给变量 trw 分配/赋值 0
                    cmd_dat <= {4'b1100,rom[add]}; // rom[add]前面加上头部"1100"写 DAC A 通道
                    if(add == 63)         // if 关键字定义条件分支,若条件(add == 63)成立
                        add <= 0;         // 给变量 add 分配/赋值 0
                    else                  // else 关键字定义另一个条件分支,若条件(add!= 63)成立
                        add <= add + 1;   // 变量 add 递增 1,指向 rom 的下一个元素
                    state <= spi;         // 给变量 state 分配/赋值 spi,state 指向状态 spi,串行发送
                  end                     // end 关键字标识 sel = "00"的结束,类似 C 语言的"}"
                2'b01:                    // sel 处于"00",产生方波信号
                  begin                   // begin 关键字标识 sel = "01"的开始,类似 C 语言的"{"
                    trw <= 12'h000;       // 给变量 trw 分配/赋值 0
                    add <= 0;             // 给变量 add 分配/赋值 0
                    count <= count + 1;   // 变量 count 递增 1
                    if(count < 6'b100000) // if 关键字定义条件分支语句,当 count < 32 时,条件成立
                      cmd_dat <= {4'b1100,12'h000}; // 12 个"0"前加头部"1100",将全"0"写入 DAC A
                    else if(count < 6'b111111) // else if 定义另一条件分支,当 count < 63 时,
                                               // 条件成立
                        cmd_dat <= {4'b1100,12'hfff}; // 12 个"1"前加头部"1100",将全"1"
                                                      // 写入 DAC A
                    else if(count == 6'b111111) // else if 定义另一条件分支,当 count = 63 时,
                                                // 条件成立
                    begin                 // begin 关键字标识(count == 6'b111111)条件的开始
                        cmd_dat <= {4'b1100,12'hfff}; // 12 个"1"前加头部"1100",将全"1"写入 DAC A
                      count <= 0;         // 给变量 count 分配/赋值 0
                    end                   // end 关键字标识(count == 6'b111111)条件的结束
                    state <= spi;         // 给 state 分配赋值 spi,即 state 指向状态 spi
                  end                     // end 关键字标识 sel = "01"的结束,类似 C 语言的"}"
                2'b10:                    // sel 处于"10",产生三角波信号
                  begin                   // begin 关键字标识 sel = "10"的开始,类似 C 语言的"{"
                    add <= 0;             // 给变量 add 分配/赋值 0
                    count <= 6'b000000;   // 给变量 count 分配/赋值 0
                    if(dir == 1'b0)       // if 关键字定义条件分支语句,当 dir 等于"0"成立时
                    begin                 // begin 关键字标识(dir == 1'b0)开始,类似 C 语言的"{"
                      if (trw == 12'hfff) // if 关键字定义条件分支语句,当 trw 等于 0xfff 成立时
                        begin             // begin 关键字标识(trw == 12'hfff)开始,类似 C 语言的"{"
                          trw <= 12'hffe; // 给变量 trw 分配/赋值 0xffe
                          dir <= 1'b1;    // 给变量 dir 分配/赋值"1"
                        end               // end 关键字标识(trw == 12'hfff)结束,类似 C 语言的"}"
```

```
                else                    // else 关键字定义另一个条件分支,即(trw!= 12'hfff)成立
                    trw <= trw + 1;      // 变量 trw 递增 1
                end                      // end 关键字(dir == 1'b0)结束,类似 C 语言的"}"
            else                         // else 关键字定义另一个条件分支,即 dir 不等于"0"成立
                begin                    // begin 关键字标识(dir!= 1'b0)开始,类似 C 语言的"{"
                    if(trw == 12'h000)   // if 关键字定义条件分支语句,当 trw 等于 0x000 成立时
                        begin            // begin 关键字标识(trw == 12'h000)开始,类似 C 语言的"{
                            trw <= 12'h001; // 给变量 trw 分配/赋值 0x001
                            dir <= 1'b0;    // 给变量 dir 分配/赋值"0"
                        end              // end 关键字标识(trw == 12'h000)结束,类似 C 语言的"}
                    else                 // else 关键字定义另一个条件分支,即(trw!= 12'h000)成立
                        trw <= trw - 1;  // 变量 trw 递减 1
                end                      // end 关键字标识条件(dir!= 0)的结束,类似 C 语言的"}"
            cmd_dat <= {4'b1100,trw};    // trw 前加头部"1100",将 trw 变量的值写入 DAC A
            state <= spi;                // 给 state 分配/赋值 spi,将状态指向 spi
        end                              // end 关键字标识 sel = "10"的结束,类似 C 语言的"}"
    default :                            // 当 sel 为其他值
        cmd_dat <= 16'h0000;             // 给 cmd_dat 分配/赋值 0
    endcase                              // endcase 关键字标识多条件分支语句的结束
    end                                  // end 关键字标识状态 gen_wave 的结束,类似 C 语言的"}"
    spi :                                // 状态 state 处于 spi
    begin                                // begin 关键字标识状态 spi 的开始,类似 C 语言的"{"
        cs <= 1'b0;                      // 给端口 cs 分配/赋值"0"(低电平),准备将数据给 DAC
        din <= cmd_dat[i];               // 将 cmd_data 的第 i 位分配/赋值给端口 din,并/串转换
        i <= i + 1;                      // 变量 i 递增,指向 cmd_data 的下一位
        if(i == 15)                      // if 关键字定义条件语句,当 i 等于 15 时条件成立
        begin                            // begin 关键字标识 if 条件的开始,类似 C 语言的"{"
            i <= 0;                      // 给变量 i 分配/赋值 0
            state <= gen_wave;           // 给 state 分配/赋值 gen_wave,将状态指向 gen_wave
        end                              // end 关键字标识 if 条件的结束,类似 C 语言的"}"
        else                             // else 关键字定义另一个条件分支,即(i != 15)成立
            state <= spi;                // 给 state 分配/赋值 spi,将状态维持在 spi
    end                                  // end 关键字标识状态 spi 的结束,类似 C 语言的"}"
    endcase                              // endcase 关键字标识多条件分支语句的结束
end                                      // end 关键字标识过程语句的结束,类似 C 语言的"}"
endmodule                                // endmodule 关键字标识模块 dac_control 的结束
```

3. sin_table. txt 文件

按 7.4.3 节中添加 pic128x160.txt 文件的方法,将 sin_table.txt 文件添加到当前工程中。

4. top. v 文件

通过模块化描述方式,以及 Verilog HDL 提供的元件例化功能,顶层模块 top 将底层模块 dacclk 和 dac_control 连接在一起,并产生最终的外部端口。top.v 文件如代码清单 7-23 所示。

代码清单 7-23 top. v 文件

```
module top(                     // module 关键字定义模块 top
    input clk,                  // input 关键字定义输入端口 clk(50MHz)
    input rst,                  // input 关键字定义输入端口 rst,连接到开关
    input [1:0] sel,            // input 关键字定义输入端口 sel,宽度为 2 位,连接到开关
    output sclk,                // output 关键字定义输出端口 sclk,连接到 DAC 芯片的 sclk
    output cs,                  // output 关键字定义输出端口 cs,连接到 DAC 芯片的 cs
    output din                  // output 关键字定义输出端口 din,连接到 DAC 芯片的 din
    );
wire dac_clk;                   // wire 关键字定义网络 dac_clk
dacclk Inst_dacclk(             // 元件例化/调用,将模块 dacclk 例化为 Inst_dacclk
    .clk(clk),                  // 模块 dacclk 的端口 clk 连接到模块 top 的端口 clk
    .rst(rst),                  // 模块 dacclk 的端口 rst 连接到模块 top 的端口 rst
    .dac_clk(dac_clk)           // 模块 dacclk 的端口 dac_clk 连接到模块 top 的
                                // 内部网络 dac_clk
    );
```

```
dac_control Inst_dac_control(      // 元件例化/调用,将模块 dac_control 例化为
                                   // Inst_dac_control
    .clk(dac_clk),                 // 模块 dac_control 的端口 clk 连接到模块 top 的
                                   // 内部网络 dac_clk
    .rst(rst),                     // 模块 dac_control 的端口 rst 连接到模块 top 的端口 rst
    .sel(sel),                     // 模块 dac_control 的端口 sel 连接到模块 top 的端口 sel
    .sclk(sclk),                   // 模块 dac_control 的端口 sclk 连接到模块 top 的端口 sclk
    .cs(cs),                       // 模块 dac_control 的端口 cs 连接到模块 top 的端口 cs
    .din(din)                      // 模块 dac_control 的端口 din 连接到模块 top 的端口 din
    );
endmodule                          // endmodule 关键字表示模块 top 的结束
```

在高云云源软件主界面左侧的窗口中,找到并单击 Hierarchy 标签,如图 7.31 所示。在该界面中,以树形结构给出了该设计中的层次化结构,以及该设计中每个子模块所使用的 FPGA 底层原语(如 Register、LUT、ALU、DSP、BSRAM 和 SSRAM)的数量。

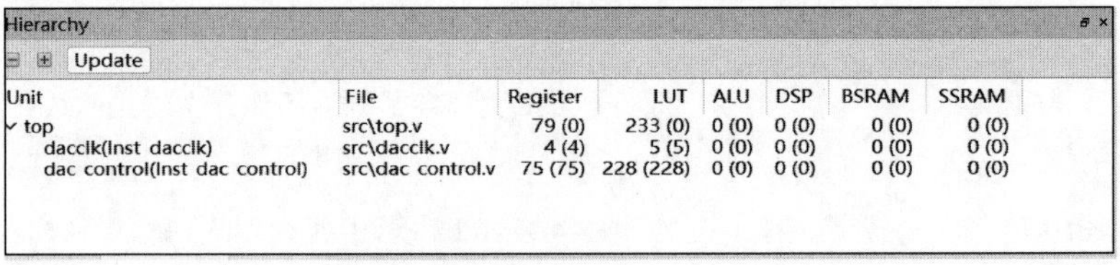

Unit	File	Register	LUT	ALU	DSP	BSRAM	SSRAM
∨ top	src\top.v	79 (0)	233 (0)	0 (0)	0 (0)	0 (0)	0 (0)
dacclk(Inst dacclk)	src\dacclk.v	4 (4)	5 (5)	0 (0)	0 (0)	0 (0)	0 (0)
dac control(Inst dac control)	src\dac control.v	75 (75)	228 (228)	0 (0)	0 (0)	0 (0)	0 (0)

图 7.31 高云云源软件中的 Hierarchy 标签界面

注:(1) 在该设计中,将配套的 DAC 模块插入 FPGA 硬件开发平台 Pocket Lab-F0 上标记为 J7 的 PMOD 插座中。因此,将 cs、din 和 sclk 的引脚约束在该插座所对应的 FPGA 引脚位置上。

(2) 在该设计中,使用 FPGA 硬件开发平台上专用的复位按键作为 rst 信号的输入,标记为 BM1 的开关作为 sel[0] 的输入,标记为 BM2 的开关作为 sel[1] 的输入。